高等学校电子信息类专业"十三五"规划教材

数字信号处理(MATLAB版)

主　编　刘国良

副主编　高海涛

参　编　白旭灿　芦逸云

**　　　　路　纲　任亚飞**

U0304365

西安电子科技大学出版社

内 容 简 介

本书主要介绍数字信号处理的基本原理和应用，注重使用 MATLAB 的方法进行阐述、计算和仿真。本书的定位是介绍、研究"用数字方法处理信号，用MATLAB 工具解决问题"的技术，着重于突出基础性、系统性、实用性和先进性，除了数字信号处理教材必须有的 FFT、数字滤波器等内容外，还增加了用数字方法处理模拟信号的内容。

本书注重理论与实践的结合以及知识运用能力与创新意识的培养，适用于高等学校本科通信与电子信息类专业。

图书在版编目(CIP)数据

数字信号处理：MATLAB 版/刘国良主编. —西安：西安电子科技大学出版社，2017.7
ISBN 978 - 7 - 5606 - 4420 - 2
高等学校电子信息类专业"十三五"规划教材

Ⅰ. ①数… Ⅱ. ①刘… Ⅲ. ①Matlab 软件—应用—数字信号处理 Ⅳ. ①TN911.72

中国版本图书馆 CIP 数据核字(2017)第 065692 号

策划编辑	云立实
责任编辑	孙美菊　云立实
出版发行	西安电子科技大学出版社(西安市太白南路 2 号)

电　话	(029)88242885　88201467	邮　编	710071
网　址	www.xduph.com	电子邮箱	xdupfxb001@163.com

经　销　新华书店
印刷单位　陕西利达印务有限责任公司

版　次	2017 年 7 月第 1 版	2017 年 7 月第 1 次印刷
开　本	787 毫米×1092 毫米　1/16	印张　22
字　数	523 千字	
印　数	1～3000 册	
定　价	42.00 元	

ISBN 978 - 7 - 5606 - 4420 - 2/TN

XDUP　4712001 - 1

﹡﹡﹡﹡﹡如有印装问题可调换﹡﹡﹡﹡﹡

　　"数字信号处理"是通信与电子信息类专业的专业基础课，本课程应在学完"信号与系统"、"高等数学"、"线性代数"、"MATLAB"等课程之后学习。

　　本书是作者根据多年的教学与实践，参阅了多本同类教材和工程应用书籍，结合当前社会形势对数字信号处理理论和实践的要求，以及学生学习知识的特点等，对原讲义修改、补充和编纂完成的。

　　本书从理论安排上可以分为离散信号分析、离散系统分析、FFT 理论和数字滤波器设计几个部分，同时增加了实际应用的内容，包括数字系统应用于模拟信号等。全书突出基础性、系统性、实用性和先进性，并注重理论与实践结合，以及知识运用能力与创新意识的培养。本书的主要特点是全面优化了课程内容，并全面使用 MATLAB 的方法进行仿真和应用，使学生能够将抽象的理论用直观的效果表现出来，提高学习兴趣，加深对概念的理解，同时掌握一种实用的方法。

　　本书重点突出、构思新颖、实践性强，内容叙述清楚、深入浅出、详略得当，案例丰富且注重理论联系实际，具有一定的趣味性和代表性。

　　本书的特点如下：

　　(1) 将数字信号处理的专业理论与 MATLAB 有机结合，力求使学生在学习数字信号处理的基本理论和方法的同时，深入掌握 MATLAB 工具的使用，将大量繁杂的数学运算用计算机实现，使学生掌握与提高分析问题、解决问题的能力。

　　(2) 从经典到现代逐步演绎，将离散信号与离散系统分开分析讨论，概念清楚、思路清晰。例如，从离散信号的分析到系统的 z 域分析，逐步演绎到使用 FFT 算法，实现计算机进行现代化的数字信号分析和处理。这是本书第一个重点内容。

　　(3) 以实际应用为目的，不仅讨论了 FFT 理论的内容和发展过程，而且详细介绍了 FFT 实现各种应用的方法。

　　(4) 确定性信号和随机信号是信号处理技术中涉及的两大类信号。本书比较详细地讨论了确定性信号分析和处理的知识，对随机信号处理不作探讨。

　　(5) 以较大篇幅详细介绍了数字滤波器的知识和各种设计方法。这是本书的第二个重点内容。

　　本书各章均附有相应的上机练习题，供读者在学习完各章内容后进行上机实践。

刘国良担任本书主编，高海涛担任副主编，本书的编写分工为：第5、7章由刘国良编写，第2、9章由高海涛编写，第3、6章由白旭灿编写，第4、10章由芦逸云编写，第8章由路纲编写，第1章由任亚飞编写，全书由刘国良统稿。

本书的顺利出版得到了西安电子科技大学出版社的大力支持和云立实编辑等的热情帮助，在此表示衷心感谢！

由于本书内容涉及面广且有一定深度，加上作者的水平有限，不妥之处在所难免，敬请广大读者和同行批评指正，在此表示衷心感谢。作者 E-mail：mrlgl@163.com。

作　者
2017 年 1 月

目录

离散时间信号

数字信号是离散时间信号的一种，对离散信号和离散系统进行分析、研究处理有时域和频域两类方法，两种方法之间存在对应关系，本章主要在时域介绍离散信号。

1.1 数字信号处理绪论

信息科学、大规模集成电路和计算机科学技术的快速发展，为信号处理提供了强有力的手段。在电子信息技术领域广泛采用数字信号和数字系统，现在数字信号处理技术在各个行业都有了大量应用，并逐步成为信号处理的主要手段。

1.1.1 数字信号处理理论和技术的发展

1. 数字信号处理的基本概念

信号：信号是信息的物理表现形式，或说是传递信息的函数，信息是信号的具体内容；信号是反映（或载有）信息的各种物理量，是系统直接进行加工、变换以实现通信的对象。

系统：通常是指若干相互关联的事物组合而成的具有特定功能的整体。系统包括：

（1）处理或变换信号的物理设备。

（2）广义的说是能将信号加以变换以达到人们要求的各种设备（包括物理设备、软件程序）。

信号处理：对信号进行提取、变换、分析和综合等处理过程的统称。

信号处理目的是：

（1）去伪存真：去除信号中冗余的和次要的成分，包括不仅没有任何意义反而会带来干扰的噪声。

（2）特征抽取：把信号变成易于进行分析和识别的形式。

（3）编码解码：把信号变成易于传输、交换与存储的形式（编码），或从编码信号中恢复出原始信号（解码）。

信号处理研究的内容：滤波、变换、检测、谱分析、估计、压缩、识别。

数字信号处理（Digital Signal Processing，DSP）：把信号用数字或符号表示的序列，通过计算机或通用（专用）信号处理设备，用数字的数值计算方法处理，以达到提取有用信息便于应用的目的。

2. 数字信号处理理论和技术的发展

数字信号处理经历了基本理论的建立、形成独立学科、快速发展的过程，是一门涉及许多学科而又广泛应用于许多领域的新兴学科，但该理论和技术真正得到实际应用迄今也只不过短短的半个世纪。

DSP 学科的基本理论是基于 17～18 世纪经典数值分析技术，17 世纪发展起来的计算数学是数字信号处理的雏形；20 世纪 40～50 年代发展起来的采样理论使 DSP 完善、自成体系，并逐渐成为一门独立的学科。20 世纪 60 年代，数字信号处理真正成为一门独立的学科，其间有两个标志性事件：

（1）1965 年 J. W. Cooley 和 J. W. Tukey 提出 FFT 算法。

20 世纪 60 年代是 DSP 快速发展的时期。数字信号处理的一个重要算法理论基础是离散傅立叶变换（DFT），然而 DFT 理论已经有了一百多年的历史，却一直没有应用到生产实践中。直到 1965 年库利（Cooley）和图基（Tukey）发现了 DFT 的一种快速算法以后，情况才发生了根本的变化。之后，又出现了各种各样快速计算 DFT 的方法，这些方法统称为快速傅立叶变换（Fast Fourier Transform），简称为 FFT。FFT 的出现使 DFT 的计算量减少了 2 个数量级，计算时间缩短了 1～2 个数量级，还有效地减少了计算所需的存储器容量。

（2）20 世纪 60 年代中期，数字滤波器设计方法的完善。

随着计算机、大规模集成电路和信息技术的飞速发展，数字信号处理技术应运而生并得到迅速的发展，完全成为一门独立的、生机勃勃迅速发展的学科。

因此可以说，数字信号处理把许多经典的理论体系作为自己的理论基础，成为一门独立的学科，同时又使自己成为一系列新兴学科的理论基础。随着超大规模集成电路（VLSI）的出现和迅猛发展，DSP 在理论和应用方面不断地发展和完善，在越来越多的应用领域中迅速取代传统的模拟信号处理方法，并且还开辟出许多新的应用领域。

3. 数字信号处理的理论基础和发展

（1）数字信号处理的基础理论包括以下学科：

· 数学：微积分、线性代数、概率论、随机过程、数论等。

· 专业基础：信号与系统、模拟电路、数字电路、计算机等。

（2）随着数字信号处理应用的发展，其理论基础也不断发展，目前主要包括：

· 现代通信原理、现代控制理论；

· 模式识别、最优化、神经网络；

· 系统辨识、振动测试；

· 生物医学工程。

4. "数字信号处理"课程的主要任务

经过半个多世纪的迅速发展，数字信号处理已经成为一门成熟的学科，其内容庞杂、算法丰富、应用广泛，而且还在不断发展中。但是对于"数字信号处理"这门课程有两种不同的理解：一种是认为该课程是研究对"数字信号"进行"处理"的理论和技术；另一种是认为该课程是研究用"数字"的方法对"信号"进行"处理"的理论和技术。显然，第一种理解仅限于"数字信号"而忽略了在实际工作和生活中大量存在的连续信号，是不全面的。本书基于第二种理解，即用"数字"的方法"处理"各种"信号"，包括离散信号和连续信号。

作为一门专业基础必修课程，应该掌握以下几个方面的内容：

（1）通过本课程的学习，使学生掌握数字信号处理的基本概念、基本理论和基本方法，对数字信号处理技术有一个较全面、系统的了解。

（2）掌握离散信号的频域分析和处理、离散傅立叶变换 DFT 理论及其快速算法 FFT，特别是掌握 FFT 理论。

（3）掌握 IIR 和 FIR 数字滤波器的理论和设计方法。

（4）掌握用"数字"的方法对"信号"进行"处理"的理论和技术。

（5）掌握 MATLAB 等工具在上述任务中的应用。

通过本课程的学习，可使学生养成善于理论联系实际的习惯，将所学到的专业理论知识应用于实践当中，提高学生在实际工作中分析问题和解决问题的能力，培养学生的创新思维意识和技术创新能力。

通过本课程的学习，可为学生后续专业课程的学习打下必要的基础，并为学生在工作实践中的"可持续发展"提供必要的知识储备。

1.1.2　数字信号处理技术的应用

数字信号处理是利用计算机或专用处理设备，以数字形式对信号进行采集、变换、滤波、估值、增强、压缩、识别等处理，以得到符合人们需要的信号形式。

数字信号处理是以众多学科为理论基础的，它所涉及的范围极其广泛。例如，在数学领域，微积分、概率统计、随机过程、数值分析等都是数字信号处理的基本工具。另外，数字信号处理与网络理论、信号与系统、控制论、通信理论、故障诊断等也密切相关。

DSP 应用非常广泛，如图片图像处理、生物医学工程、语音、声学、雷达、地震、通信等，近来新兴的一些学科，如人工智能、模式识别、神经网络等，都与数字信号处理技术密不可分。

基于高速数字计算机和超大规模数字集成电路的新算法、新实现技术、高速器件、多维处理和新的应用成为 DSP 学科的发展方向和研究热点，各个领域都需要大量高素质的 DSP 研究开发人才，所以"数字信号处理"课程得到了学术界和大专院校的高度重视，并达到了高度发展和逐步完善的水平。

自从 1969 年第一本数字信号处理专著出版以来，陆续出版了许多数字信号处理著作和教材，"数字信号处理"课程也陆续在一些世界著名大学开设。

目前，国内所有大学的电子信息、通信和计算机应用等专业的本科生和硕士研究生都开设了"数字信号处理"课程，"数字信号处理"是相关专业本科生的主要必修课和研究生的学位课，是电子信息类大多数专业博士生的入学考试课程之一。

1.1.3　数字信号处理系统的组成

信号处理就是对信号（数据）进行所需要的变换，或按照预定的规则进行数学运算，使之便于分析、识别、传输和储存等。信号处理一般包括滤波、变换、增强、减弱、压缩、估计、检测、识别、频谱分析、编码解码和调制解调等。信号处理按信号的表现形式可分为"模拟信号处理"和"数字信号处理"。

数字信号处理是用数字或符号的序列来表示信号，通过数字计算机去处理这些序列，提取其中的有用信息。例如，对信号进行滤波，增强信号的有用分量，削弱无用分量；估计信号的某些特征参数；等等。总之，凡是用数字方式对信号进行处理的都是数字信号处理的研究对象，在自然界存在着大量的模拟信号，数字信号处理系统既可以处理数字信号，也可以处理模拟信号。

模拟信号经过 A/D 转换变成数字信号后就可以用数字信号处理系统进行处理。数字信号处理系统的组成如图 1-1-1 所示。

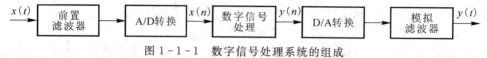

图 1-1-1　数字信号处理系统的组成

在 A/D 转换器之前，信号先进入一个前置低通滤波器，滤除 A/D 转换器带宽之外的高频成分，防止采样过程引起的频谱混叠，因此该滤波器也称为"抗折叠"滤波器。然后信号进入 A/D 转换器，将模拟信号转换为数字信号，经过数字信号处理后，通过 D/A 转换器将数字信号还原为模拟信号。该模拟信号最后进入一个模拟低通滤波器，滤除在信号处理过程中残留的高频成分，使模拟信号更加平滑。

1.1.4　数字信号处理的主要特点

与模拟信号处理相比较，DSP 的主要特点如下：

（1）精度高。可通过增加字长提高系统的精度。模拟信号处理系统中，元器件的精度很难达到 10^{-3} 以上，而数字信号处理系统只要 17 位的字长就可以达到 10^{-5} 的精度。

（2）稳定性好，可靠性高。数据用二进制表示，受外界影响小。存储无损耗，传输抗干扰。模拟系统中的模拟元器件（电阻、电容、运算放大器等）的特性容易随着环境温度、湿度的改变而变化。

（3）灵活性强（可编程性）。DSP 可改变系统的系数使系统完成不同的功能。数字信号处理系统可以很容易地实现实时修改，例如，通过修改储存器中的数据或者简单地改变程序，就可以得到不同的结果；而模拟系统如果要实现不同的结果，则必须调整硬件设计。

（4）便于时分复用，使设备利用率提高，降低成本，提高经济效益。

（5）便于大规模集成和系统小型化。数字系统只呈现两种状态，容易大规模集成，由于数字器件有高度规范性，因此便于大规模集成、大规模生产；模拟系统中，模拟元件的参数数值很难一致。

（6）多维处理，利用庞大的存储单元，可以储存一帧或多帧图像信号，实现二维甚至多维信号的处理。

（7）可处理模拟系统不容易实现或不能够实现的信号，如可以处理极低频（VLF）信号，如地震信号。物理不可以实现的信号在数字系统可以实现，但在模拟系统里是不可想象的。

（8）抗噪声能力不同。

· 模拟系统：存在噪声积累。

· 数字系统：不存在噪声积累。

数字系统的主要缺点如下：

（1）系统的复杂性提高。系统结构较复杂，价格较贵，需要模拟接口进行模/数（A/D）、数/模（D/A）转换。

（2）应用的频率范围有限，主要是 A/D 转换的采样频率受限，从而限制了对高频信号的处理。

1.1.5 数字信号处理的实现

数字信号处理的实现主要有以下 3 种方法。

（1）软件实现：在通用计算机上，通过编制程序对信号进行处理。软件可以使用各种计算机编程语言编制，也可以使用商品化的软件，如 MATLAB、SYSTEMVIEW 等。软件方法简单、灵活，但实时性较差，速度较慢，主要用于对实时性、速度要求不高的项目。但随着通用计算机运算速度的不断提高，软件方法的应用范围也会不断扩大。

（2）硬件实现（片上系统 SoC）：使用专用 DSP 器件实现数字信号处理，将整个数字信号处理系统集成在一个芯片上即构成 SoC。SoC 包含有数字和模拟电路、A/D 和 D/A 转换电路、微处理器、微控制器、数字信号处理器以及处理软件等。目前有许多有专门用途的 DSP 芯片，其算法、指令等处理程序固化在芯片中，具有很高的处理速度和实时性，主要用于对实时性、速度要求很高的项目。

（3）软硬件结合实现：使用通用的可编程器件，通过编程实现需要的功能。该方法既具有软件法的灵活性，又有硬件法的高速度、实时性。

可编程器件有普通的单片微处理控制器（MCU），用于简单的信号处理，如一般的嵌入系统、仪表等。也可以使用通用的 DSP 芯片，芯片内部具有硬件乘法器、流水线和多总线结构、DSP 处理指令，与 MCU 相比具有很高的处理速度和复杂、灵活的功能。

1.2 离散时间信号

离散时间信号是一种重要的信号，其幅度量化后就成为数字信号。

1.2.1 信号的描述与分类

对信号的分类方法很多，可以从不同的研究、分析角度进行分类，如信号的数学关系、取值特征、能量功率、处理分析方法、信号所具有的时间函数特性、取值是否为实数等。

在信号的幅度与时间的函数关系中，通常可分为连续信号和离散信号、周期性信号和非周期性信号以及确定性信号和非确定性信号等。

1. 连续信号和离散信号

1）连续信号与模拟信号

连续信号：连续时间信号简称为连续信号，这里的"连续"是指函数的定义域，即自变量（一般是时间 t）是连续的，而函数的值域（信号幅值）可为连续的或不连续的。如果连续信号在任意时刻的取值都是连续的，即信号的幅值和时间 t 均连续，则称为"模拟信号"。连续信号如图 1-2-1(a)、(b)所示。

2）离散信号与数字信号

离散信号：信号仅在规定的离散时刻有定义。离散信号是只在一系列离散的时间点 k（$k=0$，± 1，± 2，…）上才有确定值的信号，而在其他的时间上无意义，因此它在时间上是不连续的序列，通常以 $x(k)$ 表示，如图 1-2-1(c)所示。

时间上和幅度上都取离散值的信号称为数字信号。数字信号通常以 $x(n)$ 表示，如图 1-2-1(d)所示。

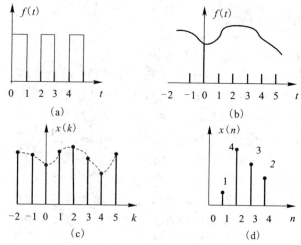

图 1-2-1　连续信号和离散信号

2. 周期性信号和非周期性信号

连续信号和离散信号都可分为周期性信号和非周期性信号。

1) 周期性信号

一个离散信号若在 $(-\infty, +\infty)$ 区间内，以 N 为周期周而复始地重复再现，则称为离散周期性信号，即离散周期信号 $x(n)$ 满足：

$$x(n)=x(n+N)=x(n+2N)=\cdots=x(n+mN), \quad m=0, \pm1, \pm2, \pm3\cdots \quad (1.2.1)$$

满足上述关系的最小整数 N 称为该信号的"周期"。

序列为 $x(n)=A\cos(\omega_0 n+\varphi)$ 或 $x(n)=A\sin(\omega_0 n+\varphi)$ 时，不一定是周期序列，分析如下：

设 $x(n)=A\sin(\omega_0 n+\varphi)$，那么 $x(n+N)=A\sin[\omega_0(n+N)+\varphi]$。

如果 $x(n)=x(n+N)$，则要求 $N=k\dfrac{2\pi}{\omega_0}$，$N$、$k$ 均取整数，k 的取值要保证 N 是最小的整数。满足这些条件，正弦序列才是以 N 为周期的周期序列。判断方法如下：

(1) 当 $\dfrac{2\pi}{\omega_0}=$ 整数时，则周期为 $\dfrac{2\pi}{\omega_0}$。

(2) 当 $\dfrac{2\pi}{\omega_0}=\dfrac{P}{Q}$ 时，P、Q 是互为素数的整数，取 $k=Q$，则周期为 $N=P$。

(3) 当 $\dfrac{2\pi}{\omega_0}=$ 无理数，k 的取值要保证 N 是最小的整数时 $x(n)$ 不是周期序列。

对于复指数序列 $\mathrm{e}^{\mathrm{j}\omega_0 n}$ 的周期性，分析结果相同。

当信号是两个信号的叠加信号时，周期信号的判断如下：

两个周期信号 $f_1(n)$、$f_2(n)$ 的周期分别为 N_1 和 N_2。

(1) 若其周期之比 $K=N_1/N_2$ 为无理数，则其和信号 $f_1(n)+f_2(n)$ 不是周期信号；

(2) 若其周期之比 $K=N_1/N_2$ 为有理数，则其和信号 $f_1(n)+f_2(n)$ 仍然是周期信号，其周期为 N_1 和 N_2 的最小公倍数。

对于周期信号，可用下面简单的交叉乘法确定其周期：

若 $N_1/N_2=k_1/k_2$，则周期 $N=k_1 N_2=k_2 N_1$。

2) 非周期性信号

一个离散时间信号若在 $(-\infty \sim +\infty)$ 区间内不周而复始地重复再现，即不满足式

(1. 2. 1)，则称为离散非周期信号。

例 1 - 2 - 1 判断下列序列是否为周期信号。

(1) $f_1(n) = \sin\left(\dfrac{3n\pi}{4}\right) + \cos\left(\dfrac{n\pi}{2}\right)$

(2) $f_2(n) = \sin(2n)$

解 (1) $\sin\left(\dfrac{3n\pi}{4}\right)$ 和 $\cos\left(\dfrac{n\pi}{2}\right)$ 的数字角频率分别为 $\omega_1 = \dfrac{3\pi}{4}$ 和 $\omega_2 = \dfrac{\pi}{2}$。

由于 $T_1 = \dfrac{2\pi}{\omega_1} = \dfrac{8}{3}$，$T_2 = \dfrac{2\pi}{\omega_2} = 4$ 为有理数，故它们的周期分别为 $N_1 = 8$、$N_2 = 4$，故 $f_1(n) = \sin\left(\dfrac{3n\pi}{4}\right) + \cos\left(\dfrac{n\pi}{2}\right)$ 为周期序列。

其周期为 N_1 和 N_2 的最小公倍数 8，即：由 $\dfrac{T_1}{T_2} = \dfrac{2}{3}$ 得 $N = 3T_1 = 2T_2 = 8$。

(2) $\sin(2n)$ 的数字角频率为 $\omega_1 = 2$；由于 $T_1 = \dfrac{2\pi}{\omega_1} = \pi$ 为无理数，故 $f_2(n) = \sin(2n)$ 为非周期序列。

由上面例子可得出以下结论：

- 连续正弦信号一定是周期信号，而正弦序列不一定是周期序列。
- 两连续周期信号之和不一定是周期信号，而两周期序列之和一定是周期序列。

3. 确定性信号和非确定性信号

信号还可以分为确定性信号和非确定性信号（又称随机信号）。

所谓"确定性信号"，就是其每个时间点上的值可以用某个数学表达式或图表唯一确定的信号。

所谓"随机信号"，就是不能用一个明确的数学关系式精确地描述，因而也不能准确预测任意时刻的信号精确值，即信号在任意时刻的取值都具有不确定性，只可能知道它的统计特性，如在某时刻取某一数值的概率，这样的信号是不确定性信号，或称为"随机"信号。

电子系统中的起伏热噪声、雷电干扰信号就是两种典型的随机信号。

另外，信号还可以分为能量信号和功率信号、时域信号和频域信号、时限信号和频限信号、实信号和复信号、一维信号与多维信号、因果信号与反因果信号、左边信号与右边信号等。

4. 因果信号和非因果信号

因果信号：如果信号在时间零点之前取值为零，则称为因果信号。

非因果信号：如果信号在时间零点之前也存在，则称为非因果信号。

1.2.2 序列

离散时间信号与连续信号既有相同之处也有差异之处。例如，冲激信号和阶跃信号在连续信号中是两个奇异信号，而在离散信号中却是普通的序列。在连续信号中冲激信号和阶跃信号互为微分和积分关系，而在离散信号中冲激信号序列和阶跃信号序列是求差和求和的关系。

1. 离散信号的定义

离散时间信号可以从两个方面来定义：

　　（1）离散信号是只在一系列离散的时间点 n、k（n、$k=0$，±1，±2，…）上才有确定值的信号，在其他的时间上无意义，因此它在时间上是不连续的序列，并且是离散时间变量 n、k 的函数。

　　时间上和幅度上都取离散值的信号称为数字信号，如图 1-2-2(a)所示。

　　（2）连续时间信号（模拟信号）若在数字传输系统中传输，首先需要对其采样（即离散化），采样后的结果就是离散信号，用 $f(kT)$ 或 $x(nT)$ 表示，T 为抽样周期，一般简写为 $f(k)$ 或 $x(n)$。将得到的离散时间信号再进行量化，得到的就是数字信号。换句话说，数字信号是离散时间信号量化的结果，如图 1-2-2(b)所示。

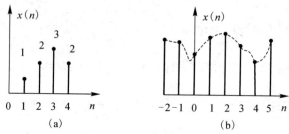

图 1-2-2　离散时间信号

　　尽管独立变量 n、k 不一定表示物理意义上的"时间"，如可以是温度、距离等，但一般把 $x(n)$ 看做是时间的函数，n 代表"时间"。在坐标系中横轴为"时间"自变量，只有整数值有意义；纵轴是函数轴，其线段的长度代表各序列值的大小。

2. 获得离散信号的方法

　　离散信号的获取方法有以下两种：

　　（1）直接获取：从应用实践中直接取得离散信号，如人口统计数据、气象站每隔一定时间测量的温度和风速等数据。

　　（2）从连续信号取样：把连续时间信号 $x(t)$ 进行取样获得离散信号。取样间隔一般为均匀间隔，简化记为 $x(n)$。

3. 离散信号的描述方法

　　离散信号的描述方法有 3 种：

　　（1）数学解析式。

　　例如：

$$x(n)=\begin{cases} n, & 0\leqslant n\leqslant4 \\ 0, & \text{其他} \end{cases} \tag{1.2.2}$$

　　（2）序列形式。

　　用序列的瞬时值表示序列。例如，上例数学解析式可用序列形式表示为

$$x(n)=[0,1,2,3,4] \tag{1.2.3}$$

　　（3）图形形式。

　　在图形（波形）中用线段的长度表示序列的瞬时值。数学解析式和序列形式可用图形形式表示，如图 1-2-3 所示。

　　根据离散变量的取值，序列又常分为以下 3 种形式：

　　• 双边序列：$-\infty\leqslant n\leqslant\infty$。

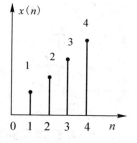

图 1-2-3　图形形式

- 单边序列：$0 \leqslant n \leqslant \infty$。
- 有限序列：$n_1 \leqslant n \leqslant n_2$。

4. 数字角频率与模拟角频率的关系

由于离散信号定义的时间为 nT，显然有 $\omega_0 = \Omega_0 T$。其关系如下：

$$\omega_0 = \Omega_0 T_s = \frac{\Omega_0}{f_s} = 2\pi \frac{f_0}{f_s} \tag{1.2.4}$$

式中，$f_s = kf_0$ 为抽样频率，k 为抽样频率倍数；f_0（或 Ω_0）为正弦波信号模拟频率，单位为 Hz（或 rad/s）；f_0 / f_s 称为归一化频率，即数字频率是归一化频率的 2π 倍；ω_0 表示相邻两个样值间弧度的变化量。$T_s = 1/f_s$，T_s 可简写为 T。

注意：

- 模拟角频率 Ω_0 的单位是 rad/s，而数字角频率 ω_0 的单位为弧度 rad。
- 数字角频率 ω_0 的带宽是有限的，取值范围是 $[0, 2\pi]$ 或 $[-\pi, \pi]$，这也是与模拟频率的较大区别点之一。

5. 序列

对于离散时间信号，只在一系列离散的时间点 n、k（n、$k = 0$，± 1，± 2，…）上才有确定值的信号，而在其他时间上无意义。若采样周期为 T，则可以用 $x(nT)$ 或 $x(kT)$ 表示离散信号在 nT、kT 点上的值，n、k 为整数。因此，它在时间上是不连续的序列，并且是离散时间变量 n、k 的函数。

离散时间信号的处理常常是非实时的，即先记录数据，然后进行分析，或者在短时间内存入，在较长时间后才能完成对数据的分析和处理。因此，在离散时间信号的传输、分析和处理系统中，常把 $x(nT)$ 放在存储器中供随时取用。所谓 $x(nT)$，仅仅是存储器中按一定顺序排列的一组数据。在实际使用中，往往不用 nT 作为自变量，在数学上，直接用 $x(n)$ 表示第 n 个离散时间点的值，而将一组离散时间点的值即序列表示为数的序列，记为 $[x(n)]$、$[f(k)]$，或用集合符号表示为 $\{x(n)\}$、$\{f(k)\}$。第 n、k 个数记为 $x(n)$、$f(k)$，为方便起见，就简单地用 $x(n)$、$f(k)$ 表示，这就是"序列"。

虽然离散时间信号，即序列 $x(n)$ 可由连续时间信号采样获得，但在这里 $x(n)$ 具有更广泛的意义，它不但可以表示时间信号，也可以表示非时间信号。例如，某时间段全国各城市的气温就不是按时间顺序表示的序列。

6. 一般序列的表示方法

设 $\{x(m)\}$ 是一个序列值的集合，其中任意一个值 $x(n)$ 可表示为

$$x(n) = \sum_{m=-\infty}^{\infty} x(m)\delta(n-m) \tag{1.2.5}$$

这表明任一序列都可表示成各延时单位脉冲序列的加权和，这种表示方法在分析线性系统时经常使用。

1.2.3 离散信号的能量与功率

1. 离散信号的能量与帕斯瓦尔定理

与连续信号类似，离散信号也可分为能量信号和功率信号。对于非周期信号，信号能量定义为

$$E = \sum_{n=-\infty}^{\infty} |x(n)|^2 \tag{1.2.6}$$

离散系统的帕斯瓦尔定理告诉我们：在时域中计算的信号总能量等于在频域中计算的信号总能量，即

$$\sum_{n=0}^{N-1} |x(n)|^2 = \frac{1}{N} \sum_{k=0}^{N-1} |X(k)|^2 \tag{1.2.7}$$

帕斯瓦尔定理反映了信号在一个域及其对应的变换域中的能量守恒。

2. 离散信号的功率

对于周期的离散信号，由于其能量无限大，故常常用功率来作其测量参数。设有一周期为 N 的离散信号 $x(n)$，其功率定义为

$$P = \frac{1}{N} \sum_{n=0}^{N-1} |x(n)|^2 \tag{1.2.8}$$

与连续信号相同，能量有限的信号称为能量信号，功率有限的信号称为功率信号。所有周期信号都是功率信号。

例 1 - 2 - 2　计算下列离散信号的功率。

$$f(k) = 3\cos\left(\frac{\pi k}{4}\right)$$

解　该离散信号为周期为 2π 的周期序列，因此 $N=8$，其信号功率为

$$P = \frac{1}{N} \sum_{k=0}^{N-1} |f(k)|^2 = \frac{1}{8} \sum_{k=0}^{7} \left| 3\cos\left(\frac{2\pi k}{8}\right) \right|^2 = 4.5$$

计算该公式的实现程序如下：

```
k=0:7; N=8; fk=3 * cos(pi. * k/4);
P=sum(abs(fk).^2)/N
P=4.5
```

1.2.4　基本的离散信号

1. 离散周期正弦信号

离散周期正弦信号可由连续周期正弦信号 $x(t) = A\sin(\Omega t + \varphi)$ 采样而来：

$$x(n) = A\sin(\omega n + \varphi) \tag{1.2.9}$$

其中，A 为正弦波幅度；$\omega = \Omega/f_s$ 为离散信号序列的角频率，也叫数字角频率，f_s 为采样频率，单位为 Hz；φ 为相位角，单位是弧度（rad）。

例 1 - 2 - 3　离散正弦信号。

```
clear all;
A=3; f0=5; phi=pi/6;
K=20; %抽样频率倍数
w0=2 * pi * f0; %基频
fs=K * f0; %抽样频率
w= w0/fs;
k=2; %正弦波周期数
N=k * 2 * pi/w;
n=0:N; %时间向量
```

```
x＝A＊sin(w＊n＋phi)；%离散正弦信号
stem(n, x, '.');
xlabel('(n)')；ylabel('离散正弦信号 x(n)')；
line([0, 1], [0, 0]); line([0, 0], [-2, 2]);
```

程序运行后生成离散正弦信号，如图 1－2－4 所示。

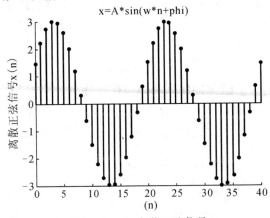

图 1－2－4　离散正弦信号

2. 单位冲激脉冲序列

（1）单位冲激脉冲序列也叫单位样值信号序列，其定义如下：

$$\delta(n-n_0)=\begin{cases}1, & n=n_0 \\ 0, & n\neq n_0\end{cases} \tag{1.2.10}$$

当 $n_0=0$ 时，上述定义为单位冲激脉冲序列，只有 $n=0$ 处有一单位值 1，其余点上为 0。在数字系统中，序列 $\delta(n)$ 也称为离散冲激，或简称冲激，这是一种最常用也最重要的序列，它在离散时间系统中的作用类似于连续时间系统中单位冲激函数 $\delta(t)$ 所起的作用。连续时间系统中，$\delta(t)$ 的脉宽为零，幅度为 ∞，是一种数学极限，并非现实的信号；而离散时间系统中的 $\delta(n)$ 是一个现实的序列，其脉冲幅度为 1（有限值）。

在 MATLAB 中有很多方法可以产生单位冲激函数，但最直接的方法是利用MATLAB中的 zeros 函数，如产生一个 64 点的单位冲激信号的 MATLAB 程序如下：

```
pulse＝[1 zeros(1, 63)]
```

（2）离散冲激的主要性质如下：

- 筛选特性： $$x(n)=\sum_{k=-\infty}^{\infty}x(k)\delta(k-n) \tag{1.2.11}$$
- 乘积特性： $$x(k)\delta(k-n)=x(n)\delta(k-n) \tag{1.2.12}$$

3. 单位阶跃序列

阶跃序列的定义如下：

$$\varepsilon(n-n_0)=\begin{cases}1, & n\geqslant n_0 \\ 0, & n<n_0\end{cases} \tag{1.2.13}$$

当 $n_0=0$ 时，上述定义为单位阶跃序列，在大于等于 0 的离散时间点上有无穷个幅度为 1 的数值，类似于连续时间信号中的单位阶跃脉冲 $u(t)$。

$$\varepsilon(n)=\delta(n)+\delta(n-1)+\delta(n-2)+\delta(n-3)+\cdots=\sum_{k=0}^{\infty}\delta(n-k) \tag{1.2.14}$$

而 $\delta(n)=\varepsilon(n)-\varepsilon(n-1)$，即单位冲激脉冲序列可以表示为单位阶跃序列的向后差分，阶跃序列可表示为冲激序列的求和。

注意：

- $\delta(n)$ 序列是一种最基本、最重要的序列，任何一个序列都可以用它来构造。
- 与连续系统不同的是，$\delta(n)$ 与 $\varepsilon(n)$ 是差和关系，不再是微积分关系。

4. 斜变序列

斜变序列的定义如下：

$$x(n)=n\varepsilon(n) \tag{1.2.15}$$

例 1-2-4　生成单位冲激脉冲序列和单位阶跃序列。

- 单位冲激脉冲序列，起点 $n_1=0$，终点 $n_f=10$，在 $n_0=3$ 处有一单位脉冲$(n_1\leqslant n_s\leqslant n_f)$。
- 单位阶跃序列，起点 $n_1=0$，终点 $n_f=10$，在 $n_0=3$ 前为 0，在 $n_0=3$ 后为 1$(n_1\leqslant n_s\leqslant n_f)$。

解　程序如下：

```
clear, n1=0; nf=10; ns=3;
n1=n1: nf; x1=[zeros(1, ns-n1), 1, zeros(1, nf-ns)];
n2=n1: nf; x2=[zeros(1, ns-n1), ones(1, nf-ns+1)];
subplot(2, 1, 1), stem(n1, x1); title('单位冲激脉冲序列')
axis([0, 10, 0, 1.2]);
subplot(2, 1, 2), stem(n2, x2); title('单位阶跃序列')axis([0, 10, 0, 1.2]);
```

程序运行后生成单位冲激脉冲序列和单位阶跃序列，如图 1-2-5 所示。

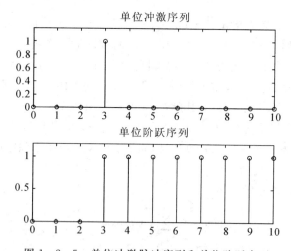

图 1-2-5　单位冲激脉冲序列和单位阶跃序列

也可以自定义函数实现单位冲激脉冲序列和单位阶跃序列。

自定义单位冲激脉冲序列函数：

```
function x=Delta(n, ns)
x=(n==ns);
detx=n;
```

在 MATLAB 符号运算中有阶跃函数 heaviside()，也可以自定义单位阶跃序列函数 HeaviFuc：

```
function u=HeaviFuc(n, ns)
```

```
u=[n>=ns];
un=n;
```

调用自定义函数：

```
n1=0；nf=10；ns=3；
n=n1：nf；
y1= Delta (n, ns)；
subplot(2, 1, 1), stem(n, y1)；
title('单位冲激脉冲序列')
axis([0, 10, 0, 1.2])；
y2= HeaviFuc(n, ns)；
subplot(2, 1, 2), stem(n, y2)；
title('单位阶跃序列')
axis([0, 10, 0, 1.2])；
```

程序运行结果与图 1-2-5 相同。

如果将 y2 语句改为"y2= n.＊HeaviFuc (n, ns)；"，则可以生成斜变序列，如图 1-2-6 所示。

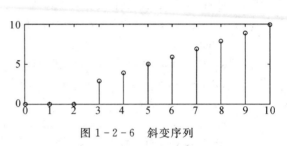

图 1-2-6　斜变序列

5. 矩形序列

矩形序列(门函数)的定义如下：

$$R_N(n)=\begin{cases}1, & 0\leqslant n\leqslant N-1 \\ 0, & n<0 \text{ 或 } n\geqslant N\end{cases} \qquad (1.2.16)$$

此序列从 $n=0$ 开始，含有 N 个幅度为 1 的数值，其余为零。

以上冲激序列、阶跃序列和矩形序列之间的关系如下：

$$\begin{cases}\varepsilon(n)=\sum_{k=0}^{\infty}\delta(n-k)，\varepsilon(n)=\sum_{k=-\infty}^{n}\delta(k) \\ \delta(n)=\varepsilon(n)-\varepsilon(n-1) \\ R_N(n)=\varepsilon(n)-\varepsilon(n-N)\end{cases} \qquad (1.2.17)$$

例 1-2-5　实现矩形序列的程序如下：

```
N=5；x=0：10；
x=[(n>=0)&(n<=N-1)]；
stem(n, x)；
axis([-0, 10, 0, 1.2])；
xlabel('( n )')；ylabel('Rn(n)')；
title('x(n)=Rn(n)')；
```

程序运行后生成 $N=5$ 的矩形序列如图 1-2-7 所示。

6. 复指数序列

复指数序列的定义如下：

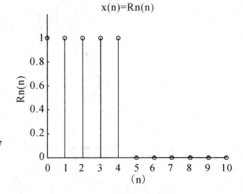

图 1-2-7　矩形序列

$$x(n)=e^{(\sigma+j\omega)n}=e^{\sigma n}\cos(n\omega)+je^{\sigma n}\sin(n\omega) \qquad (1.2.18)$$

最常用的一种形式为

$$x(n) = e^{j\omega n} = \cos(n\omega) + j\sin(n\omega) \qquad (1.2.19)$$

复指数信号频率 ω 的特点是：大于零，小于 2π。

极坐标形式为

$$x(n) = |x(n)| e^{j\arg[x(n)]} \qquad (1.2.20)$$

复指数序列 $e^{j\omega n}$ 作为序列分解的基本单元，在序列的傅立叶变换中起着重要作用，它类似于连续时间系统中的复指数信号 $e^{j\Omega t}$。

例 1-2-6 求 $x(n) = e^{(-0.2+0.5j)n}$ 的复指数序列。

解 程序如下：

```
clear, n1=0；nf=20；
n=n1：nf；x=exp((-0.2+0.5j)*n)；
subplot(2, 2, 1)；
stem(n, abs(x))；line([0, 10], [0, 0])
title('x=exp((-0.2+0.5j)*n)')
ylabel('abs(x)')
subplot(2, 2, 2), stem(n, angle(x))；
line([0, 10], [0, 0]),
ylabel('angle(x)')；title('相位')；
subplot(2, 2, 3)；
stem(n, real(x))；line([0, 10], [0, 0])title('实部')；
subplot(2, 2, 4), stem(n, imag(x))；line([0, 10], [0, 0]),
title('虚部')；
```

程序运行后生成复指数序列，如图 1-2-8 所示。

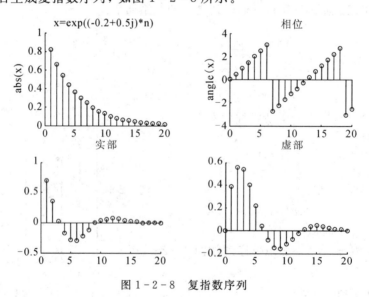

图 1-2-8 复指数序列

7. 实指数序列

实指数序列的定义如下：

$$x(n) = ca^n \varepsilon(n)$$

即

$$x(n) = \begin{cases} ca^n, & n \geqslant 0 \\ 0, & n < 0 \end{cases}, \quad c、a \text{ 为实数} \tag{1.2.21}$$

例 1 - 2 - 7 求 $x(n) = a^n \varepsilon(n)$ 的指数序列，a 为实数。

程序如下：

```
a1=1.2；a2=0.8；a3=-1.2；a4=-0.8；
n=[-10：20]；u=[n>=0]；
x1=(a1.^n).*u；x2=(a2.^n).*u；x3=(a3.^n).*u；x4=(a4.^n).*u；
subplot(2，2，1)；stem(n，x1)；title('a1=1.2')；
subplot(2，2，2)；stem(n，x2)；title('a2=0.8')；
subplot(2，2，3)；stem(n，x3)；title('a3=-1.2')；
subplot(2，2，4)；stem(n，x4)；title('a4=-0.8')；
```

程序运行后生成复指数序列，如图 1 - 2 - 9 所示。

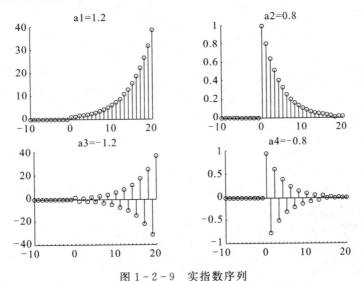

图 1 - 2 - 9 实指数序列

可见，当 $|a| > 1$ 时，序列发散；当 $|a| < 1$ 时，序列收敛；当 $a < 0$ 时，序列有正有负，是摆动的。

1.3 序列的运算与变换

序列与连续信号一样可以进行四则运算和其他变换，但有其自己的特点。

1. 序列的相加（减）

若 $\{f_1(n)\} \pm \{f_2(n)\} = \{f(n)\}$，则

$$f(n) = f_1(n) \pm f_2(n) \tag{1.3.1}$$

即两序列同序号元素的数值相加（减），构成一个新的序列。

2. 序列的相乘

两序列同序号的数值相乘构成一个新的序列，表示为

$$f(n) = f_1(n) f_2(n) \tag{1.3.2}$$

例 1 - 3 - 1 已知

$$x(n)=\begin{cases}2^{-n}+5, & n\geqslant-1 \\ 0, & n<-1\end{cases}, \quad y(n)=\begin{cases}n+2, & n\geqslant0 \\ 3\times2^{n}, & n<0\end{cases}$$

求序列的相加、相乘结果。

解　根据序列的定义域，可分 3 段计算对应的序列的相加、相乘。

在 $n\geqslant0$ 时，序列的相加：$(2^{-n}+5)+(n+2)=2^{-n}+n+7$；

序列的相乘：$(2^{-n}+5)\times(n+2)=n\times2^{-n}+5n+2^{-n+1}+10$。

在 $n=-1$ 时，序列的相加：$(2^{-n}+5)+(3\times2^{n})=7+3/2=17/2$；

序列的相乘：$(2^{-n}+5)\times(3\times2^{n})=7\times3/2=21/2$。

在 $n<-1$ 时，序列的相加：$0+(3\times2^{n})=3\times2^{n}$；

序列的相乘：$0\times(3\times2^{n})=0$。

即

$$z_{1}(n)=x(n)+y(n)=\begin{cases}2^{-n}+n+7, & n\geqslant0 \\ \dfrac{17}{2}, & n=-1 \\ 3\times2^{n}, & n<-1\end{cases}$$

$$z_{2}(n)=x(n)y(n)=\begin{cases}n\times2^{-n}+5n+2^{-n+1}+10, & n\geqslant0 \\ \dfrac{21}{2}, & n=-1 \\ 0, & n<-1\end{cases}$$

当 $n=-2:2$ 时，计算出

$z_{1}=x+y=[0.75, 8.5, 7, 8.5, 9.25]$，$z_{2}=xy=[0, 11.6, 11, 16.5, 21]$

MATLAB 程序如下：

```
%序列的相加、相乘
n=[-2:2];
u=[n>=-1];
x=(2.^(-n)+5).*u; x
u=[n>=0]; y1=(n+2).*u;
u=[n<0]; y2=(3*2.^n).*u;
y=y1+y2; y
z1=x+y; z1
z2=x.*y; z2
subplot(2,2,1); stem(n,x); axis([-2,2,0,10]); title('x(n)');
subplot(2,2,2); stem(n,y); axis([-2,2,0,10]); title('y(n)');
subplot(2,2,3); stem(n,z1); axis([-2,2,0,10]); title('x+y');
subplot(2,2,4); stem(n,z2); axis([-2,2,0,22]); title('x*y');
```

程序运行后得出各序列的值如下，绘制各序列的图形如图 1-3-1 所示。

x=	0	7.0000	6.0000	5.5000	5.2500
y=	0.7500	1.5000	2.0000	3.0000	4.0000
z1=	0.7500	8.5000	8.0000	8.5000	9.2500
z2=	0	11.6000	11.0000	16.5000	21.0000

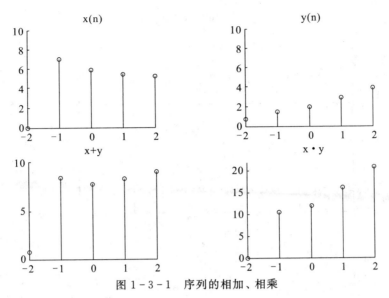

图 1 - 3 - 1　序列的相加、相乘

3. 序列的幅度变换（数乘）

一个标量与序列相乘等于序列的每个元素与该数值相乘，构成一个新的序列，表示为
若 $a\{x(n)\}=\{f(n)\}$，则

$$f(n)=ax(n) \tag{1.3.3}$$

其中，a 为正的实常数。

例 1 - 3 - 2　序列的数乘与幅度变换。

```
%尺度变换
clear all；
a＝2；
n＝0：4；
x＝[1，3，2，5，6]；
subplot(3，1，1)；stem(n，x)；
axis([-1，5，0，15])；
title('(a) x(n)＝[1，3，2，5，6]')；
y1＝a * x；
subplot(3，1，2)；stem(n，y1)；
axis([-1，5，0，15])；
title('(b) y(n)＝4 * x(n)')；
b＝1/2；
y2＝b * x；
subplot(3，1，3)；stem(n，y2)；
axis([-1，5，0，15])；
title('(c) y(n)＝x(n)/2')；
```

（1）当 $a>1$ 时，将 $x(n)$ 的波形以坐标原点为中心，沿纵轴展宽为原来的 a 倍，如图 1 - 3 - 2(a)和(b)所示。

（2）当 $0<a<1$ 时，将 $x(n)$ 的波形以坐标原点为中心，沿纵轴压缩为原来的 $1/a$，如图 1 - 3 - 2(a)和(c)所示。

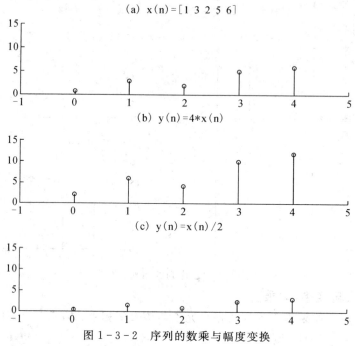

图 1-3-2　序列的数乘与幅度变换

4. 序列的时间尺度变换（抽取与插值）

当系统工作在多抽样率情况时，如各种媒体的传输，包括语音、图像、数据，由于本身频率不同，故使用的抽样频率也不同。

在信号处理中，根据需要进行抽样频率的降低、提高或频率转换等运算。一般采取以下方法：

（1）将抽样序列经过 DAC 转换回模拟信号，用新的抽样频率经过 ADC 重新抽样，此法误差大，影响精度。

（2）从数字域直接抽样，即采用信号时间尺度变换。

序列的时间尺度变换是将 $x(n)$ 波形压缩（或扩展）而构成一个新的序列，即序列的抽取（减小抽样频率）与插值（加大抽样频率）。

例如，给定一个离散信号序列 $x(n)$，当自变量乘以一个大于 1 的正整数 a 时，得到一个新序列 $x(an)$，即

$$y(n) = x(an) \tag{1.3.4}$$

它为原波形的压缩，因为压缩掉了一些点，称为序列的抽取（decimation）。例如，当 $a=2$ 时，序列的抽取结果如图 1-3-3(a)、(b) 所示。

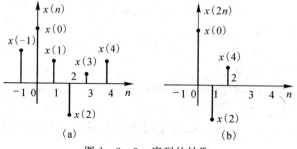

图 1-3-3　序列的抽取

对于离散信号，由于 $x(an)$ 仅在 an 为整数时才有意义，进行尺度变换时可能会使部分信号丢失，因此，序列一般不作波形的时间尺度变换。

当自变量除以一个大于 1 的正整数 a 时，得到一个新序列 $x(n/a)$，即

$$y(n) = x\left(\frac{n}{a}\right) \tag{1.3.5}$$

它为原波形的扩展，因为在原序列之间插入了一些 0 值，所以称为序列的插值（interpolation）。

5. 序列的位移

序列的位移（时移）就是将原信号 $x(n)$ 表达式和定义域中的所有自变量 n 替换为 $n-m$，即

$$y(n) = x(n-m) \tag{1.3.6}$$

其中，m 为正整数时是右移 m 位，如图 1-3-4(a)、(b)所示；反之 m 为负整数时是 $x(n)$ 沿时间轴左移 m 位，表示超前 m 位，如图 1-3-4(a)、(d)所示。

6. 序列的反褶

序列的反褶就是将原信号 $x(n)$ 表达式和定义域中的所有自变量 n 替换为 $-n$，即

$$y(n) = x(-n) \tag{1.3.7}$$

其几何意义是将 $x(n)$ 的波形以纵轴 $n=0$ 为轴的对称镜像，如图 1-3-4(a)、(c)所示。

由于信号是一个行向量，因此在 MATLAB 中可使用 fliplr() 函数将元素左右反转，实现信号的反褶。例如，y= fliplr(x)可实现信号 $x(n)$ 的反褶。而 N = fliplr(-n)，y= fliplr(x) 可实现信号 $x(n)$ 的以纵轴 $n=0$ 为轴的对称镜像信号，如图 1-3-4(a)、(e)所示，两信号互为反褶。

7. 序列的倒相

信号倒相的几何意义是：将信号 $x(n)$ 的波形以横轴为轴翻转 180°作为新的信号，即

$$y(n) = -x(n) \tag{1.3.8}$$

序列的倒相如图 1-3-4(a)、(f)所示。

由于信号是一个行向量，因此在 MATLAB 中只能使用倒相的定义，而不能使用 flipud() 函数实现离散信号的倒相。

例 1-3-3 已知序列：

$$x(n) = \begin{cases} 2a^n+1, & n \geqslant 1 \\ 0, & n < 1 \end{cases}$$

则该序列的反褶序列为

$$x(-n) = \begin{cases} 2a^{-n}+1, & n \leqslant -1 \\ 0, & n > -1 \end{cases}$$

设 $a=1.1$，$1 \leqslant n \leqslant 10$，$m=\pm 8$，则序列的反褶、位移与倒相程序如下：

```
%序列的反褶与位移
a=1.1;
n=[1：10];
x=2*a.^n+1;
k=n+8;kk=n-8;
%原信号
```

```
subplot(321)；stem(n, x, '.')；
title('(a) 原信号 y = x(n)')；axis([-11, 20, -8, 8])
%使用定义反褶
n0=[-10：-1]；y0=2 * a.^(-n0)+1；
subplot(323)；stem(n0, y0, '.')；
title('(c) 反褶 y = x(-n)')；axis([-11, 20, -8, 8])
%使用 fliplr() 函数反褶
N = fliplr(-n)；y= fliplr(x)；
subplot(325)；stem(N, y, '.')；
title('(e) 反褶 y = x(-n)')；axis([-11, 20, -8, 8])
%信号右位移
subplot(322)；stem(k, x, '.')；
title('(b) 右位移 y = x(n-8)')；axis([-11, 20, -8, 8])
%信号左位移
subplot(324)；stem(kk, x, '.')；
title('(d) 左位移 y = x(n+8)')；axis([-11, 20, -8, 8])
%信号倒相
y2=-x；subplot(326)；stem(n, y2, '.')；
title('(f) 倒相 y = -x(n)')；axis([-11, 20, -8, 8])
```

程序运行后序列的反褶、位移与倒相结果如图 1 - 3 - 4 所示。

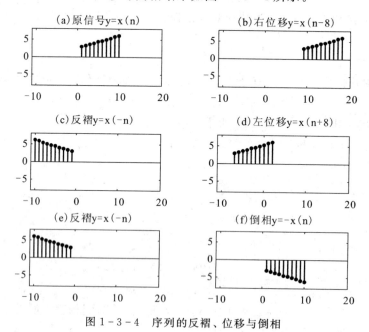

图 1 - 3 - 4　序列的反褶、位移与倒相

8. 序列的差分

序列的差分对应于连续信号中的微分运算。由连续函数导数的定义，即

$$\frac{\mathrm{d}y(t)}{\mathrm{d}t} = \lim_{\Delta t \to 0} \frac{\Delta y(t)}{\Delta t} \qquad (1.3.9)$$

得：

一阶前向差分：

$$\Delta y(n) = \frac{y(n+1) - y(n)}{(n+1) - n} = y(n+1) - y(n) \tag{1.3.10}$$

一阶后向差分：

$$\nabla y(n) = y(n) - y(n-1) \tag{1.3.11}$$

序列的差分运算仍为序列。一阶前向差分与一阶后向差分的关系：前者是后者左移一位的结果，后者是前者右移一位的结果，即

$$\Delta y(n) = \nabla y(n)|_{n \to n+1}, \quad \nabla y(n) = \Delta y(n)|_{n \to n-1}$$

二阶前向差分：

$$\Delta^2 y(n) = \Delta[\Delta y(n)] = \Delta y(n+1) - \Delta y(n)$$
$$= y(n+2) - 2y(n+1) + y(n) \tag{1.3.12}$$

二阶后向差分：

$$\nabla^2 y(n) = \nabla[\nabla y(n)] = \nabla y(n) - \nabla y(n-1)$$
$$= y(n) - 2y(n-1) + y(n-2) \tag{1.3.13}$$

9. 序列的累加求和

序列的累加求和：对应于连续信号中的积分运算，它表示序列在某一点 n 时的函数值与之前的所有函数值之和，即

$$f(n) = \sum_{k=-\infty}^{n} f(k) \tag{1.3.14}$$

（1）离散序列的累加求和在 MATLAB 中可利用 sum() 函数来实现。

例如，$y(n) = \sum_{k=m_1}^{m_2} f_k(n)$ 的调用形式为

n＝m1:m2;

y＝sum(f);

例 1 - 3 - 4   求 $y(n) = \sum_{n=1}^{4} (2n)$ 的值。

解   程序如下：

＞＞n＝1:4;

＞＞y＝sum(2 * n)

y＝20

（2）在符号运算中使用 symsum() 函数来实现序列的求和。

例 1 - 3 - 5   求序列 $\sum_{n=1}^{\infty} \frac{1}{n^2}$ 的和 R 以及前十项的部分和 R_1。

解   程序如下：

```
>> syms n
>> R=symsum(1/n^2, 1, inf)
>> R1=symsum(1/n^2, 1, 10)
R = 1/6 * pi^2
R1 = 1968329/1170080
```

1.4 连续信号的采样

获得数字信号的途径之一就是把连续信号经过采样成为离散信号。采样定理在连续信号与离散信号之间架起了一座桥梁，为其互为转换提供了理论依据。

1.4.1 信号的采样

在模拟信号的数字处理过程中，首先需要经过模/数转换（A/D）将模拟信号转换为数字信号，模拟信号的数字化一般需要完成采样、量化和编码三个步骤。信号采样是第一环节，将采样后形成的离散信号经过量化、编码后成为数字信号。

数字信号经过传输、处理等环节，最后经过数/模转换（D/A）将数字信号还原为所需要的模拟信号。

1. 模/数（A/D）转换和数/模（D/A）转换

（1）模/数（A/D）转换：需要经过离散（采样）、量化和编码等过程。

· 采样：将模拟信号离散，把时间上连续的信号变成时间上离散的信号。要求采样信号包含原信号的所有信息，即能无失真地恢复出原模拟信号，采样速率的下限由抽样定理确定。

· 量化：把采样信号经过舍入变为只有有限个有效数字的数的过程。利用预先规定的有限个电平来表示模拟信号经采样得到的瞬时值，即把信号进行幅度离散，采样值用最接近的有限个电平表示。

· 编码：将经过量化的值变为二进制数字的过程，常用的是 PCM 码（脉冲编码调制）。实际上量化是在编码过程中同时完成的。在 PCM 中常用的二进制码型有三种：自然二进码、折叠二进码和格雷二进码（反射二进码）。

（2）数模（D/A）转换。D/A 转换是把数字信号转换为模拟的电压或电流信号，需要经过 D/A 转换器将数字信号转换为连续信号，再经过低通滤波器转换为模拟信号。

2. 采样过程及其数学描述

所谓"采样"，就是利用采样脉冲序列 $p(t)$ 从连续信号 $x(t)$ 中"抽取"一系列离散样本值的过程，这样得到的离散信号称为采样信号（也叫抽样信号、取样信号）。

在实际系统中把连续信号变换成一串脉冲序列的部件，称为采样器或抽样器，它可以看成是一个电子开关。开关每隔 T 秒闭合一次使输入信号得以抽样，得到连续信号输出的抽样信号 $x(nT)$。这个电子开关就是周期性采样脉冲序列 $p(t)$，因此信号采样定义为：利用周期性采样脉冲序列 $p(t)$ 与连续信号 $x(t)$ 相乘，从信号 $x(t)$ 中抽取一系列离散值，得到的离散时间信号即采样信号（或称取样信号、抽样信号等），以 $x_s(t)$ 表示。

如图 1-4-1 所示，一连续信号 $x(t)$ 用采样脉冲序列 $p(t)$ 进行采样，脉冲宽度为 τ，采样间隔为 T_s，$\Omega_s=2\pi/T_s$ 称为采样频率，得到采样信号：

$$x_s(t) = x(t)p(t) \tag{1.4.1}$$

由于 $p(t)$ 为周期信号，因此可表示为

$$p(t) = \sum_{n=-\infty}^{\infty} P_n e^{jn\Omega t} \tag{1.4.2}$$

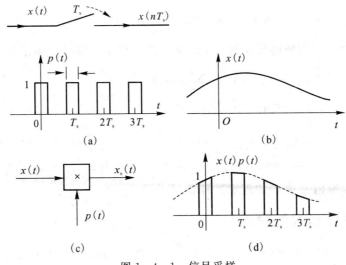

图 1-4-1　信号采样

根据傅立叶理论可求出其傅立叶系数：

$$P_n = \frac{1}{T_s}\int_{-\tau/2}^{\tau/2} p(t)\mathrm{e}^{-\mathrm{j}n\Omega t}\,\mathrm{d}t = \frac{\tau}{T_s}\,\mathrm{Sa}\left(\frac{n\Omega\tau}{2}\right) \tag{1.4.3}$$

$$p(t) = \sum_{n=-\infty}^{\infty} P_n\mathrm{e}^{\mathrm{j}n\Omega t} = \frac{\tau}{T_s}\sum_{n=-\infty}^{\infty}\mathrm{Sa}\left(\frac{n\Omega\tau}{2}\right)\mathrm{e}^{\mathrm{j}n\Omega t} \tag{1.4.4}$$

对信号的采样方式有理想采样和实际采样两种。对于实际采样，闭合时间（即脉冲宽度）是 τ 秒，$\tau < T_s$，但当 $\tau \ll T_s$ 时，就可近似看成理想采样。

1.4.2　理想采样

对于理想采样，闭合时间应无穷短，即当 $\tau \to 0$ 的极限情况，此时采样脉冲序列 $p(t)$ 变成冲激函数序列 $\delta_\tau(t)$。各冲激函数准确地出现在采样瞬间上，面积为 1，采样后输出理想采样信号的面积（即积分幅度）则准确地等于输入信号 $x(t)$ 在采样瞬间的幅度。在图 1-4-2(a)中，采样开关的周期性动作相当于产生一串如图 1-4-2 (b)所示的等强度的单位脉冲信号序列 $p(t)=\delta_\tau(t)$，其效果是相当于 $\delta_\tau(t)$ 与 $x(t)$ 进行调制，因此采样过程实际上就是连续信号 $x(t)$ 与 $\delta_\tau(t)$ 信号的调制过程，如图 1-4-2(c)所示。

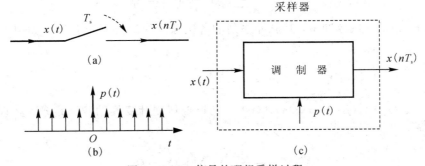

图 1-4-2　信号的理想采样过程

若 $p(t)$ 是周期为 T_s 的单位冲激函数序列 $\delta_\tau(t)$，采样频率 $\Omega_s = 2\pi/T_s$，则称为冲激采样，其表达式为

$$p(t) = \delta_\tau(t) = \sum_{n=-\infty}^{\infty} \delta(t - nT_s)$$

调制过程在数学上为两信号相乘，即调制后的理想采样信号可表示为

$$x_s(t) = \sum_{n=-\infty}^{\infty} x(t)\delta(t - nT_s)$$

在上式中，只有当 $t = nT_s$ 时才可能有非零值，因此理想采样信号可写成下式：

$$x_s(t) = x(t)\delta_\tau(t) = \sum_{n=-\infty}^{\infty} x(t)\delta(t - nT_s) = \sum_{n=-\infty}^{\infty} x(nT_s)\delta(t - nT_s) \qquad (1.4.5)$$

由于 $x_s(t)$ 是以 T_s 为周期的序列，习惯上用 $x(nT_s)$ 表示。只要已知各采样值 $x(nT_s)$，就能唯一地确定出原信号 $x(t)$ 的理想采样信号。

1.4.3 理想采样信号的频谱

如果 $x(t)$ 是如图 1-4-3(a) 所示的带限信号，即 $x(t)$ 的频谱只在区间 $(-\Omega_m, \Omega_m)$ 内为有限值，而其余区间为 0，如图 1-4-4(a) 所示。

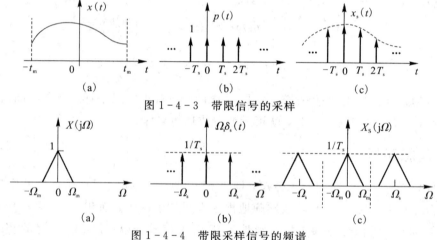

图 1-4-3　带限信号的采样

图 1-4-4　带限采样信号的频谱

图 1-4-3(b) 所示的单位脉冲信号序列 $\delta_\tau(t)$ 是以 T_s 为周期的周期函数，可展开为傅立叶级数：

$$p(t) = \delta_\tau(t) = \sum_{n=-\infty}^{\infty} \delta(t - nT_s) = \frac{1}{T_s} \sum_{n=-\infty}^{\infty} e^{jn\frac{2\pi}{T}t} \qquad (1.4.6)$$

可见，$\delta_\tau(t)$ 是频域脉冲串，其脉冲序列的各次谐波的幅值等于 $1/T_s$，如图 1-4-4(b) 所示。由式 (1.4.5) 得：

$$x_s(t) = \frac{1}{T_s} \sum_{n=-\infty}^{\infty} x(nT_s) e^{jn\Omega_s \cdot t} \qquad (1.4.7)$$

由于　$x_s(t) \leftrightarrow X_s(j\Omega_s)$，$x(t) \leftrightarrow X(j\Omega)$，则根据傅立叶变换的频移定理，其理想抽样信号的频谱为

$$X_s(j\Omega) = \frac{1}{T_s} \sum_{n=-\infty}^{\infty} X[j(\Omega - n\Omega_s)] \qquad (1.4.8)$$

从图 1-4-4(a)、(c) 中可以看出：

一个连续时间信号经过理想抽样后，其采样信号的频谱 $X_s(j\Omega)$ 完全包含了原信号的频

谱 $X(\mathrm{j}\Omega)$，并将 $X(\mathrm{j}\Omega)$ 以抽样频率 $\Omega_\mathrm{s}=2\pi/T_\mathrm{s}$ 为间隔重复，这就是频谱产生的周期延拓，而频谱幅度是原信号频谱幅度的 $1/T_\mathrm{s}$，即

$$\frac{1}{T_\mathrm{s}}X(\mathrm{j}\Omega)=\begin{cases}X_\mathrm{s}(\mathrm{j}\Omega), & |\Omega|<\Omega_\mathrm{s}/2 \\ 0, & |\Omega|\geqslant\Omega_\mathrm{s}/2\end{cases} \tag{1.4.9}$$

1.4.4　时域采样与 Nyquist 采样定理

由 1.4.3 节可知，原连续信号 $x(t)$ 被采样离散后，大部分已被丢弃，采样信号 $x_\mathrm{s}(t)$ 只是信号 $x(t)$ 的一小部分，如何保证采样信号里包含原信号的全部信息，即如何从采样信号中完全恢复出原信号的完整内容，Nyquist 采样定理从理论上明确回答了这一问题。

采样定理又称香农采样定律、奈奎斯特采样定律，是信息论、特别是通信与信号处理学科中的一个重要基本结论。E. T. Whittaker 在 1915 年发表的统计理论中首先提出该理论，克劳德·香农与亨利·奈奎斯特（Harry Nyquist）以及 V. A. Kotelnikov 都对这个定理做出了重要贡献。1928 年由美国电信工程师奈奎斯特首先将该理论引申为定理，因此称为奈奎斯特采样定理。1933 年由苏联工程师科捷利尼科夫首次用公式严格地表述这一定理，因此在苏联文献中称为科捷利尼科夫采样定理。1948 年信息论的创始人 C.E. 香农对这一定理加以明确地说明并正式作为定理引用，因此在许多文献中又称为香农采样定理。

采样定理说明了采样频率与信号频谱之间的关系，是连续信号离散化的基本依据。采样定理有许多表述形式，但最基本的表述方式是时域采样定理和频域采样定理。采样定理在数字式遥测系统、时分制遥测系统、信息处理、数字通信和采样控制理论等领域得到了广泛的应用。

奈奎斯特（Nyquist）采样定理：要使采样后不失真地还原出原信号，则采样频率必须大于等于信号谱最高频率的两倍，即

$$\Omega_\mathrm{s}\geqslant2\Omega_\mathrm{m} \quad 或 \quad f_\mathrm{s}\geqslant2f_\mathrm{m} \tag{1.4.10}$$

采样定理论述了在一定条件下一个连续信号完全可以用离散样本值表示，这些样本值包含了该连续信号的全部信息，利用这些样本值就可以恢复原来的连续信号。

- 奈奎斯特频率：通常把最低允许的采样频率 $f_\mathrm{s}=2f_\mathrm{m}$ 称为奈奎斯特频率。
- 奈奎斯特间隔：把最大允许的采样间隔 $T_\mathrm{s}=1/2f_\mathrm{m}$ 称为奈奎斯特间隔。
- 折叠频率：奈奎斯特频率的一半称为折叠频率，即 $\Omega_\mathrm{s}/2=\pi/T_\mathrm{s}$。

但是实际抽样的抽样信号不是冲激函数，而是一定宽度的矩形周期脉冲。实际抽样信号频谱的特点如下：

- 与理想抽样一样，抽样信号的频谱是连续信号频谱的周期延拓，周期为 Ω_s。
- 若满足奈奎斯特抽样定理，则不产生频谱混叠失真。
- 与理想抽样的不同点是：频谱分量的幅度有变化，抽样后频谱幅度包络随着频率的增加而下降。

例如，图 1-4-4(a) 中带限采样信号的频谱，如果设定 $\Omega\geqslant2\Omega_\mathrm{m}$，如图 1-4-4(c) 所示，则其采样信号的频谱不发生混叠，因此能利用低通滤波器从 $X_\mathrm{s}(\mathrm{j}\Omega)$ 中取出 $X(\mathrm{j}\Omega)$，即从 $x_\mathrm{s}(t)$ 中恢复原信号 $x(t)$。否则，如果采样频率小于奈奎斯特频率，则频谱将发生混叠，如图 1-4-5 所示。这样的频谱将无法完整的恢复原信号，即恢复后的信号将产生严重失真。在实际应用中，为了防止发生频谱混叠，一般在信号输入的前级加装一个防混叠滤波

器，以限制输入信号的最高频率，使输入信号成为带限信号。

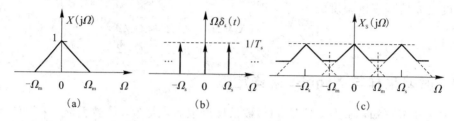

图 1-4-5 频谱混叠

1.4.5 信号恢复与理想低通滤波器

由前面几节的讨论可知，一个频谱在区间（$-\Omega_m$，Ω_m）以外为 0 的带限信号 $x(t)$，可唯一地由其在均匀间隔 $T_s < 1/(2f_m)$ 上的样值点 $x(nT_s)$ 确定。因此，要恢复原信号必须满足两个条件：

（1）$x(t)$ 必须是带限信号。

（2）采样频率不能太低，必须满足 $f_s \geqslant 2f_m$，或者说采样间隔不能太大，必须满足 $T_s < 1/(2f_m)$，否则将发生混叠。

理想低通滤波器将采样信号恢复为连续信号，这个连续信号近似地逼近原信号。理想低通滤波器的特性如下：

$$H(j\Omega) = \begin{cases} T_s, & |\Omega| < \dfrac{\Omega_s}{2} \\ 0, & |\Omega| \geqslant \dfrac{\Omega_s}{2} \end{cases} \tag{1.4.11}$$

一个采样信号的频谱如图 1-4-6 所示，理想低通滤波器如图 1-4-7 所示，是宽度为 Ω_s、高度为 T_s 的矩形。

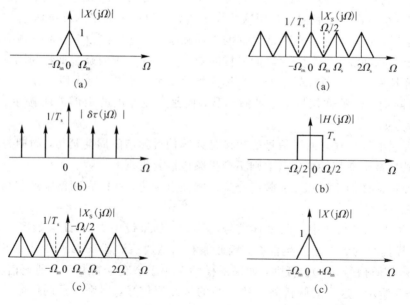

图 1-4-6 采样信号的频谱   图 1-4-7 理想低通滤波器

理想低通滤波器的时域特性为

$$h(t) = T_s \frac{\Omega_c}{\pi} \mathrm{Sa}(\Omega_c t) \tag{1.4.12}$$

其中，$\Omega_c = \Omega_s/2$，将抽样后的信号通过理想低通滤波器就可得到原信号的频谱：

$$Y(\mathrm{j}\Omega) = X_s(\mathrm{j}\Omega) H(\mathrm{j}\Omega) = \frac{1}{T_s} X(\mathrm{j}\Omega) T_s = X(\mathrm{j}\Omega) \tag{1.4.13}$$

所以输出端即为原模拟信号 $y(t) = x(t)$。

这样的理想滤波器在实际中是做不到的，只能是近似的，因此失真是不可避免的，在实际中只能选择不同种类的滤波器和不同参数的滤波器逼近理想滤波器，使输出失真最小，满足工程需要。

理想低通滤波器虽不可实现，但是在一定精度范围内可用一个可实现的滤波器来逼近它。在实际中，$x(t)$ 在许多情况下也不是理想的带限信号，但可以在采样前使用一个滤波器对其整形，使其近似于带限信号。

理想低通滤波器的输出：

$$y(t) = x(t) = \int_{-\infty}^{\infty} \hat{x}(\tau) h(t-\tau) \mathrm{d}\tau = \sum_{n=-\infty}^{\infty} x(nT_s) h(t-nT_s)$$

$$= \sum_{n=-\infty}^{\infty} x(nT_s) \frac{\sin\left[\dfrac{\pi}{T_s}(t-nT_s)\right]}{\dfrac{\pi}{T_s}(t-nT_s)} \tag{1.4.14}$$

其中，$h(t-nT_s) = \dfrac{\sin\left[\dfrac{\pi}{T_s}(t-nT_s)\right]}{\dfrac{\pi}{T_s}(t-nT_s)}$ 称为内插函数，是一个抽样函数，一般用 Sa() 函数表示，

波形如图 1-4-8 所示。其特点是在采样 nT_s 点上函数值为 1，其余采样点上函数值为 0。

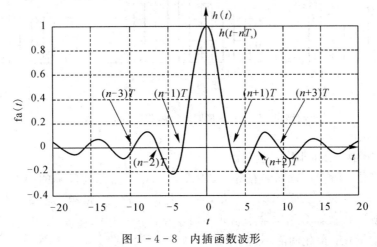

图 1-4-8　内插函数波形

信号的恢复重建是对样本进行插值的过程，可以视为将抽样函数进行不同时刻移位后加权求和的结果，其加权的权值为采样信号在相应时刻的定义值。在每一个采样点上，内插函数等于 1，$y(t)$ 等于各 $x(nT_s)$ 乘以对应的内插函数之总和。在 MATLAB 中可以利用抽样函数 Sinc() 来表示 Sa()。

理想低通滤波器的冲激响应为

$$h(t) = \frac{1}{2\pi} \int_{-\infty}^{\infty} H(\text{j}\Omega) \text{e}^{\text{j}\Omega t} \text{d}\Omega = \frac{T_s}{2\pi} \int_{-\Omega_s/2}^{\Omega_s/2} \text{e}^{\text{j}\Omega t} \text{d}\Omega = \frac{\sin\left(\dfrac{\pi}{T_s}t\right)}{\dfrac{\pi}{T_s}t} \qquad (1.4.15)$$

1.4.6　采样信号的量化与编码

模拟信号抽样后变成时间上离散的信号，但在幅度上仍然是模拟信号，这个信号必须经过量化后才能成为在幅度、时间上都离散的离散信号，编码后成为数字信号。

1. 量化原理

模拟信号抽样后时间上信号离散，但幅度上仍然连续变化（即幅度取值是无限的），接收时无法准确判定样值。解决办法是用有限的电平来表示抽样值，即量化。

量化原理的定义：按预先规定的有限个电平表示模拟抽样值的过程。

作用：把取值连续的信号变成取值离散的信号。

量化噪声（量化误差）：量化输出电平与信号抽样的实际电平值之间的差值。

采样信号脉冲的量化方法：舍去法和四舍五入法。

（1）舍去法：将超过量化电平部分舍弃，只取整数。舍弃部分就是量化误差。

（2）四舍五入法：按照四舍五入规则进行取舍。舍弃、进位部分就是量化误差。

对如图 1-4-9(a) 所示的信号，舍去法的结果如图 1-4-9(b) 所示，即 $x(t) = \{2, 2, 2, 3, 3, 2\}$；四舍五入的结果如图 1-4-9(c) 所示，斜线阴影为舍去部分，虚线上部为进位部分，即 $x(t) = \{2, 2, 3, 4, 3, 3\}$。

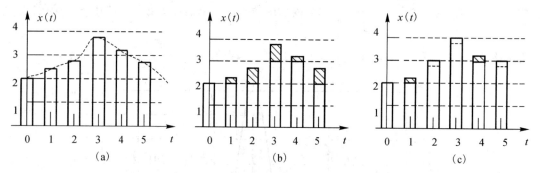

图 1-4-9　量化的舍去法和四舍五入法

2. 量化分类

量化分为均匀量化和非均匀量化。

（1）均匀量化：所有量化间隔相等，量化器输出电平是量化间隔的中点。

当输入信号较小时，若采用均匀量化，则量化误差较大，量噪比较低，为了改善小信号时的信号量噪比，在实际应用中常采用非均匀量化。

（2）非均匀量化：量化间隔不相等。

非均匀量化时，量化间隔是随信号抽样值的不同而变化的，其基本思路是：对幅度比较小的信号，采用较小的量化间隔；对幅度较大的信号，则采用较大的量化间隔。目的是增加小信号时的信号量化噪声比，同时尽可能减少量化器的分层数。基本方法是先对信号作非线性变换，然后进行均匀量化。

练 习 与 思 考

1-1 如题 1-1 图所示的序列，用单位脉冲序列 $\delta(n)$ 及其加权和表示。

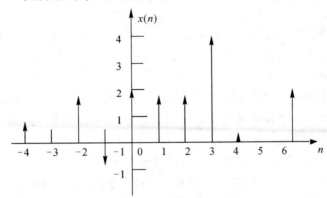

题 1-1 图 脉冲序列

1-2 给定信号：

$$x(n) = \begin{cases} 2n+5, & -4 \leqslant n \leqslant -1 \\ 6, & 0 \leqslant n \leqslant 4 \\ 0, & 其他 \end{cases}$$

(1) 画出 $x(n)$ 序列的波形，标上各序列的值；

(2) 试用延迟单位脉冲序列及其加权和表示 $x(n)$ 序列；

(3) 令 $x_1(n) = 2x(n-2)$，试画出 $x_1(n)$ 的波形；

(4) 令 $x_2(n) = 2x(n+2)$，试画出 $x_2(n)$ 的波形；

(5) 令 $x_3(n) = 2x(2-n)$，试画出 $x_3(n)$ 的波形。

1-3 判断下面的序列是否是周期的，若是周期的，确定其周期。

(1) $x(n) = A\cos\left(\dfrac{3}{7}\pi n - \dfrac{\pi}{8}\right)$，$A$ 是常数；

(2) $x(n) = e^{j\left(\frac{1}{8}n - \pi\right)}$；

(3) $x(n) = A\sin\left(\dfrac{13\pi}{3}n\right)$；

(4) $x(n) = e^{j\left(\frac{\pi}{6} - \pi\right)}$。

1-4 选择题

(1) 信号 $f(4-2k)$ 是（   ）。

A. $f(2k)$ 向右移 4   B. $f(2k)$ 向左移 4

C. $f(-2k)$ 向左移 2   D. $f(-2k)$ 向右移 2

(2) 已知 $f(n)$，n_0、a 为正数，为求 $f(n_0 - an)$，下列运算正确的是（   ）。

A. $f(-an)$ 向左移 n_0 B. $f(-an)$ 向右移 n_0/a

C. $f(an)$ 向左移 n_0 D. $f(an)$ 向右移 n_0/a

(3) $\varepsilon(3-n)\varepsilon(n) = ($ $)$。

A. $\varepsilon(n) - \varepsilon(n-3)$ B. $\varepsilon(n)$

C. $\varepsilon(n) - \varepsilon(3-n)$ D. $\varepsilon(3-n)$

1-5　思考题

（1）如何运用数字信号处理技术处理模拟信号？画出流程框图。

（2）在 A/D 变换之前和 D/A 变换之后都要让信号通过一个低通滤波器，它们分别起什么作用？

（3）如何对频带无限的模拟信号进行取样？工程中取样频率一般如何确定？

（4）模拟信号也可以与数字信号一样在计算机上进行数字信号处理，但要增加一道采样的工序，请判断此说法是否正确。

1-6　过滤限带的模拟数据时，常采用数字滤波器，如题 1-6 图所示，把从 $x(t)$ 到 $y(t)$ 的整个系统等效为一个模拟滤波器，图中 $T=0.1$ ms 表示采样周期，假设该 T 值已经足够小，足以防止混叠效应。

（1）如果 $h(n)$ 截止于 $\pi/8$，求整个系统的截止频率。

（2）如果 $1/T=20$ kHz，重复（1）的计算，求整个系统的截止频率。

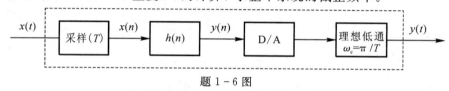

题 1-6 图

1-7　有一连续信号 $x(t)=\cos(2\pi ft+\varphi)$，式中 $f=20$ Hz，$\varphi=\dfrac{\pi}{6}$

（1）求出 $x(t)$ 的周期。

（2）用采样间隔 $T_s=0.02$ s 对 $x(t)$ 进行采样，试写出采样信号序列 $x(n)$ 的表达式。

（3）画出时域离散信号 $x(n)$ 的波形，并求出 $x(n)$ 的周期。

1-8　一个理想采样系统，采样频率为 8π，采样后经理想低通滤波器还原：

$$H(\mathrm{j}\Omega)=\begin{cases}1/4, & |\Omega|<4\pi \\ 0, & |\Omega|\geqslant 4\pi\end{cases}$$

今有两输入 $x_1(t)=\cos(2\pi t)$，$x_2(t)=\cos(5\pi t)$，问输出信号 $y_1(t)$、$y_2(t)$ 有没有失真？为什么？

第 2 章

离散时间系统的分析

离散时间系统是将一个序列变换成另一序列的系统，它有多种类型，其中线性时不变离散时间系统是最基本、最重要的系统。单位脉冲响应和频率响应是描述系统特性的主要特征参数，零状态响应和因果稳定性是系统分析的重要内容。差分方程和系统函数是描述系统的常用数学模型，差分方程反映了系统输入与输出的运动状态，是时域描述系统的通用数学模型；系统函数是零状态下系统输出与输入的 Z 变换之比，在时域与频域之间起桥梁作用。

■ 2.1 离散时间系统

2.1.1 线性系统

系统是一个由若干互相有关联的单元组成，并且有某种功能来用以完成、达到特定目的的一个整体。系统中各子系统的输入、输出信号均表现为脉冲序列或数码形式的离散信号（数字信号），该系统为离散系统。

离散时间系统的数学模型是差分方程式，也可以用系统函数、方框图、信号流图来表示，这种表示避开了系统的内部结构，而集中着眼于系统的输入输出关系，使对系统输入输出关系的考察更加直观明了。

如果已知系统的方程或系统函数，我们也可以用一些基本单元来构成系统，称为系统的模拟。系统的表示是系统分析的基础，而系统的模拟是系统综合的基础。

在离散时间系统中，基本运算单元是移位（延迟）、乘系数和相加，相应的基本硬件单元是移位（延迟）器、乘法器（包括标量乘法器）和加法器，如图 2-1-1 所示。

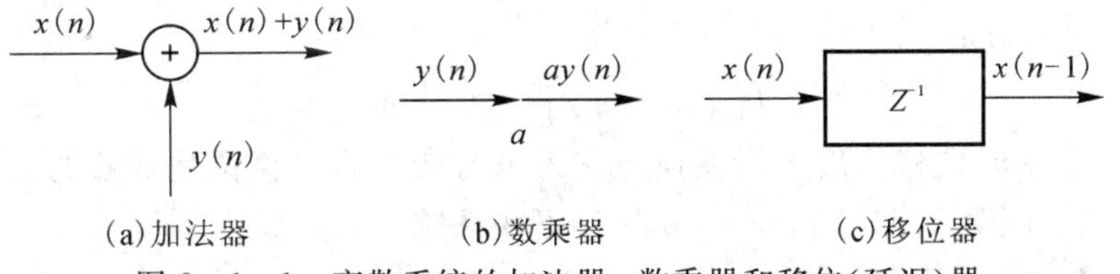

(a)加法器　　　　　(b)数乘器　　　　　(c)移位器

图 2-1-1 离散系统的加法器、数乘器和移位（延迟）器

离散系统也有线性和非线性之分。在离散系统中，若满足叠加性和比例性（或齐次性）特点的为线性系统，否则为非线性系统。

对两个激励 $y_1(n) = T[x_1(n)]$ 和 $y_2(n) = T[x_2(n)]$ 有

$$T[ax_1(n) + bx_2(n)] = aT[x_1(n)] + bT[x_2(n)] = ay_1(n) + by_2(n) \tag{2.1.1}$$

　　式中 a、b 为任意常数，该式具有满足叠加性和比例性（或齐次性）的特点。不满足该式的为非线性系统。

　　线性系统具有"零输入产生零输出"的特性，也可以由此判断是否为线性系统。

　　例 2 - 1 - 1　已知 $y(n) = 4x(n) + 6$，验证该系统是否为线性系统。

　　解　验证系统是否满足叠加原理。

　　若 $x_1(n) = 3$，则

$$y_1(n) = 4 \times 3 + 6 = 18$$

　　$x_2(n) = 4$，则

$$y_2(n) = 4 \times 4 + 6 = 22$$

得

$$y_1(n) + y_2(n) = 18 + 22 = 40$$

而

$$x_3(n) = x_1(n) + x_2(n) = 3 + 4 = 7, \quad y_3(n) = 4x_3(n) + 6 = 4 \times 7 + 6 = 34 \neq 40$$

由于该系统不满足可加性，所以不是线性系统。

　　也可以利用线性系统的"零输入产生零输出"的特性验证，即当 $x(n) = 0$ 时，$y(n) = 6 \neq 0$，不满足线性系统的"零输入产生零输出"的特性，因此它不是线性系统。

2.1.2　时不变性

　　系统可以看做是一个黑匣子，系统分析可从系统的端部出发，研究在不同信号的激励下，经过系统的处理、运算，分析其输出特性，而不考虑黑匣子内部的变量关系。$T[.]$ 表示这种处理或运算关系，即

$$y(n) = T[x(n)] \tag{2.1.2}$$

　　符号"$T[.]$"表示系统的映射或处理，可以把 $T[.]$ 简称为系统。

　　对 $T[.]$ 加以各种约束，可定义出各类连续和离散时间系统，例如线性系统、非时变（时不变）系统、因果和稳定系统。系统中最重要、最常用的是"线性、时不变系统 LTI"，描述该离散系统的输入、输出特性使用常系数线性差分方程。

　　若系统的响应与激励信号与该系统的时刻无关，则该系统为时不变系统。时不变系统的参数不随时间而变化，即不管输入信号作用的时间先后，对应输出响应信号的形状均相同，仅是出现的时间不同。由于在离散系统中时间的变化主要靠移位来实现，故一般也称为移不变系统（LSI）。用数学表达式表示为

　　若 $T[x(n)] = y(n)$，则

$$T[x(n-n_0)] = y(n-n_0) \tag{2.1.3}$$

这说明序列 $x(n)$ 先移位后进行变换与它先进行变换后再移位是等效的。

　　例 2 - 1 - 2　证明 $y(n) = 4x(n) + 6$ 是移不变系统。

　　解　（1）将 $y(n)$ 移位：

$$y(n-m) = 4x(n-m) + 6$$

　　（2）进行变换，将所有 x 函数的自变量 n 替换为自变量 $n-m$：

$$T[x(n-m)] = 4x(n-m) + 6$$

　　（3）比较：

$$y(n-m)=T[x(n-m)]$$

所以，该系统是移不变系统。

2.1.3 线性时不变系统

在离散系统中，既满足叠加原理又具有时不变特性，即同时具有线性和移不变性的离散时间系统称为线性移不变系统，简称为 LSI(Linear Shift Invariant)系统，它可以用单位脉冲响应来表示。单位脉冲响应是输入端为单位脉冲序列时的系统输出，一般表示为 $h(n)$，即 $h(n)=T[\delta(n)]$。

任一输入序列 $x(n)$ 的响应为

$$y(n)=T[x(n)]=T\Big[\sum_{k=-\infty}^{\infty}x(k)\delta(n-k)\Big]$$

由于系统是线性的，所以也可以写成

$$y(n)=T[x(n)]=\sum_{k=-\infty}^{\infty}x(k)T[\delta(n-k)]$$

设系统对单位采样序列 $\delta(n)$ 的响应是 $h(n)$，即 $T[\delta(n)]=h(n)$。又由于系统是时不变的，即有

$$T[\delta(n-k)]=h(n-k) \tag{2.1.4}$$

2.1.4 因果稳定系统(物理可实现系统)

1. 因果系统

因果系统的定义：系统的输出 $y(n)$ 只取决于此时与此时以前的输入，即 $x(n)$、$x(n-1)$、$x(n-2)$ 等，而与该时刻以后(即"未来"的)的输入没关系。通俗地说，就是系统无输入信号的激励就无响应输出，输出不能超前于输入，这样的系统称为"因果系统"。因果系统是"物理可实现系统"，就是说实际应用的系统都是因果系统。

相反，不满足上述关系的是"非因果系统"，即系统的输出 $y(n)$ 不只取决于此时与此时以前的输入，即 $x(n)$、$x(n-1)$、$x(n-2)$ 等，还取决于该时刻以后的(即"未来"的)输入 $x(n+1)$、$x(n+2)$ 等。即系统的输出还取决于未来的输入，这样在时间上就违背了因果关系，因而是"非因果系统"，也就是"物理不可实现系统"。

与模拟系统不同的是，离散系统可以实现非实时的非因果系统。许多重要的网络，如频率特性为理想矩形的理想低通滤波器、理想微分器等都是非因果的物理不可实现系统。但是，数字信号处理有些往往是非实时的，即便是实时的处理，也允许有延时。这对于某一个输出 $y(n)$ 来说，已有大量的未来输入 $x(n+1)$、$x(n+2)$ 等，这些输入存储在存储器中可以被调用，即用具有很大延时的因果系统去逼近物理不可实现的非因果系统，这也是数字系统优于模拟系统的特点之一。

2. 稳定系统

当一个系统受到某种干扰时，在干扰消失后其所引起的系统响应最终也随之消失，即系统能够回到干扰作用前的状态则该系统就是稳定的，否则就是不稳定的系统。

3. 因果稳定系统

因果稳定系统同时满足因果性、稳定性。

对于离散系统，因果稳定系统 $H(z)$ 的收敛域为 $r<|z|\leqslant\infty$　　($r<1$)。

对于因果稳定系统的系统函数，其全部极点必须在单位圆内。

稳定的因果系统通常称为"物理可实现系统"，非因果系统通常称为"物理不可实现系统"。与模拟系统不同的是，离散系统可以实现非实时的非因果系统。

2.1.5　线性时不变系统的分析方法

对线性时不变系统进行分析具有非常重要的意义，这是因为：一方面，实际工作中的大多数系统在指定条件下可被近似为线性时不变系统；另一方面，线性时不变系统的分析方法已经比较成熟，形成了较为完善的体系。因此，线性时不变系统的分析也是研究时变系统或非线性系统的基础。

系统分析研究的主要问题：对给定的具体系统，求出它对给定激励的响应。具体地说：系统分析就是建立表征系统的数学方程并求出解答。因此，分析线性系统一般必须首先建立描述系统的数学模型，然后再进一步求得系统数学模型的解。在建立系统模型方面，系统的数学描述方法可分两类：一类称为输入、输出描述法（外部法）；另一类称为状态变量描述法（内部法）。

输入、输出描述法着眼于系统激励与响应的关系，并不涉及系统内部变量的情况。因而，这种方法对于单输入、单输出系统较为方便，对离散系统是用常系数线性差分方程来描述。

从系统数学模型的求解方法来讲，线性时不变系统的分析方法基本上可分为时域方法和变换域方法两类。

1. 时域分析法

时域法是直接分析时间变量的函数，研究系统的时域特性。对于输入-输出描述的数学模型，可求解常系数线性差分方程。在线性系统时域分析方法中，卷积方法非常重要，不管是在连续系统中的卷积还是在离散系统中的卷积和，都为分析线性系统提供了简单而有效的方法。

2. 变换域分析法

变换域方法是将信号与系统的时间变量函数变换成相应变换域的某个变量函数。例如，Z 变换注重研究零点与极点分布，对系统进行 Z 域分析。变换域方法可以将分析中的差分方程转换为代数方程，或将卷积和转换为乘法运算，使信号与系统分析的求解过程变得简单而方便。

在分析线性时不变系统中，时域法和变换域法都以叠加性、线性和时不变性为分析问题的基准。首先把激励信号分解为某种基本单元信号，然后求出在这些基本单元信号分别作用下系统的零状态响应，最后叠加。离散系统变换域分析采用的数学工具有离散卷积、Z 变换和傅立叶变换。应该指出，卷积方法求得的只是零状态响应，而变换域方法不限于求零状态响应，也可用来求零输入响应或直接求全响应，它是求解数学模型的有力工具。

2.2　线性离散卷积

2.2.1　线性离散卷积的定义

从式(2.1.4)得

$$y(n) = T[x(n)] = \sum_{k=-\infty}^{\infty} [x(k)h(n-k)]$$

这个公式称为离散卷积，用"$\otimes$"表示，即线性离散卷积的定义如下：

$$y(n) = \sum_{k=-\infty}^{\infty} [x(k)h(n-k)] = x(n) \otimes h(n) \qquad (2.2.1)$$

注意：该式的结论非常重要，它清楚地表明，当线性时不变系统的单位采样响应 $h(n)$ 确定时，系统对任何一个输入 $x(n)$ 的响应 $y(n)$ 就确定了，$y(n)$ 可以表示成 $x(n)$ 和 $h(n)$ 之间的一种简单的运算形式即线性卷积。或者说，对线性时不变系统的任何有意义的输入都可以用卷积的方式来求其输出。

该结论不仅有理论上的重要意义，更重要的是离散卷积是简单的运算，可以很容易实现，具有明显的实用意义。为了区别于其他种类的离散卷积，该离散卷积也称为"线性离散卷积"或"直接离散卷积"。卷积结果的长度（即输出的元素个数）为：

$$\text{length}(y) = \text{length}(x) + \text{length}(h) - 1$$

2.2.2　线性离散卷积的运算规律与性质

离散卷积的运算规律与性质与连续卷积相似。但离散卷积存在一些固有的运算规律，这些规律实际上反映了系统的不同结构。

（1）交换律。

$$x(n) \otimes h(n) = h(n) \otimes x(n) \qquad (2.2.2)$$

交换律表明，卷积的序列与次序无关。其意义是：将系统的单位采样响应 $h(n)$ 和输入 $x(n)$ 位置互换，系统的输出不变。

（2）结合律。

$$[x(n) \otimes h_1(n)] \otimes h_2(n) = [x(n) \otimes h_2(n)] \otimes h_1(n)$$
$$= x(n) \otimes [h_1(n) \otimes h_2(n)] \qquad (2.2.3)$$

结合律表明，级联（串联）系统的变换，在输出结果上与级联次序无关。其意义是：互换级联（串联）系统的顺序，或系统级联可以等效为一个系统，系统的输出不变，如图 2-2-1 所示的 3 个系统相同。

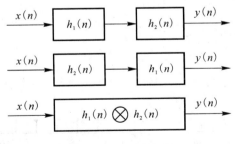

图 2-2-1　结合律

（3）分配律。

$$x(n) \otimes [h_1(n) + h_2(n)] = x(n) \otimes h_1(n) + x(n) \otimes h_2(n) \qquad (2.2.4)$$

分配律表明，并联系统的变换等于各子系统变换之和，或并联系统可以等效为一个系统，系统的输出不变，如图 2-2-2 所示。

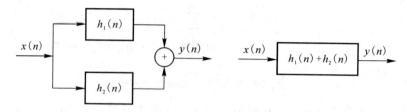

图 2-2-2　分配律

（4）"筛选"特性。

所谓"筛选"特性，就是信号与 $\delta(n)$ 卷积后该信号不变。其物理意义是：输入信号 $x(n)$ 通过一个零相位的全通系统，因此输出信号没有发生变化，还是原来的信号，即

$$x(n) \otimes \delta(n) = x(n) \tag{2.2.5}$$

（5）与 $\delta(n-k)$ 卷积的移位性。

$$x(n) \otimes \delta(n-k) = x(n-k) \tag{2.2.6}$$

其物理意义是：输入信号 $x(n)$ 通过一个线性相位的全通系统，输出信号除了产生一定的位移外，其他没有变化。

（6）离散卷积不存在微分、积分性质。

2.2.3　离散序列卷积的图解法

离散卷积过程：序列反褶→移位→相乘→取和。

例 2-2-1　已知输入序列为 $x(n) = \begin{cases} 1, & 0 \leqslant n \leqslant 4 \\ 0, & \text{其他} \end{cases}$，系统的单位脉冲响应为：$h(n) = \begin{cases} 0.5, & 0 \leqslant n \leqslant 5 \\ 0, & \text{其他} \end{cases}$，求两者的卷积。

解　线性卷积的方法和步骤如下：

根据题意得 $x = [1,1,1,1,1]$，$h = [0.5, 0.5, 0.5, 0.5, 0.5, 0.5]$，其图形形式如图 2-2-3 所示。

（1）将时间变量换成 k，并对 $h(k)$ 围绕纵轴折叠，得 $h(-k)$，如图 2-2-4 所示。

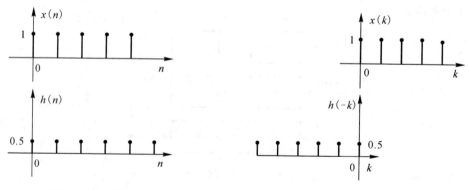

图 2-2-3　输入的卷积函数　　　图 2-2-4　序列反褶

（2）在图 2-2-4 中，将对应项 $x(k)$ 和 $h(-k)$ 相乘，得 $y(0)$

$$y(0) = \sum_{k=-\infty}^{\infty} x(k)h(-k) = x(0)h(0) = 1 \times 0.5 = 0.5$$

（3）对其移位得 $h(n-k)$，当 $n>0$ 时，依次对 $h(-k)$ 右移 n 位，将对应项 $x(k)$ 与 $h(n-k)$ 相乘，然后将各子项相加得到 $y(n)$。如图 2-2-5 所示，对 $h(-k)$ 右移 1 位，将对应项 $x(k)$ 与 $h(1-k)$ 相乘，然后将各子项相加得到 $y(1)$。

$$y(1) = \sum_{k=-\infty}^{\infty} x(k)h(1-k) = x(0)h(1) + x(1)h(0) = 1 \times 0.5 + 1 \times 0.5 = 1$$

$$y(2) = \sum_{k=-\infty}^{\infty} x(k)h(2-k) = 1.5, \quad y(3) = \sum_{k=-\infty}^{\infty} x(k)h(3-k) = 2$$

当 $n=3$ 时的图形如图 2-2-6 所示。

依此类推，求出其他子项如下：

$$y(4) = \sum_{k=-\infty}^{\infty} x(k)h(4-k) = 2.5$$

$$y(5) = \sum_{k=-\infty}^{\infty} x(k)h(5-k) = 2.5$$

$$y(6) = \sum_{k=-\infty}^{\infty} x(k)h(6-k) = 2$$

$$\cdots\cdots$$

$$y(9) = \sum_{k=-\infty}^{\infty} x(k)h(9-k) = 0.5$$

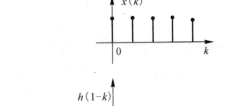

图 2-2-5 对 $h(-k)$ 右移 1 位

最后得

$$y(n) = [0.5, 1, 1.5, 2, 2.5, 2.5, 2, 1.5, 1, 0.5]$$

其长度为 $\text{length}(y) = \text{length}(x) + \text{length}(h) - 1 = 10$，其卷积结果序列图形如图 2-2-7 所示。

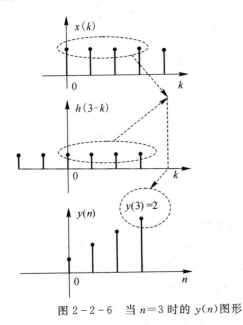

图 2-2-6 当 $n=3$ 时的 $y(n)$ 图形

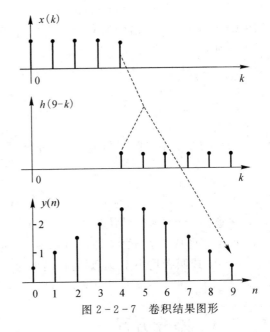

图 2-2-7 卷积结果图形

2.2.4 离散序列卷积的解析法

离散序列卷积的计算除了图解法外，还有解析法。根据题意得

$$x(n)=\delta(n)+\delta(n-1)+\delta(n-2)+\delta(n-3)+\delta(n-4)$$

$$h(n)=0.5\delta(n)+0.5\delta(n-1)+0.5\delta(n-2)+0.5\delta(n-3)+0.5\delta(n-4)+0.5\delta(n-5)$$

由式(2.2.5)和式(2.2.6)得：

$$x(n)\otimes A\delta(n-k)=Ax(n-k)$$

得出结果如下：

$$
\begin{aligned}
y(n)&=x(n)\otimes h(n)\\
&=\delta(n)\otimes h(n)+\delta(n-1)\otimes h(n)+\delta(n-2)\otimes h(n)+\delta(n-3)\otimes h(n)+\delta(n-4)\otimes h(n)\\
&=0.5\delta(n)+0.5\delta(n-1)+0.5\delta(n-2)+0.5\delta(n-3)+0.5\delta(n-4)+0.5\delta(n-5)\\
&\quad+0.5\delta(n-1)+0.5\delta(n-2)+0.5\delta(n-3)+0.5\delta(n-4)+0.5\delta(n-5)\\
&\quad+0.5\delta(n-6)+0.5\delta(n-2)+0.5\delta(n-3)+0.5\delta(n-4)+0.5\delta(n-5)\\
&\quad+0.5\delta(n-6)+0.5\delta(n-7)+0.5\delta(n-3)+0.5\delta(n-4)+0.5\delta(n-5)\\
&\quad+0.5\delta(n-6)+0.5\delta(n-7)+0.5\delta(n-8)+0.5\delta(n-4)+0.5\delta(n-5)\\
&\quad+0.5\delta(n-6)+0.5\delta(n-7)+0.5\delta(n-8)+0.5\delta(n-9)\\
&=0.5\delta(n)+\delta(n-1)+1.5\delta(n-2)+2\delta(n-3)+2.5\delta(n-4)+2.5\delta(n-5)\\
&\quad+2\delta(n-6)+1.5\delta(n-7)+\delta(n-8)+0.5\delta(n-9)
\end{aligned}
$$

给出的卷积结果图形与图 2-2-7 相同。

2.2.5 使用 conv( )函数计算序列卷积

由前面可知，离散卷积过程是序列反褶→移位→相乘→取和。在 MATLAB 中使用函数 conv( )也可以完成该过程，计算两个离散序列卷积和，其调用格式为

    y=conv(x, h)

其中，x、h 分别为待卷积的两序列的向量，y 是卷积的结果。如果 N=length(x)、M=length(h)，则输出序列 y 的长度 length(y)=N+M-1。

例如：

```
>> x=[1, 1, 1, 1, 1]; h=[0.5, 0.5, 0.5, 0.5, 0.5, 0.5];
>> y=conv(x, h)
>> m=length(y)-1; n=0: m;
>> stem(n, y); axis([-5, 15, 0, 3]);
```

给出的卷积结果图形与图 2-2-7 相同，结果存放在数组 y 中。

```
>> y
y = 0.5000    1.0000    1.5000    2.0000    2.5000    2.5000
    2.0000    1.5000    1.0000    0.5000
```

注意：conv( )函数默认只能计算从 $n=0$ 开始的右边序列卷积。

如果序列从负值开始，即 $\{x(n), n_{x1} \leqslant n \leqslant n_{x2}\}$，$\{h(n), n_{h1} \leqslant n \leqslant n_{h2}\}$。其中，$n_{x1}$ 或 n_{h1} 小于 0，或两者均小于 0，则卷积结果为

$$\{y(n), (n_{x1}+n_{h1}) \leqslant n \leqslant (n_{x2}+n_{h2})\}$$

2.3 差分方程

一个线性的连续时间系统总可以用线性微分方程来表达。而对于离散时间系统，由于

其变量 n 是离散整型变量，故只能用差分方程来反映其输入输出序列之间的运算关系。

2.3.1 差分方程的建立

1. 离散系统的时域模型

一般来说，一个线性时不变系统可以用常系数线性差分方程来描述。设系统输入信号为序列 $x(n)$，系统输出序列为 $y(n)$，差分方程的一般形式为

$$\sum_{i=0}^{N} a_i y(n-i) = \sum_{j=0}^{M} b_j x(n-j) \tag{2.3.1}$$

差分方程中，未知序列变量的最高值为差分方程的阶数；如果未知序列系数的幂次数为 1，则为线性差分方程；如果未知序列的系数为常数，则为常系数线性差分方程。若系数中含有自变量 n，则为变系数线性差分方程。

上式中，a_i、b_j 为常数（$a_0=1$），称为常系数线性差分方程，差分方程为 N 阶。

2. 差分方程的获得

差分方程可由下列途径获得。

（1）由实际问题直接得到差分方程。

例如，$y(n)$ 表示某国在第 n 年的人口数，a、b 是常数，分别代表出生率和死亡率。设 $x(n)$ 是国外移民的净增数，则该国在第 $n+1$ 年的人口总数为

$$y(n+1) = y(n) + ay(n) - by(n) + x(n) = (a-b+1)y(n) + x(n)$$

（2）由微分方程导出差分方程。

如图 $2-3-1$ 所示的 RC 低通滤波网络，满足下列微分方程：

$$C\frac{\mathrm{d}y(t)}{\mathrm{d}t} = \frac{x(t)-y(t)}{R} \quad 即 \quad \frac{\mathrm{d}y(t)}{\mathrm{d}t} = -\frac{1}{RC}y(t) + \frac{1}{RC}x(t)$$

其中，$y(t)$ 为输出，$x(t)$ 为输入，时间为 t。

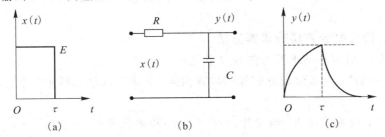

图 $2-3-1$ RC 低通滤波网络

对于上述一阶常系数线性微分方程，若用等间隔 T 对 $y(t)$ 采样，在 $t=nT$ 各点的采样值为 $y(nT)$。根据微分的定义，当 T 足够小时有

$$\frac{\mathrm{d}y(t)}{\mathrm{d}t} = \frac{y[(n+1)T] - y(nT)}{T}$$

若用等间隔 T 对 $x(t)$ 采样，在 $t=nT$ 各点的采样值为 $x(nT)$，微分方程可写为

$$\frac{y[(n+1)T] - y(nT)}{T} = -\frac{1}{RC}y(nT) + \frac{1}{RC}x(nT)$$

为计算简单起见，若令 $T=1$，则上式为

$$y(n+1) - y(n) = -\frac{1}{RC}y(n) + \frac{1}{RC}x(n)$$

即

$$y(n+1) - by(n) = ax(n)$$

式中，$y(n)$ 为当前输出，$b = 1 - \dfrac{1}{RC}$，$a = \dfrac{1}{RC}$。

当采样间隔 T 足够小时，上述一阶常系数线性微分方程可近似用一阶常系数线性差分方程代表，计算机正是利用这一原理来求解微分方程。

（3）由系统框图写差分方程。

根据系统框图中所表示的移位器、乘法器和加法器的关系，写出差分方程。

例 2 - 3 - 1　由系统框图写差分方程。

如图 2 - 3 - 2 所示是一个简单的离散系统，可写为 $y(n) = ax(n) + x(n-1)$。

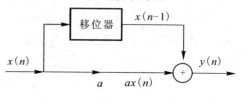

该式是该系统的软件算法，由移位、数乘和加法运算组成。而图 2 - 3 - 2 是该系统的硬件结构，由一个移位器、一个数乘器（标量乘法器）和一个加法器组成。

图 2 - 3 - 2　一个简单的离散系统

3. 差分方程的特点

差分方程的重要特点如下：

（1）系统当前的输出（即在 k 时刻的输出）$y(k)$，不仅与激励有关，而且与系统过去的输出 $y(k-1)$，$y(k-2)$，$\cdots$，$y(k-n)$ 有关，即系统具有记忆功能。

（2）差分方程的阶数：差分方程中变量的最高和最低序号差数为阶数。

（3）微分方程可以用差分方程来逼近，微分方程的解是精确解，差分方程的解是近似解，两者有许多类似之处。

（4）差分方程描述离散时间系统，输入序列与输出序列间的运算关系与系统框图有一一对应关系。

4. 常系数线性差分方程的求解方法

常系数线性差分方程的求解方法有以下几种：

（1）时域经典法。与求解微分方程的步骤相同，先求齐次解和特解，然后代入边界条件求待定系数。

（2）递推法，或称迭代法。给定输入序列 $x(n)$ 和初始条件 $y(-1)$，$\cdots$，$y(-n)$，就可以由 2.2.3 节介绍的各个递推式计算 $n \geqslant 0$ 时的输出 $y(n)$。该方法简单，但只能给出数值解，不能给出闭式解（即解析式）。

（3）卷积法。利用离散卷积求系统的零状态响应。

（4）Z 变换法。

2.3.2　差分方程的经典解法

离散系统差分方程的经典解法与求解连续系统微分方程的步骤类似，先求齐次解 $y_h(k)$ 和特解 $y_p(k)$，然后代入边界条件求待定系数。

离散系统响应的分解方式与连续系统相同：齐次解 $y_h(k)$ 代表零输入响应（Zero-input）、自由响应（Natural）或暂态响应（Transient）；特解 $y_p(k)$ 代表零状态响应（Zerostate)、受迫响应(强迫响应 forced)或稳态响应(Steady-state)。

1. 求齐次解 $y_h(k)$

齐次方程如下

$$\sum_{n=0}^{N} a_n y(k-n) = 0 \tag{2.3.2}$$

其特征方程为　$1 + a_{n-1}\lambda^{-1} + \cdots + a_0\lambda^{-n} = 0$，即

$$\lambda^n + a_{n-1}\lambda^{n-1} + \cdots + a_0 = 0 \tag{2.3.3}$$

其根 $\lambda_i (i=1, 2, \cdots, n)$ 称为差分方程的特征根。

齐次解的形式取决于特征根。当特征根 λ 为单根时，齐次解 $y_h(k)$ 的形式为

$$y_h(k) = C\lambda^k \tag{2.3.4}$$

当特征根 λ 为 r 重根时，齐次解 $y_h(k)$ 的形式为

$$y_h(k) = (C_{r-1}k^{r-1} + C_{r-2}k^{r-2} + \cdots + C_1 k + C_0)\lambda^k \tag{2.3.5}$$

2. 特解 $y_p(k)$

特解的函数形式完全由激励信号决定，与激励的函数形式相同 $(r \geqslant 1)$。

(1) 激励 $x(k) = k^m (m \geqslant 0)$。

当所有特征根均不等于 1 时

$$y_p(k) = p_m k^m + \cdots + p_1 k + p_0 \tag{2.3.6}$$

有 r 重等于 1 的特征根时

$$y_p(k) = k^r [p_m k^m + \cdots + p_1 k + p_0] \tag{2.3.7}$$

(2) 激励 $x(k) = a^k$。

当 a 不等于特征根时

$$y_p(k) = pa^k \tag{2.3.8}$$

当 a 是 r 重特征根时

$$y_p(k) = a^k [p_r k^r + p_{r-1}k^{r-1} \cdots + p_1 k + p_0] \tag{2.3.9}$$

(3) 激励 $x(k) = \cos(\beta k)$ 或 $x(k) = \sin(\beta k)$，且所有特征根均不等于 $e^{\pm j\beta}$：

$$y_p(k) = p\cos(\beta k) + q\sin(\beta k) \tag{2.3.10}$$

3. 离散系统差分方程的全解

离散系统差分方程的全解是齐次解和特解之和，即

$$y(k) = y_h(k) + y_p(k) \tag{2.3.11}$$

例 2 - 3 - 2　若描述某系统的差分方程为

$$y(k) + 4y(k-1) + 4y(k-2) = x(k)$$

已知初始条件 $y(0) = 0$，$y(1) = -1$；激励 $x(k) = a^k$，$a = 2$，$k \geqslant 0$。求方程的全解。

解　(1) 特征方程为 $\lambda^2 + 4\lambda + 4 = 0$，可解得特征根 $\lambda_1 = \lambda_2 = -2$，特征根 λ 为 2 重根，根据式(2.3.5)，齐次解 $y_h(k)$ 的形式为

$$y_h(k) = (-2)^k (C_1 + C_2)$$

(2) 由于 $a = 2$，不等于特征根 -2，根据式(2.3.8)，特解为

$$y_p(k) = p2^k, \quad k \geqslant 0$$

代入差分方程得

$$p2^k + 4p2^{k-1} + 4p2^{k-2} = 2^k$$

解得 $p = \dfrac{1}{4}$，所以得特解

$$y_p(k) = \frac{2^k}{4} = 2^{k-2}, \quad k \geqslant 0$$

（3）全解为

$$y(k) = y_h(k) + y_p(k) = (C_1 k + C_2)(-2)^k + 2^{k-2}, \quad k \geqslant 0$$

代入初始条件解得：$0 = C_2 + 2^{-2}$，$-1 = -2(C_1 + C_2) + 2^{-1}$，得：$C_1 = 1$，$C_2 = -1/4$，即

$$y(k) = \left(k - \frac{1}{4}\right)(-2)^k + 2^{k-2}, \quad k \geqslant 0$$

2.3.3　差分方程的迭代解法

1. 差分方程的迭代解法

差分方程的迭代解法如下：

从式（2.3.1） $\displaystyle\sum_{i=0}^{N} a_i y(k-i) = \sum_{i=0}^{M} b_i x(k-i)$ 得

$$y(k) = -\frac{1}{a_0} \sum_{i=1}^{N} a_i y(k-i) + \frac{1}{a_0} \sum_{i=0}^{M} b_i x(k-i)$$

代入 k 值，有

$$\begin{aligned}
y(0) = &-a_1 y(-1) - a_2 y(-2) - \cdots - a_N y(-N)\\
&+ b_0 x(0) + b_1 x(-1) + \cdots + b_M x(-M)\\
y(1) = &-a_1 y(0) - a_2 y(-1) - \cdots - a_N y(-N+1)\\
&+ b_0 x(1) + b_1 x(0) + \cdots + b_M x(-M+1)\\
&\cdots\cdots
\end{aligned}$$

$$y(n) = -\sum_{i=1}^{N} a_i y(n-i) + \sum_{i=0}^{M} b_i x(n-i)$$

以此类推，通过反复迭代就可以求出任意时刻的响应值。

例 2-3-3　已知 $y(n) = 3y(n-1) + u(n)$，且 $y(-1) = 0$，求迭代结果。

解　$n=0$，$y(0) = 3y(0-1) + u(0) = 3y(-1) + 1 = 1$
　　$n=1$，$y(1) = 3y(1-1) + u(1) = 3y(0) + 1 = 4$
　　$n=2$，$y(2) = 3y(1) + 1 = 13$
　　$n=3$，$y(3) = 3y(2) + 1 = 40$
　　$n=4$，$y(4) = 3y(3) + 1 = 121 \cdots\cdots$
　　$y(n) = \delta(n) + 4\delta(n-1) + 13\delta(n-2) + 40\delta(n-3) + 121\delta(n-4) + \cdots\cdots$

2. filter( )函数解差分方程

上述迭代方法最适合用 MATLAB 来实现计算机计算。在时域计算方法中有 filter( )函数和 impz( )函数两种：

（1）filter( )函数可求出离散系统的零状态响应。

（2）impz( )函数可直接给出系统的单位冲激响应。

filter( )函数是利用递归滤波器或非递归滤波器对数据进行滤波。因为一个离散系统可看作一个滤波器，所以系统的输出是输入经过滤波器的结果。filter( )函数执行的是直接 II

型转移结构：

$$Y(z) = \frac{b_1 + b_2 z^{-1} + \cdots + b_{m+1} z^{-m}}{1 + a_2 z^{-1} + \cdots + a_{n+1} z^{-n}} X(z) \qquad (2.3.12)$$

filter()函数有以下格式：

(1) y＝filter(b，a，x)：表示由分母向量 b 和分子向量 a 组成的系统对输入信号序列 $x(n)$ 进行滤波，系统的输出为 $y(n)$。在此 a(0)＝1，否则滤波器系数要使用 a(0) 进行归一化，如果 a(0)＝0，则出现错误。

$$y(n) = -\frac{1}{a_0} \sum_{i=1}^{N} a_i y(n-i) + \frac{1}{a_0} \sum_{i=0}^{M} b_i x(n-i) \qquad (2.3.13)$$

(2) [y，zf]＝filter(b，a，x)：该函数返回系统的输出 $y(n)$ 和最终状态向量 zf。

(3) [y，zf]＝filter(b，a，x，zi)：其中 zi 表示输入信号的初始状态，它是一个向量，其长度为 max(length(a)，length(b))－1。该函数返回系统的输出 $y(n)$ 和最终状态向量 zf。

例 2 - 3 - 4 用 MATLAB 计算差分方程：

$$y(n) + 0.7y(n-1) - 0.45y(n-2) - 0.6y(n-3)$$
$$= 0.8x(n) - 0.44x(n-1) + 0.36x(n-2) + 0.02x(n-3)$$

当输入序列为 $x(n) = \delta(n)$ 时，输出结果为 $y(n)$，$0 \leqslant n \leqslant 40$。

解 输入为单位脉冲序列，即求系统的单位脉冲响应，MATLAB 程序如下：

```
a=[0.8, -0.44, 0.36, 0.22]; b=[1, 0.7, -0.45, -0.6]; N=41;
x=[1 zeros(1, N-1)]; k=0：1：N-1;
y=filter(b, a, x); y
stem(k, y); xlabel('n'); ylabel('幅度')
```

图 2 - 3 - 3 给出了该差分方程的前 41 个样点的输出，即该系统的单位脉冲响应。

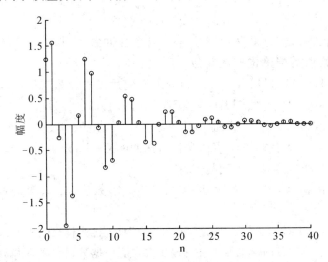

图 2 - 3 - 3　系统的单位脉冲响应

例 2 - 3 - 5 filter()函数求解例 2 - 3 - 3 的差分方程。

解 原方程可改写为

$$y(n) - 3y(n-1) = 1 \cdot u(n)$$

且 $x(n) = u(n)$，求出迭代结果如下：

```
>> a=[1, -3, 0, 0, 0]; b=[1 zeros(1, N-1)];
>> x=[1, 1, 1, 1, 1]; N=5;
>> k=0: 1: N-1;
>> y=filter(b, a, x); y
y = 1   4   13   40   121
```

与例 2-3-3 所求结果相同。

2.3.4 离散系统的冲激响应和阶跃响应

1. 离散时间系统单位脉冲响应的定义

单位脉冲序列作用于离散时间 LSI 系统产生的零状态响应称为单位脉冲响应，用符号 $h(n)$ 表示：$h(n) = T[\delta(n)]$，它的作用与连续时间系统的单位冲激响应 $h(t)$ 相同。

由式(2.3.1)可知，离散时间系统的输入、输出关系可用常系数线性差分方程表示为

$$\sum_{i=0}^{N} a_i y(n-i) = \sum_{j=0}^{M} b_j x(n-j)$$

由式(1.2.3)可知，任一序列，都可表示成各延时单位脉冲序列的加权和，输入信号 $x(n)$ 可分解为冲激信号序列：

$$x(n) = \sum_{k=-\infty}^{\infty} x(k)\delta(n-k)$$

则 LSI 系统单位冲激响应可表示为如下的卷积计算式：

$$
\begin{aligned}
y(n) = T[x(n)] &= T\Big[\sum_{k=-\infty}^{\infty} x(k)\delta(n-k) \Big] \\
&= \sum_{k=-\infty}^{\infty} x(k)T[\delta(n-k)] = \sum_{k=-\infty}^{\infty} x(k)h(n-k) \\
&= x(n) \otimes h(n)
\end{aligned}
\tag{2.3.14}
$$

即，离散系统的单位冲激响应是激励信号 $x(n)$ 与单位冲激序列 $h(n)$ 的卷积和。

2. impz( )函数求系统单位冲激响应

在 MATLAB 中，可以根据式(2.3.14)的定义使用卷积函数 conv( )，也可以使用函数 impz( )求离散系统冲激响应并绘制其时域波形。其调用方式是：

(1) [h, t] = impz(b, a)：求数值解。根据系统函数的分母系数 a 和分子系数 b，自动以 t=[0: n-1]'、n = length(t)计算滤波器的脉冲响应。impz 自动选择采样长度，并返回脉冲响应的列向量 h 和采样时间列向量 t。

(2) [h, t] = impz(b, a, n)：指定采样个数 n，求数值解。计算滤波器的 n 点脉冲响应，t = [0: n-1]'。

(3) [h, t] = impz(b, a, n, fs)：求数值解。计算滤波器的采样时间为 1/fs 的 n 点脉冲响应。

(4) impz(b, a)：绘制其时域波形。没有输出参数，根据分母系数 a 和分子系数 b，自动以 t =[0: n-1]'、n = length(t)计算滤波器的脉冲响应，在当前窗口绘制脉冲响应曲线图形。

(5) impz(Hd)：绘制其时域波形。没有输出参数，在 fvtool 窗口绘制脉冲响应曲线图形。输入参数 Hd 是一个 dfilt 滤波器对象或 dfilt 滤波器对象的数组。

impz( )函数自动选择采样长度的方法是：

对于 FIR 系统，n = length(b)。

对于其他系统，如果 length(a)>1，首先使用 p = roots(a)找出极点，然后根据下列情况确定 n 值：

• 如果这个滤波器是不稳定的，选择 n 值为这样的点：区间从最大极点数开始到原值的 10^6 倍数处结束。

• 如果这个滤波器是稳定的，选择 n 值为这样的点：区间结束的最大幅度极点是原值的 $5 * 10^{-5}$ 倍。

• 如果滤波器是震荡的(极点在单位圆上)，impz()计算振荡最慢的 5 个周期。

• 如果滤波器是既有振荡和又有阻尼的，选择 n 值为最慢的 5 个周期，或按稳定滤波器选择 n 值。

若要写出闭环形式，可调用 residuez()函数将系统函数展开成部分分式形式，再通过查表求 Z 反变换即可。

例如，在例 2-3-4 中，将 y=filter(b, a , x)语句改为 y= impz(b, a, N)，则输出相同的结果。

例 2-3-6 impz()函数求解例 2-3-3 差分方程。

解 原方程可改写为

$$y(n)-3y(n-1)=1 \cdot u(n)$$

则 $x(n)=u(n)$，1 可以看做是脉冲激励。求出脉冲响应结果如下：

```
>> a=[1, -3, 0, 0, 0]; b=[1, 1, 1, 1, 1]; N=5;
>> k=0: 1: N-1;
>> y= impz (b, a, N), y
y = 1    4    13    40    121
```

与例 2-3-3 所求结果相同。

3. LSI 系统的阶跃响应与 stepz()函数

如果输入信号为单位阶跃函数，则引起的零状态响应称为单位阶跃响应。stepz()函数用于离散系统或数字滤波器的阶跃响应。其语法如下：

(1) [h, t]=stepz(b, a)：以分子多项式系数 b 和分母多项式系数 a 计算数字滤波器的阶跃响应。stepz 自动选择采样时间并以列向量返回响应 h 和采样时间 t，其中：t=[0: n-1]′，长度 n=length(t)。

(2) [h, t]=stepz(b, a, n)：计算首先的 n 个样本的阶跃响应，n 是一个整数，t=[0: n-1]′。

(3) [h , t]=stepz(b, a, n, fs)：指定采样频率 fs，单位是 Hz，采样时间间隔是 1/fs。调用无输出参数的格式，可以只绘制系统的阶跃响应曲线。

例 2-3-7 stepz()函数求解例 2-3-3 差分方程。

解 原方程可改写为

$$y(n)-3y(n-1)=1 \cdot u(n)$$

则 $x(n)=1, 0, 0..., u(n)$ 可看做是阶跃激励。求出阶跃响应迭代结果如下：

```
>> a=[1, -3, 0, 0, 0]; b=[1, 0, 0, 0, 0]; N=5;
>> k=0: 1: N-1;
>> y= stepz (b, a, N)
y = 1    4    13    40    121
```

与例 2-3-3 所求结果相同。

练 习 与 思 考

2-1 有一线性时不变系统，如题2-1图所示，试写出该系统的频率响应、系统（转移）函数、差分方程和卷积关系表达式。

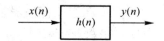

题 2-1 图 线性时不变系统

2-2 已知某系统的输入 $x(t)$ 与输出 $y(t)$ 的关系为 $y(t)=|x(t)|$，试判定该系统是否为线性时不变系统。

2-3 试证明方程 $y'(t)+ay(t)=f(t)$ 所描述的系统为线性系统，式中 a 为常量。

2-4 判断下列方程所表示的系统的性质。

(1) $y(t)=\dfrac{\mathrm{d}f(t)}{\mathrm{d}t}+\displaystyle\int_0^t f(\tau)\mathrm{d}\tau$

(2) $y''(t)+y'(t)+3y(t)=f'(t)$

(3) $2ty'(t)+y(t)=3f(t)$

(4) $[y'(t)]^2+y(t)=f(t)$

2-5 试求下列卷积。

(1) $(1-e^{-2t})\varepsilon(t)\otimes\delta'(t)\otimes\varepsilon(t)$

(2) $e^{-3t}\varepsilon(t)\otimes\dfrac{\mathrm{d}}{\mathrm{d}t}[e^{-t}\delta(t)]$

2-6 设有序列 $f_1(n)$ 和 $f_2(n)$，如题 2-6 图所示，试分别用图解法、解析法和MATLAB函数求二者的卷积。

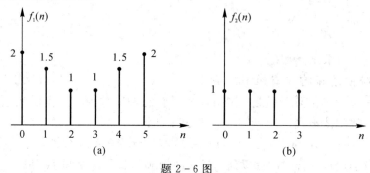

题 2-6 图

2-7 设线性时不变系统的单位脉冲响应 $h(n)$ 和输入序列 $x(n)$ 如题 2-7 图所示，求输出 $y(n)=x(n)\otimes h(n)$ 的波形。

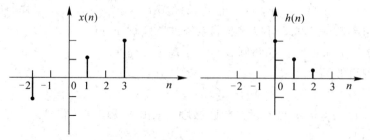

题 2-7 图

2-8 设系统分别用下面的差分方程描述，$x(n)$ 与 $y(n)$ 分别表示系统输入和输出，判断系统是否是线性非时变的。

(1) $y(n)=x(n)+2x(n-1)+3x(n-2)$；

(2) $yx(n)=x(n-n_0)$，n_0 为整常数；

(3) $y(n)=x^2(n)$；

(4) $y(n)=\sum\limits_{m=0}^{n}x(m)$。

2-9　给定下述系统的差分方程，试判断系统是否是因果稳定系统，并说明理由。

(1) $y(n)=\dfrac{1}{N}\sum\limits_{k=0}^{N-1}x(n-k)$；

(2) $y(n)=\sum\limits_{k=n-n_0}^{n+n_0}x(k)$；

(3) $y(n)=\mathrm{e}^{x(n)}$。

2-10　设有一阶系统为 $y(n)-0.8y(n-1)=f(n)$，试求单位脉冲响应 $h(n)$ 和阶跃响应 $s(n)$，并画出 $s(n)$ 的图形。

2-11　设线性时不变系统的单位取样响应 $h(n)$ 和输入 $x(n)$ 分别有以下三种情况，分别求出输出 $y(n)$。

(1) $h(n)=R_4(n)$，$x(n)=R_5(n)$；

(2) $h(n)=2R_4(n)$，$x(n)=\delta(n)-\delta(n-2)$；

(3) $h(n)=0.5^n u(n)$，$x_n=R_5(n)$。

2-12　设系统由差分方程 $y(n)=\dfrac{1}{2}y(n-1)+x(n)+\dfrac{1}{2}x(n-1)$ 描述，且系统是因果的，利用递推法求系统的单位取样响应。

2-13　设系统差分方程为 $y(n)=ay(n-1)+x(n)$，其中 $x(n)$ 为输入，$y(n)$ 为输出。当边界条件选为 $y(0)=0$，$y(-1)=0$ 时，试判断系统是否是线性的，是否是移不变的。

2-14　以下序列是系统的单位抽样响应 $h(n)$，试说明系统的因果性和稳定性。

(1) $\dfrac{1}{n^2}u(n)$ 　　　　　　　(2) $\dfrac{1}{n!}u(n)$

(3) $3^n u(n)$ 　　　　　　　　　(4) $3^n u(-n)$

(5) $0.3^n u(n)$ 　　　　　　　　(6) $0.3^n u(-n-1)$

(7) $\delta(n+4)$

2-15　已知线性移不变系统的输入为 $x(n)$，系统的单位抽样响应为 $h(n)$，试求系统的输出 $y(n)$，并画图。

(1) $x(n)=\delta(n)$，$h(n)=R_5(n)$

(2) $x(n)=R_3(n)$，$h(n)=R_4(n)$

(3) $x(n)=\delta(n-2)$，$h(n)=0.5^n R_3(n)$

第 3 章

Z 变换

Z 变换是"信号与系统"课程的重要内容之一，在此仅在应用层面进行讨论。

3.1 Z 变换的定义与收敛域

3.1.1 Z 变换的定义

在连续系统中，为了避开解微分方程的困难，可以通过拉氏变换把微分方程转换为代数方程。在离散系统中，同样可以通过一种称为 Z 变换的数学工具把差分方程转换为代数方程。

Z 变换在离散系统中的地位与作用类似于连续系统中的拉普拉斯变换，都是一种变换域运算。由式(1.4.5)可知，对连续信号进行均匀冲激取样后，就得到离散信号：

$$x(t) = \sum_{n=-\infty}^{\infty} x(nT)\delta(t - nT) \tag{3.1.1}$$

两边取双边拉普拉斯变换得

$$X(s) = \sum_{k=-\infty}^{\infty} x(nT)\mathrm{e}^{-nsT} \tag{3.1.2}$$

令 $z = \mathrm{e}^{sT}$，其中 s 为复数，$s = \sigma + \mathrm{j}\omega$ 称为复频率。式(3.1.2)将成为复变量 z 的函数，用 $X(z)$ 表示；由 $x(nT) \rightarrow x(n)$ 得

$$X(z) = \sum_{n=-\infty}^{\infty} x(n)z^{-n} \tag{3.1.3}$$

$$X(z) = \sum_{n=0}^{\infty} x(n)z^{-n} \tag{3.1.4}$$

式(3.1.3)为双边 Z 变换，式(3.1.4)为单边 Z 变换，若 $x(n)$ 为因果序列，则单边、双边 Z 变换相等，否则不等。今后在不致混淆的情况下，统称它们为 Z 变换。一般地，把 $x(n)$ 的 Z 变换记为 $X(z) = Z[x(n)]$。

3.1.2 Z 变换的收敛域

Z 变换的定义式中，z 是一个连续的复变量，是一个以实部 σ 为横坐标，以虚部 $\mathrm{j}\omega$ 为纵坐标构成的平面上的变量，这个平面也称 z 平面。$X(z)$ 是关于 z^{-1} 的幂级数，在数学上属于复变函数中的罗朗(Laurent)级数，其系数是序列 $x(n)$ 的值，因此 Z 变换定义为一无穷

幂级数之和，显然只有当该幂级数收敛，即

$$\sum_{n=-\infty}^{\infty} \left| x(n) z^{-n} \right| < \infty \tag{3.1.5}$$

时，其 Z 变换才存在。式(3.1.5)称为绝对可和条件，它是序列 $x(n)$ 的 Z 变换存在的充分必要条件。

收敛域(Region Of Convergence，ROC)的定义：

对于任意给定的序列 $x(n)$，满足式(3.1.5)的所有 z 值组成的集合称为 Z 变换 $X(z)$ 的收敛域。换言之，使式(3.1.3)和式(3.1.4)表示的级数收敛的所有 z 值组成的集合称为 Z 变换 $X(z)$ 的收敛域。

一般来说，ROC 是由某个极点构成的半径为 R_1 或 R_2 的圆组成的区域。ROC 常用收敛环表示，内环是以 R_1 为半径的圆，R_1 可以为 0；外环是以 R_2 为半径的圆，可以大到 $R_2 = \infty$。R_1、R_2 通称为收敛半径。

序列的 Z 变换大多数是 z 的有理函数，一般可以表示成有理分式的形式，即

$$X(z) = \frac{B(z)}{A(z)} = \frac{b_0 + b_1 z^{-1} + \cdots + b_m z^{-m}}{a_0 + a_1 z^{-1} + \cdots + a_n z^{-n}} \tag{3.1.6}$$

分子多项式 $B(z)$ 的根是 $X(z)$ 的零点，分母多项式 $A(z)$ 的根是 $X(z)$ 的极点。在极点处 Z 变换不存在，因此收敛域中没有极点，收敛域总是以极点限定其边界。序列的收敛域大致有以下几种情况。

1. 有限长的序列

对于有限长的序列，仅有有限个数序列值是非 0 值：

$$x(n) = \begin{cases} x(n), & n_1 \leqslant n \leqslant n_2 \\ 0, & \text{其他} \end{cases}$$

其 Z 变换为

$$X(z) = \sum_{n=n_1}^{n_2} x(n) z^{-n} \tag{3.1.7}$$

其中，n_1 是序列的起始点，n_2 是序列的终点，n_1 和 n_2 都是有限整数。除了当 $z = \begin{cases} \infty(n < n_1) \\ 0(n > n_2) \end{cases}$ 之外，z 在所有区域收敛，即有限长序列的收敛域至少是 $0 < |z| < \infty$，甚至有些情况可以包括 $z = 0$ 和 $z = \infty$，即有限长序列的双边 Z 变换有可能在整个平面。对其进行分述如下：

(1) $n_2 > n_1 \geqslant 0$ 时，ROC 为 $0 < |z| \leqslant \infty$，即收敛域除 $z = 0$ 点之外包括 $z = \infty$ 边界的圆内区域，如图 3 - 1 - 1(a)所示。

(2) $0 \geqslant n_2 > n_1$ 时，ROC 为 $0 \leqslant |z| < \infty$，即收敛于包括 $z = 0$ 点、不包括 $z = \infty$ 边界的圆内区域，如图 3 - 1 - 1(b)所示。

(3) $n_2 > 0 > n_1$ 时，ROC 为 $0 < |z| < \infty$，即收敛于不包括 $z = 0$ 点、不包括 $z = \infty$ 边界的圆内区域，如图 3 - 1 - 1(c)所示。

(4) $n_2 = n_1 = 0$ 时，ROC 为 $0 \leqslant |z| \leqslant \infty$，即收敛于包括 $z = 0$ 点和 $z = \infty$ 边界的圆内区域，如图 3 - 1 - 1(d)所示。

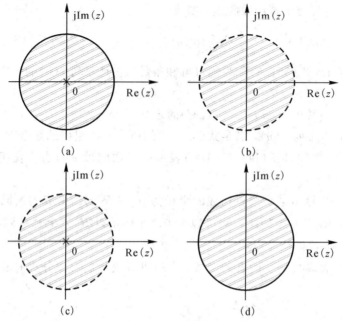

图 3-1-1　有限长序列的收敛域

例 3-1-1　已知 $x(n)=R_N(n)$，求其 Z 变换。

解　由 $R_N(n)=\begin{cases}1, & 0\leqslant n\leqslant N-1 \\ 0, & 其他\end{cases}$ 可得

$$X(z)=\sum_{n=-\infty}^{\infty}R_N(n)z^{-n}=\sum_{n=0}^{N-1}z^{-n}=\frac{1-z^{-N}}{1-z^{-1}}, \quad 0<|z|\leqslant\infty$$

2. 右边序列

对于右边序列，当 $n_1\leqslant n$ 时，序列有值，其他情况为 0，即

$$x(n)=\begin{cases}x(n), & n_1\leqslant n \\ 0, & n_1>n\end{cases}$$

其 Z 变换为

$$X(z)=\sum_{n=n_1}^{\infty}x(n)z^{-n}=\sum_{n=n_1}^{-1}x(n)z^{-n}+\sum_{n=0}^{\infty}x(n)z^{-n} \tag{3.1.8}$$

即 Z 变换的收敛域为半径为 R_1 的圆外整个区域 $R_1<|z|<\infty$，如图 3-1-2(a)所示。

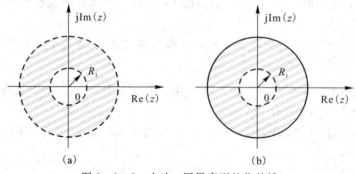

图 3-1-2　右边、因果序列的收敛域

因果序列是一种典型的、重要的右边序列，仅有式(3.1.8)中的第 2 项，当 $n\geqslant0$ 时，序

列有值，其他情况为 0，其 Z 变换级数中无 z 的正幂项，因此收敛域可以包括 $|z|=\infty$，如图 3-1-2(b)所示。因果序列的 Z 变换为

$$X(z) = \sum_{n=-\infty}^{\infty} x(n)z^{-n}, \quad R_1 < |z| \leqslant \infty \tag{3.1.9}$$

3. 左边序列

对左边序列(反因果序列)有

$$x(n) = \begin{cases} x(n), & n \leqslant n_2 \\ 0, & n > n_2 \end{cases}$$

其 Z 变换为

$$X(z) = \sum_{n=n_1}^{\infty} x(n)z^{-n} \tag{3.1.10}$$

对于反因果序列，其 Z 变换的收敛域为半径为 R_2 的圆内区域 $0 < |z| < R_2$，如图 3-1-3 所示。

4. 双边序列

双边序列是一般序列，有值区域是 $-\infty \leqslant n \leqslant \infty$。对双边序列，可以看做是一个左边序列和一个右边序列之和，即

$$X(z) = \sum_{n=-\infty}^{\infty} x(n)z^{-n} = \sum_{n=0}^{-1} x(n)z^{-n} + \sum_{n=0}^{\infty} x(n)z^{-n} \tag{3.1.11}$$

第 1 项为左边序列，ROC 为 $|z| > R_1$；第 2 项为右边序列，ROC 为 $|z| < R_2$。双边序列 Z 变换的收敛域为两者的公共部分，即环状区域 $R_1 < |z| < R_2$，如图 3-1-4 所示。

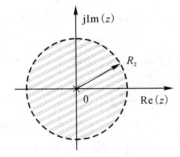
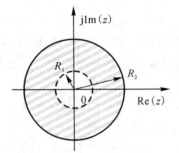

图 3-1-3　左边序列的收敛域　　　图 3-1-4　双边序列的收敛域

例 3-1-2　已知双边序列 $x(k) = \begin{cases} b^k, & k < 0 \\ a^k, & k \geqslant 0 \end{cases}$，求其 Z 变换。

解
$$X(z) = \frac{-z}{z-b} + \frac{z}{z-a}$$

由上式可见，其收敛域为 $|a| < |z| < |b|$，显然要求 $|a| < |b|$，否则无共同收敛域。如图 3-1-4 所示，$|a| = R_1$，$|b| = R_2$。

3.2　Z 逆变换

与连续信号的傅立叶变换和拉普拉斯变换离散类似，离散信号的 Z 逆变换也可以使用留数法和部分分式展开法，或使用符号运算的 iztrans() 函数来求 Z 逆变换(也称反变换)。

3.2.1 留数法(围线积分法)

留数(residue,又称残数)是复变函数论中一个重要的概念。

如果

$$X(z) = \sum_{n=-\infty}^{\infty} x(n)z^{-n}, \quad R_1 < |z| < R_2 \tag{3.2.1}$$

则 Z 逆变换为

$$x(n) = \frac{1}{2\pi j} \oint_c X(z)z^{n-1}dz, \quad c \in (R_1, R_2) \tag{3.2.2}$$

积分路径 c 为环形解析域内环绕原点一周的一条逆时针闭合单围线,如图 3-2-1 所示。

根据留数定理有

$$x(n) = \frac{1}{2\pi j} \oint_c X(z)z^{n-1}dz = \sum_i \mathrm{Res}[X(z)z^{n-1}, z_{pi}]$$
$$\tag{3.2.3}$$

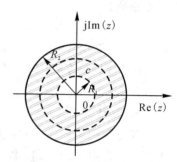

图 3-2-1 围线积分路径

z_{pi} 为 c 内的第 i 个极点,i 为有限值,$\mathrm{Res}[\ ]$ 表示极点 z_{pi} 处的留数。留数定理说明 $X(z)z^{n-1}$ 沿围线 c 逆时针方向的积分等于围线内的各极点之和,或根据留数辅助定理,若 $X(z)z^{n-1}$ 的分母阶次比分子阶次高二阶以上,则有

$$x(n) = \frac{1}{2\pi j} \oint_c X(z)z^{n-1}dz = -\sum_k \mathrm{Res}[X(z)z^{n-1}, z_{pk}] \tag{3.2.4}$$

z_{pk} 为 c 外的第 k 个极点,k 为有限值,$\mathrm{Res}[\ ]$ 表示极点 z_{pk} 处的留数。留数辅助定理说明 $X(z)z^{n-1}$ 沿围线 c 顺时针方向的积分等于围线外的各极点之和。

在利用留数定理求 Z 逆变换时,首先要根据 $X(z)$ 的收敛域确定 $x(n)$ 的性质是左边、右边还是双边序列。

- 围线 c 内的极点一般对应于因果序列,$n \geqslant 0$ 时,应使用式(3.2.3);
- 围线 c 外的极点一般对应于非因果序列,$n < 0$ 时,围线内可能有多重极点,计算留数就比较麻烦,应使用式(3.2.4)计算围线外的留数;
- 双边序列则分别求之。

如果 z_{p0} 是 $X(z)z^{n-1}$ 的单一(一阶)极点,则根据留数定理有

$$\mathrm{Res}[X(z)z^{n-1}, z_{p0}] = [(z - z_{p0})X(z)z^{n-1}]_{z=z_{p0}} \tag{3.2.5}$$

如果 z_{pk} 是 $X(z)z^{n-1}$ 的 N 阶极点,则根据留数定理有

$$\mathrm{Res}[X(z)z^{n-1}, z_{pk}] = \frac{1}{(N-1)!} \frac{d^{N-1}}{dz^{N-1}}[(z - z_{pk})^N X(z)z^{n-1}]_{z=z_{pk}} \tag{3.2.6}$$

例 3-2-1 用留数法求 Z 逆变换。

(1) $X(z) = \dfrac{1}{1 - az^{-1}}, \ |z| > |a|$;

(2) $X(z) = \dfrac{1}{1 - az^{-1}}, \ |z| < |a|$。

解 (1) 在 $z = a$ 处有一极点,从其函数收敛域可知,收敛域在极点之外,其函数为右

边序列，当 $n<0$ 时，$x(n)=0$；只有当 $n \geqslant 0$ 时，$x(n)$ 有值。

围线 c 内 $X(z)z^{n-1}$ 有一极点 a，由式(3.2.5)得

$$\text{Res}[X(z)z^{n-1}, z_{p0}] = \text{Res}\left[\frac{z}{z-a}z^{n-1}, a\right] = (z-a) \cdot \frac{z^n}{z-a}\Big|_{z=a} = a^n$$

所以，$x(n)=a^n u(n)$。

(2) 从其函数收敛域可知，收敛域在极点之内，围线 c 外有一极点 a，其函数为左边序列。当 $n \geqslant 0$ 时，$x(n)=0$；只有当 $n<0$ 时，$x(n)$ 有值。由式(3.2.4)和式(3.2.5)得

$$x(n) = -a^n u(-n-1)$$

可见，同一个函数，由于收敛域不同，得出的序列是完全不同的，收敛域在求 z 逆变换时是必须考虑的条件。

3.2.2 部分分式法

Z 变换是一种线性变换，可以把它分解成许多常见的部分分式之和。然后查表求得各部分分式的 Z 反变换，最后把这些 Z 反变换相加即可。在实际应用中，$X(z)$ 一般是 z 的有理多项式，即 $X(z)=\dfrac{B(z)}{A(z)}$，分子多项式 $B(z)$ 的根是 $X(z)$ 的零点，分母多项式 $A(z)$ 的根是 $X(z)$ 的极点。在极点处 Z 变换不存在，将其展开：

$$X(z) = \frac{B(z)}{A(z)} = \frac{b_0 + b_1 z^{-1} + \cdots + b_M z^{-M}}{a_0 + a_1 z^{-1} + \cdots + a_N z^{-N}} = \frac{\sum\limits_{k=0}^{M} B_k z^{-k}}{1 + \sum\limits_{k=1}^{N} A_k z^{-k}}$$

$$= \sum_{k=0}^{N} \frac{r_k}{1 - z_{pk}z^{-1}} + \sum_{k=0}^{M-N} c_k z^{-k}, \quad B_k = \frac{b_k}{a_0}, \quad A_k = \frac{a_k}{a_0} \tag{3.2.7}$$

部分分式展开式中，z_{pk}(poles)为第 k 个极点，r_k(residues)为第 k 个极点对应的留数，r_0 为 $z=0$(即 $z_{p0}=0$)处的留数，c_k 为第 k 个余项，当分子多项式的阶次小于分母多项式的阶次，即 $M<N$ 时，余项 $c_k=0$，如果 $X(z)$ 含有的极点都是一阶极点，则 $X(z)$ 可以展开为

$$X(z) = r_0 + \sum_{k=1}^{N} \frac{r_k \cdot z}{z - z_{pk}} \tag{3.2.8}$$

即

$$\frac{X(z)}{z} = \frac{r_0}{z} + \sum_{k=1}^{N} \frac{r_k}{z - z_{pk}} \tag{3.2.9}$$

式中，r_0、r_k 分别为 $X(z)/z$ 在 $z=0$、$z=z_{pk}$ 极点处的留数。因此

$$r_0 = \text{Res}\left[\frac{X(z)}{z}, 0\right] = X(0) = \frac{b_0}{a_0}$$

$$r_k = \text{Res}\left[\frac{X(z)}{z}, z_{pk}\right] = \left[(z - z_{pk})\frac{X(z)}{z}\right]_{z=z_{pk}}$$

(1) 如式(3.2.1)的收敛域为 $|z|>R_1$，则 $x(n)$ 为因果序列，根据式(3.2.3)计算的结果得

$$x(n) = \frac{b_0}{a_0}\delta(n) + \sum_{k=1}^{N} r_k z_{pk}^n u(n) \tag{3.2.10}$$

(2) 如式(3.2.1)的收敛域为 $|z|<R_2$，则 $x(n)$ 为左边序列，根据式(3.2.4)计算的结果得

$$x(n) = \frac{b_0}{a_0}\delta(n) - \sum_{k=1}^{N} r_k z_{pk}^n u(-n-1) \tag{3.2.11}$$

（3）如式（3.2.1）的收敛域为 $R_1 < |z| < R_2$，则 $x(n)$ 为双边序列，根据具体情况结合上述两种方法解决。

如果 $X(z)$ 只含有高于一阶的极点，则 $X(z)$ 可以降阶修改后用该办法解决。

例 3-2-2　已知信号的 z 频谱函数为 $X(z) = \dfrac{5z}{z-3z^2-2}\left(\dfrac{1}{3} < |z| < 2\right)$，求信号 $x(n)$。

解　原式可分解为 $X(z) = \dfrac{z}{z-\dfrac{1}{3}} - \dfrac{z}{z-2}$，第 1 项为右边序列，第 2 项为左边序列。

查 Z 变换表可知：

$$Z^{-1}\left[\frac{z}{z-a}\right] = \begin{cases} a^n u(n), & |z| > R_1 \\ -a^n u(-n-1), & |z| < R_2 \end{cases}$$

则

$$x(n) = \left(\frac{1}{3}\right)^n u(n) - [-2^n u(-n-1)] = \left(\frac{1}{3}\right)^n u(n) + 2^n u(-n-1)$$

3.2.3　幂级数展开法（长除法）

根据式（3.1.3）Z 变换的定义，可知

$$X(z) = \sum_{n=-\infty}^{\infty} x(n)z^{-n} = \cdots + x(-2)z^2 + x(-1)z^1 + x(0)z^0 + x(1)z^{-1} + x(2)z^{-2} + \cdots$$

所以，只要在给定的收敛域内把 $X(z)$ 展开成幂级数，则级数的系数就是序列 $x(n)$。

例 3-2-3　已知 $X(z) = \displaystyle\sum_{n=-\infty}^{\infty} x(n)z^{-n} = z^2(1+z^{-1})(1-z^{-1})$，求 Z 反变换。

解　直接将其展开

$$X(z) = \sum_{n=-\infty}^{\infty} x(n)z^{-n} = z^2(1+z^{-1})(1-z^{-1}) = z^2 - 1$$

因此可以看出 $x(-2)=1$，$x(0)=-1$，其他为 0，即

$$x(n) = \begin{cases} 1, & n=-2 \\ -1, & n=0 \\ 0, & 其他 \end{cases}$$

把 $X(z)$ 展开成幂级数的方法很多，当 $X(z)$ 是 log、sin、cos、sinh 等函数时，可以利用已知的幂级数展开式将其展开。如果 $X(z)$ 是一个有理分式，分子和分母都是 z 的多项式，则可以利用长除法展开。

例 3-2-4　长除法求 Z 反变换。

（1）$X(z) = \dfrac{1}{1+az^{-1}}$ $(z| > |a|)$；

（2）$X(z) = \dfrac{1}{1+az^{-1}}$ $(|z| < |a|)$。

解　（1）$X(z)$ 在 $z = -a$ 处有一极点，收敛域在极点所在圆外，是一种因果序列（右边序列），$X(z)$ 应展开为 z 的降幂级数，所以可按降幂顺次长除，有

$$1 + az^{-1} \overline{\Big)\begin{array}{l} 1 - az^{-1} + a^2z^{-2} + \cdots + (-a)^n z^{-n} + \cdots \\ 1 \\ \underline{1 + az^{-1}} \\ -az^{-1} \\ \underline{-az^{-1} - a^2z^{-2}} \\ a^2z^{-2} \\ \underline{a^2z^{-2} + a^3z^{-3}} \\ -a^3z^{-3} \\ \cdots \end{array}}$$

故
$$X(z) = \sum_{n=0}^{\infty} (-a)^n z^{-n}, \quad x(n) = (-a)^n u(n)$$

（2）$X(z)$ 在 $z = -a$ 处有一极点，但收敛域在极点所在圆内，是一种左边序列，$X(z)$ 应展开为 z 的升幂级数，所以可按 z 升幂顺次长除，有

$$az^{-1} + 1 \overline{\Big)\begin{array}{l} a^{-1}z - a^{-2}z^2 + a^{-3}z^3 + \cdots - (-a)^{-n}z^n + \cdots \\ 1 \\ \underline{1 + a^{-1}z} \\ -a^{-1}z \\ \underline{-a^{-1}z - a^{-2}z^2} \\ a^{-2}z^2 \\ \underline{a^{-2}z^2 + a^{-3}z^3} \\ -a^3z^3 \\ \cdots \end{array}}$$

故
$$X(z) = \sum_{n=1}^{\infty} -(-a)^{-n}z^n = \sum_{n=-\infty}^{-1} -(-a)^n z^{-n}$$
$$x(n) = -(-a)^n u(-n-1)$$

现将上述方法总结如下：

留数定理法：

• 注意留数表示是 $\text{Res}[X(z)z^{n-1}, z_{pk}] = [(z - z_{pk})X(z)z^{n-1}]_{z=z_{pk}}$，因而 $X(z)z^{n-1}$ 的表达式中也要化成 $1/(z - z_{pk})$ 的形式才能相抵消，不能用 $1/(1 - z^{-1}z_{pk})$ 与 $z - z_{pk}$ 相抵消，这是常出现的错误。

• 用围线内极点留数时，不必取负号；而用围线外极点留数时，必须取负号。

部分分式法：若 $X(z)$ 用 z 的正幂表示，则按 $X(z)/z$ 写成部分分式，然后求各极点的留数，最后利用已知变换关系求 Z 反变换可得 $x(n)$。

长除法：长除法既可以展开为升幂级数，也可以展开为降幂级数，这完全取决于收敛域，因此要首先根据其收敛域确定是左边还是右边序列，然后决定按升幂级数或降幂级数展开。

对右边序列（包括因果序列），$H(z)$ 的分子、分母都要按 z 的降幂排列；对左边序列（包括反因果序列），$H(z)$ 的分子、分母都要按 z 的升幂排列。

3.3　MATLAB 求 Z 变换

3.3.1　求 Z 变换

如果离散序列 $x(n)$ 可以用符号表达式，则可以直接用 MATLAB 的 ztrans() 函数来求离散序列的单边 Z 变换，其语法如下：

X = ztrans(x)

该语法计算符号表达式是 x 的 Z 变换。其中 x 是变量 n 的函数，返回值 X 是 z 的函数。ztrans()函数的定义如下：

$$X(z) = \sum_{n=0}^{\infty} x(n) z^{-n} \tag{3.3.1}$$

该函数只能计算从 0 开始的右边序列。

例 3 - 3 - 1 已知信号 $f(n) = e^{-an}$，求其 Z 变换。

```
>> syms n a z ;
>> f=exp(−a * n);
>> simplify(ztrans(f))
ans = 1/(z * exp(a) − 1) + 1
```

即

$$F(z) = Z[e^{-an}] = \frac{1}{ze^a - 1} + 1 = \frac{z}{z - e^{-a}} \tag{3.3.2}$$

例 3 - 3 - 2 已知 $x(n) = a^n \varepsilon(n)$，求其 Z 变换。

解 这是一个右边序列，且是因果序列，其 Z 变换为

$$X(z) = \sum_{n=-\infty}^{\infty} x(n) z^{-n} = \sum_{n=-\infty}^{\infty} a^n \varepsilon(n) z^{-n} = \sum_{n=0}^{\infty} a^n z^{-n} = \sum_{n=0}^{\infty} (az^{-1})^n$$

求该数列可得

$$X(z) = \frac{1}{1 - az^{-1}} = \frac{z}{z - a}, \quad |z| > |a| \tag{3.3.3}$$

这是一个无穷等比级数求和，只有在 $|z| > |a|$ 处收敛，$X(z)$ 在 $z = 0$ 处有一个零点，在 $z = a$ 处有一个极点，收敛域正是该极点所在圆 $|z| = |a|$ 以外的区域，如图 3 - 3 - 1(a)所示。

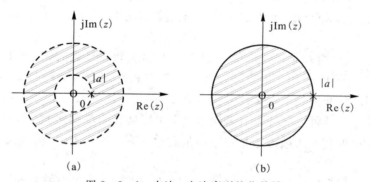

(a)   (b)

图 3 - 3 - 1 右边、左边序列的收敛域

例 3 - 3 - 3 已知 $x(n) = a^n \varepsilon(-n)$，求其 Z 变换。

解 这是一个左边序列，且是反因果序列，其 Z 变换为

$$X(z) = \sum_{n=-\infty}^{\infty} x(n) z^{-n} = \sum_{n=-\infty}^{\infty} a^n \varepsilon(-n) z^{-n} = \sum_{n=-\infty}^{0} a^n z^{-n} = \sum_{n=-\infty}^{0} (a^{-1} z)^{-n}$$

令 $m = -n$ 得

$$X(z) = \sum_{m=0}^{\infty} (a^{-1} z)^m \tag{3.3.4}$$

求该式得出结果为

$$X(z) = \frac{1}{1 - a^{-1}z} = \frac{a}{a-z}, \quad |z| < |a| \tag{3.3.5}$$

该级数只有在 $|z| < |a|$ 处收敛，收敛域正是该极点所在圆 $|z| = |a|$ 以内的区域，如图 3-3-1(b)所示。

用 MATLAB 的 ztrans()函数来求 Z 变换。根据 ztrans()函数的定义可知，该函数只能计算从 0 开始的右边序列，因此式(3.3.4)可变为

$$X(z) = \sum_{m=0}^{\infty} (a^{-1}z)^m = \sum_{m=0}^{\infty} (a^{-1}z^2)^m \cdot z^{-m}$$

即

$$x(m) = \left(\frac{z^2}{a}\right)^m$$

```
>> syms m a z;
>> X = ztrans((z^2/a)^m)
X = z/(- z^2/a + z)
```

因此

$$X(z) = \frac{z}{z - z^2/a} = \frac{a}{a-z}, \quad |z| < |a|$$

3.3.2 求 Z 逆变换

用 iztrans()函数来求 Z 逆变换。iztrans()函数的定义如下：

$$x(n) = \frac{1}{2\pi i} \oint_{|z|=R} X(z)z^{n-1}dz, \quad n = 1, 2, \cdots \tag{3.3.6}$$

其语法为

```
x = ztrans(X)
```

例 3-3-4 用 MATLAB 的 iztrans()函数来求例 3-2-2 的 Z 逆变换。

例 3-2-2 可用下列程序求出逆变换：

```
>> syms n a z;
>> F = z/(z-1/3) - z/(z-2);
>> iztrans(F)
ans = (1/3)^n - 2^n
```

3.3.3 留数法、部分分式法求 Z 逆变换

在 MATLAB 中，residue()函数用于执行部分分式展开和多项式系数之间的转换，可用 residue()函数计算极点和留数。因此，可以用于留数法和部分分式法求 Z 逆变换。语法如下：

```
[r, p, k] = residue(b, a)
```

返回部分分式展开式中的极点 p(poles)、相应极点对应的留数 r(residues)和余项 k，a、b 为多项式的系数。

$$X(z) = \frac{B(z)}{A(z)} = \frac{b_0 + b_1z^{-1} + \cdots + b_Mz^{-M}}{a_0 + a_1z^{-1} + \cdots + a_Nz^{-N}}$$

$$= k(z)z^{-(M-N)} + \frac{r_1z}{z-p_1} + \cdots + \frac{r_Nz}{z-p_N} \tag{3.3.7}$$

如果 $M < N$，则 $k(z) = 0$，注意 MATLAB 的下标是从 1 开始，$N = \text{length}(a) - 1$。

例 3-3-5 已知信号的 Z 频谱函数为 $X(z) = \dfrac{z^3 + 2z^2 + 1}{z(z-1)(z-0.5)}$（$|z| > 1$），求信号 $x(n)$。

解 由于 $X(z)$ 的收敛域为 $|z| > 1$，所以 $x(n)$ 必然为因果序列，即 $n \geqslant 0$。将 $X(z)$ 的分母展开：

```
>> expand(z * (z-1) * (z-0.5))
ans = z^3 - 3/2 * z^2 + 1/2 * z
```

即

$$X(z) = \frac{z^3 + 2z^2 + 1}{z^3 - 1.5z^2 + 0.5z}$$

则根据 $\dfrac{X(z)}{z} = \dfrac{z^3 + 2z^2 + 1}{z^4 - 1.5z^3 + 0.5z^2}$ 求留数，程序如下：

```
A = [1, -1.5, 0.5, 0, 0]; B = [0, 1, 2, 0, 1];
[r, p, k] = residue(B, A)
>> r
r =
        8
      -13
        6
        2
>> p
p =
   1.0000
   0.5000
        0
        0
>> k
k = [;]
```

则信号为：

$$
\begin{aligned}
x(n) &= r_1 p_1^n u(n) + r_2 p_2^n u(n) + r_3 \delta(n) + r_4 \delta(n-1) \\
&= 8u(n) - 13 \times 0.5 u(n) + 6\delta(n) + 2\delta(n-1) \\
&= (8 - 13 \times 0.5^n) u(n) + 6\delta(n) + 2\delta(n-1)
\end{aligned}
$$

3.3.4 求函数零、极点

可以用 MATLAB 的下列函数求函数的零、极点。

1. 使用 tf2zpk( ) 函数求零、极点

使用 $[z, p, k] = tf2zpk(b, a)$，可求出函数的零点 z、极点 p 和增益 k，由此可求出函数的零、极点表达式：

$$X(z) = \frac{B(z)}{A(z)} = \frac{b_0 + b_1 z^{-1} + \cdots + b_M z^{-M}}{a_0 + a_1 z^{-1} + \cdots + a_N z^{-N}} = k \frac{(z - z_0)(z - z_1) \cdots (z - z_M)}{(z - p_0)(z - p_1) \cdots (z - p_N)}$$

2. 使用 roots( ) 函数求零、极点

可以使用多项式的 roots( ) 函数分别求出分子多项式 $B(z) = 0$ 和分母 $A(z) = 0$ 的根，

获得函数的极点和零点。

3. 绘制零极点图

用上述函数求得零极点后，就可以用 plot( )函数绘制出零极点图，也可以用下列函数直接绘制出零极点图：

(1) zplane( )函数用于绘制离散系统的零极点图，用法如下：

· zplane(z, p)：使用已知的零极点绘制零极点图，并显示单位圆。

· zplane(b，a)：直接使用系统函数的分子向量 b 和分母向量 a 绘制零极点图，并显示单位圆。

(2) MATLAB 还提供了函数 pzmap( )来绘制系统的零极点位置图，其用法如下：

· [p, z]＝pzmap(b, a)：返回多项式形式的极点矢量和零点矢量，而不在屏幕上绘制出零极点图。

· pzmap(b, a)：绘制出函数的零极点位置图。

3.4　Z 变换的性质

Z 变换的性质反映离散信号在时域特性和 z 域特性之间的关系，若无特别说明，该性质既适用于单边序列，也适用于双边序列。

1. 线性

Z 变换满足齐次性(比例性)和可加性(叠加性)。

若 $Z[x(n)]=X(z)$, $R_{x1}<|z|<R_{x2}$, $Z[y(n)]=Y(z)$, $R_{y1}<|z|<R_{y2}$，则

$$Z[ax(n)+by(n)]=aX(z)+bY(z) \qquad (3.4.1)$$

其中，a、b 为任意常数。

ROC：一般情况下，取两者的重叠部分，即 $\max(R_{x1}, R_{y1})<|z|<\min(R_{x2}, R_{y2})$。注意：如相加过程出现零极点抵消情况，则收敛域可能变大。

2. 双边 Z 变换的移序(移位)性质

若序列 $x(n)$ 的双边 Z 变换为 $Z[x(n)]=X(z)$, $R_1<|z|<R_2$，则

$$Z[x(n\pm m)]=z^{\pm m}X(z), \quad R_1<|z|<R_2 \qquad (3.4.2)$$

移序后原序列长度不变，只影响在时间轴上的位置，如图 3-4-1 所示。

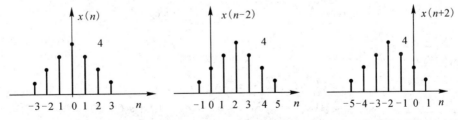

图 3-4-1　双边 Z 变换的移序性质

3. 单边 Z 变换的移序性质

若 $x(n)$ 为双边序列，则其单边 Z 变换为 $Z[x(n)\varepsilon(n)]$。双边序列的移位序列 $x(n-m)$、$x(n+m)$ 只是位置发生变化，长度与原序列 $x(n)$ 的长度一样，如图 3-4-1 所示。而双边序列的单边 Z 变换序列的移位序列 $x(n-m)\varepsilon(n)$、$x(n+m)\varepsilon(n)$ 比 $x(n)\varepsilon(n)$

的长度有所增减，如图 3-4-2 所示。

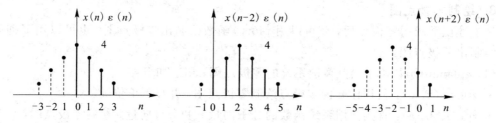

图 3-4-2 单边 Z 变换序列的移位

1）**左移位性质**

若 $Z[x(n)\varepsilon(n)]=X(z)$，$|z|>R_1$，则

$$Z[x(n+m)\varepsilon(n)]=z^m\Big[X(z)-\sum_{n=0}^{m-1}x(n)z^{-n}\Big],\ |z|>R_1 \tag{3.4.3}$$

其中，m 为正整数。

$$Z[x(n\pm m)\varepsilon(n\pm m)]=z^{\pm m}X(z) \tag{3.4.4}$$

由此可推出：

$$x(n+1)\varepsilon(n)\leftrightarrow zX(z)-zx(0) \tag{3.4.5}$$

$$x(n+2)\varepsilon(n)\leftrightarrow z^2X(z)-z^2x(0)-zx(1) \tag{3.4.6}$$

$$\delta(n\pm m)\leftrightarrow z^{\pm m} \tag{3.4.7}$$

例 3-3-6 收敛域扩大。

$$x(k)=a^k\varepsilon(k),\ X(z)=\frac{z}{z-a},\ |z|>|a|$$

$$y(k)=a^k\varepsilon(k)-a^k\delta(k)=a^k\varepsilon(k-1)=aa^{k-1}\varepsilon(k-1)$$

$$Y(z)=az^{-1}\frac{z}{z-a}=\frac{a}{z-a},\quad |z|>|a|$$

则

$$x(k)-y(k)=a^k\varepsilon(k)-a^k\varepsilon(k-1)=\delta(k)\leftrightarrow 1,\ X(z)-Y(z)=1$$

零极点相消，收敛域扩大为整个 z 平面。

2）**右移位性质**

若 $Z[x(n)\varepsilon(n)]=X(z)$，$|z|>R_1$，则

$$Z[x(k-m)\varepsilon(k)]=z^{-m}\Big[X(z)+\sum_{k=-m}^{-1}x(k)z^{-k}\Big],\quad |z|>R_1 \tag{3.4.8}$$

其中，m 为正整数。

例如：

$$x(k-1)\varepsilon(k)\leftrightarrow z^{-1}X(z)+x(-1)$$

$$x(k-2)\varepsilon(k)\leftrightarrow z^{-2}X(z)+z^{-1}x(-1)+x(-2)$$

注意：对于因果序列，当 $k<0$ 时，$x(k)=0$，则

$$x(k-m)\leftrightarrow z^{-m}X(z),\ x(k-m)\varepsilon(k-m)\leftrightarrow z^{-m}X(z) \tag{3.4.9}$$

$$\delta(k\pm m)\leftrightarrow z^{\pm m} \tag{3.4.10}$$

4. z 域尺度定理

在时域乘指数序列相当于在 z 域进行尺度变换。

若 $Z\{x(n)\}=X(z)$，$R_1<|z|<R_2$，则序列指数加权乘 a^n（a 为非 0 常数）：

$$Z[a^nx(n)]=X\left(\frac{z}{a}\right)\quad R_1|a|<|z|<R_2|a| \tag{3.4.11}$$

5. 时域求和性质

若 $Z[x(n)]=X(z)$，$R_1<|z|$，则

$$Z\left[\sum_{i=-\infty}^{n}x(i)\right]=\frac{z}{z-1}X(z),\quad \max(R_1,1)<|z| \tag{3.4.12}$$

6. 时域卷积定理

时域卷积定理也叫序列的卷积和定理。两序列在时域的卷积，其 Z 变换等于两序列在 z 域中 Z 变换的乘积。

若 $y(n)=x(n)\otimes h(n)=\sum_{m=-\infty}^{\infty}x(m)h(n-m)$，而且 $X(z)=Z[x(n)]$（$R_{x1}<|z|<R_{x2}$），$H(z)=Z[h(n)]$，（$R_{h1}<|z|<R_{h2}$），则

$$Y(z)=Z[y(n)]=X(z)H(z),\ \max[R_{x1},R_{h1}]<|z|<\min[R_{x2},R_{h2}] \tag{3.4.13}$$

收敛域一般情况下取两者的重叠部分，即 $|z|>\max(R_1,R_2)$。注意：如果在相乘过程中有零点与极点相抵消，则收敛域可能扩大。

7. z 域卷积定理

若 $y(n)=x(n)h(n)$，而且 $X(z)=Z[x(n)]$，$R_{x1}<|z|<R_{x2}$，$H(z)=Z[h(n)]$，$R_{h1}<|z|<R_{h2}$，则

$$\begin{aligned}
Y(z)&=Z[y(n)]=Z[x(n)h(n)]\\
&=\frac{1}{2\pi j}\oint_c X\left(\frac{z}{v}\right)H(v)v^{-1}\mathrm{d}v=\frac{1}{2\pi j}\oint_c X(v)H\left(\frac{z}{v}\right)v^{-1}\mathrm{d}v
\end{aligned} \tag{3.4.14}$$

收敛域为 $R_{x1}R_{h1}<|z|<R_{x2}R_{h2}$。

8. z 域微分定理

在时域，乘 k（线性加权）相当于在 z 域中对 Z 变换求导再乘一 z。

若 $Z[x(n)]=X(z)$，$R_1<|z|<R_2$，则

$$Z[nx(n)]=-z\frac{\mathrm{d}X(z)}{\mathrm{d}z}\quad R_1<|z|<R_2$$

$$Z[n^mx(n)]=\left[-z\frac{\mathrm{d}}{\mathrm{d}z}\right]^mX(z) \tag{3.4.15}$$

式中，$\left[-z\dfrac{\mathrm{d}}{\mathrm{d}z}\right]^m$ 表示 $-z\dfrac{\mathrm{d}}{\mathrm{d}z}\left[-z\dfrac{\mathrm{d}}{\mathrm{d}z}\left(-z\dfrac{\mathrm{d}}{\mathrm{d}z}\cdots\left(-z\dfrac{\mathrm{d}}{\mathrm{d}z}X(z)\right)\right)\right]$。

9. z 域积分定理

z 域积分定理也叫除 $n+m$ 定理。

若 $Z[x(n)]=X(z)$，$R_1<|z|<R_2$，则

$$Z\left[\frac{x(n)}{n+m}\right]=z^m\int_z^\infty\frac{X(\eta)}{\eta^{m+1}}\mathrm{d}\eta,\quad R_1<|z|<R_2 \tag{3.4.16a}$$

其中，m 为整数，且 $n+m>0$。

当 $m=0$ 时，有

$$Z\left[\frac{x(n)}{n}\right]=\int_z^\infty\frac{X(\eta)}{\eta}\mathrm{d}\eta,\quad R_1<|z|<R_2 \tag{3.4.16b}$$

10. 时域反转

若 $Z[x(n)]=X(z)$，$R_1<|z|<R_2$，则

$$Z[x(-n)]=X(z^{-1}), \quad R_1<|z|<R_2 \tag{3.4.17}$$

式(3.4.17)说明信号在时域反转时，在 z 域坐标变换为 z^{-1}，其收敛域为倒置(因果变为反因果)。

11. 初值定理

若 $x(n)$ 为因果序列，$Z[x(n)\varepsilon(n)]=X(z)$，且 $x(0)$ 存在，则

$$x(0)=\lim_{z\to\infty}X(z) \tag{3.4.18}$$

12 终值定理

若 $x(n)$ 为因果序列，$Z[x(n)\varepsilon(n)]=X(z)$，且 $x(\infty)$ 存在，则

$$x(\infty)=\lim_{z\to1}[(z-1)X(z)]=\mathrm{Res}[X(z)]_{z=1} \tag{3.4.19}$$

终值 $x(\infty)$ 存在表明 $(z-1)X(z)$ 在 $z=1$ 处是收敛的。$X(z)$ 的收敛域至少在包含单位圆的圆外(因果序列)，$X(z)$ 的全部极点在单位圆内，如在单位圆上有极点，也只能是一阶极点且位于 $z=1(z=-1$ 不允许)处。

13. 共轭序列、翻褶序列

若 $Z[x(n)]=X(z)$，$R_1<|z|<R_2$，则

$$Z[x^*(n)]=X^*(z^*), \quad R_{x1}<|z|<R_{x2} \tag{3.4.20}$$

其中，$x^*(n)$ 为 $x(n)$ 的共轭序列。

翻褶序列：

$$Z[x(-n)]=X\left(\frac{1}{z}\right), \quad \frac{1}{R_{x2}}<|z|<\frac{1}{R_{x1}} \tag{3.4.21}$$

3.5　离散系统函数

系统函数决定了系统在时域和频域的一些基本特性。系统的时域、频域特性都集中地以其系统函数或系统函数的零、极点分布表现出来。

3.5.1　差分方程的 z 域解法

差分方程的 z 域解法是离散系统时域分析的一种间接求解法或变换域求解法，即先通过 Z 变换将差分方程转换为代数方程进行分析计算，然后通过反变换求得时域的解。

单边 Z 变换将系统的初始条件自然地包含于其代数方程中，可求得零输入、零状态响应和全响应。从(2.3.1)式可知，差分方程的一般形式为

$$\sum_{i=0}^{N}a_iy(n-i)=\sum_{j=0}^{M}b_jx(n-j)$$

将该式两边进行 Z 变换，得

$$\sum_{i=0}^{N}a_iz^{-i}Y(z)=\sum_{j=0}^{M}b_jz^{-j}X(z)$$

如果输入激励 $x(n)$ 为因果序列，得到系统的零状态响应的 Z 变换为

$$Y(z) = \frac{\sum_{j=0}^{M} b_j z^{-j} X(z)}{\sum_{i=0}^{N} a_i z^{-i}} \tag{3.5.1}$$

将 $Y(z)$ 进行反变换即可得到系统的零状态响应：

$$y(n) = Z^{-1}[Y(z)] \tag{3.5.2}$$

例 3-5-1 已知离散系统的差分方程为 $y(n)-by(n-1)=x(n)$，求 $x(n)=a^n u(n)$，$y(-1)=0$ 时的系统响应 $y(n)$。

解 （1）将差分方程两边进行 Z 变换 $Z[y(n)-by(n-1)]=Z[x(n)]$，得

$$Y(z)-bz^{-1}Y(z)=X(z)$$

即

$$Y(z)=\frac{X(z)}{1-bz^{-1}}$$

（2）已知输入序列 $x(n)=a^n u(n)$，求出 Z 变换。

这是一个右边序列，由例 3-1-2 的结果得

$$X(z)=Z[a^n u(n)]=\frac{z}{z-a}, \quad |z|>|a|$$

（3）将上述结果代入得

$$Y(z)=\frac{z/(z-a)}{1-bz^{-1}}=\frac{z^2}{(z-a)(z-b)}=\frac{1}{a-b}\left(\frac{az}{z-a}-\frac{bz}{z-b}\right)$$

（4）将 $Y(z)$ 进行反变换即可得到系统的零状态响应。

由步骤（2）的结果反推式（2.4.18）得

$$y(n)=\frac{1}{a-b}(a^{n+1}-b^{n+1})u(n)$$

用 iztrans() 函数可直接求出 Z 逆变换：

```
>> syms n a b z;
>> Y = (a * z/(z-a)-b * z/(z-b))/(a-b);
>> y=iztrans(Y)
y =(-h * b^n+a * a^n)/(-b+a)
```

例 3-5-2 已知某系统输入 $x(k)=\left(-\frac{1}{2}\right)^k u(k)$ 时，其零状态响应为

$$y(k)=\left[\frac{3}{2}\left(\frac{1}{2}\right)^k+4\left(-\frac{1}{3}\right)^k-\frac{9}{2}\left(-\frac{1}{2}\right)^k\right]u(k)$$

求系统的单位序列响应 $h(k)$ 和描述系统的差分方程。

解 程序如下：

```
>> syms k z;
>> Yz= ztrans(3 * (1/2)^k/2+4 * (-1/3)^k-9 * (-1/2)^k/2) * heaviside(k);
>> Xz= ztrans((-1/2)^k) * heaviside(k);
>> Hz=simplify(Yz/Xz)
Hz =(13 * z + 1)/((2 * z - 1) * (3 * z + 1)) + 1
```

整理得

$$H(z) = \frac{Y(z)}{X(z)} = \frac{z^2 + 2z}{z^2 - \frac{1}{6}z - \frac{1}{6}} = \frac{1 + 2z^{-1}}{1 - \frac{1}{6}z^{-1} - \frac{1}{6}z^{-2}}$$

$>>$ h=iztrans(Hz)

h $= 3 * (1/2)\hat{\ }k - 2 * ((-1/3))\hat{\ }k$

整理得单位序列响应：

$$h(k) = \left[3\left(\frac{1}{2}\right)^k - 2\left(-\frac{1}{3}\right)^k \right] u(k)$$

由于 $a = [1, -1/6, -1/6]$，$b = [1, 2, 0]$，根据式（2.3.1）$\sum\limits_{i=0}^{N} a_i y(k-i) = \sum\limits_{j=0}^{M} b_j x(k-j)$ 得系统的差分方程：

$$y(k) - \frac{1}{6}y(k-1) - \frac{1}{6}y(k-2) = x(k) + 2x(k-1)$$

3.5.2　离散系统函数的定义

系统的时域特性用单位脉冲响应 $h(n)$ 表示，对 $h(n)$ 进行傅立叶变换，得到

$$\sum_{n=-\infty}^{\infty} h(n) e^{-j\omega n} = H(e^{j\omega}) \qquad (3.5.3)$$

$H(e^{j\omega})$ 为系统的传输函数，它表征系统的频率响应特性，所以又称为系统的频率响应函数。将 $h(n)$ 进行 Z 变换，得到

$$H(z) = \sum_{n=-\infty}^{\infty} h(n) z^{-n} \qquad (3.5.4)$$

$h(n)$ 和 $H(z)$ 为一对 Z 变换对：$Z[h(n)] = H(z)$，$h(n) = Z^{-1}[H(z)]$。一般称 $H(z)$ 为离散系统的系统函数，它表征系统的复频域特性。根据 Z 变换的时域卷积定理可知系统函数与系统的单位冲激响应是一对 Z 变换，即

$$h(n) = \frac{1}{2\pi j} \oint_c H(z) z^{n-1} dz \qquad (3.5.5)$$

如果 $H(z)$ 的收敛域包含单位圆 $|z| = 1$，则

$$H(z)\big|_{z=e^{j\omega}} = \sum_{n=-\infty}^{\infty} h(n) e^{-j\omega n} = H(e^{j\omega}) \qquad (3.5.6)$$

因此，在 z 平面单位圆上计算的系统函数就是系统的频率响应，或者说系统的传输函数是系统单位脉冲响应在单位圆上的 Z 变换。

3.5.3　系统函数与差分方程的关系

由式（3.5.1）可知，对于线性时不变系统，如果输入激励 $x(n)$ 为因果序列，得到系统的零状态响应的 Z 变换为

$$Y(z) = \frac{\sum\limits_{j=0}^{M} b_j z^{-j} X(z)}{\sum\limits_{i=0}^{N} a_i z^{-i}}$$

由此定义系统函数的多项式形式为

$$H(z) = \frac{Y(z)}{X(z)} = \frac{\sum\limits_{j=0}^{M} b_j z^{-j}}{\sum\limits_{i=0}^{N} a_i z^{-i}} = \frac{b_0 + b_1 z^{-1} + \cdots + b_M z^{-M}}{a_0 + a_1 z^{-1} + \cdots + a_N z^{-N}} \tag{3.5.7}$$

注意：

（1）系统函数 $H(z)$ 描述了系统的特性，$H(z)$ 只与系统差分方程的系数向量（分母向量用 A 表示，分子向量用 B 表示）的结构有关。

（2）系统函数按 z 的降幂排列时，系数向量应由最高次项系数开始，直到常数项，缺项补零。

例如，$H(z) = \dfrac{3z^3 - 5z^2 + 11z}{z^4 + 2z^3 - 3z^2 + 7z + 5}$，则

$$A = [1, 2, -3, 7, 5]; \quad B = [0, 3, -5, 11, 0]$$

（3）系统函数按 z^{-1} 的升幂排列时分子、分母多项式应保证维数相同，缺项补零。

例如，$H(z) = \dfrac{1 - 5z^{-1}}{2 - 5z^{-1} + 7z^{-2}}$，则

$$A = [2, -5, 7], \quad B = [1, -5, 0]$$

（4）根据差分方程可以求出系统函数，反之亦然。

（5）离散系统根据系数的不同，可分为 FIR 系统和 IIR 系统，这构成了数字滤波器的两大类型。

例 3 - 5 - 3 已知离散系统的差分方程为 $y(n) - 2y(n-1) = x(n)$，求系统函数。

解 由例 3 - 5 - 1 可知，将差分方程两边进行 Z 变换，得

$$Y(z) = \frac{X(z)}{1 - 2z^{-1}}$$

即

$$H(z) = \frac{Y(z)}{X(z)} = \frac{1}{1 - 2z^{-1}}$$

在式（3.5.7）中，$Y(z)$ 是系统的零状态响应的 Z 变换，$X(z)$ 是输入序列的 Z 变换，则有

$$Y(z) = H(z)X(z) \tag{3.5.8}$$

线性时不变系统输出的 Z 变换等于输入信号的 Z 变换与系统函数的乘积。

■ 3.6 离散系统函数的零极点

系统的零极点分布完全决定了系统函数的形式，即包含了系统的频率响应特性，包括幅频特性和相频特性。相应地，零极点分布也决定了系统的时域特性，极点决定系统的固有频率或自然频率，零点的分布情况只影响时域函数的幅度和相移，不影响振荡频率。

3.6.1 离散系统函数的零极点

对于实际的物理系统，极点和零点必为实数或共轭复数，极点决定时域的模态，零点影响各模态的幅度和振荡模态的相位。

1. 离散系统函数的零极点定义

将式(3.5.7)所示的系统函数 $H(z)$ 进行因式分解，采用根的形式表示为多项式，即

$$H(z) = \frac{Y(z)}{X(z)} = g\frac{\prod\limits_{j=1}^{M}(1 - b_j z^{-j})}{\prod\limits_{i=1}^{N}(1 - a_i z^{-i})} \tag{3.6.1}$$

其中，b_j 为分子多项式的根，称为系统函数的零点；a_i 为分母多项式的根，称为系统函数的极点；g 为比例常数(系统增益 gain)，g 仅决定幅度大小，不影响频率特性的实质。

系统函数的零、极点分布都会影响系统的频率特性，而影响系统的因果性和稳定性的只是极点分布。

系统函数的多项式形式为

$$H(z) = \frac{Y(z)}{X(z)} = \frac{\sum\limits_{j=0}^{M} b_j z^{-j}}{\sum\limits_{i=0}^{N} a_i z^{-i}} = \frac{b_0 + b_1 z^{-1} + \cdots + b_M z^{-M}}{a_0 + a_1 z^{-1} + \cdots + a_N z^{-N}} = \frac{B(z)}{A(z)} \tag{3.6.2}$$

A、B 是分母、分子的系数向量。

系统函数 $H(z)$ 的零极点分布完全决定了系统的特性，若某系统函数的零极点已知，则系统函数便可确定下来。因此，系统函数的零极点分布对离散系统特性的分析具有非常重要的意义。通过对系统函数零极点的分析，可以分析离散系统以下几个方面的特性：

- 系统单位样值响应 $h(n)$ 的时域特性；
- 离散系统的频率特性；
- 离散系统的稳定性。

2. 用 MATLAB 求系统的零极点

如果系统函数能因式分解成以式(3.6.1)所表示的形式，则可以很容易求出零、极点。如果是以式(3.6.2)所表示的多项式形式，则可以用 MATLAB 的下列函数求系统的零极点。

(1) 使用 tf2zpk()函数求零极点。

使用[z，p，g]＝tf2zpk(B，A)，通过分母向量 A、分子向量 B 求出离散系统函数的零点 z、极点 p 和增益 g。

(2) 使用 roots()函数求零极点。

使用多项式的 roots()函数可以分别求出多项式 $B(z)=0$ 和 $A(z)=0$ 的根，获得系统函数的极点和零点。

(3) 用 zero()和 pole()函数计算零极点。

也可以用 zero(sys)和 pole(sys)函数直接计算零极点，sys 表示系统函数，用法如下：

- z ＝ zero(sys)：返回系统函数 sys 的零点 z 的列向量。
- [z，k] ＝ zero(sys)：同时返回增益 k。

pole(sys)函数用于计算极点，使用方法同 zero(sys)。

3. 用 zplane()函数绘制离散系统的零极点图

zplane()函数用于绘制离散系统的零极点图，用法如下：

- zplane(z，p)：使用已知的零极点绘制零极点图，并显示单位圆。
- zplane(B，A)：直接使用系统函数的分子向量 B 和分母向量 A 绘制零极点图。

4. pzmap()函数

MATLAB 提供了函数 pzmap()来绘制系统的零极点位置图，其用法如下：

· [p, z] = pzmap(sys)：可以直接计算连续系统或离散系统的极点 p 和零点 z，sys 为系统函数。

· pzmap(sys)：根据系统函数直接在 z 平面上绘制出对应的零极点位置。

例 3 - 6 - 1 已知离散系统的差分方程为 $y(n)-by(n-1)=ax(n)$，$y(-1)=0$，求系统函数和零极点，绘制零极点图。

解 将差分方程两端取单边 Z 变换得

$$Y(z)-bz^{-1}Y(z)-by(-1)=aX(z)$$

将 $y(-1)=0$ 代入得

$$(1-bz^{-1})Y(z)=aX(z)$$

即系统函数如下：

$$H(z)=\frac{Y(z)}{X(z)}=\frac{a}{1-bz^{-1}}$$

设 $b=0.5$，$a=2$，其实现程序如下：

```
b=0.5; a=2;
A=[1, -b];
B=[a, 0]; [z, p, k] = tf2zpk(B, A)
zplane(B, A)
```

程序运行后，绘制零极点图如图 3 - 6 - 1 所示。

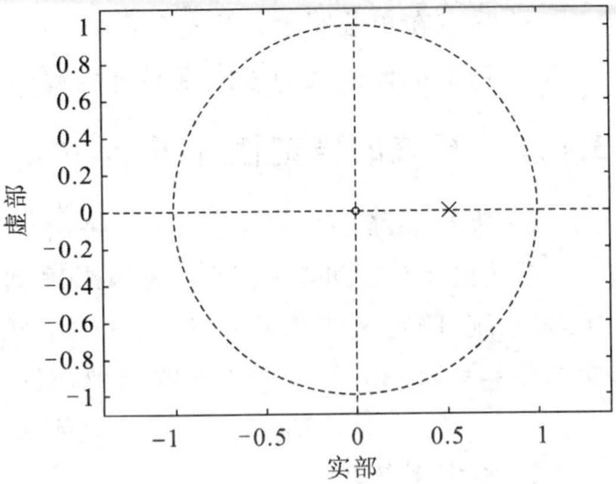

```
z=0
p=0.5000
k=2
```

图 3 - 6 - 1 绘制零极点图

3.6.2 零极点分布与系统的时域特性

在离散系统中，极点分布决定系统单位样值响应（假设无重根）。对式(3.6.1)进行反 Z 变换得

$$h(n) = Z^{-1}[H(z)] = Z^{-1}\left[g\frac{\prod_{m=1}^{M}(1-b_r z^{-M})}{\prod_{k=1}^{N}(1-a_k z^{-N})}\right]$$

$$= Z^{-1}\left[r_0 + \sum_{k=1}^{N}\frac{r_k z}{z-p_k}\right] \tag{3.6.3}$$

$$= r_0\delta(n) + \sum_{k=1}^{N}r_k(p_k)^n u(n)$$

式中，r_0、r_k 是 $H(z)$ 的留数，都与 $H(z)$ 的零点和极点分布有关；p_k 是 $H(z)$ 的极点，可以是不同的实数或共轭复数，一般为复数，它在 z 平面的分布位置决定了系统 $h(n)$ 的特性。

从《信号与系统》的学习中已经得出了离散系统零、极点分布对幅频特性的影响规律如下：

· 离散系统单位样值响应 $h(n)$ 的时域特性完全由系统函数 $H(z)$ 的极点位置决定，其规律可能是指数衰减、上升，或为减幅、增幅、等幅振荡。

- $H(z)$位于 z 平面单位圆内的极点决定了 $h(n)$随时间衰减的信号分量。
- $H(z)$位于 z 平面单位圆上的一阶极点决定了 $h(n)$的稳定信号分量。
- $H(z)$位于 z 平面单位圆外的极点或单位圆上高于一阶的极点决定了 $h(n)$的随时间增长的信号分量。
- 极点影响幅频特性的峰值，峰值频率在极点的附近。
- 极点越靠近单位圆，峰值越高，越尖锐。
- 极点在单位圆上，峰值幅度为无穷，系统不稳定。
- 零点影响幅频特性的谷值，谷值频率在零点的附近。
- 零点越靠近单位圆，谷值越接近零。
- 零点在单位圆上，谷值为零。
- 处于坐标原点的零极点不影响幅频特性。

3.6.3　系统的稳定性分析

1. 因果系统

系统的单位脉冲响应 $h(n)$为因果序列的系统称为因果系统，因此根据 2.1.4 节关于"因果系统"的定义和 3.1.2 节中"右边序列"的"因果序列"的特点可知，因果系统的系统函数 $H(z)$具有包括$|z|=\infty$点的收敛域，即

$$R_1 < |z| \leqslant \infty \tag{3.6.4}$$

2. 稳定系统

在离散系统中，系统的稳定条件可分为时域和频域，但这两个条件是等价的，系统的稳定性由极点的分布决定，而零点不影响稳定性。只要考察系统的零极点分布，就可以判断系统稳定性。

（1）时域：对于离散系统，稳定的充分必要条件是冲激响应 $h(n)$绝对可和，即

$$\sum_{n=-\infty}^{\infty} |h(n)| < \infty \tag{3.6.5}$$

（2）频域：当 $H(z)$的收敛域包括单位圆（$|z|=1$）时，系统稳定。

3. 因果稳定系统

如果系统是稳定的因果系统，则系统函数 $H(z)$的收敛域为

$$r \leqslant |z| \leqslant \infty, \qquad 0 < r < 1 \tag{3.6.6}$$

系统稳定时，系统函数的收敛域是在圆外区域，并一定包含单位圆，系统函数的极点不能位于单位圆上。如果系统全部极点都位于 z 平面的单位圆内，则系统是稳定的。因此，因果系统稳定的条件是：系统函数的极点应集中在单位圆内。对于非因果系统，收敛域并不在圆外区域，极点不限于单位圆内。

例 3-6-2　（1）已知系统函数

$$H(z) = \frac{-\dfrac{3}{2}z^{-1}}{\left(1-\dfrac{1}{2}z^{-1}\right)(1-2z^{-1})}, \quad 2 < |z| \leqslant \infty$$

求系统的单位脉冲响应及系统性质。

（2）因果系统的系统函数如下：

$$H(z)=\frac{z+2}{8z^2-2z-3}$$

试说明系统是否稳定。

解　（1）　$H(z)=\dfrac{-\dfrac{3}{2}z^{-1}}{\left(1-\dfrac{1}{2}z^{-1}\right)(1-2z^{-1})}=\dfrac{1}{1-\dfrac{1}{2}z^{-1}}-\dfrac{1}{1-2z^{-1}}$

系统函数 $H(z)$ 的收敛域包括 $|z|=\infty$ 点，因此是因果系统。但是单位圆不在收敛域内，因此系统不稳定。

系统函数 $H(z)$ 的极点为：$z_1=1/2$，$z_2=2$。由式(3.6.3)可知

$$h(n)=\left(\frac{1}{2}\right)^n u(n)-2^n u(n)$$

由于 $2^n u(n)$ 项是发散的，可见系统确实不稳定。

（2）将系统函数转变为 z 的降幂标准形式，即

$$H(z)=\frac{z+2}{8z^2-2z-3}=\frac{z^{-1}+2z^{-2}}{8-2z^{-1}-3z^{-2}}$$

零极点分布图实现程序如下：

```
>> B=[0 1 2];
>> A=[8 -2 -3];
>> [z, p, k] = tf2zpk(B, A)
>> zplane(B, A)
```

零极点分布如图 3-6-2 所示。

```
z = -2
p =
    0.7500
   -0.5000
k = 0.1250
```

极点 $p_1=0.75$，$p_2=-0.5$，都在单位圆内，故系统稳定。

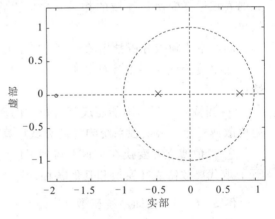

图 3-6-2　零极点分布

3.6.4　零极点分布与离散系统的频率响应

1. 利用系统函数直接计算离散系统的频率响应

若连续系统的 $H(s)$ 收敛域含虚轴，则连续系统频率响应为 $H(\mathrm{j}\Omega)=H(s)\big|_{s=\mathrm{j}\Omega}$。由于 $z=\mathrm{e}^{sT}$，$s=\sigma+\mathrm{j}\Omega$，因此若离散系统 $H(z)$ 收敛域含单位圆，则 $H(z)\big|_{z=\mathrm{e}^{\mathrm{j}\Omega T}}$ 存在。

令 $\Omega T=\omega$，称为数字角频率。离散系统频率响应定义为

$$H(\mathrm{e}^{\mathrm{j}\omega})=|H(\mathrm{e}^{\mathrm{j}\omega})|\mathrm{e}^{\mathrm{j}\phi(\omega)} \tag{3.6.7}$$

式中，$|H(\mathrm{e}^{\mathrm{j}\omega})|$ 称为幅频响应，为偶函数，$\phi(\omega)$ 称为相频响应。

只有 $H(z)$ 收敛域含单位圆才存在频率响应，稳定离散系统的频率响应就是系统函数在单位圆上的取值，因此计算离散系统的频率响应，将离散系统函数中的 z 变量用 $\mathrm{e}^{\mathrm{j}\omega}$ 代入即可得到。

离散系统的零极点分布完全决定了系统函数 $H(z)$ 的形式，即包含了离散系统的频率响应特性。若 $H(z)$ 的收敛域包含单位圆 $|z|=1$，则由式(3.5.7)定义系统函数为

$$H(\mathrm{e}^{\mathrm{j}\omega}) = H(z)\,|_{z=\mathrm{e}^{\mathrm{j}\omega}} = \frac{Y(z)}{X(z)} = \frac{\displaystyle\sum_{j=0}^{M} b_j z^{-j}}{\displaystyle\sum_{i=0}^{N} a_i z^{-i}} \tag{3.6.8}$$

由此可写出系统的幅频特性为

$$| H(z) |_{z=\mathrm{e}^{\mathrm{j}\omega}} = g\,\frac{\displaystyle\prod_{j=1}^{m} | (1-r_j z^{-1}) |}{\displaystyle\prod_{i=1}^{n} | (1-p_i z^{-1}) |} \tag{3.6.9}$$

其中，g 为常数，r_j、p_i 为零极点。

系统的相频特性为

$$\phi(\mathrm{j}\omega) = \sum_{j=1}^{m} \arg(1-r_j \mathrm{e}^{-\mathrm{j}\omega}) - \sum_{i=1}^{n} \arg(1-p_i \mathrm{e}^{-\mathrm{j}\omega}) \tag{3.6.10}$$

在频域上计算离散时间系统的输出，实际上就是利用 Z 变换或离散傅立叶变换，将时域的卷积运算变换到频域的相乘运算，再将频域运算结果反变换到时域，从而得到最终结果。

离散系统频域分析常用的解法有以下几种：

· Z 变换法是手工计算的常用方法，特别适合于输入序列的 Z 变换能写成闭合形式的情形。

· 当输入序列是不能写成闭合形式的数据时，用 Z 变换法计算就很不方便，此时可改用离散傅立叶变换实现系统响应的频域计算。

· 离散傅立叶变换在工程上得到了广泛应用，由于有快速算法 FFT，因此实际中使用 FFT 取代离散傅立叶变换和其他各种计算离散时间系统输出的算法。

例 3 - 6 - 3 已知系统函数 $H(z)=\dfrac{0.3z^3+0.06z^2}{z^3-1.1z^2+0.55z-0.125}$，计算离散系统的频率响应并图示。

解 由题意可知 $b=[0.3, 0.06, 0, 0]$，$a=[1, -1.1, 0.55, -0.125]$。将离散系统函数中的 z 变量用 $\mathrm{e}^{\mathrm{j}\omega}$ 代入即可得到频率响应，程序如下：

```
N=100;
w=[0:(N-1)]*pi/N; %确定频点
z=exp(j*w); %求频点对应的 z 点
b=[0.3, 0.06, 0, 0];
a=[1, -1.1, 0.55, -0.125];
Hz=polyval(b, z)./polyval(a, z); %求各频点的频响
subplot(2, 1, 1), plot(w/pi, abs(Hz)) %绘制幅频曲线
xlabel('w * pi'), ylabel('abs(Hz)')
grid; title('幅频特性');
subplot(2, 1, 2), plot(w/pi, angle(Hz)) %绘制相频曲线
xlabel('w * pi'), ylabel('angle(Hz)')
```

grid，title('相频特性')；

绘制的频响曲线如图 3 - 6 - 3 所示。由图可知该系统有低通效果，且通带内有较好的线性相位。

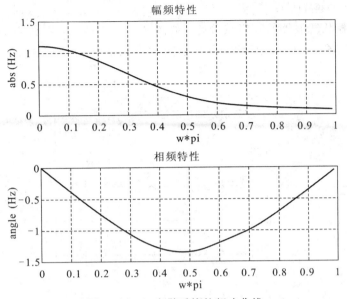

图 3 - 6 - 3　离散系统的频响曲线

2. 使用函数 freqz( )计算离散系统的频率响应

MATLAB 提供了专门由系统函数求解频率响应的函数 freqz( )，调用格式如下：

· [H，w]=freqz(b，a，n)：返回频率响应向量 H 和对应的角频率 w，b、a 为分子分母系数向量，n 为 H、w 的长度，缺省值为 512。

· [H，w]=freqz(b，a，n，'whole')：使用 n 个采样点在整个单位圆上计算频率响应，w 的长度为 n，值为 $0\sim2\pi$。

在例 3 - 6 - 3 中，以下代码可以得到同样结果，但程序更加简便。

　　b=[0.3，0.06，0，0]；a=[1，-1.1，0.55，-0.125]；

　　freqz(b，a)；%直接绘出频响曲线

例 3 - 6 - 4　已知 $H(z)=1-z^{-N}$，求其零极点分布和频率响应。

解　$H(z)=1-z^{-N}=\dfrac{z^{N}-1}{z^{N}}$，可见 $H(z)$ 的零点为 $z=0$，这是一个 N 阶零点，它不影响系统的幅频响应。零点有 N 个，由分子多项式的根决定：$1-z^{-N}=0$，即 $z^{N}=\mathrm{e}^{\mathrm{j}2\pi k}$

$$z=\mathrm{e}^{\mathrm{j}2\pi k/N}, \quad k=0,1,2,\cdots,N-1$$

设 $N=8$，实现程序如下：

　　B=[1，0，0，0，0，0，0，0，-1]；

　　A=[1]；

　　subplot(221)，zplane(B，A) %绘制零极点分布

　　[H，w]=freqz(B，A)；%计算频率响应

　　grid；title('零极点分布')；

　　subplot(223)，plot(w/pi，abs(H)) %绘制幅频曲线

　　xlabel('\omega/\pi')，ylabel('|H(e¯j~omega)|')

grid；title('幅频特性')；

subplot(224)，plot(w/pi,angle(H))％绘制相频曲线

xlabel('\omega/pi')，ylabel('phi(\omega)')

grid，title('相频特性')；

绘制出 8 阶梳状滤波器的零极点分布，如图 3-6-4 所示，零极点等间隔分布在单位圆上。频率响应如图 3-6-5 所示，由于幅频响应的形状像一把梳子齿，故称为梳状滤波器。

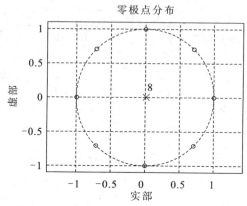

图 3-6-4 8 阶梳状滤波器的零极点分布

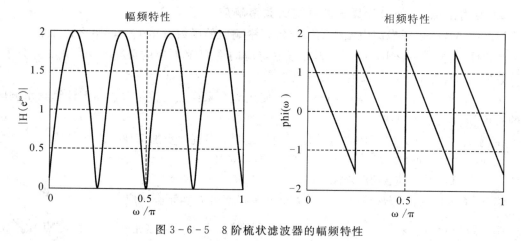

图 3-6-5 8 阶梳状滤波器的幅频特性

3.7 FIR 系统与 IIR 系统

根据系数的不同，离散系统分为 FIR 系统与 IIR 系统，它们构成了数字滤波器的两大类型。

由式(3.5.7)定义的系统函数的多项式形式为

$$H(z) = \frac{Y(z)}{X(z)} = \frac{\sum\limits_{j=0}^{M} b_j z^{-j}}{\sum\limits_{i=0}^{N} a_i z^{-i}} = \frac{b_0 + b_1 z^{-1} + \cdots + b_M z^{-M}}{a_0 + a_1 z^{-1} + \cdots + a_N z^{-N}}$$

3.7.1 FIR 系统

当 $a_0 = 1$，其他所有的 a_i 都为 0 时，$H(z)$ 为一个多项式：

$$H(z) = \sum_{n=-\infty}^{\infty} b_n z^{-n} \tag{3.7.1}$$

此时，系统的输出只与输入有关，称为 MA 系统。由于系统函数只有零点，没有极点（原点处的极点除外），该系统也叫全零点系统。

由此可求出系统的 $h(n)$：

$$h(n) = b_n, \quad n = 0, 1, 2, \cdots, M \tag{3.7.2}$$

该 $h(n)$ 为有限长度序列，所以这类系统称为有限长单位脉冲响应系统（Finite Impulse Response，FIR）。

3.7.2 IIR 系统

当 $b_0 = 1$，其他所有的 b_j 都为 0 时，$H(z)$ 为一个多项式：

$$H(z) = \frac{1}{1 - \sum_{k=1}^{N} a_k z^{-k}} \tag{3.7.3}$$

此时，系统的输出只与当前的输入和过去的输出有关，称为 AR 系统。由于系统函数只有极点（原点处的零点除外），该系统也叫全极点系统。该 $h(n)$ 为无限长度序列，所以这类系统称为无限长单位脉冲响应系统（Infinite Impulse Response，IIR）。

一般情况下，a_k、b_j 都不为 0，$H(z)$ 为一个有理多项式：

$$H(z) = \frac{A(z)}{B(z)} = \frac{\sum_{i=0}^{M} a_i z^{-i}}{1 + \sum_{j=1}^{N} b_j z^{-j}} \tag{3.7.4}$$

有零点也有极点，称为 ARMA 系统或零极点系统。系统的 $h(n)$ 为无限长度序列，所以这类系统仍为 IIR 系统。

练 习 与 思 考

3-1 根据定义，求下列离散信号的 Z 变换，$0 < a < 1$，注明收敛域，并用 MATLAB 验证。

(1) $a^n \varepsilon(n)$ (2) $a^{-n} \varepsilon(n)$

(3) $a^{-n} \varepsilon(-n)$ (4) $n a^n \varepsilon(n)$

3-2 求下列 Z 变换：

(1) $\delta(n-3)$ (2) $\left(\dfrac{1}{2^n} + \dfrac{1}{4^n}\right) \varepsilon(n)$

(3) $\dfrac{1}{2^{n-1}} \varepsilon(n-1)$

3-3 试用 Z 变换的性质求以下序列的 Z 变换。

(1) $f(n) = (n-3) \varepsilon(n-3)$

(2) $f(n)=\varepsilon(n)-\varepsilon(n-N)$

3-4　试用卷和定理证明以下关系：

(1) $f(n)\otimes\delta(n-m)=f(n-m)$

(2) $\varepsilon(n)\otimes\varepsilon(n)=(n+1)\varepsilon(n)$

3-5　已知 $\varepsilon(n)\otimes\varepsilon(n)=(n+1)\varepsilon(n)$，试求 $n\varepsilon(n)$ 的 Z 变换。

3-6　已知因果序列的 Z 变换为 $F(z)$，试分别求下列原序列的初值 $f(0)$。

(1) $F(z)=\dfrac{1}{(1-0.5z^{-1})(1+0.5z^{-1})}$

(2) $F(z)=\dfrac{z^{-1}}{1-1.5z^{-1}+0.5z^{-2}}$

3-7　求以下序列的 Z 变换，并求出零极点和收敛域。

(1) $x(n)=a^{|n|}\ (|a|<1)$

(2) $x(n)=\left(\dfrac{1}{2}\right)^{n}\varepsilon(n)$

(3) $x(n)=-\left(\dfrac{1}{2}\right)^{n}\varepsilon(-n-1)$

(4) $x(n)=\dfrac{1}{n},\ (n\geqslant 1)$

3-8　求以下序列的 Z 变换及收敛域：

(1) $2^{-n}\left[\varepsilon(n)-\varepsilon(n-10)\right]$

(2) $x(n)=n\sin(\omega_0 n),\ n\geqslant 0(\omega_0 为常数)$

(3) $x(n)=Ar^{n}\cos(\omega_0 n+\Phi)\varepsilon(n),\ 0<r<1$

3-9　已知：

$$X(z)=\frac{3}{1-\dfrac{1}{2}z^{-1}}+\frac{2}{1-2z^{-1}}$$

求出对应 $X(z)$ 的各种可能的序列的表达式。

3-10　已知 $X(z)=\dfrac{-3z^{-1}}{2-5z^{-1}+2z^{-2}}$，分别求：

(1) 收敛域 $0.5<|z|<2$ 对应的原序列 $x(n)$；

(2) 收敛域 $|z|>2$ 对应的原序列 $x(n)$。

3-11　已知一个网络的输入和单位脉冲响应分别为 $x(n)=a^n\varepsilon(n)$，$h(n)=b^n\varepsilon(n)$，$0<a<1,0<b<1$，分别用卷积法和 Z 变换法求网络输出 $y(n)$。

3-12　求下列 $F(z)$ 的反变换 $f(n)$。

(1) $F(z)=\dfrac{1-\dfrac{1}{2}z^{-1}}{1+\dfrac{3}{4}z^{-1}+\dfrac{1}{8}z^{-2}}$

(2) $F(z)=\dfrac{1-2z^{-1}}{z^{-1}+2}$

(3) $F(z)=\dfrac{2z}{(z-1)(z-2)}$

(4) $F(z) = \dfrac{3z^2 + z}{(z-0.2)(z+0.4)}$

(5) $F(z) = \dfrac{z}{(z-2)(z-1)^2}$

3-13 已知用下列差分方程描述的一个线性移不变因果系统

$$y(n) = y(n-1) + y(n-2) + x(n-1)$$

(1) 求这个系统的系统函数，画出其零极点图并指出其收敛区域；

(2) 求此系统的单位抽样响应；

(3) 此系统是一个不稳定系统，请找一个满足上述差分方程的稳定的(非因果)系统的单位抽样响应。

3-14 研究一个输入为 $x(n)$ 和输出为 $y(n)$ 的时域线性离散移不变系统，已知它满足 $y(n-1) - \dfrac{10}{3}y(n) + y(n+1) = x(n)$，并已知系统是稳定的，试求其单位抽样响应。

3-15 差分方程 $y(n) - 2ry(n-1)\cos\theta + r^2 y(n-2) = x(n)$ 表示一个线性移不变因果系统，当激励 $x(n) = a^n u(n)$ 时，用 Z 变换求系统的响应。

3-16 分别用长除法、留数定理和部分分式法求以下 $X(z)$ 的反变换 $x(n)$。

(1) $X(z) = \dfrac{1 - \dfrac{1}{2}z^{-1}}{1 - \dfrac{1}{4}z^{-2}}$，$|z| > \dfrac{1}{2}$

(2) $X(z) = \dfrac{1 - 2z^{-1}}{1 - \dfrac{1}{4}z^{-1}}$，$|z| < \dfrac{1}{4}$

(3) $X(z) = \dfrac{z-a}{1-az}$，$|z| > \left|\dfrac{1}{a}\right|$

3-17 有一右边序列 $x(n)$，其 Z 变换为

$$X(z) = \dfrac{1}{\left(1 - \dfrac{1}{2}z^{-1}\right)(1 - z^{-1})}$$

(1) 将上式作部分分式展开(用 z^{-1} 表示)，由展开式求 $x(n)$。

(2) 将上式表示成 z 的多项式之比，再作部分分式展开，由展开式求 $x(n)$，并说明所得到的序列与(1)所得的是一样的。

注意：不管哪种表示法最后求出 $x(n)$ 应该是相同的。

3-18 有一信号 $y(n)$，它与另两个信号 $x_1(n)$ 和 $x_2(n)$ 的关系是：$y(n) = x_1(n+3) \otimes x_2(-n+1)$。其中 $x_1(n) = \left(\dfrac{1}{2}\right)^n u(n)$，$x_2(n) = \left(\dfrac{1}{3}\right)^n u(n)$。已知 $Z[a^n u(n)] = \dfrac{1}{1-az^{-1}}$，$|z| > |a|$，利用 Z 变换的性质求 $Y(z)$。

第 4 章

离散信号的频域分析

在现代化的信号分析和处理过程中,计算机是进行数字信号处理的主要工具,而计算机只能处理离散、有限长信号,这就决定了有限长序列在数字信号处理中的重要地位。

分析连续时间信号可以采用时域分析方法和频域分析方法(主要用 s 域分析和连续傅立叶变换),它们之间是通过连续时间的傅立叶变换来完成从时域到频域的变换。与连续时间系统的分析类似,在离散时间系统中,对于离散信号的频谱分析,除了使用 Z 变换外,也可以采用离散傅立叶变换,将时间域信号转换到频率域进行分析,这样不但可以得到离散时间信号的频谱,而且也可以使离散时间信号的分析方法更具有多元化。

本章内容主要介绍了离散傅立叶变换,包括 DTFT、DFS 和 DFT,应重点掌握它们之间的区别、联系和应用范围。

4.1 各种傅立叶变换

离散傅立叶变换建立了有限长序列与其近似频谱之间的联系,在理论上具有重要意义,它的显著特点就是信号的时域和频域都是有限长序列,在此理论基础上发展的快速傅立叶变换即 FFT 解决了计算机和专用数字信号处理设备进行数字信号处理的问题,在数字信号处理技术中起着核心作用。

我们已经知道,信号可分为连续信号和离散信号、周期性和非周期性信号,因此有 4 种不同的傅立叶变换。

4.1.1 连续信号的频谱分析与傅立叶变换

连续信号分为连续周期信号和连续非周期信号,其频谱分析分别使用连续傅立叶级数和连续傅立叶变换。

1. 连续周期信号与 CFS

我们知道时域上任意连续的周期信号都可以分解为无限多个正弦信号或复指数型信号之和,在频域上就表示为离散非周期信号,即时域连续周期对应频域离散非周期的特点,这就是连续周期信号的傅立叶级数展开(Continuous-Time Fourier Series,CFS)。

式(4.1.1)是连续周期信号的傅立叶变换对,其特点是信号在时域是"连续、周期"的,在频域是"非周期、离散"的,即时域连续的函数造成频域是非周期的谱;时域的周期性造成频域是离散的谱。

$$
\begin{cases}
x(t) = \sum_{n=-\infty}^{\infty} X(n\Omega) e^{jn\Omega t} \\
X(n\Omega) = \dfrac{1}{T_0} \displaystyle\int_{-T_0/2}^{T_0/2} x(t) e^{-jn\Omega t} \, dt
\end{cases}
\tag{4.1.1}
$$

2. 连续非周期信号与 CTFT

对持续时间有限的连续非周期信号，使用如式(4.1.2)所示的连续傅立叶变换(Continuous-Time Fourier Transform，CTFT 或简称 FT)进行分析。

$$
\begin{cases}
x(t) = \dfrac{1}{2\pi} \displaystyle\int_{-\infty}^{\infty} X(j\Omega) e^{j\Omega t} \, d\Omega = F^{-1}[X(j\Omega)] \\
X(j\Omega) = \displaystyle\int_{-\infty}^{\infty} x(t) e^{-j\Omega t} \, dt = F[x(t)]
\end{cases}
\tag{4.1.2}
$$

由于信号是非周期的，它必包含了各种频率的信号，所以具有时域"连续、非周期"对应频域"非周期、连续"的特点，即时域连续的函数造成频域是非周期的谱；时域的非周期性造成频域是连续的谱。

CFS 和 CTFT 都是用于连续信号频谱的分析工具，它们都是以傅立叶级数理论为基础推导出来的。概括上述内容，连续信号的特点为：时域上连续的信号在频域上都有非周期的特点，但对于周期信号和非周期信号在频域又有离散和连续之分。

4.1.2 离散信号的频谱分析与傅立叶变换

离散信号也分为离散周期信号和离散非周期信号，其频谱分析分别使用离散傅立叶级数和离散傅立叶变换。

1. 离散非周期信号与 DTFT

离散信号(序列)的傅氏变换(Discrete-Time Fourier Transform，DTFT)定义如式(4.1.3)所示：

$$
X(e^{j\omega}) = \text{DTFT}[x(n)] = \sum_{n=-\infty}^{\infty} x(n) e^{-j\omega n}
\tag{4.1.3}
$$

式(4.1.3)成立的条件是序列绝对可和，或者说序列的能量有限。对于不满足式(4.1.3)的信号，可以引入奇异函数，使之能够用傅立叶变换表示。

式(4.1.3)所示的形式正好是周期函数 $X(e^{j\omega})$ 的傅氏级数展开，$x(n)$ 就是傅立叶级数的系数。数字序列的傅氏逆变换(IDTFT)定义如式(4.1.4)所示：

$$
x(n) = \text{DTFT}^{-1}[X(e^{j\omega})] = \frac{1}{2\pi} \int_{-\pi}^{\pi} X(e^{j\omega}) e^{j\omega n} \, d\omega
\tag{4.1.4}
$$

DTFT 用于离散非周期序列分析，根据连续傅立叶变换要求连续信号在时间上必须可积这一充分必要条件，对于离散时间傅立叶变换，用于它之上的离散序列也必须满足在时间轴上级数求和收敛的条件；由于信号是非周期序列，它必包含了各种频率的信号，所以DTFT 对离散非周期信号变换后的频谱为连续的，即有时域"离散、非周期"对应频域"周期、连续"的特点。

根据 DTFT 定义有：

$$\begin{cases} x(n) = \dfrac{1}{2\pi} \displaystyle\int_{-\pi}^{\pi} X(e^{j\omega}) e^{j\omega n} \, d\omega \\[3mm] X(e^{j\omega}) = \displaystyle\sum_{n=-\infty}^{\infty} x(n) e^{-j\omega n} \end{cases} \tag{4.1.5}$$

离散非周期信号 DTFT 和连续非周期信号 CTFT 的比较，从定义来看：

离散非周期信号 DTFT：$X(e^{j\omega}) = \displaystyle\sum_{n=-\infty}^{\infty} x(n) e^{-j\omega n}$，$x(n) = \dfrac{1}{2\pi} \displaystyle\int_{-\pi}^{\pi} X(e^{j\omega}) e^{j\omega n} \, d\omega$；

连续非周期信号 CTFT：$X(j\Omega) = \displaystyle\int_{-\infty}^{+\infty} x(t) e^{-j\Omega t} \, dt$，$x(t) = \dfrac{1}{2\pi} \displaystyle\int_{-\infty}^{+\infty} X(j\Omega) e^{j\Omega t} \, dt$。

可见二者的实质是一样的，都是完成时间域和频域之间的互相转换。离散时间序列傅立叶变换(DTFT)具有连续时间傅立叶变换(CTFT)的一些主要性质如线性、时移和频移等。而不同之处有以下几点：

(1) 时间变量。

DTFT：n 取整数，求和运算；

CTFT：t 取连续变量，积分运算。

(2) 频域变量。

DTFT：ω 是数字频率的连续变量，以 2π 为周期；

CTFT：Ω 是模拟频率的连续变量，无周期性。

对于一个线性时不变离散系统，其输入输出关系为

$$y(n) = x(n) \otimes h(n)$$

"$\otimes$"表示线性卷积，则有：

$$Y(e^{j\omega}) = \sum_{n=-\infty}^{\infty} y(n) e^{-j\omega n} = X(e^{j\omega}) H(e^{j\omega}) \tag{4.1.6}$$

其中，$H(e^{j\omega})$ 为系统单位脉冲响应和 $h(n)$ 的傅氏变换，称为系统的频率响应。由于 $e^{j\omega} = e^{j\omega + 2\pi}$，所以 $X(e^{j\omega})$ 是以 2π 为周期的周期复值函数，并且其周期通常选在区间 $[-\pi, \pi]$ 上。

式(4.1.6)表明：两个序列的时域卷积结果对应于傅氏变换(即频域)的乘积。

2. 离散周期信号与 DFS

求连续周期信号的频谱使用连续傅立叶级数(CFS)，求周期序列信号的频谱使用离散傅立叶级数(DFS)，即 DFS 是对离散周期信号进行傅立叶级数展开。

当离散的信号为周期序列时，严格地讲，傅立叶变换是不存在的，因为它不满足信号序列绝对级数和收敛(绝对可和)这一傅立叶变换的充要条件，但是采用 DFS(离散傅立叶级数)这一分析工具仍然可以对其进行傅立叶分析。

周期离散信号是由无穷多相同的周期序列在时间轴上组成的，假设周期为 N，即每个周期序列都有 N 个元素，而这样的周期序列有无穷多个，由于无穷多个周期序列都相同，所以可以只取其中一个周期就足以表示整个序列了，这个被抽出来表示整个序列特性的周期称为主值周期，这个序列称为主值序列。然后以 N 对应的频率作为基频构成傅立叶级数展开所需要的复指数序列 $e^{j2\pi nk/N}$，用主值序列与复指数序列取相关(乘加运算)，得出每个主值在各频率上的频谱分量，这样就表示出了周期序列的频谱特性。

若一个序列可表示为

$$\tilde{x}(n) = x(n + Nm), \quad m \text{ 为整数} \tag{4.1.7}$$

则称 $\tilde{x}(n)$ 是周期为 N 的周期序列。

而对于周期信号,严格数学意义上讲,其 Z 变换不收敛,因为

$$\tilde{X}(z) = \sum_{n=-\infty}^{\infty} \tilde{x}(n) z^{-n} \tag{4.1.8}$$

所以周期序列不能用 Z 变换表示。但是与连续信号一样,周期序列也可以用离散傅立叶级数表示,即用周期为 N 的复指数序列表示。

一个周期性复指数序列可表示为 $e(n) = e^{j2\pi kn/N}$,基频序列为 $e_1(n) = e^{j2\pi n/N}$,k 次谐波序列为 $e_k(n) = e^{j2\pi kn/N}$。由于 $e^{j2\pi k/N} = e^{j2\pi(k+rN)/N}$,$r$ 为任意整数,即 $e_{k+rN}(n) = e_k(n)$

因此离散傅立叶级数的所有谐波中,只有 N 个独立分量。这与连续傅立叶级数是不同的,连续傅立叶级数有无穷多个谐波分量。

将周期序列 $\tilde{x}(n)$ 展开为如下的离散傅立叶级数(DFS):

$$\begin{cases} \tilde{x}(n) = \mathrm{DFS}[\tilde{X}(k)] = \dfrac{1}{N} \displaystyle\sum_{k=0}^{N-1} \tilde{X}(k) e^{j2\pi nk/N} \\[3mm] \tilde{X}(k) = \mathrm{IDFS}[\tilde{x}(n)] = \displaystyle\sum_{n=0}^{N-1} \tilde{x}(n) e^{-j2\pi nk/N} \end{cases}, \quad N \text{ 为常数} \tag{4.1.9}$$

由于 $\tilde{X}(k+mN) = \displaystyle\sum_{k=0}^{N-1} \tilde{x}(n) e^{-j2\pi n(k+mN)/N} = \sum_{n=0}^{N-1} \tilde{x}(n) e^{-j2\pi nk/N} = \tilde{X}(k)$,所以 $\tilde{X}(k)$ 也是一个以 N 为周期的周期序列,时域离散周期序列的离散傅立叶级数的系数仍然是离散周期序列。“周期、离散”时间信号 $\tilde{x}(n)$ 的频谱函数 $\tilde{X}(k)$ 也是“离散、周期”的。

4.1.3 各种傅立叶变换的分析

综上所述,由于信号有连续和离散、周期和非周期之分,因此有以下 4 种傅立叶变换。

1. 非周期连续时间信号的傅立叶变换 CTFT

对持续时间有限的连续非周期信号,使用连续傅立叶变换进行分析。由于信号是非周期的,它必包含各种频率的信号,所以具有时域“连续、非周期”的信号 $x(t)$ 对应频域频谱函数 $X(\Omega)$ 也是“非周期、连续”的特点:

(1) 时域连续函数造成频域是非周期的谱。

(2) 时域的非周期性造成频域是连续的谱。

2. 周期连续时间信号的傅立叶级数 CFS

我们知道时域上任意连续的周期信号都可以分解为无限多个正弦信号或复指数型信号之和,在频域上就表示为离散非周期的信号,即时域连续周期对应频域离散非周期的特点,这就是连续周期信号的傅立叶级数展开。其特点是时域“连续、周期”,频域“非周期、离散”。即周期、连续时间信号 $\tilde{x}(t)$ 的频谱函数 $X(n\Omega_0)$ 是离散的:

(1) 时域连续函数造成频域是非周期的谱。

(2) 时域的周期性造成频域是离散的谱。

CFS 和 CTFT 都是用于连续信号频谱的分析工具,它们都是以傅立叶级数理论为基础推导出来的。时域上连续的信号在频域上都有非周期的特点,但对于周期信号和非周期信号又有在频域离散和连续之分。

3. 非周期、离散时间信号的傅立叶变换 DTFT

DTFT 用于离散非周期序列分析，根据连续傅立叶变换要求连续信号在时间上必须可积这一充分必要条件，对于离散时间傅立叶变换，用于它之上的离散序列也必须满足在时间轴上级数求和收敛的条件；由于信号是非周期序列，它必包含了各种频率的信号，所以 DTFT 对离散非周期信号 $x(nT)$ 变换后的频谱 $\tilde{X}(e^{j\Omega T})$ 也是连续的，即有时域"离散、非周期"对应频域"周期、连续"的特点：

（1）时域函数的离散化造成频域的周期延拓。

（2）时域的非周期性造成频谱的连续。

4. 周期、离散时间信号的傅立叶级数 DFS

DFS 对离散周期信号进行了级数展开。当离散的信号为周期序列时，严格地讲，傅立叶变换是不存在的，因为它不满足信号序列绝对级数和收敛（绝对可和）这一傅立叶变换的充要条件，但是采用 DFS（离散傅立叶级数）这一分析工具仍然可以对其进行傅立叶分析。

周期离散信号是由无穷多相同的周期序列在时间轴上组成的，假设周期为 N，即每个周期序列都有 N 个元素，而这样的周期序列有无穷多个，由于无穷多个周期序列都相同，所以可以只取其中一个周期就足以表示整个序列了，这个被抽出来表示整个序列特性的周期称为主值周期，这个序列称为主值序列。然后以 N 对应的频率作为基频构成傅立叶级数展开所需要的复指数序列 $e^{j2\pi nk/N}$，用主值序列与复指数序列取相关（乘加运算），得出每个主值在各频率上的频谱分量，这样就表示出了周期序列的频谱特性。

"周期、离散"时间信号 $\tilde{x}(n)$ 的频谱函数 $X(n\Omega_0)$ 也是"离散、周期"的：

（1）一个域的离散造成另一个域的周期延拓。

（2）离散傅立叶级数的时域和频域都是离散的、周期的。

将以上 4 种傅立叶变换的特点总结如表 4-1 所示。

表 4-1　4 种傅立叶变换的特点

形　式	时间函数		频率函数
连续傅立叶变换 CTFT	连续 非周期	$\Leftrightarrow$ $\Leftrightarrow$	非周期 连续
连续傅立叶级数 CFS	连续 周期(T_0)	$\Leftrightarrow$ $\Leftrightarrow$	非周期 离散(间隔 $\Omega_0 = 2\pi/T_0$)
离散傅立叶变换 DTFT	离散(间隔 T) 非周期	$\Leftrightarrow$ $\Leftrightarrow$	周期($\Omega_s = 2\pi/T$) 连续
离散傅立叶级数 DFS	离散(间隔 T) 周期(T_0)	$\Leftrightarrow$ $\Leftrightarrow$	周期($\Omega_s = 2\pi/T$) 离散(间隔 $\Omega_0 = 2\pi/T_0$)

根据以上分析得出结论如下：

（1）时域中取样使函数离散，映射到频域中引起频谱函数周期重复；

（2）频域中取样使函数离散，映射到时域中引起函数周期重复；

（3）一个域的取样间隔映射另一个域的周期（2π/间隔）

离散时间函数的取样间隔为 T，取样频率为

$$f_s = \frac{\Omega_s}{2\pi} = \frac{1}{T} \tag{4.1.10}$$

离散频率函数的取样间隔为 F_0，时间周期为

$$T_0 = \frac{1}{F_0} = \frac{2\pi}{\Omega_0} \tag{4.1.11}$$

4.1.4　计算机进行信号处理中的问题

在应用计算机进行信号处理时，可计算性是个问题，要求信号是离散、有限长的。从表 4-1 中可见只有第 4 种即离散傅立叶级数 DFS 可以满足计算机进行信号处理的要求，其时域与频域函数都是离散信号。

而对于 DTFT 来说，在计算机上应用存在两个问题：

（1）DTFT 的定义对无限长信号是有效的，而计算机只能计算有限长度的信号。因此不可能在计算机上计算无限长信号的 DTFT。

（2）计算机只能计算离散信号，即幅度和时间都是离散的数字信号。而 DTFT 中频谱是连续变量 ω 的函数。

因此，为了解决上述问题，得到一个可进行数值计算的变换目标，解决的思路是：

（1）截断序列，得到有限个点的序列，实现有限的长度。

（2）在频域内取样，使频谱离散化。

（3）对于离散周期信号，取其一个周期，DFS 即可以处理离散周期信号。

因此可以设想，如果把无限长的离散非周期信号截断得到有限个点的序列，同时对频域和时域取样，其结果是时域和频域的波形都变成离散、周期性的波形，从而我们可以利用傅立叶级数 DFS 这一工具处理所有的离散信号。

4.2　离散傅立叶级数 DFS 与周期卷积

在现代化的信号分析和处理过程中，计算机是进行数字信号处理的主要工具，而计算机只能处理离散、有限长信号，这就决定了有限长序列在数字信号处理中的重要地位，DFS 解决了计算机进行信号运算的离散问题。

4.2.1　旋转因子

在傅立叶变换中为了简化公式，习惯上采用下列符号表示：

$$W_N = e^{-j2\pi/N}, \quad W_N^{kn} = e^{-j2\pi kn/N}, \quad W_N^{-kn} = e^{j2\pi kn/N} \tag{4.2.1}$$

则式（4.1.9）可表示为

$$\begin{cases} \tilde{x}(n) = \mathrm{IDFS}[\tilde{X}(k)] = \dfrac{1}{N}\sum_{k=0}^{N-1}\tilde{X}(k)e^{j2\pi nk/N} = \dfrac{1}{N}\sum_{k=0}^{N-1}\tilde{X}(k)W_N^{-kn}, & 0 \leqslant n \leqslant N-1 \\[3mm] \tilde{X}(k) = \mathrm{DFS}[\tilde{x}(n)] = \sum_{n=0}^{N-1}\tilde{x}(n)e^{-j2\pi nk/N} = \sum_{n=0}^{N-1}\tilde{x}(n)W_N^{kn}, & 0 \leqslant k \leqslant N-1 \end{cases}$$

$$\tag{4.2.2}$$

式（4.2.2）称为离散傅立叶级数（DFS）对，W_N^{kn}、W_N^{-kn} 称为"旋转因子"，从式（4.2.2）可

以看出：

求和时都只取 N 点序列值，这说明，一个周期序列虽然是无限长序列，但只要研究一个周期（有限长序列）的性质，即可知道其他周期序列，因此周期序列与有限长序列有本质的联系。

4.2.2　复指数序列的性质、旋转因子的特点

在 DFT（FFT）中，复指数序列（即旋转因子 W_N^{nk}）具有非常重要的作用，由于 $W_N = \mathrm{e}^{-\mathrm{j}\frac{2\pi}{N}} = \cos(2\pi/N) - \mathrm{j}\sin(2\pi/N)$，旋转因子 $W_N^{nk} = \mathrm{e}^{-\mathrm{j}\frac{2\pi}{N}\cdot nk}$ 具有周期性、对称性等特点。它的周期性、对称性和正交性性质是 DFS、DFT、FFT 算法的关键。

1. 周期性

若 $W_N = \mathrm{e}^{-\mathrm{j}2\pi/N}$，则

$$W_N^{n(k+N)} = W_N^{k(n+N)} = W_N^{nk}, \quad W_N^{n(N-k)} = W_N^{k(N-n)} = W_N^{-nk} \tag{4.2.3}$$

2. 对称性

$$(W_N^{nk})^* = W_N^{-nk}, \quad W_N^{nk+\frac{N}{2}} = -W_N^{nk} \tag{4.2.4}$$

3. 正交性

$$\sum_{k=0}^{N-1} W^{nk} = \frac{1-W^{nN}}{1-W^n} = \frac{1-\mathrm{e}^{-\mathrm{j}2\pi}}{1-\mathrm{e}^{-\mathrm{j}2\pi n/N}}，由此可得$$

$$\sum_{k=0}^{N-1} W^{nk} = \begin{cases} N, & n = rN, r = 0, \pm1, \pm2, \cdots\cdots \\ 0, & 其他 \end{cases}, \quad W_N = \mathrm{e}^{-\mathrm{j}2\pi/N} \tag{4.2.5}$$

4. 可约性

$$W_N^{nk} = W_{mN}^{mnk}, \quad W_N^{nk} = W_{N/m}^{nk/m}, \quad W_{mN}^{mn} = \mathrm{e}^{-\mathrm{j}2\pi mn/mN} = W_N^n$$

此外，还有下列重要性质：

$$W_N^{N+k} = W_N^N W_N^k = W_N^k, \quad W_N^{(N/2)+k} = W_N^{N/2} W_N^k = -W_N^k,$$

$$W_N^N = \mathrm{e}^{-\mathrm{j}2\pi} = 1, \quad W_N^{N/2} = \mathrm{e}^{-\mathrm{j}\pi} = -1, \quad W_N^0 = 1, \quad W_N^{N/4} = -\mathrm{j}$$

4.2.3　DFS 的性质

设两个周期序列 $\tilde{x}(n)$ 和 $\tilde{y}(n)$，其周期均为 N，其离散傅立叶变换为 $\tilde{X}(k)$ 和 $\tilde{Y}(k)$。DFS 具有下列主要性质。

1. 线性

$$\mathrm{DFS}[a\tilde{x}(n) + b\tilde{y}(n)] = a\tilde{X}(k) + b\tilde{Y}(k), \quad a、b 为常数 \tag{4.2.6}$$

2. 周期序列时移特性

如果周期序列 $\tilde{x}(n)$ 具有 DFS 为 $\tilde{X}(k)$，则移位后的序列 $\tilde{x}_1(n) = \tilde{x}(n+m)$ 的 DFS 为

$$\mathrm{DFS}[\tilde{x}(n+m)] = W_N^{-mk}\tilde{X}(k), \quad m 为常数 \tag{4.2.7}$$

移位后仍为周期序列。

3. 周期序列频移特性（调制特性）

$$\mathrm{IDFS}[\tilde{X}(k+m)] = W_N^{mn}\tilde{x}(n), \quad m 为常数 \tag{4.2.8}$$

4. 周期卷积

设周期序列 $\tilde{x}(n)$、$\tilde{y}(n)$ 的周期都为 N，其 DFS 为 $\tilde{X}(k)$、$\tilde{Y}(k)$，则周期卷积为

$$\tilde{f}(n) = \sum_{m=0}^{N-1} \tilde{x}(m)\tilde{y}(n-m) = \tilde{x}(n) \copyright \tilde{y}(n) \qquad (4.2.9)$$

则有

$$\begin{cases} \tilde{F}(k) = \text{DFS}[\tilde{f}(n)] = \tilde{X}(k)\tilde{Y}(k) \\ \tilde{f}(n) = \text{IDFS}[\tilde{F}(k)] \end{cases} \qquad (4.2.10)$$

符号 $\copyright$ 表示周期卷积。

5. 频率成分

直流分量：当 $k = 0$ 时，$\tilde{X}(0) = \sum_{n=0}^{N-1} \tilde{x}(n)$，此时得到的傅立叶级数的系数称为信号的直流分量，$\tilde{X}(0)/N = \dfrac{1}{N} \sum_{n=0}^{N-1} \tilde{x}(n)$ 是信号的平均值。

交流分量：其他频率（$k > 0$）称为周期信号的谐波，此时的傅立叶级数系数称为信号的交流分量。

$k = 1$ 时的频率为信号的一次谐波（或称为基频），频率大小为 f_s/N，时间为 NT_s，等于完成一个周期所需要的时间。其他谐波为基频的整数倍。

离散傅立叶级数包含了 $0 \sim (N-1)f_s/N$ 的频率，因而 N 个傅立叶级数的系数位于从 0 直到接近取样频率的频率上。

6. 共轭对称性

DFS 具有共轭对称性，这是一个非常重要的性质，将在后面重点讨论。

4.2.4 离散周期信号的频谱

由傅立叶系数 $\tilde{x}(n)$ 可得到 $\tilde{X}(k)$ 的幅度频谱 $|\tilde{X}(k)|$ 和相位频谱 $\arg|\tilde{X}(k)|$，如果 $\tilde{x}(n)$ 是实序列，那么幅度频谱是周期性偶函数，相位频谱是周期性奇函数。

周期信号由离散傅立叶级数 DFS 得到的频谱，与非周期信号由离散时间傅立叶变换 DTFT 得到的频谱之间有重要区别。

（1）DTFT 产生连续频谱，这意味着频谱在所有的频率处都有值，因而非周期信号的幅度和相位频谱是光滑无间断的曲线。

（2）与之相反，DFS 仅有 N 点的频谱，仅包含有限个频率，因而周期信号的幅度和相位频谱是离散线谱，当频谱的横坐标变量用实际频率 f 代替 k 时，谱线间隔为 f_s/N。

（3）并不是所有的周期信号都含有全部谐波，例如有些频谱只有奇次谐波，比如三角波，偶次谐波为 0；而有些频谱只有偶次谐波，在奇次谐波处的值为 0。

例 4 - 2 - 1 已知矩形周期序列如图 4 - 2 - 1 所示，求序列的傅立叶级数系数的幅度特性和相位特性。

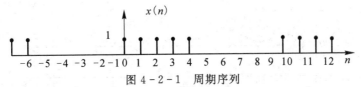

图 4 - 2 - 1 周期序列

解 （1）由图可知，周期 $N = 10$，取其主周期 $0 \sim 9$，求序列傅立叶级数系数的幅度特性和相位特性。

该系列可以看做是矩形窗函数 $R_5(n)$ 以 $N=10$ 为周期延拓的结果。

$$X(k) = \sum_{n=0}^{9} x(n)W_{10}^{nk} = \sum_{n=0}^{4} W_{10}^{nk} = \sum_{n=0}^{4} e^{-j2\pi nk/10}$$

$$= \frac{1-(e^{-j2\pi k/10})^5}{1-e^{-j2\pi k/10}} = \frac{\sin\left(\dfrac{5}{10}\pi k\right)}{\sin\left(\dfrac{1}{10}\pi k\right)} e^{-j4\pi k/10}$$

（2）根据此结果绘制出频谱函数 $X(k)$ 序列图形，程序如下：

```
L=5；N=10；
x=[ones(1, L)，zeros(1, N−L)];
xn=x'*ones(1, 3)；xn=(xn(:))';
n=−N：1：2*N−1;
subplot(3, 1, 1)；stem(n, xn, '.')；xlabel('( n )');
ylabel('x(n)')；title('x(n)的三个周期')
axis([−N, 2*N−1, −0.5, 1.5])
k=[−N/2：N/2]；k=k+(k==0)*eps;
X=sin(5*pi*k/10).*exp(−j*4*pi*k/10)./sin(pi*k/10)；X
phi=angle(X);
subplot(312)；stem(k, abs(X))；hold on；plot(k, abs(X), 'r:');
xlabel('( k )')；ylabel('abs(X)');
axis([−N/2, N/2, −2, 6])；hold off;
subplot(313)；stem(k, phi)；hold on；plot(k, phi, 'r:');
xlabel('( k)')；ylabel('angle(X)')；hold off;
```

程序中语句 k=k+(k==0)*eps 可防止因 0/0 情况出现 NaN 结果。

程序运行后，绘制出频谱函数 $X(k)$ 的序列图形如图 4 - 2 - 2 所示。

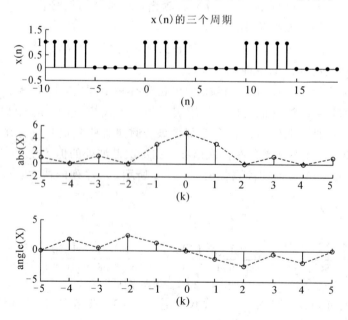

图 4 - 2 - 2 频谱函数 $X(k)$ 的序列图形

4.2.5 用 MATLAB 计算 DFS

1. 利用 W_N 矩阵的矢量乘法

设 $\tilde{x}(k)$ 和 $\tilde{X}(k)$ 代表序列 $x(n)$ 和 $X(k)$ 主周期的列向量，则 DFS 的正反变换表达式由下式给出：

$$\tilde{X} = W_N \tilde{x}$$

$$\tilde{x} = \frac{1}{N} W_N^* \tilde{X}$$

其中，矩阵 W_N 为方阵，叫做 DFS 矩阵。由下式给出：

$$W_N \overset{\Delta}{=} \left[W_N^{kn} \ 0 \leqslant k \leqslant N-1, \ 0 \leqslant n \leqslant N-1 \right] = \begin{matrix} k \\ \Downarrow \end{matrix} \begin{bmatrix} 1 & 1 & \cdots & 1 \\ 1 & W_N^1 & \cdots & W_N^{N-1} \\ \vdots & \vdots & & \vdots \\ 1 & W_N^{N-1} & \cdots & W_N^{(N-1)^2} \end{bmatrix}$$

2. 自定义 DFS、IDFS 函数

MATLAB 没有提供计算有限长信号的 DFS、IDFS 函数，可自定义一个函数，生成 W_N 方阵，计算信号的 DFS 和 IDFS。

代码如下：

（1）DFS。

```
function [Xk] = dfs(xn, N)
n = [0: 1: N−1];              % n 的行向量
k = [0: 1: N−1];              % k 的行向量
WN = exp(−j * 2 * pi/N);      % Wn 因子
nk = n′ * k;                  % 根据 nk 值生成 N * N 矩阵
WNnk = WN .^ nk;             % DFS 矩阵
Xk = xn * WNnk;              % DFS 系数行向量
```

（2）IDFS。

```
function[xn] = idfs(Xk, N)
n = [0: 1: N−1];              % n 的行向量
k = [0: 1: N−1];              % k 的行向量
WN = exp(−j * 2 * pi/N);      % Wn 因子
nk = n′ * k;                  % 根据 nk 值生成 N * N 矩阵
WNnk = WN .^ (−nk);          % IDFS 矩阵
xn = (Xk * WNnk)/N;          % IDFS 值行向量
```

例 4 - 2 - 2 使用 DFS 函数求上例频谱函数 $X(k)$ 序列与图形，程序如下：

```
L = 5; N = 32;
x = [ones(1, L), zeros(1, N−L)];
xn = x′ * ones(1, 3);
xn = (xn(:))′;
n = −N: 1: 2 * N−1;
subplot(2, 1, 1); stem(n, xn, '.'); xlabel('( n )');
```

```
ylabel（'x(n)'）；title（'x(n)的三个周期'）
axis（[-N, 2*N-1, -0.5, 1.5]）
%Xk
Xk=dfs(x, N)；Xk
magXk = （[Xk(N/2+1：N) Xk(1：N/2+1)]）；
k =[-N/2：N/2]；
subplot(212)；stem(k, magXk, '.'）；hold on；
plot(k, magXk, 'r：'）；
hold off；xlabel（'（k)'）；ylabel（'X(k)'）；
```

程序运行后，DFS 函数求出频谱函数 $X(k)$ 序列与上述结果相同。

选择 $N=32$，绘制出频谱函数 $X(k)$ 序列图形如图 4-2-3 所示。$X(k)$ 是周期信号，图 4-2-2 中只画出了主周期的部分。可见一个周期内的频谱线由原来的 10+1 条，增加为 32+1 条，即频谱密度增加了。

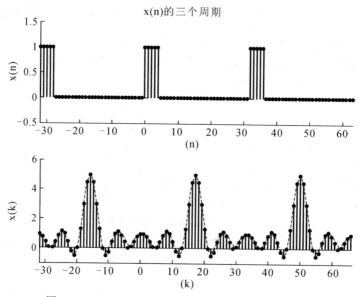

图 4-2-3 DFS 函数绘制频谱函数 $X(k)$ 序列图形

4.2.6 周期卷积

在 DFS 中一个重要的特质就是可以使用周期卷积。周期卷积是两个周期序列在一个周期上的线性卷积，是一种特殊的卷积计算形式。

周期卷积与序列的线性卷积的几点区别如下：

(1) 线性卷积的求和对参与卷积的两个序列无任何要求，而周期卷积要求两个序列是周期相同的周期序列。

(2) 线性卷积的求和范围由两个序列的长度和所在的区间决定，而周期卷积的求和范围是一个周期 N。

(3) 线性卷积所得序列的长度($M+N-1$)由参与卷积的两个序列的长度确定，而周期卷积的结果仍是周期序列，且周期与原来的两个序列周期相同，仍为 N。

(4) 周期卷积等同于两个周期序列在一个周期上的线性卷积计算。

求周期卷积常用的方法有图解法和傅立叶变换法。

1. 图解法求周期卷积

与线性离散卷积过程类似，周期卷积的过程是序列反褶→线性移位→在一个周期范围内相乘→在一个周期范围内取和。下面以一个实例演示周期卷积的方法和步骤。

例 4 - 2 - 3 已知两个周期为 6 的周期序列

$$x_1(n)=\cdots\delta(n+3)+0+0+\delta(n)+\delta(n-1)+\delta(n-2)+\delta(n-3)+0+0+\delta(n-6)\cdots$$

$$x_2(n)=\cdots5\delta(n+2)+0+\delta(n)+2\delta(n-1)+3\delta(n-2)+4\delta(n-3)+5\delta(n-4)+0\cdots$$

求其周期卷积 $y(n)=x1(n)ⓒx2(n)$。

解　周期为 $N=6$，$x1=\{\cdots\cdots1,1,1,1,0,0\cdots\cdots\}$，$x2=\{\cdots\cdots1,2,3,4,5,0\cdots\}$，两序列如图 4 - 2 - 4 所示。

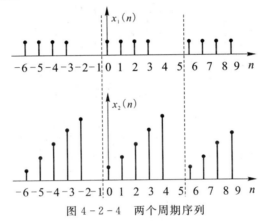

图 4 - 2 - 4　两个周期序列

周期卷积的方法和步骤如下：

（1）将时间变量换成 k，并对 $x_2(k)$ 围绕纵轴折叠，得 $x_2(-k)$，如图 4 - 2 - 5 所示。

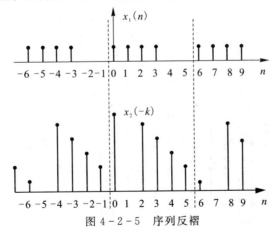

图 4 - 2 - 5　序列反褶

（2）由于周期为 $N=6$，$k=0$：5，即在 0～5 范围内，将各子项相乘相加得到 $y(n)$，直到 $k=5$ 结束。

$$y(0)=x_1(0)x_2(0)+x_1(1)x_2(1)+x_1(2)x_2(2)+x_1(3)x_2(3)+x_1(4)x_2(4)+x_1(5)x_2(5)$$
$$=1\times1+1\times0+1\times5+1\times4+0\times3+0\times2=10$$

（3）依次对 $x_2(-k)$ 右移 1 位，在 0～5 范围内，将对应项 $x_1(k)$ 和 $x_2(n-k)$ 相乘，然后将各子项相加得到 $y(n)$。

$$y(1)=1\times2+1\times1+1\times0+1\times5+0\times4+0\times3=8$$
$$y(2)=1\times3+1\times2+1\times1+1\times0+0\times0+0\times5=6$$

$n=3$ 时的图形如图 $4-2-6$ 所示。

$$y(3)=1\times4+1\times3+1\times2+1\times1+0\times0+0\times5=10$$

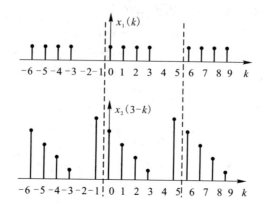

图 $4-2-6$　当 $n=3$ 时的 $y(n)$ 图形

依此类推，其他子项为

$$y(4)=1\times5+1\times4+1\times3+1\times2+0\times1+0\times0=14$$
$$y(5)=1\times0+1\times5+1\times4+1\times3+0\times2+0\times1=12$$

（4）最后得到：

$$y(n)=\begin{cases}10,&n=0\\8,&n=1\\6,&n=2\\10,&n=3\\14,&n=4\\12,&n=5\end{cases}$$，将其周期延拓后，得出的图形如图 $4-2-7$ 所示。

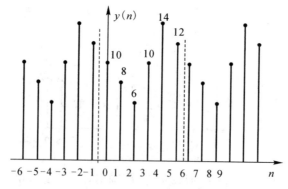

图 $4-2-7$　周期延拓后的 $y(n)$ 图形

2. 用傅立叶变换求周期卷积

用傅立叶变换可以很方便地求出周期卷积，下面以实例介绍该方法和步骤。

例 $4-2-4$　用傅立叶变换求例 $4-2-3$ 的周期卷积。

解　根据式(4.2.10)，可以先用傅立叶变换求出频谱函数，然后对两个频谱函数的乘积进行傅立叶反变换，求出周期卷积。

程序如下：

```
x1＝[1 1 1 1 0 0]；x2＝[1 2 3 4 5 0]；
N＝6；
n＝0：N−1；
X1＝dfs(x1，N)；
X2＝dfs(x2，N)；
Y＝X1.＊X2；
y＝idfs(Y，N)；y
subplot(311)；stem(n，x1)；title('x1＝[1 1 1 1 0 0]')；axis([−1，6，0，1.2])；
subplot(312)；stem(n，x2)；title('x2＝[1 2 3 4 5 0]')；axis([−1，6，0，5])；
subplot(313)；stem(n，y)；title('y(n)＝IDFS(X1.＊X2)')；axis([−1，6，0，15])；
```

结果与上述图 4−2−7 相同：

y＝10.0000＋0.0000i 8.0000−0.0000i 6.0000−0.0000i 10.0000−0.0000i

14.0000＋0.0000i 12.0000＋0.0000i

4.3 离散傅立叶变换 DFT

DFS 解决了计算机进行信号运算的离散问题，可以计算无限长信号，但是实际上常见的信号序列通常是有限时宽的。在这种特殊情况下可以导出另一种傅氏表示式，称作离散傅氏变换(Discret Fourier Transform，DFT)。

4.3.1 DFT 和 DFS

DFT 在理论上和实践中都有重要意义，之所以重要是基于以下原因：

(1) DFT 的实质是有限长序列傅立叶变换的有限点离散采样，实现了频域离散化，使信号处理可以在频域采用数值运算的方法进行，大大增加了数字信号处理的灵活性。

(2) 更重要的是利用 DFT 的快速算法 FFT，可以在各种数字信号分析和处理的算法中起到核心作用。实现了信号处理的实时化，并使信号处理设备得到简化。

(3) 在时域，DFT 的研究和应用在许多方面已经取代了传统的连续系统，使理论和实践均进入了数字时代。

1. DFT 的思路

离散傅氏级数 DFS 提供了一种对周期离散时间信号傅氏变换作数值计算的方法，它在时域和频域都是周期的。但在实际中大多数信号不具有周期性，它们很可能只具有有限长度的持续时间。对这些信号，怎样探讨一种可进行数值计算的傅氏表达式？

DFS 变换对公式(4.1.9)表明，一个周期序列虽然是无穷长序列，但是只要知道它一个周期的内容(一个周期内信号的变化情况)，其他的内容也就都知道了，所以这种无穷长序列实际上只有 N 个序列值的信息是有用的，因此周期序列与有限长序列有着本质的联系。

可以设想，如果将该有限持续时间的离散信号作为基本形状，解析延拓后构造成一个离散周期信号，即可计算此周期信号的 DFS。实际上，这也就是定义了一种新的变换，称为离散傅氏变换(Discret Fourier Transform，DFT)，它是 DFS 的主周期，即对 DFS 主周期的傅氏变换。

2. DFT 是离散傅立叶变换，将 DFS 取主值

根据 DTFT，对于有限长序列作 Z 变换或序列傅立叶变换都是可行的，或者说，有限长序列的频域和复频域分析在理论上都已经解决；但对于数字系统，无论是 Z 变换还是序列傅立叶变换的适用方面都存在一些问题，主要是因为频率变量的连续性性质（DTFT 变换出连续频谱），不便于数字运算和储存。

回顾 DFS 的解决过程，可以采用类似 DFS 的分析方法解决以上问题。DFS 解决了计算机进行数字信号处理的离散性和有限长问题，使数字信号处理的电算化成为可能。

DFS 适用于离散周期信号，但是，如果把有限长非周期序列进行周期延拓，延拓后的序列就可以看作是离散周期信号，完全可以采用 DFS 进行处理。也就是说，可以把有限长非周期序列假设为一无限长周期序列的一个主值周期，即采用复指数基频序列和此有限长时间序列取相关，得出每个主值在各频率上的频谱分量，以表示出这个"主值周期"的频谱信息。这样，DFT 就可以处理离散周期信号和离散非周期信号。

3. DFT 用于任意的非周期连续信号

DFT 不仅适用于离散非周期信号，也可用于任意的非周期连续信号。由于 DFT 借用了 DFS，这样就假设了序列的周期无限性，但在处理时又对区间作出限定（主值区间），以符合有限长的特点，这就使 DFT 带有了周期性。另外，DFT 只是对一周期内的有限个离散频率的表示，所以它在频率上是离散的，就相当于 DTFT 变换成连续频谱后再对其频谱采样，此时采样频率等于序列延拓后的周期 N，即主值序列的个数。

从前面内容的学习可知，进行时域和频域采样两个过程就可把广义积分问题变成有限项求和，即由 DTFT 变为 DFS。DFS 变换是周期离散时间函数与周期离散频率函数的组合，它们是有限求和，取样的原则如下：

（1）时间取样：取样频率大于信号最高频率两倍；

（2）频率取样：取样间隔足够小，使时间函数的周期（单位圆上等分取样的点数）大于信号的时域长度。

这样采样的结果可使频域和时域中均不出现混叠现象。

解决的思路和方法如下：

（1）对于一个任意的非周期连续信号 $x(t)$，其傅立叶变换后的频谱函数也是非周期连续信号 $X(j\Omega)$，如图 4-3-1(a) 所示。

（2）时域抽样。其目的是解决信号的离散化问题，结果是连续信号离散化使得信号的频谱被周期延拓，如图 4-3-1(b) 和 (c) 所示。

（3）时域截断。由于工程上无法处理时间无限信号，因此需要通过窗函数（一般用矩形窗）对信号进行逐段截取。结果是时域乘以矩形脉冲信号，频域相当于和抽样函数卷积，频谱函数仍是连续信号。时域的非周期信号经 DTFT 后，造成频域中原始信号频谱的周期延拓，如图 4-3-1(d) 和 (e) 所示。

（4）对 DTFT 后的频谱函数在频域中采样，使频谱函数离散化，即 DFS。这时频域函数和时域函数都成为周期性、离散波形，如图 4-3-1(f) 和 (g) 所示。

（5）由于 DFS 是针对周期序列的，抽取主序列将 DFS 推广到非周期的、有限持续时间序列，即 DFT。DFT 巧妙解决了前面提到的要求序列离散和有限的两个问题，是计算机可

实现的变换方式，如图 4-3-1(h)和(i)所示。

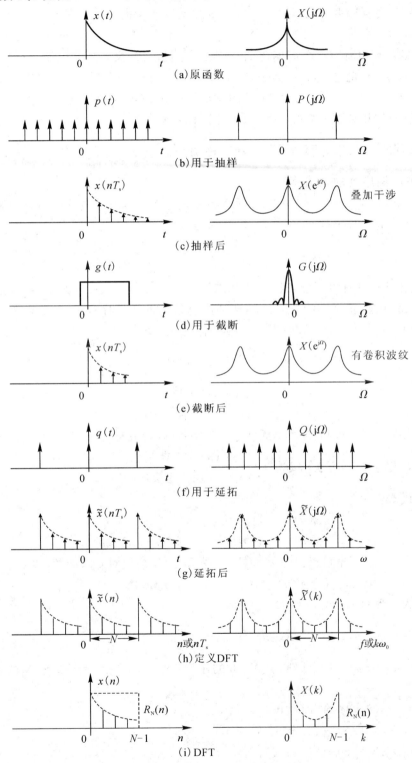

图 4-3-1 DFT 推导过程示意图

目前 DFT 已成为数字信号处理算法中的核心变换，原因是：

• DFT 是对任意有限序列可进行数值计算的傅氏变换，是傅立叶变换的重要方法。

• DFT 有快速算法 FFT，解决了运算量和运算速度的问题，满足了数字信号处理对实时性处理的实际需求。

由于周期序列只有在一个周期内的有限个序列值有意义，其他周期是该周期的重复。因此，周期序列的离散傅立叶级数的表达式也适用于有限长序列，这就是有限长序列的离散傅立叶变换（DFT）。如果把长度为 N 的有限长序列 $x(n)$ 看成是周期为 N 的周期序列的一个周期，就可以用离散傅立叶级数 DFS 计算有限长序列。

4.3.2　周期序列的主值序列、DFT 的定义

1. 时域周期序列的主值序列

我们知道周期序列实际上只有有限个序列值有意义，因此它的许多特性可推广到有限长序列上。一个有限长序列 $x(n)$ 长为 N，表示为

$$x(n) = \begin{cases} x(n), & 0 \leqslant n \leqslant N-1 \\ 0, & \text{其他} \end{cases}$$

为了引用周期序列的概念，假定一个周期序列 $\tilde{x}(n)$，它由长度为 N 的有限长序列 $x(n)$ 延拓而成。在此定义它的第一个周期的序列值为此周期序列的主值序列，用 $x(n)$ 表示，设周期为 N，主值区间为 $0 \sim N-1$，则它们的关系为

$$\begin{cases} \tilde{x}(n) = \sum_{r=-\infty}^{\infty} x(n+rN) \\ x(n) = \begin{cases} \tilde{x}(n), & 0 \leqslant n \leqslant N-1 \\ 0, & \text{其他} \end{cases} \end{cases} \tag{4.3.1}$$

显然 $x(n)$ 是一个有限长序列，周期序列 $\tilde{x}(n)$ 可以看成是将 $x(n)$ 以 N 为周期进行周期延拓的结果，式（4.3.1）可表示为 $\begin{cases} \tilde{x}(n) \text{是 } x(n) \text{的周期延拓} \\ x(n) \text{是 } \tilde{x}(n) \text{的"主值序列"} \end{cases}$。

用数学公式表示为

$$\begin{cases} \tilde{x}(n) = x((n))_N \\ x(n) = \tilde{x}(n)R_N(n) = x((n))_N R_N(n) \end{cases} \tag{4.3.2}$$

式中，$((n))_N$ 是余数，也可以记为 $n \bmod N$，表示以 N 为模对 n 求余数，即

$$\tilde{x}(n) = x((n))_N = x(n \bmod N) \tag{4.3.3}$$

其中窗函数为矩形序列：

$$R_N(n) = \begin{cases} 1, & 0 \leqslant n \leqslant N-1 \\ 0, & \text{其他} \end{cases} \tag{4.3.4}$$

例 4-3-1　$\tilde{x}(n)$ 是一个周期为 $N=8$ 的序列，求 $n=19$ 和 $n=-3$ 对 N 的余数。

解　由于 $N=8$

$n = 19 = 2 \times 8 + 3$，余 3，故 $((19))_8 = 3$

$n = -3 = (-1) \times 8 + 5$，余 5，故 $((-3))_8 = 5$

故 $x(19) = x(3)$、$x(-3) = x(5)$

在 MATLAB 中，使用 mod(n, N) 函数求余。

```
>> mod(19, 8)
```

ans = 3

>> mod(−3, 8)

ans = 5

2. 频域周期序列的主值序列

同样，频域周期序列 $\tilde{X}(k)$ 可以看成是将 $X(k)$ 以 N 为周期进行周期延拓的结果，$X(k)$ 是一个有限长序列，看成是周期序列 $\tilde{X}(k)$ 的主值序列，主值区间为 $0 \leqslant k \leqslant N-1$。

$$\tilde{X}(k) = X((k))_N = X(k \bmod N) \quad \text{或} \quad X(k) = \tilde{X}(k)R_N(k) \tag{4.3.5}$$

3. 离散傅立叶变换 DFT 的定义

根据上述结果得到离散傅立叶变换 DFT 的定义如下：

$$\begin{cases} x(n) = \text{IDFT}[X(k)] = \dfrac{1}{N}\sum_{k=0}^{N-1} X(k)W_N^{-kn} \\ \qquad = \text{IDFS}[\tilde{X}(k)]R_N(n) = \tilde{x}(n)R_N(n), \quad 0 \leqslant n \leqslant N-1 \\ X(k) = \text{DFT}[x(n)] = \sum_{n=0}^{N-1} x(n)W_N^{kn} \\ \qquad = \text{DFS}[\tilde{x}(n)]R_N(k) = \tilde{X}(k)R_N(k), \quad 0 \leqslant k \leqslant N-1 \end{cases} \tag{4.3.6}$$

因此，如果保证频谱无混叠，则时域中一个周期长的主值序列对应于频域中一个周期长的主值序列。从 DFS 的时域和频域中各取出一个周期，即得到有限长度离散序列的时域和频域傅氏变换 DFT 和 IDFT。

$X(k)$ 不仅包含了 $\tilde{X}(k)$ 的全部内容，同时也包含了 $X(e^{j\omega})$ 的全部内容，$X(k)$ 能够如实、全面地表示 $x(n)$ 的频域特征。

在用主值序列 $x(n)$ 表示周期序列 $\tilde{x}(n)$ 时，N 的大小选择很重要，若 N 太小，则周期延拓后，各周期序列会发生重叠，延拓后的序列就不等于原来的序列了，会使 $\tilde{x}(n)$ 发生失真。因此，为保证不失真，必须使 N 值大于或等于信号的非 0 值长度。

由上面的讨论可知，在区间 $0 \leqslant n \leqslant N-1$ 上，DFS 和 DFT 相同。

MATLAB 没有提供 DFT 函数，实际中使用的是 DFT 的快速算法 FFT。

4.3.3 DFT 的特点

从 DFT 的定义可知，DFT 是离散傅立叶变换，将 DFS 取主值。DFT 的表达式与 DFS 的表达式在形式上基本一致，但要注意它们之间的相同之处与重要区别点，DFT 的特点如下。

1. 隐含周期性

DFT 的定义是针对任意的离散序列 $x(n)$ 中的有限个离散抽样 $(0 \leqslant n < N)$ 的，它并不要求该序列具有周期性。但由于 DFT 是在 DFS 的基础上发展的，这样就假设了序列的周期无限性，在处理时又对区间作出限定（主值区间），以符合有限长的特点，这就使 DFT 带有了周期性。或者说，DFT 隐含了周期性，DFT 来源于 DFS，尽管在定义式中已将其限定为有限长度，在本质上 $x(n)$、$X(k)$ 都已经变成周期的了。

$x(n)$、$X(k)$ 均为有限长序列，在式（4.3.6）的定义中，由于具有周期性的"旋转因子" W_N^{kn}、W_N^{-kn} 的存在，使 DFT 定义中的 $x(n)$、$X(k)$ 均具有了隐含周期性。由式（4.2.3）可知：

$$W_N^{n(k+N)} = W_N^{k(n+N)} = W_N^{nk}, \quad W_N^{n(N-k)} = W_N^{k(N-n)} = W_N^{-nk}$$

$$X(k+mN) = \sum_{n=0}^{N-1} x(n)W_N^{(k+mN)n} = \sum_{n=0}^{N-1} x(n)W_N^{kn} = X(k)，m \text{ 为常数}$$

另外，DFT 只是对一周期内的有限个离散频率的表示，所以它在频率上是离散的，就相当于 DTFT 变换成连续频谱后再对其采样，此时采样频率等于序列延拓后的周期 N，即主值序列的个数。

2. 主值周期的周期延拓

DFT 采用了 DFS 的分析方法，把有限长非周期序列假设为一无限长周期序列的一个主值周期，即对有限长非周期序列进行周期延拓，延拓后的序列完全可以采用 DFS 进行处理，即采用复指数基频序列和此有限长时间序列取相关，得出每个主值在各频率上的频谱分量以表示出这个"主值周期"的频谱信息。

实际上，任何周期为 N 的周期序列 $\tilde{x}(n)$ 都可以看成是将一个长度为 N 的有限长序列 $x(n)$ 周期延拓的结果，$x(n)$ 是 $\tilde{x}(n)$ 的一个周期，上面的式(4.3.2)可写成

$$\tilde{x}(n) = \sum_{m=-\infty}^{\infty} x(n+mN) \quad \text{或} \quad x(n) = \tilde{x}(n)R_N(n)$$

3. DFT 具有与 DFS 类似的性质

DFT 具有与 DFS 类似的线性、时移和频移等性质，DFT 的一个重要性质就是使用循环移位(圆周移位)与循环卷积(圆周卷积)，这与周期卷积和线性卷积都不同，它是两个周期序列在一个周期上的线性卷积，是一种特殊的卷积计算形式。

4. 应用方面的特点

(1) DFT 只适合于处理有限长度的序列，在处理过程中对 $x(n)$ 延拓成周期性序列。

如果 $x(n)$ 是无限长序列，周期性处理后造成周期混叠，信号产生失真。因此，对于无限长序列，要进行截断处理，使之成为有限长，然后再进行 DFT 变换。

(2) $x(n)$、$X(k)$ 都是离散谱，而 DFT 与 IDFT 的数学运算形式非常相似，因此无论软件或硬件都比较容易实现。

4.3.4　DFT 的实现

MATLAB 没有提供 DFT 函数，DFT 的实现一般有以下方法。

1. dftmtx( )函数

使用 dftmtx( )函数可以实现离散傅立叶变换，语法如下：

(1) A＝dftmtx(n)：返回一个 n×n 的复矩阵 A，n 是列向量 x 的长度。

y＝A×x：离散傅立叶变换矩阵 A 是围绕单位圆的一个复矩阵，当该矩阵与一个向量 x 相乘时，其乘积 y 就是该向量的离散傅立叶变换值。

(2) Ai ＝ conj(dftmtx(n))/n：离散傅立叶反变换矩阵。

2. 使用 DFS 计算 DFT

由上面的讨论可知，在主区间 $0 \leqslant n \leqslant N-1$ 上，DFS 和 DFT 相同。因此，可用自定义的 dfs( ) 和 idfs( )函数代替 dft( )和 idft( )函数，实现离散傅氏变换 DFT。

3. 使用 FFT 计算 DFT

在工程实践中常常使用的是 DFT 的快速算法 FFT 代替 DFT，实际上 dftmtx 函数也是采用单位矩阵的 FFT 运算生成变换矩阵的。

例 4 - 3 - 2 若 $x(n) = 8 \times \left(\dfrac{1}{2}\right)^n$ 是一个 $N = 20$ 的有限长序列，利用 MATLAB 计算它的 DFT，并画出图形。

解 程序如下：

```
n＝0：19；
xn＝8 * ((0.5).^n)；
w＝dftmtx(20)；
Xk＝xn * w；
subplot(2，1，1)；stem(n，xn)；title('x(n)')
subplot(2，1，2)；stem(abs(Xk))；title('X(k)')；
```

程序运算结果如图 4 - 3 - 2 所示。

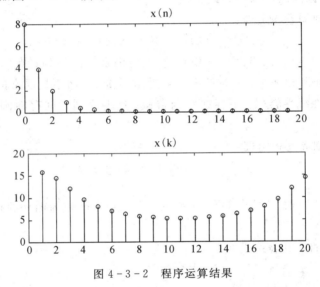

图 4 - 3 - 2 程序运算结果

4.3.5 DFT 的性质

设两个序列 $x(n)$、$y(n)$，其长度均为 N，其离散傅立叶变换 DFT 为 $X(k) = \mathrm{DFT}[x(n)]$、$Y(k) = \mathrm{DFT}[y(n)]$。与 DFS 类似，DFT 具有下列性质。

1. 线性

DFT 有与式(4.2.6)类似的线性特点：

$$\mathrm{DFT}[ax(n) + by(n)] = aX(k) + bY(k), \quad a、b \text{ 为常数} \qquad (4.3.7)$$

在此，两序列长度及 DFT 点数均为 N，若不相等，如分别为 N_1、N_2，则需补零使两序列长度相等，均为 N，且 $N \geqslant \max[N_1, N_2]$。

2. 时移、频移特性(调制特性)

(1) DFT 有与式(4.2.7)类似的时移特性：

$$\mathrm{DFT}[x(n+m)] = W_N^{-mk} X(k), \quad m \text{ 为常数} \qquad (4.3.8)$$

序列的时移不影响 DFT 离散谱的幅度。

(2) DFT 有与式(4.2.8)类似的频移特性：

$$\mathrm{IDFT}[X(k+m)] = W_N^{mn} x(n), \quad m \text{ 为常数} \qquad (4.3.9)$$

时域序列的调制等效于频域的循环移位。

$$\begin{cases} \mathrm{DFT}\Big[x(n)\sin\Big(\dfrac{2\pi nm}{N}\Big)\Big]=\dfrac{1}{2\mathrm{j}}\big[X((k-m))_N-X((k+m))_N\big]R_N(k) \\[3mm] \mathrm{DFT}\Big[x(n)\cos\Big(\dfrac{2\pi nm}{N}\Big)\Big]=\dfrac{1}{2}\big[X((k-m))_N+X((k+m))_N\big]R_N(k) \end{cases}$$

3. 离散圆周卷积定理

与 DFS 不同之处是，DFS 用离散周期卷积定理，而 DFT 用离散圆周卷积定理，也叫离散循环卷积定理，其特点是延拓、反褶、平移、取主值：

· 先把有限长序列周期延拓；
· 再作相应反褶、平移；
· 最后取主值区间的序列作为最终结果。

（1）时域离散圆周卷积定理：

$$x(n)Ⓝy(n)=\mathrm{IDFT}\big[X(k)Y(k)\big] \tag{4.3.10}$$

符号Ⓝ表示圆周卷积（也叫循环卷积），卷积后仍是 n 的序列，周期为 N。即当在频域中进行两个 N 点 DFT 相乘时，在时域中映射为循环卷积，而不是通常的线性卷积。非周期序列之间只可能存在线性卷积，不存在圆周卷积；周期序列之间存在圆周卷积，但不存在线性卷积。

（2）频域离散圆周卷积定理：

$$x(n)y(n)=\dfrac{\mathrm{IDFT}\big[X(k)ⓃY(k)\big]}{N} \tag{4.3.11}$$

即当在时域中进行两个 N 点 DFT 相乘时，在频域中映射为循环卷积。

4. 对偶性

DFT 具有对偶性，其表达式如下：

$$X(n)⟺Nx(N-k)$$

该式说明：

· 把离散谱序列当成时域序列进行 DFT，结果是原时域序列反褶的 N 倍；
· 如果原离散谱序列具有偶对称性，则 DFT 结果是原时域序列的 N 倍。

因为

$$X(k)=\sum_{n=0}^{N-1}x(n)W_N^{nk}$$

所以

$$\mathrm{DFT}\big[X(n)\big]=\sum_{n=0}^{N-1}X(n)W_N^{nk}=\sum_{n=0}^{N-1}\Big[\sum_{m=0}^{N-1}x(m)W_N^{nm}\Big]W_N^{nk}=\sum_{m=0}^{N-1}x(m)\sum_{n=0}^{N-1}W_N^{n(m+k)}$$

由于

$$\sum_{n=0}^{N-1}W_N^{n(m+k)}=\begin{cases} N, & m=N-k \\ 0, & m=N-k,\,0\leqslant m\leqslant N-1 \end{cases}$$

所以

$$\mathrm{DFT}\big[X(n)\big]=N\sum_{m=0}^{N-1}x(m)=Nx(N-k)$$

5．帕斯瓦尔定理

离散系统的帕斯瓦尔定理告诉我们：在时域中计算的信号总能量等于在频域中计算的信号总能量，即

$$\sum_{n=0}^{N-1} |x(n)|^2 = \frac{1}{N} \sum_{k=0}^{N-1} |X(k)|^2 \qquad (4.3.12)$$

帕斯瓦尔定理反映了信号在一个域及其对应的变换域中的能量守恒。这进一步说明，虽然 DFT 有别于 DTFT，但其仍然具有明确的物理含义。

6．离散谱的性质

DFT(FFT)的一个重要应用就是对信号进行频谱分析，即计算信号的傅立叶变换，DFT 与 IDFT 运算的 $x(n)$、$X(k)$ 都是离散谱。以冲激序列 $h(n)$ 为例，称 $H_k = H(kf_0)(k \in Z)$ 为离散序列 $h(nT_s)$（$0 \le n < N$）的 DFT 离散谱，简称离散谱。

由 DFT 求出的离散谱具有下列性质：

（1）$H(k) = H(kf_0)(k \in Z)$ 是离散的周期函数，简记为 $H(k)$。

离散间隔为

$$f_0 = \frac{1}{NT_s} = \frac{f_s}{N} = \frac{1}{T_0} \qquad (4.3.13)$$

周期为

$$f_s = Nf_0 = \frac{N}{T_0} = \frac{N}{NT_s} = \frac{1}{T_s} \qquad (4.3.14)$$

离散谱关于自变量 k 的周期为 N，每个周期内有 N 个不同的幅值，仅在离散频率点 $f = kf_0$ 处存在冲激，强度为 a_k，其余各点为 0，$k = 0, 1, 2 \cdots N-1$。

（2）时域的离散时间间隔（或周期）与频域的周期（或离散间隔）互为倒数。

如果称离散谱经过 IDFT 所得到的序列为重建信号，$h(nT_s)$（$n \in Z$）简记为 $h(n)$，则重建信号是离散的周期函数。周期为对应离散谱的离散间隔的倒数

$$NT_s = T_0 = \frac{1}{f_0} \qquad (4.3.15)$$

离散间隔为对应离散谱周期的倒数

$$T_s = \frac{NT_s}{N} = \frac{T_0}{N} = \frac{1}{Nf_0} \qquad (4.3.16)$$

（3）经 IDFT 重建信号的基频就是频域的离散间隔或时域周期的倒数：

$$f_0 = \frac{1}{T_0} = \frac{1}{NT_s} \qquad (4.3.17)$$

（4）周期性。

序列的 N 点的 DFT 离散谱是周期为 N 的序列。在时域和频域 $0 \sim N$ 范围内的 N 点分别是各自的主值区间或主值周期。

（5）对称性。

实序列的离散谱关于原点和 $\frac{N}{2}$（如果 N 是偶数）是共轭对称和幅度对称的。因此，真正有用的频谱信息可以从 $0 \sim \frac{N}{2} - 1$ 范围获得，从低频到高频。

共扼对称性：如果 $h(nT_s)$（$0 \le n < N$）为实序列，则其 N 点的 DFT 关于原点和 $N/2$ 都

具有共轭对称性，即 $H_{-k}=H_k^*$、$H_{N-k}=H_k^*$、$H_{\frac{N}{2}\pm k}=H_{\frac{N}{2}\mp k}^*$。

幅度对称性：如果 $x(nT_s)(0\leqslant n<N)$ 为实序列，则其 N 点的 DFT 关于原点和 $N/2$ 都具有幅度对称性，即 $|H_k|=|H_{-k}|$、$|H_{N-k}|=|H_k|$、$|H_{\frac{N}{2}\pm k}|=|H_{\frac{N}{2}\mp k}|$。

根据 DFT 的定义，可以利用 FFT 对离散信号进行频谱分析和信号合成。设 $x(n)$ 的截止频率为 f_0，频域内截止率为 f_1，则参数的选取原则为：

- 时域取样间隔限定为 $T\leqslant 1/2 f_0$。
- 频域取样间隔限定为 $f_1\leqslant 1/T_m$，T_m 为 $x(n)$ 的时间记录长度。
- 若 f_0 和 f_1 给定后，N 必须满足 $N\geqslant 2f_0/f_1$。

4.3.6　DFT 的物理意义及 DFT 与其他变换之间的关系

设有限长序列的长度为 M，其 Z 变换和 N 点 $(M\leqslant N)$DFT 为

$$X(z)=Z[x(n)]=\sum_{n=0}^{M-1}x(n)z^{-n} \tag{4.3.18}$$

$$X(k)=\mathrm{DFT}[x(n)]=\sum_{n=0}^{N-1}x(n)W_N^{kn}, \quad 0\leqslant k\leqslant N-1 \tag{4.3.19}$$

1. DFT 的物理意义及 Z 变换和 DFT 的关系

如果 $X(z)$ 在单位圆上收敛，令

$$z=W_N^{-k}=e^{j\frac{2\pi}{N}k} \tag{4.3.20}$$

则

$$X(z)\,|_{z=W_N^{-k}}=\sum_{n=0}^{M-1}x(n)W_N^{nk}=X(k) \tag{4.3.21}$$

由式（4.3.21）可知：

$$X(k)=X(z)\,|_{z=e^{j\frac{2\pi}{N}k}}, \quad 0\leqslant k\leqslant N-1 \tag{4.3.22}$$

或

$$X(k)=X(e^{j\omega})\,|_{\omega=\frac{2\pi}{N}k}, \quad 0\leqslant k\leqslant N-1 \tag{4.3.23}$$

其中，$W_N^k=e^{-j\frac{2\pi}{N}k}$，式（4.3.22）表明，序列 $x(n)$ 的 N 点 DFT 是它的 Z 变换在单位圆上的 N 点等间隔采样。而式（4.3.23）则表明，$X(k)$ 是序列 $x(n)$ 的 N 点傅立叶变换 $X(e^{j\omega})$ 在 $[0\sim 2\pi]$ 区间上的 N 点等间隔采样，这就是 DFT 的物理意义。$X(k)$ 与 $X(e^{j\omega})$ 的关系如图4-3-3所示。

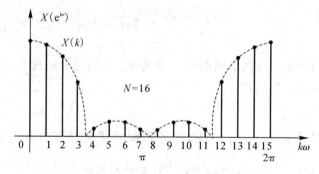

图 4-3-3　$X(k)$ 与 $X(e^{j\omega})$ 的关系

式（4.3.21）表明了 Z 变换和 DFT 的关系，有限长度的离散傅立叶变换（DFT）等于它

的 Z 变换在单位圆上每隔 $\dfrac{2\pi}{N}$ 弧度的均匀采样。

2. 用 $X(k)$ 表示 $X(z)$

对式(4.3.21)表示的有限长序列 $x(n)$ 的 Z 变换进行傅立叶反变换得

$$x(n) = \mathrm{IDFT}[X(z)] = \frac{1}{N}\sum_{n=0}^{M-1}X(k)W_N^{-nk} \tag{4.3.24}$$

代入式(4.3.18)得

$$
\begin{aligned}
X(z) &= \sum_{n=0}^{N-1}\left[\frac{1}{N}\sum_{k=0}^{N-1}X(k)W_N^{-nk}\right]z^{-n} = \sum_{k=0}^{N-1}X(k)\left[\frac{1}{N}\sum_{n=0}^{N-1}(W_N^{-k}z^{-1})^n\right] \\
&= \sum_{k=0}^{N-1}X(k)\left[\frac{1}{N}\frac{1-(W_N^{-k}z^{-1})^N}{1-W_N^{-k}z^{-1}}\right] = \sum_{k=0}^{N-1}X(k)\left[\frac{1}{N}\frac{1-z^{-N}}{1-W_N^{-k}z^{-1}}\right] \tag{4.3.25} \\
&= \sum_{k=0}^{N-1}X(k)\phi_k(z)
\end{aligned}
$$

其中

$$\phi_k(z) = \frac{1}{N}\frac{1-z^{-N}}{1-W_N^{-k}z^{-1}} \tag{4.3.26}$$

式(4.3.26)为内插函数,它是 z 的连续函数。

3. 用 $X(k)$ 表示 $X(e^{j\omega})$

式(4.3.23)表明,如果 $X(z)$ 在单位圆上收敛,序列 $x(n)$ 的 N 点 DFT 是它在单位圆上的 Z 变换,即

$$X(e^{j\omega}) = X(z)\,|_{z=e^{j\omega}} = \sum_{k=0}^{N-1}X(k)\phi_k(e^{j\omega}) \tag{4.3.27}$$

$$\phi_k(e^{j\omega}) = \frac{1}{N}\frac{1-z^{-N}}{1-W_N^{-k}z^{-1}} = \frac{1}{N}\frac{\sin\left(N\dfrac{\omega}{2}\right)}{\sin\left(\dfrac{\omega}{2}-\dfrac{1}{2}\dfrac{2\pi}{N}k\right)}e^{-j\left(\frac{N-1}{2}\omega+\frac{\pi}{N}k\right)} \tag{4.3.28}$$

设

$$\phi(\psi) = \frac{1}{N}\frac{\sin\left(N\dfrac{\psi}{2}\right)}{\sin\left(\dfrac{\psi}{2}\right)}e^{-j\psi\left(\frac{N-1}{2}\right)} \tag{4.3.29}$$

令 $\psi = \left(\omega - \dfrac{2\pi}{N}k\right)$,代入式(4.3.29)得

$$\phi\left(\omega - \frac{2\pi}{N}k\right) = \frac{1}{N}\frac{\sin\left(N\dfrac{\omega}{2}\right)}{\sin\left(\dfrac{\omega}{2}-\dfrac{1}{2}\dfrac{2\pi}{N}k\right)}e^{-j\left(\frac{N-1}{2}\omega+\frac{\pi}{N}k\right)} \tag{4.3.30}$$

比较式(4.3.28)和式(4.3.30)可知:

$$\phi\left(\omega - \frac{2\pi}{N}k\right) = \phi_k(e^{j\omega}) \tag{4.3.31}$$

从而得

$$X(e^{j\omega}) = \sum_{k=0}^{N-1}X(k)\phi_k(e^{j\omega}) = \sum_{k=0}^{N-1}X(k)\phi\left(\omega - \frac{2\pi}{N}k\right) \tag{4.3.32}$$

式(4.3.32)表明，整个 $X(e^{j\omega})$ 由 N 个内插函数 $\phi\left(\omega-\dfrac{2\pi}{N}k\right)$ 乘以加权值 $X(k)$ 叠加而成，每个采样点上的 $X(e^{j\omega})$ 值就等于该点上的 $X(k)$，采样点之间的 $X(e^{j\omega})$ 值由各个内插函数叠加而成。

4.4　循环移位与循环卷积

DFT 的一个重要性质就是使用循环移位（也叫圆周移位）与循环卷积（也叫圆周卷积），与周期卷积和线性卷积都不同，它是两个周期序列在一个周期上的线性卷积，是一种特殊的卷积计算形式。

4.4.1　循环移位

循环卷积使用循环移位（也叫圆周移位），序列的循环移位的定义如下：
$$x_m(n) = x((n+m))_N R_N(n) \tag{4.4.1}$$
其含义如下：

（1）$x((n+m))_N$ 表示 $x(n)$ 的周期延拓序列 $\tilde{x}(n)$ 的移位：
$$x((n+m))_N = \tilde{x}(n+m)$$

（2）$x((n+m))_N R_N(n)$ 表示对移位的周期序列 $x((n+m))_N$ 取主值序列，所以 $x(n)$ 仍然是一个长度为 N 的有限长序列。

MATLAB 没有循环移位函数，为此自定义一个位移函数 cirshiftd.m 如下：

```
%保存函数为 cirshiftd.m
function fm= cirshiftd(x, m, N);
if length(x) > N
x =[x zeros(1, N-length(x))]; %在序列 x(n) 后面补零
end
n=[0: 1: N-1]; fm=x(mod(n-m, N)+1);
```

这里的 x(mod(n-m, N)+1) 即表示对向右移位 N 位的周期序列 $x((n+m))_N$ 取主值序列的运算。称其为循环移位的原因在于，当序列从一端移出范围时，移出的部分又会从另一端移入该范围，如图 4-4-1 所示。而 DTFT 和 DFS 的线性移位是 N 点序列沿一方向线性移位，它将不再位于区间 $0 \leqslant n \leqslant N-1$ 上。

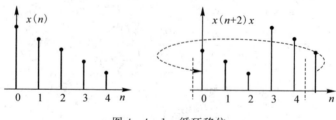

图 4-4-1　循环移位

4.4.2　循环卷积

循环卷积也叫圆周卷积，定义如下：

设 $x_1(n)$ 和 $x_2(n)$ 都是长度为 N 的有限长序列，把它们分别拓展为周期序列 $\tilde{x}_1(n)$ 和 $\tilde{x}_2(n)$，定义循环卷积为

$$y(n) = x_1(n) \textcircled{N} x_2(n) = \Big[\sum_{m=0}^{N-1} \tilde{x}_1(m) \tilde{x}_2(n-m) \Big] R_N(n) \qquad (4.4.2)$$

即周期序列卷积后取主值。

4.4.3　循环卷积的计算

1. 图解实现循环卷积的过程

循环卷积过程如下：

(1) 补零，使两序列长度 $N = \text{length}(x) + \text{length}(h) - 1$。

(2) 周期延拓，将非周期序列变为周期序列。

(3) 反转，取主值序列。

(4) 对应位相乘，然后求和，得到 $n=0$ 时的卷积结果。

(5) 向右循环移位（圆周移位），对应位相乘，然后求和，得到 $n=1$、2、3、$4 \cdots$ 时的卷积结果。

(6) 重复循环移位，对应位相乘，然后求和，直到 $n=1 \sim (N-1)$。

例 4 - 4 - 1　已知两个非周期序列

$$x_1(n) = \delta(n) + \delta(n-1) + \delta(n-2) + \delta(n-3)$$

$$x_2(n) = \delta(n) + 2\delta(n-1) + 3\delta(n-2) + 4\delta(n-3) + 5\delta(n-4)$$

用图解法求其圆周卷积 $y(n) = x_1(n) \textcircled{N} x_2(n)$。

解　$x_1 = [1, 1, 1, 1]$，$x_2 = [1, 2, 3, 4, 5]$，两序列如图 4 - 4 - 2 所示。

周期为 $N = \text{length}(x_1) + \text{length}(x_2) - 1 = 8$。

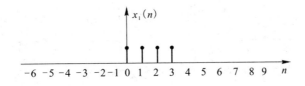

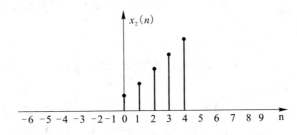

图 4 - 4 - 2　两个非周期序列

圆周卷积的方法和步骤如下：

(1) 补零，使两序列长度都等于 N。

$x_1 = [1, 1, 1, 1, 0, 0, 0, 0]$，$x_2 = [1, 2, 3, 4, 5, 0, 0, 0]$

(2) 周期延拓，将非周期序列变为周期序列，如图 4 - 4 - 3 所示。

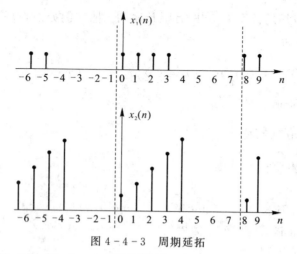

图 4-4-3　周期延拓

（3）将时间变量换成 k，并对 $x_2(k)$ 围绕纵轴反褶，得 $x_2(-k)$。然后取主值序列，如图 4-4-4 所示。

（4）对应位相乘，然后求和，得到 $n=0$ 时的卷积结果。

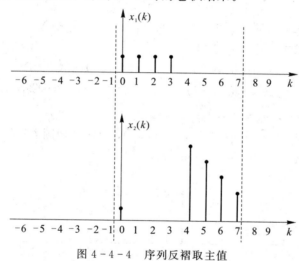

图 4-4-4　序列反褶取主值

由于周期为 $N=8$，$k=0:7$，即在 $0\sim7$ 范围内，将各子项相乘相加得到 $y(n)$，直到 $k=7$ 结束。

$$y(0)=1\times1+1\times0+1\times0+1\times0+0\times5+0\times4+0\times3+0\times2=1$$

（5）依次对 $x_2(-k)$ 右移 1 位，在 $0\sim7$ 范围内，将对应项 $x_1(k)$ 和 $x_2(n-k)$ 相乘，然后将各子项相加得到 $y(n)$。

$$y(1)=1\times2+1\times1+1\times0+1\times0+0\times0+0\times5+0\times4+0\times3=3$$
$$y(2)=1\times3+1\times2+1\times1+1\times0+0\times0+0\times0+0\times0+0\times5=6$$

（6）当 $n=3$ 时的图形，如图 4-4-5 所示。

$$y(3)=1\times4+1\times3+1\times2+1\times1+0\times0+0\times0+0\times0+0\times5=10$$

其他子项为

$$y(4)=1\times5+1\times4+1\times3+1\times2+0\times1+0\times0+0\times0+0\times0=14$$
$$y(5)=1\times0+1\times5+1\times4+1\times3+0\times0+0\times0+0\times0+0\times0=12$$

$$y(6) = 1 \times 0 + 1 \times 0 + 1 \times 5 + 1 \times 4 + 0 \times 0 + 0 \times 0 + 0 \times 0 + 0 \times 0 = 9$$
$$y(7) = 1 \times 0 + 1 \times 1 + 1 \times 0 + 1 \times 5 + 0 \times 4 + 0 \times 3 + 0 \times 2 + 0 \times 1 = 5$$

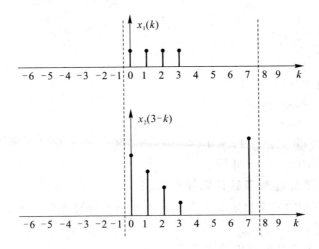

图 4 - 4 - 5 当 $n=3$ 时的 $y(n)$ 图形

最后得到 $y(n) = [1, 3, 6, 10, 14, 12, 9, 5]$，得出循环卷积图形如图 4 - 4 - 6 所示。

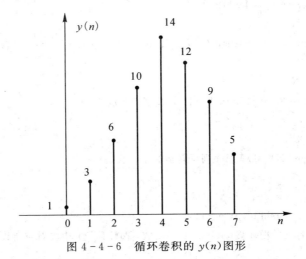

图 4 - 4 - 6 循环卷积的 $y(n)$ 图形

2. 利用位移函数计算循环卷积

由于计算循环卷积需要对序列进行循环移位，MATLAB 没有循环移位函数，我们可以利用前面自定义的位移函数 cirshiftd. m 计算循环卷积。

例 4 - 4 - 2 利用自定义位移函数 cirshiftd. m 计算上述循环卷积。

解 下列程序调用位移函数 cirshiftd. m 计算该例的循环卷积：

```
%'圆周卷积'主程序
x=[1, 2, 3, 4, 5]; h=[1,1, 1, 1];
N=length(x)+ length(h)−1;
x=[x, zeros(1, N− length(x))];
h=[h, zeros(1, N− length(h))];
n=[0: 1: N−1];
h=h(mod(−n, N)+1);
```

```
H＝zeros(N, N)；for n＝1:1: N
    H(n，：)＝cirshiftd(h, n−1, N)；%调用位移函数
end
y＝x * H′；y
n0＝[0：1：N−1]；
stem(n0, y)；
title('圆周卷积')；
xlabel('(n)')；ylabel('y(n)')；
```

运行结果为：

y ＝ 1　　3　　6　　10　　14　　12　　9　　5

显示结果图形与图 4−4−6 相同。

3. 利用自定义循环卷积函数计算循环卷积

可以根据循环卷积的定义自定义一个循环卷积函数计算循环卷积，下面以一个实例介绍该方法的实现步骤。

例 4−4−3　自定义循环卷积函数计算卷积。

(1) 自定义一个调用自定义的循环移位 cirshiftd() 函数的循环卷积函数 circonvt(x, h, N)：

```
function y = circonvt(x, h, N)
if length(x) > N
        x＝[x zeros(1, N−length(x))]；%补零使长度为 N
end
if length(h) > N
        h＝[h zeros(1, N−length(h))]；%补零使长度为 N
    end
m = [0:1:N−1]；
h = h(mod(−m, N)+1)；%序列反转运算
H = zeros(N, N)；
for n = 1:1:N
    H(n，：) = cirshiftd(h, n−1, N)；
        % 调用自定义的循环移位 cirshiftd() 函数，循环移位，构成周期函数矩阵
end
y = x * H′；
```

(2) 调用该函数计算例 4−4−2：

```
%调用该 circonvt 函数
x＝[1, 2, 3, 4, 5]；
h＝[1, 1, 1, 1]；
N＝length(x)＋ length(h)−1；
x＝[x, zeros(1, N− length(x))]；
h＝[h, zeros(1, N− length(h))]；
y = circonvt(x, h, N)；
n＝[0：1：N−1]；
stem(n, y)；y
title('圆周卷积')；
```

```
xlabel('( n )'); ylabel('y(n)');
```

结果相同：

```
y = 1    3    6    10    14    12    9    5
```

4. 利用托普利兹(Toeplitz)矩阵计算循环卷积

在计算循环卷积的过程中，实际上形成了一个托普利兹(Toeplitz)矩阵，因此可以直接利用 MATLAB 提供的 Toeplitz 矩阵生成一个计算循环卷积的自定义函数：

```
function y= toeplitzcirconv (x1，x2)
xn2=[x2(1)，fliplr(x2)];
xn2(length(xn2))=[];
C=xn2;
R=x2;
M=toeplitz(C，R)
y=x1 * (M);
```

请读者自己编出调用该自定义函数的程序。

4.5 离散傅立叶变换的共轭对称

反褶和共轭性是离散傅立叶变换的重要性质之一。

4.5.1 共轭对称序列、共轭反对称序列

1. 共轭对称序列

如果序列 $x_e(n)$ 满足：

$$x_e(n)=x_e^*(-n) \tag{4.5.1}$$

则称序列 $x_e(n)$ 为共轭对称序列。为了研究共轭对称序列的性质，将 $x_e(n)$ 用实部 $x_{er}(n)$ 和虚部 $x_{ei}(n)$ 表示：

$$x_e(n)=x_{er}(n)+jx_{ei}(n)$$

将上式两边的 n 用 $-n$ 代替，并取共轭得：

$$x_e^*(-n)=x_{er}(-n)-jx_{ei}(-n)$$

由式(4.5.1)可知上两式的左边相等，因此得

$$x_{er}(n)=x_{er}(-n)，x_{ei}(n)=-x_{ei}(-n) \tag{4.5.2}$$

即共轭对称序列 $x_e(n)$ 的实部 $x_{er}(n)$ 是偶对称序列，虚部 $x_{ei}(n)$ 是奇对称序列。

2. 共轭反对称序列

如果序列 $x_o(n)$ 满足：

$$x_o(n)=-x_o^*(-n) \tag{4.5.3}$$

则称 $x_o(n)$ 为共轭反对称序列。将 $x_o(n)$ 用实部 $x_{or}(n)$ 和虚部 $x_{oi}(n)$ 表示：

$$x_o(n)=x_{or}(n)+jx_{oi}(n)$$

则可以证明：

$$x_{or}(n)=-x_{or}(-n)，x_{oi}(n)=x_{oi}(-n) \tag{4.5.4}$$

即共轭反对称序列 $x_o(n)$ 的实部 $x_{or}(n)$ 是奇对称序列，虚部 $x_{oi}(n)$ 是偶对称序列。

例 4 - 5 - 1 分析指数函数的对称性。

解 令 $x(n)=\mathrm{e}^{\mathrm{j}\omega n}$，则 $x^*(-n)=\mathrm{e}^{-\mathrm{j}\omega(-n)}=x(n)$，满足式(4.5.1)，所以是共轭对称序列。展开得 $x(n)=\mathrm{e}^{\mathrm{j}\omega n}=\cos(\omega n)+\mathrm{j}\sin(\omega n)$，实部确实是偶对称序列，虚部是奇对称序列。

4.5.2 离散傅立叶变换的对称性质

1. 非周期序列

(1) 任一序列总可以表示成共轭对称序列 $x_e(n)$ 与共轭反对称序列 $x_o(n)$ 之和：

$$x(n)=x_e(n)+x_o(n) \tag{4.5.5}$$

其中，

$$\begin{cases} x_e(n)=\dfrac{1}{2}[x(n)+x^*(-n)] \\[2mm] x_o(n)=\dfrac{1}{2}[x(n)-x^*(-n)] \end{cases}$$

(2) 同样，频谱函数，即 $x(n)$ 的傅立叶变换 $\mathrm{DTFT}[x(n)]=X(\mathrm{e}^{\mathrm{j}\omega})$ 也可分解成：

$$X(\mathrm{e}^{\mathrm{j}\omega})=X_e(\mathrm{e}^{\mathrm{j}\omega})+X_o(\mathrm{e}^{\mathrm{j}\omega}) \tag{4.5.6}$$

其中，

$$\begin{cases} X_e(\mathrm{e}^{\mathrm{j}\omega})=X_e^*(\mathrm{e}^{-\mathrm{j}\omega})=\dfrac{1}{2}[X(\mathrm{e}^{\mathrm{j}\omega})+X^*(\mathrm{e}^{-\mathrm{j}\omega})] \\[2mm] X_o(\mathrm{e}^{\mathrm{j}\omega})=-X_o^*(\mathrm{e}^{-\mathrm{j}\omega})=\dfrac{1}{2}[X(\mathrm{e}^{\mathrm{j}\omega})-X^*(\mathrm{e}^{-\mathrm{j}\omega})] \end{cases}$$

共轭对称部分 $X_e(\mathrm{e}^{\mathrm{j}\omega})$ 满足

$$X_e(\mathrm{e}^{\mathrm{j}\omega})=X_e^*(\mathrm{e}^{-\mathrm{j}\omega}) \tag{4.5.7a}$$

共轭反对称部分 $X_o(\mathrm{e}^{\mathrm{j}\omega})$ 满足

$$X_o(\mathrm{e}^{\mathrm{j}\omega})=-X_o^*(\mathrm{e}^{-\mathrm{j}\omega}) \tag{4.5.7b}$$

(3) 复序列 $x(n)$ 可用实部 $x_r(n)$ 和虚部 $x_i(n)$ 两个分量表示：

$$x(n)=x_r(n)+\mathrm{j}x_i(n) \tag{4.5.8}$$

其中，

$$\begin{cases} x_r(n)=\mathrm{Re}[x(n)]=\dfrac{1}{2}[x(n)+x^*(n)] \\[2mm] \mathrm{j}x_i(n)=\mathrm{jIm}[x(n)]=\dfrac{1}{2}[x(n)-x^*(n)] \end{cases}$$

对于复序列 $x(n)$，其共轭序列为 $x^*(n)$，则

$\mathrm{DTFT}[x(n)]=X(\mathrm{e}^{\mathrm{j}\omega})$，$\mathrm{DTFT}[x^*(n)]=X^*(\mathrm{e}^{-\mathrm{j}\omega})$，$\mathrm{DTFT}[x^*(-n)]=X^*(\mathrm{e}^{\mathrm{j}\omega})$

将式(4.5.8)进行傅立叶变换得

$$X(\mathrm{e}^{\mathrm{j}\omega})=X_r(\mathrm{e}^{\mathrm{j}\omega})+\mathrm{j}X_i(\mathrm{e}^{\mathrm{j}\omega}) \tag{4.5.9}$$

其中，

$$X_r(\mathrm{e}^{\mathrm{j}\omega})=\mathrm{DTFT}[x_r(n)]=\sum_{n=-\infty}^{\infty}x_r(n)\mathrm{e}^{-\mathrm{j}\omega n}$$

$$X_i(\mathrm{e}^{\mathrm{j}\omega})=\mathrm{DTFT}[\mathrm{j}x_i(n)]=\mathrm{j}\sum_{n=-\infty}^{\infty}x_i(n)\mathrm{e}^{-\mathrm{j}\omega n}$$

从上述分析，根据式(4.5.6)、式(4.5.9)可得出结论：

(1) 复序列 $x(n)$ 可用实部 $x_r(n)$ 和虚部 $x_i(n)$ 两个分量表示，实部对应的傅立叶变换

$X_r(e^{j\omega})$具有共轭对称性,虚部和 j 一起对应的傅立叶变换 $X_i(e^{j\omega})$具有共轭反对称性。

(2)复序列 $x(n)$的共轭对称序列 $x_e(n)$对应着 $X(e^{j\omega})$的实部 $X_r(e^{j\omega})$;共轭反对称序列 $x_o(n)$对应着 $X(e^{j\omega})$的虚部 $jX_i(e^{j\omega})$。

2. 实数序列的对称性质

如果 $h(n)$是实序列,$jIm[h(n)]=0$,其傅立叶变换只有共轭对称部分 $H_e(e^{j\omega})$,共轭反对称部分 $H_o(e^{j\omega})$为 0,即 $H(e^{j\omega})=H_e(e^{j\omega})$,$H(e^{j\omega})=H^*(e^{-j\omega})$,$H_o(e^{j\omega})=0$。

因此,实序列 $h(n)$的傅立叶变换是共轭对称函数,实部是偶对称函数,虚部是奇对称函数。用公式表示为

$$H_r(e^{j\omega}) = H_r(e^{-j\omega}), \quad H_i(e^{j\omega}) = -H_i(e^{-j\omega}) \tag{4.5.10}$$

由此可知,模的平方 $|H(e^{j\omega})|^2 = H_r^2(e^{j\omega}) + H_i^2(e^{j\omega})$是偶函数,相位函数 $\arg[H(e^{j\omega})] = \arctan[H_i(e^{j\omega})/H_r(e^{j\omega})]$是奇函数,这与实模拟信号的傅立叶变换的结论相同。

如果 $h(n)$是实因果序列,根据式(4.5.5)得

$$h(n) = h_e(n) + h_o(n)$$

其中,

$$\begin{cases} h_e(n) = \dfrac{1}{2}[h(n)+h(-n)] \\ h_o(n) = \dfrac{1}{2}[h(n)-h(-n)] \end{cases}$$

因为 $h(n)$是实因果序列,上式可表示为

$$h_e(n) = \begin{cases} h(0), & n=0 \\ \dfrac{1}{2}h(n), & n>0 \\ \dfrac{1}{2}h(-n), & n<0 \end{cases} \tag{4.5.11a}$$

$$h_o(n) = \begin{cases} 0, & n=0 \\ \dfrac{1}{2}h(n), & n>0 \\ -\dfrac{1}{2}h(-n), & n<0 \end{cases} \tag{4.5.11b}$$

按照式(4.5.11a)和式(4.5.11b),实因果序列 $h(n)$可表示为

$$h(n) = h_e(n)\varepsilon_+(n) \ \text{或} \ h(n) = h_o(n)\varepsilon_+(n) + h(0)\delta(n) \tag{4.5.11c}$$

其中,

$$\varepsilon_+(n) = \begin{cases} 2, & n>0 \\ 1, & n=0 \\ 0, & n<0 \end{cases}$$

上述说明:

因为 $h(n)$是实因果序列,可以完全由其偶对称序列 $h_e(n)$恢复,也可以完全由其奇对称序列 $h_o(n)$恢复,在式(4.5.11b)中,缺少 $n=0$ 时 $h(n)$的信息,因此使用奇对称序列恢复时,需补充 $h(0)\delta(n)$项。

例 4-5-2 已知 $x(n)=a^n\varepsilon(n)$,$0<a<1$,求其偶对称分量和奇对称分量。

解 根据式(4.5.5)得

$$x(n) = x_e(n) + x_o(n)$$

其中，

$$\begin{cases} x_e(n) = \dfrac{1}{2}[x(n) + x^*(-n)] \\ x_o(n) = \dfrac{1}{2}[x(n) - x^*(-n)] \end{cases}$$

根据式(4.5.11)得

$$x_e(n) = \begin{cases} x(0) = 1, & n = 0 \\ \dfrac{1}{2}x(n) = \dfrac{1}{2}a^n, & n > 0 \\ \dfrac{1}{2}x(-n) = \dfrac{1}{2}a^{-n}, & n < 0 \end{cases}, x_o(n) = \begin{cases} x(0) = 0, & n = 0 \\ \dfrac{1}{2}x(n) = \dfrac{1}{2}a^n, & n > 0 \\ \dfrac{1}{2}x(-n) = -\dfrac{1}{2}a^{-n}, & n < 0 \end{cases}$$

4.5.3　DFT 的共轭对称性

1. 周期序列的共轭对称分量与共轭反对称分量

与式(4.5.5)类似，周期为 N 的周期序列的共轭对称分量与共轭反对称分量分别定义为

$$\begin{cases} \tilde{x}_e(n) = \dfrac{1}{2}[\tilde{x}(n) + \tilde{x}^*(-n)] = \dfrac{1}{2}[x((n))_N + x^*((N-n))_N] \\ \tilde{x}_o(n) = \dfrac{1}{2}[\tilde{x}(n) - \tilde{x}^*(-n)] = \dfrac{1}{2}[x((n))_N - x^*((N-n))_N] \end{cases} \tag{4.5.12}$$

其中，$\tilde{x}_e(n)$ 是共轭偶对称分量，$\tilde{x}_o(n)$ 是共轭奇对称分量。

对于复序列 $\tilde{x}(n)$，其共轭序列为 $\tilde{x}^*(n)$，则

$$\mathrm{DFS}[\tilde{x}^*(-n)] = \tilde{X}^*(k),\ \mathrm{DFS}[\tilde{x}^*(n)] = \tilde{X}^*(-k)$$

$$\mathrm{DFS}[j\mathrm{Im}\{\tilde{x}(n)\}] = \tilde{X}_o(k) = \dfrac{1}{2}[\tilde{X}(k) - \tilde{X}^*(N-k)]$$

同样有

$$\begin{cases} \tilde{x}(n) = \tilde{x}_e(n) + \tilde{x}_o(n) \\ \tilde{x}_e(n) = \tilde{x}_e^*(-n) \\ \tilde{x}_o(n) = -\tilde{x}_o^*(-n) \end{cases} \tag{4.5.13}$$

2. 有限长序列的圆周共轭对称分量与圆周共轭反对称分量的定义

为了区别于其他傅立叶变换所定义的共轭对称序列，用 $x_{ep}(n)$ 表示有限长序列的圆周共轭对称分量、$x_{op}(n)$ 表示有限长序列的圆周共轭反对称分量，其定义为

$$\begin{cases} x_{ep}(n) = \tilde{x}_e(n)R_N(n) = \dfrac{1}{2}[x((n))_N + x^*((N-n))_N]R_N(n) \\ x_{op}(n) = \tilde{x}_o(n)R_N(n) = \dfrac{1}{2}[x((n))_N - x^*((N-n))_N]R_N(n) \end{cases} \tag{4.5.14}$$

其圆周共轭对称分量与圆周共轭反对称分量可简写为

$$\begin{cases} x_{ep}(n) = \dfrac{1}{2}[x(n) + x^*(N-n)] \\ x_{op}(n) = \dfrac{1}{2}[x(n) - x^*(N-n)] \end{cases} \tag{4.5.15}$$

由于 $x(n)=\tilde{x}(n)R_N(n)=[\tilde{x}_e(n)+\tilde{x}_o(n)]R_N(n)=\tilde{x}_e(n)R_N(n)+\tilde{x}_o(n)R_N(n)$，所以

$$x(n)=x_{ep}(n)+x_{op}(n) \quad 0\leqslant n\leqslant N-1 \tag{4.5.16}$$

同样

$$X(k)=\text{DFT}[x(n)]=X_{ep}(k)+X_{op}(k) \qquad 0\leqslant k\leqslant N-1 \tag{4.5.17}$$

这表明，与"任何实函数都可以分解成偶对称和奇对称分量"的概念一样，长为 N 的有限长序列 $x(n)$ 可分解为两个长度相同的分量：圆周共轭对称分量 $x_{ep}(n)$ 与圆周共轭反对称分量 $x_{op}(n)$。

可以证明，$x(n)$ 的圆周共轭对称分量 $x_{ep}(n)$ 与圆周共轭反对称分量 $x_{op}(n)$ 满足如下关系：

$$\begin{cases} x_{ep}(n)=x_{ep}^*(N-n) \\ x_{op}(n)=-x_{op}^*(N-n) \end{cases}, \quad 0\leqslant n\leqslant N-1 \tag{4.5.18a}$$

同理，$X(k)$ 的圆周共轭对称分量 $X_{ep}(k)$ 与圆周共轭反对称分量 $X_{op}(k)$ 满足如下关系：

$$\begin{cases} X_{ep}(k)=X_{ep}^*(N-k) \\ X_{op}(k)=-X_{op}^*(N-k) \end{cases}, \quad 0\leqslant k\leqslant N-1 \tag{4.5.18b}$$

3. 有限长序列的圆周共轭对称与圆周共轭反对称性质

有限长序列的对称性与 DTFT 对称性的区别如下：

(1) DTFT 以 $(-\infty,+\infty)$ 为变换空间，所以在讨论对称性质中，以原点为对称中心，序列的移位范围无任何限制，因为无论如何都不会移出变换区间。

(2) DFT 以 $(0,N-1)$ 为变换空间，所以在讨论对称性质中，序列的移位会移出变换区间，所以要在区间 $(0,N-1)$ 上定义有限长序列的圆周共轭对称序列和反对称序列；DFT 对称中心为 $n=N/2$。

当 N 为偶数时，将式 $(4.5.18a)$ 的 n 换成 $\dfrac{N}{2}-n$ 得

$$\begin{cases} x_{ep}\left(\dfrac{N}{2}-n\right)=x_{ep}^*\left(\dfrac{N}{2}+n\right) \\ x_{op}\left(\dfrac{N}{2}-n\right)=-x_{op}^*\left(\dfrac{N}{2}+n\right) \end{cases}, \quad 0\leqslant n\leqslant \dfrac{N}{2}-1 \tag{4.5.19}$$

式 $(4.5.19)$ 更明确地给出了有限长序列 $x(n)$ 的圆周共轭对称分量与圆周共轭反对称分量的对称中心为 $n=N/2$。

4. DFT 的共轭对称性

(1) 对于复序列 $x(n)$，其共轭序列为 $x^*(n)$，长度为 N，$X(k)=\text{DFT}[x(n)]_N$，则

$$\text{DFT}[x^*(n)]_N=X^*(N-k)X(N)=X(0), 0\leqslant k\leqslant N-1 \tag{4.5.20}$$

证明：根据 DFT 的唯一性，只要证明等式右边等于左边即可。

$$\begin{aligned} X^*(N-k) &= \Big[\sum_{n=0}^{N-1}x(n)W_N^{(N-K)n}\Big]^* = \sum_{n=0}^{N-1}x^*(n)W_N^{-(N-K)n} \\ &= \sum_{n=0}^{N-1}x^*(n)W_N^{kn}=\text{DFT}[x^*(n)]_N \end{aligned} \tag{4.5.21}$$

由于 $X(k)$ 有隐含周期性，故 $X(N)=X(0)$。

同理可证：

$$\text{DFT}[x^*(N-n)]_N=X^*(k) \tag{4.5.22}$$

　　说明：当 $k=0$ 时，应为 $X^*(N-0)=X^*(0)$，因为按定义 $X(k)$ 只有 N 个值，即 $0 \leqslant k \leqslant N-1$，而 $X(N)$ 已超出主值区间，但一般已习惯于把 $X(k)$ 认为是分布在 N 等分的圆周上，它的末点就是它的起始点，即 $X(N)=X(0)$，因此仍采用习惯表达式：$\text{DFT}[x^*(n)]_N = X^*(N-k)$。

　　注：以下在所有对称特性讨论中，均应理解为 $X(N)=X(0)$，同样，$x(N)=x(0)$。

　　(2) 根据式(4.5.8)可知，长度为 N 的有限长复序列 $x(n)$ 也可以用实部 $x_r(n)$ 和虚部 $x_i(n)$ 两个分量表示：

$$x(n)=x_r(n)+\mathrm{j}x_i(n) \tag{4.5.23}$$

其中，

$$\begin{cases} x_r(n)=\operatorname{Re}[x(n)]=\dfrac{1}{2}[x(n)+x^*(n)] \\[2mm] \mathrm{j}x_i(n)=\mathrm{j}\operatorname{Im}[x(n)]=\dfrac{1}{2}[x(n)-x^*(n)] \end{cases}$$

　　根据 DFT 的线性特点有：

$$X(k)=\text{DFT}[x(n)]=X_r(k)+\mathrm{j}X_i(k) \tag{4.5.24}$$

且

$$\begin{cases} X_r(k)=\operatorname{Re}[X(k)]=\text{DFT}[x_r(n)] \\[2mm] \mathrm{j}X_i(k)=\mathrm{j}\operatorname{Im}[X(k)]=\mathrm{j}\text{DFT}[x_i(n)] \end{cases} \tag{4.5.25}$$

　　根据式(4.5.15)得 $\begin{cases} x_{ep}(n)=\dfrac{1}{2}[x(n)+x^*(N-n)] \\[2mm] x_{op}(n)=\dfrac{1}{2}[x(n)-x^*(N-n)] \end{cases}$，求该式的 DFT，然后将式 (4.5.22)的结果代入得

$$\begin{cases} X_{ep}(k)=\text{DFT}[x_{ep}(n)]=\dfrac{1}{2}\text{DFT}[x(n)+x^*(N-n)] \\[2mm] \qquad\quad =\dfrac{1}{2}[X(k)+X^*(k)]=\operatorname{Re}[X(k)] \\[3mm] X_{op}(k)=\text{DFT}[x_{op}(n)]=\dfrac{1}{2}\text{DFT}[x(n)-x^*(N-n)] \\[2mm] \qquad\quad =\dfrac{1}{2}[X(k)-X^*(k)]=\mathrm{j}\operatorname{Im}[X(k)] \end{cases} \tag{4.5.26}$$

所以，根据式(4.5.25)、式(4.5.26)可知

$$X_r(k)=\operatorname{Re}[X(k)]=X_{ep}(k), \quad \mathrm{j}X_i(k)=\mathrm{j}\operatorname{Im}[X(k)]=X_{op}(k) \tag{4.5.27}$$

　　由此可得出与前面类似的结论：长为 N 的有限长序列 $x(n)$ 的圆周共轭对称分量 $x_{ep}(n)$ 的 DFT 对应于 $x(n)$ 的实部的 DFT；圆周共轭反对称分量 $x_{op}(n)$ 的 DFT 对应于 $x(n)$ 的虚部的 DFT。

　　复数序列的对称性质如表 4-2 所示。

　　根据式(4.5.22)有：

$$\begin{cases} \text{DFT}[x_r(n)]=X_{ep}(k)=\dfrac{1}{2}[X(k)+X^*(N-k)] \\[3mm] \text{DFT}[\mathrm{j}x_i(n)]=X_{op}(k)=\dfrac{1}{2}[X(k)-X^*(N-k)] \end{cases}$$

表 4 – 2　复数序列的对称性质

序　列	DTFT	DFT	备注
$x(n)$	$X(e^{j\omega})$	$X(k)$	
$\mathrm{Re}[x(n)]$	$X_e(e^{j\omega})$	$X_{ep}(k)$	
$j\mathrm{Im}[x(n)]$	$X_o(e^{j\omega})$	$X_{op}(k)$	
$x_e(n)$	$\mathrm{Re}[X(e^{j\omega})]$	$\mathrm{Re}[X(k)]$	
$x_o(n)$	$j\mathrm{Im}[X(e^{j\omega})]$	$j\mathrm{Im}[X(k)]$	

4.5.3　实序列的共轭对称性

设 $x(n)$ 是长度为 N 的有限长实序列，且 $X(k)=\mathrm{DFT}[x(n)]_N$，由于 $x(n)=x^*(n)$，则 $X(k)$ 满足如下对称性：

(1) $X(k)$ 共轭对称：

$$X(k)=X^*(N-k) \tag{4.5.28}$$

(2) 如果 $x(n)$ 是实偶对称序列，即 $x(n)=x(N-n)$，则 $X(k)$ 是实偶对称序列，即

$$X(k)=X(N-k) \tag{4.5.29}$$

(3) 如果 $x(n)$ 是实奇对称序列，即 $x(n)=-x(N-n)$，则 $X(k)$ 是纯虚奇对称序列，即

$$X(k)=-X(N-k) \tag{4.5.30}$$

(4) 若 $x(n)$ 是长度为 N 的有限长纯虚序列，$X(k)$ 只有共轭反对称分量，即

$$X(k)=-X^*(N-k) \tag{4.5.31}$$

上述情况不论哪一种，只要知道一半数目的 $X(k)$ 就可以了，另一半可以利用 DFT 的对称性求得，这样可以大大节约 DFT 的运算量，提高运算速度，提高效率。

实际工作中，大多数 $x(n)$ 都是实序列，当计算 N 点 DFT 时，如果 N 为偶数，只需计算 $X(k)$ 前面的 $N/2+1$ 点；如果 N 为奇数，只需计算 $X(k)$ 前面的 $(N+1)/2$ 点；其他点按照式(4.5.28)即可求得。例如，$X^*(N-1)=X(1)$，$X^*(N-2)=X(2)$，……这样可以节约近一半的运算量。

练 习 与 思 考

4-1　简答：

(1) 在离散傅立叶变换中引起混迭效应的原因是什么？怎样才能减小这种效应？

(2) 试说明离散傅立叶变换与 Z 变换之间的关系。

(3) 证明旋转因子的对称性和周期性。

(4) 某 DFT 的表达式是 $X(l)=\sum\limits_{k=0}^{N-1}x(k)W_M^{kl}$，则变换后数字频域上相邻两个频率样点之间的间隔是多少？

4-2　设序列 $x(n)$ 的傅氏变换为 $X(e^{j\omega})$，试求下列序列的傅立叶变换。

(1) $g(n)=x(2n)$

(2) $g(n)=\begin{cases} x(n/2), & n \text{ 为偶数} \\ 0, & n \text{ 为奇数} \end{cases}$

（3）$x^2(n)$

（4）$nx(n)$

（5）$x(n)=R_5(n)$

4-3　序列 $x(n)$ 的傅立叶变换为 $X(e^{j\omega})$，求下列各序列的傅立叶变换。

（1）$x^*(n)$（共轭）

（2）$x^*(-n)$

（3）$x(-n)$

（4）$\mathrm{Re}[x(n)]$

（5）$j\mathrm{Im}[x(n)]$

4-4　计算下列各信号的傅立叶变换。

（1）$2^n\varepsilon(-n)$

（2）$\left(\dfrac{1}{4}\right)^n\varepsilon[n+2]$

（3）$\delta(4-2n)$

（4）$n\left(\dfrac{1}{2}\right)^{|n|}$

4-5　设 $X(e^{j\omega})$ 和 $Y(e^{j\omega})$ 分别是 $x(n)$ 和 $y(n)$ 的傅立叶变换，

（1）求序列的傅立叶变换：（a）$x(x-n_0)$，n_0 为任意实整数；（b）$x(n)\otimes y(n)$。

（2）用 Z 变换求以下序列 $x(n)$ 的频谱 $X(e^{j\omega})$。

（a）$\delta(n-n_0)$ 　　　　　　　　　（b）$e^{-an}u(n)$

（c）$e^{-(a+j\omega_0)n}u(n)$ 　　　　　（d）$e^{-an}u(n)\cos(\omega_0 n)$

4-6　如题 4-6 图所示，序列是周期为 6 的周期性序列，试求其傅立叶级数的系数。

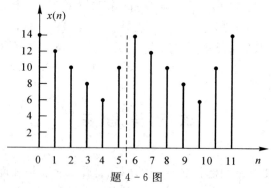

题 4-6 图

4-7　计算下列各信号的傅立叶变换。

（1）$\left(\dfrac{1}{2}\right)^n\{\varepsilon(n+3)-\varepsilon(n-2)\}$

（2）$\cos\left(\dfrac{18\pi n}{7}\right)+\sin(2n)$

（3）$x(n)=\begin{cases}\cos(\pi n/3), & -1\leqslant n\leqslant 4 \\ 0, & \text{其他}\end{cases}$

4-8　如果 $\tilde{x}(n)$ 是一个周期为 N 的周期序列，那么它也是周期为 $2N$ 的周期序列。把 $\tilde{x}(n)$ 看作周期为 N 的周期序列有 $\tilde{x}(n)\leftrightarrow\tilde{X}_1(k)$（周期为 N）；把 $\tilde{x}(n)$ 看作周期为 $2N$ 的周

期序列有 $\tilde{x}(n) \leftrightarrow \tilde{X}_2(k)$（周期为 $2N$），试用 $\tilde{X}_1(k)$ 表示 $\tilde{X}_2(k)$。

4-9 令 $X(k)$ 表示 N 点的序列 $x(n)$ 的 N 点离散傅立叶变换，$X(k)$ 本身也是一个 N 点的序列。如果计算 $X(k)$ 的离散傅立叶变换得到一序列 $x_1(n)$，试用 $x(n)$ 求 $x_1(n)$。

4-10 已知序列 $x(n) = a^n \varepsilon(n)$，$0 < a < 1$，现对于 $x(n)$ 的 Z 变换在单位圆上 N 等分抽样，抽样值为 $X(k) = X(z)|_{z=W_N^{-k}=e^{j\frac{2\pi}{N}k}}$，试求 N 点有限长序列 $\text{IDFT}[X(k)]$。

4-11 某序列 DFT 的表达式是 $X(l) = \sum\limits_{k=0}^{N-1} x(k) W_M^{kl}$，求该序列的时域长度是和变换后数字频域上相邻两个频率样点之间的间隔。

4-12 已知一个周期序列 $x(n) = \begin{cases} 10, & 2 \leqslant n \leqslant 6 \\ 0, & n = 0, 1, 7, 8, 9 \end{cases}$，周期 $N = 10$，求 $X(k) = \text{DFS}[x(n)]$，并画出其幅度和相位特性。

4-13 已知序列 $x(n) = \begin{cases} a^n, & 0 \leqslant n \leqslant 9 \\ 0, & \text{其他} \end{cases}$，求 10 点和 20 点的离散傅立叶变换。

4-14 长度为 8 的有限长序列 $x(n)$ 的 8 点 DFT 为 $X(k)$，长度为 16 的一个新序列定义为

$$y(n) = \begin{cases} x\left(\dfrac{n}{2}\right), & n = 0, 2, \cdots, 14 \\ 0, & n = 1, 3, \cdots, 15 \end{cases}$$

试用 $X(k)$ 来表示 $Y(k) = \text{DFT}[y(n)]$。

4-15 已知序列 $x(n) = 4\delta(n) + 3\delta(n-1) + 2\delta(n-2) + \delta(n-3)$ 和它的 6 点离散傅立叶变换 $X(k)$。

(1) 若有限长序列 $y(n)$ 的 6 点离散傅立叶变换为 $Y(k) = W_6^{4k} X(k)$，求 $y(n)$。

(2) 若有限长序列 $m(n)$ 的 6 点离散傅立叶变换为 $X(k)$ 的实部，即 $M(k) = \text{Re}[X(k)]$，求 $m(n)$。

(3) 若有限长序列 $v(n)$ 的 3 点离散傅立叶变换 $V(k) = X(2k)$ $(k = 0, 1, 2)$，求 $v(n)$。

4-16 已知 $x(n)$ 是长度为 N 的有限长序列，$X(k) = \text{DFT}[x(n)]$，现将每两点之间插进 $r-1$ 个 0 值，使密度增长扩大 r 倍，得到 rN 点长度为 N 的有限长序列

$$y(n) = \begin{cases} x(n/r), & 0 \leqslant n \leqslant N-1, n = ir \\ 0, & \text{其他} \end{cases}$$

求 $\text{DFT}[y(n)]$ 与 $X(k)$ 的关系。

4-17 已知 $x(n)$ 是长度为 N 的有限长序列，$X(k) = \text{DFT}[x(n)]$，现将长度补零增长扩大 r 倍，得到长度为 rN 的有限长序列

$$y(n) = \begin{cases} x(n), & 0 \leqslant n \leqslant N-1 \\ 0, & N \leqslant n \leqslant rN-1 \end{cases}$$

求 $\text{DFT}[y(n)]$ 与 $X(k)$ 的关系。

4-18 已知某信号序列 $f(k) = \{3, 2, 1, 2\}$，$h(k) = \{2, 3, 4, 2\}$，

(1) 计算 $f(k)$ 和 $h(k)$ 的循环卷积 $f(k) \circledN h(k)$；

(2) 计算 $f(k)$ 和 $h(k)$ 的线性卷积 $f(k) \otimes h(k)$；

(3) 写出利用循环卷积计算线性卷积的步骤。

4-19　已知有限长序列 $x(n)$ 和 $h(n)$ 如题 4-19 图所示，试计算并绘制：

（1）$x(n)$ 和 $h(n)$ 的线性卷积；

（2）$x(n)$ 和 $h(n)$ 的周期卷积；

（3）$x(n)$ 和 $h(n)$ 的 5 点循环卷积、8 点循环卷积。

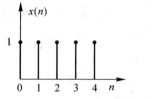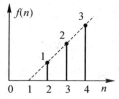

题 4-19 图

4-20　已知 $x(n)=n+1(0 \leqslant n \leqslant 3)$，$y(n)=(-1)^n(0 \leqslant n \leqslant 3)$，用圆周卷积法求 $x(n)$ 和 $y(n)$ 的线性卷积 $z(n)$。

4-21　$x(n)$ 是长为 N 的有限长序列，$x_e(n)$、$x_o(n)$ 分别为 $x(n)$ 的圆周共轭偶部及奇部，也即

$$x_e(n) = x_e(N-n) = \frac{1}{2}[x(n) + x(N-n)]$$

$$x_o(n) = -x_o(N-n) = \frac{1}{2}[x(n) - x(N-n)]$$

证明：

$$\mathrm{DFT}[x_e(n)] = \mathrm{Re}[X(K)]$$

$$\mathrm{DFT}[x_o(n)] = j\mathrm{Im}[X(K)]$$

4-22　设 $\mathrm{DFT}[x(n)]=X(k)$，求证 $\mathrm{DFT}[X(k)=Nx(N-n)]$。

4-23　设 $X(k)$ 表示长度为 N 的有限长序列 $x(n)$ 的 DFT。

（1）证明：如果 $x(n)$ 满足关系式 $x(n)=-x(N-1-n)$，则 $X(0)=0$

（2）证明：当 N 为偶数时，如果 $x(n)=x(N-1-n)$，则 $X\left(\dfrac{N}{2}\right)=0$

第 5 章

快速傅立叶变换（FFT）

FFT 是快速傅立叶变换，即 Fast Fourier Transform 的缩写，FFT 并不是新的变换，而只是 DFT 的一种算法。换句话说，FFT 是实现 DFT 的一种快速运算手段。FFT 算法可分为时间抽选法和频率抽选法。

FFT 可以将一个信号从时域变换到频域，IFFT 则相反。有些信号在时域上是很难看出什么特征的，但是如果变换到频域之后，就很容易看出其特点了。另外，FFT 可以将一个信号的频谱提取出来，这在频谱分析方面也是经常应用的。信号经过 N 个采样点的 FFT 之后，就可以得到 N 个点的频谱分析结果。

5.1 引入 FFT 的概念

计算机是进行数字信号处理的主要工具，快速傅立叶变换 FFT 解决了计算机和专用数字信号处理设备进行数字信号处理的问题，可对离散信号、连续周期信号和非周期信号进行频谱分析和合成，在数字信号处理技术中起着核心作用。MATLAB 提供了 fft、ifft、fft2、ifft2 和 fftshift 函数，用于执行一维和二维离散傅立叶变换及其逆变换。

5.1.1 各种离散傅立叶变换总结

1. DTFT 与 DFS

在对前面内容的学习中可以得出以下重要的概念和结论：

（1）在对离散信号的傅立叶变换中，离散非周期信号使用 DTFT，离散周期信号使用 DFS。

（2）DTFT 与 DFS 是有关系的：可以把有限长非周期序列假设为一无限长周期序列的一个主值周期，将离散非周期信号进行周期延拓后，就成为无限长的离散周期信号，也可以使用 DFS 计算。

（3）DFS 的时域与频域函数都是离散信号，可以满足计算机进行信号处理的离散性问题。

（4）DFS 处理的是无限长信号，而引入 DFT 概念解决了计算机进行信号处理的有限长问题。

2. DFT

离散傅立叶变换 DFT 是信号分析与处理中的一种非常重要的变换，前述章节内容可简单表述如下：

（1）DFS 是对离散周期信号进行级数展开，是 DFT 的周期延拓，DFT 是将 DFS 取主值，因此 DFT 信号类似于 DTFT 信号，都是离散非周期信号。

（2）除正弦函数等特殊函数（其变换后是冲激串）外，DTFT 变换后的图形中的频率一般是连续的，而 DFT 是 DTFT 的等间隔抽样，DFT 变换后的频率响应是离散的。

（3）DTFT 是以 2π 为周期的，而 DFT 的序列 $X(k)$ 是有限长的。

（4）DFT 的函数表示为 $X(k)$，而 DTFT 的函数表示为 $X(e^{j\omega})$。

（5）DFT 是 DTFT 的等间隔抽样，DFT 里面有个重要的参数就是 N，我们一般都会说，多少点 DFT 运算，这个点就是 N，代表离散序列的长度，抽样间隔就是 $2\pi/N$，即将单位圆分成 N 个间隔、绕圆一周来抽样。

（6）DTFT 和 DFT 都能表征原序列的信息。

为什么 DFT 只取了原来 DTFT 一个圆周上的离散的值也能表征原序列里面的所有信息？这是因为原来的 DTFT 里面的很多信息是冗余的，我们只需要知道其中的 N 个点的值就能知道原来的序列。通过 IDFT，能将序列 $X(k)$ 变换回原来的时域序列 $x(n)$。

（7）通过时域和频域采样将连续信号离散，可使用该方法对连续信号进行分析和处理。

5.1.2 FFT 是 DFT 的快速算法

在现代社会，计算机是进行数字信号处理的主要工具，而计算机只能处理离散、有限长信号，这就决定了有限长序列在数字信号处理中的重要地位。

DFT 建立了有限长序列与其近似频谱之间的联系，在理论上具有重要意义。DFT 的显著特点就是信号的时域和频域都是离散、有限长序列。但是，因直接计算 DFT 的计算量与变换区间长度 N 的平方成正比，当 N 较大时，计算量太大，即使使用高速计算机，所花的时间也太多以至于无法完成实时处理任务，所以在快速傅立叶变换出现以前，直接用 DFT 算法进行谱分析和信号的实时处理是不切实际的，以至于使该理论长期无法应用于实际工程。

直到 1965 年库利（Cooley）和图基（Tukey）发现了 DFT 的一种快速算法以后，情况才发生了根本的变化。之后，又出现了各种各样快速计算 DFT 的方法，这些方法统称为快速傅立叶变换（Fast Fourier Transform，FFT）。FFT 的出现使计算 DFT 的计算量减少了 2 个数量级，计算时间缩短了 1～2 个数量级，还有效地减少了计算所需的存储器容量。

FFT 解决了计算机和专用数字信号处理设备进行数字信号处理的问题，在数字信号处理技术中起着核心作用。FFT 技术的应用极大地推动了信号分析、处理的理论和技术的发展，从而成为数字信号处理强有力的工具。利用它可以计算信号的频谱、功率谱和线性卷积，实现系统的实时分析、管理和控制等。另外，FFT 在图形、图像处理等领域都得到了广泛应用，发挥了巨大作用。

FFT 是实现 DFT 的一种快速运算手段，实际中可以使用 FFT 取代其他各种傅立叶算法，成为数字信号处理强有力的工具。

5.2 FFT 的基 2 算法

FFT 算法基本上分为两大类:时间抽选算法 FFT(Decimation In Time FFT, DIT-FFT)和频率抽选算法 FFT(Decimation In Frequency FFT, DIF-FFT)。

5.2.1 减少运算量的分析

1. 直接计算 DFT

(1) 从 DFT 定义可知,长度为 N 的有限长序列 $x(n)$ 的 DFT 为

$$\text{DFT:} \quad X(k) = \sum_{n=0}^{N-1} x(n) W_N^{nk}, \quad k = 0, 1, \cdots, N-1$$

$$\text{IDFT:} \quad x(n) = \frac{1}{N} \sum_{k=0}^{N-1} X(k) W_N^{-kn}, \quad n = 0, 1, \cdots N-1$$

式中,$W_N = e^{-j\frac{2\pi}{N}} = \cos(2\pi/N) - j\sin(2\pi/N)$。

考虑 $x(n)$ 为复数序列的一般情况,对某一个 k 值,直接按上式计算 $X(k)$ 值需要 N 次复数乘法、$N-1$ 次复数加法。完成该 DFT 需要计算 N 次,则需要 N^2 次复数乘法,$N \times (N-1)$ 次的复数加法。N 很大时,计算量相当可观,如 $N = 1024$ 时,需要的复乘次数为 1 048 576。

2. 减少运算量的思路和方法

(1) 如何减少运算量是解决谱分析和信号的实时处理的主要途径。显然,把 N 点 DFT 分解为几个较短的 DFT 可使乘法次数大大减少。

(2) DFT 运算中含有大量的重复运算,旋转因子 W_N 具有明显的周期性和对称性,充分利用这些特性可以减少重复运算,从而减少运算量,提高运算速度。

(3) 根据 DFT 的对称性,利用 DFT 计算 IDFT,这样就极大地减少了运算次数,提高了运算速度。无论是时域抽取法还是频域抽取法都是基于该原理进行简化运算的。

5.2.2 FFT"基 2"-时间抽选算法

FFT"基 2"-时间抽选算法(称为 DIT-FFT 算法),就是在时域内逐次将序列分解成奇数子序列和偶数子序列,通过求子序列的 DFT 来实现整个序列的 DFT,将计算 DFT 的运算量从 N^2 次复乘减少到 $(N/2)\text{lb}N$ 次复乘(注:lb 代表 $\log_2$)。

DIT-FFT 算法的思路和方法如下:

(1) 把一个序列分为长度减半的偶序列和奇序列,原序列的 DFT 就由这两个 $N/2$ 序列求得。设序列 $x(n)$ 的长度为 N,且满足

$$N = 2^M, \quad M = \text{lb}N, \quad M \text{ 为自然数} \tag{5.2.1}$$

由于 N 是 2 的整数次幂,所以该 FFT 算法称为"基 2"算法。按 n 的奇偶把 $x(n)$ 分解为两个 $N/2$ 点的子序列:

$$x(n) \rightarrow \begin{cases} x(2r) = x_1(r) \\ x(2r+1) = x_2(r) \end{cases} \quad r = 0, 1, 2, \cdots, \frac{N}{2}-1 \tag{5.2.2}$$

则 $x(n)$ 的 DFT 为

$$X(k) = \sum_{n=0}^{N-1} x(n) W_N^{nk} = \sum_{r=0}^{\frac{N}{2}-1} x(2r) W_N^{2rk} + \sum_{r=0}^{\frac{N}{2}-1} x(2r+1) W_N^{(2r+1)k}$$

$$= \sum_{r=0}^{\frac{N}{2}-1} x_1(r) W_{\frac{N}{2}}^{rk} + W_N^k \sum_{r=0}^{\frac{N}{2}-1} x_2(r) W_{\frac{N}{2}}^{rk}$$

$$= X_1(k) + W_N^k X_2(k) \tag{5.2.3}$$

其中

$$\begin{cases} X_1\left(k + \dfrac{N}{2}\right) = X_1(k) \\ X_2\left(k + \dfrac{N}{2}\right) = X_2(k) \end{cases}, \quad k = 0, 1, \cdots, \frac{N}{2} - 1 \tag{5.2.4}$$

由于 $X_1(k)$ 和 $X_2(k)$ 均以 $N/2$ 为周期，且由于 $W_N^{k+\frac{N}{2}} = -W_N^k$，所以 $X(k)$ 又可表示为

$$\begin{cases} X(k) = X_1(k) + W_N^k X_2(k) \\ X\left(k + \dfrac{N}{2}\right) = X_1(k) - W_N^k X_2(k) \end{cases}, \quad k = 0, 1, \cdots, \frac{N}{2} - 1 \tag{5.2.5}$$

式(5.2.5)组成了 FFT 的蝶形运算单元，如图 5-2-1 所示。

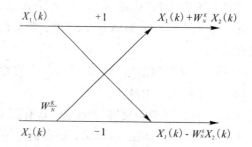

图 5-2-1 蝶形运算单元

（2）把 $N/2$ 序列分解成两个 $N/4$ 序列，一直分解到单点序列。以 $M=3$，$N=8$ 为例，需要三级分解，如图 5-2-2 所示。

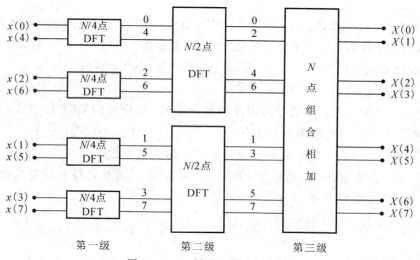

图 5-2-2 蝶形运算三级分解

(3) N 点 DFT 的第一级时域抽取分解图($N=8$)也叫信号流图,如图 5-2-3 所示。

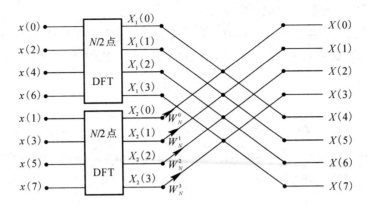

图 5-2-3 N 点 DFT 的一次时域抽取分解图($N=8$)

(4) 依此类推,直到 $M=3$,N 点 DFT 的第 3 级时域抽取分解图($N=8$),如图 5-2-4 所示。

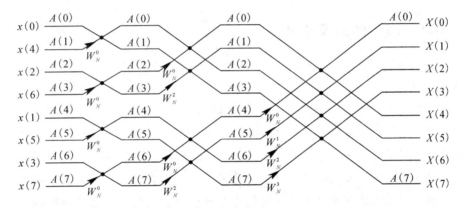

图 5-2-4 N 点 DIT-FFT 运算流程图($N=8$)

5.2.3 DIT-FFT 算法与直接计算 DFT 运算量的比较

在 DIT-FFT 算法中,每一级运算都需要 $N/2$ 次复数乘和 N 次复数加(每个蝶形需要两次复数加法)。所以,M 级运算总共需要的复数乘次数为

$$\frac{N}{2}M = \frac{N}{2}\mathrm{lb}N \tag{5.2.6}$$

复数加次数为

$$NM = N\,\mathrm{lb}N \tag{5.2.7}$$

例如,$N=2^{10}=1024$ 时,DFT 复数乘次数为 $N^2=1\,048\,576$;复数加次数为 $N(N-1)=1\,047\,552$;FFT 复数乘次数为 $\dfrac{N}{2}M = \dfrac{N}{2}\mathrm{lb}N = \dfrac{1024}{2}\times\mathrm{lb}1024 = 5120$;FFT 复数加次数为 $NM = N\,\mathrm{lb}N = 10\,240$。

可见经过 3 级 FFT 蝶形运算,DFT 直接运算是复数乘法运算量的 $1\,048\,576\div5120=$

204.8 倍，复数加法运算量也是同样数量级。N 值越大，FFT 的优势越明显，FFT 的高速运算特性实现了实时控制等领域的应用。

由于计算机上乘法运算比加法运算所需的时间多很多，因此一般以乘法运算为例来估算运算时间。FFT 复数乘法运算量与 DFT 直接运算量之比约为

$$\frac{N^2}{\frac{N}{2}\text{lb}N}=\frac{2N}{\text{lb}N} \tag{5.2.8}$$

例 5 - 2 - 1　处理一幅 $N \times N$ 点的二维图像，如果用速度为 100 万次/s 的计算机，当 $N=2^{10}=1024$ 时，问需要多少时间？

解　DFT 复数乘次数为 $N^4=10^{12}$，需要时间约 278 小时，FFT 运算的复数乘次数为

$$\left(\frac{N}{2}\text{lb}N\right)^2=\left(\frac{1024}{2}\times\text{lb}1024\right)^2\approx2.6\times10^7$$

总共需要时间约 26 秒，即处理这样一幅图像，原来需要约 300 小时左右，现在仅需近 30 秒钟。

5.2.4　DIT - FFT 的运算规律

DIT - FFT 具有以下运算规律：

1. 原位计算

原位计算也叫同址计算，由图 5 - 2 - 4 可以看出，DIT - FFT 的运算过程很有规律。$N=2^M$ 点的 FFT 共进行 M 级运算，每级由 $N/2$ 个蝶形运算组成。

蝶形运算的特点是：每一个蝶形运算都需要两个输入数据，计算结果也是两个数据，与其他结点的数据无关，其他蝶形运算也与这两个结点的数据无关。因此，一个蝶形运算一旦计算完毕，原输入数据便失效了。这就意味着输出数据可以立即使用原输入数据结点所占用的内存，原来的输入数据也就消失了。输出、输入数据利用同一内存单元的这种蝶形计算称为"原位"计算，也叫"同址"计算。这种"同址"运算的优点是可以节省存储单元，从而降低对计算机存储量的要求或降低硬件实现的成本。

2. 旋转因子的变化规律

如上所述，N 点 DIT - FFT 运算流图中，每级都有 $N/2$ 个蝶形。每个蝶形都要乘以旋转因子 W_N^k，k 称为旋转因子的指数。

3. 序列的倒序

DIT - FFT 算法的输入序列的排序看起来似乎很乱，但仔细分析就会发现这种倒序是很有规律的。由于 $N=2^M$，所以顺序数可用 M 位二进制数 $(n_{M-1}, n_{M-2}, \cdots, n_1, n_0)$ 表示。

从流程图可以看出，同址计算要求输入 $x(n)$ 是混序排列的。所谓输入为混序，并不是说输入是杂乱无章的，实际上它是有规律的。如果输入 $x(n)$ 的序号用二进制码来表示，就可以发现输入的顺序恰好是正序输入的码位倒置，表 5 - 1 列出了这种规律。

DIT - FFT 形成倒序的树状图（$N=2^3$）如图 5 - 2 - 5 所示。

如果输入按顺序，则输出是倒序，反之亦然。在实际运算中，按码位倒置顺序输入数

据 $x(n)$，特别当 N 较大时，是很不方便的。因此，数据总是按自然顺序输入存储，然后通过"变址"运算将自然顺序转换成码位倒置顺序存储。

表 5－1 顺序和倒序二进制数对照表

顺 序		倒 序	
十进制	二进制	十进制	二进制
0	000	000	0
1	001	100	4
2	010	010	2
3	011	110	6
4	100	001	1
5	101	101	5
6	110	011	3
7	111	111	7

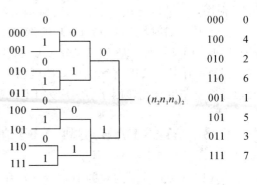

图 5－2－5 形成倒序的树状图($N=2^3$)

4. 蝶形运算规律

序列 $x(n)$ 经时域倒序抽选后，存入数组 X 中。倒序规律如图 5－2－6 所示。

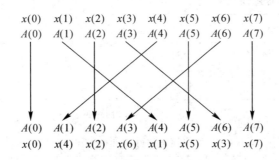

图 5－2－6 倒序规律

5.2.5 DIT－IFFT 的运算规律

从 IDFT 定义可知，长度为 N 的有限长序列 $x(n)$ 的傅立叶反变换 IDFT 为

$$\text{IDFT}: x(n) = \frac{1}{N}\sum_{k=0}^{N-1}X(k)W_N^{-nk}, \; n=0,1,\cdots,N-1$$

从上式可以看出，只要把 DFT 运算中的旋转因子改为 W_N^{-nk}，并在最后再除以常数 N，那么 DFT 运算过程就可以用来计算 IDFT，这对不论是软件或硬件实现都是很方便的。

因此，把 DFT 的快速算法 FFT 进行变动即可得到 IDFT 的快速算法 IFFT：

$$x(n) = \frac{1}{N}\left[\sum_{k=0}^{N-1}X^*(k)W_N^{nk}\right]^*$$

$$= \frac{1}{N}\{\text{DFT}[X^*(k)]\}^*, \; n=0,1,\cdots,N-1 \tag{5.2.9}$$

（1）将 $X(k)$ 取共轭得 $X^*(k)$；

（2）调用原 FFT 子程序，将 $X^*(k)$ 进行 FFT 运算；

（3）对 FFT 的结果 $x^*(n)$ 取共轭，并除以 N 即可得 $x(n)$。

5.2.6　频率抽选法

频率抽选法（称为 DIF - FFT）就是在频域内将 $X(k)$ 逐次分解成偶数点子序列和奇数点子序列，然后对这些分解得越来越短的子序列进行 DFT 运算，从而得整个频域内序列的 FFT 流图，其抽取方法和过程与时域抽选法类似。

除了基 2 的时域和频域 FFT 抽取法外，还有许多其他的快速算法，如基 4FFT、基 8FFT、基 rFFT、混合基 FFT、分裂基 FFT、DHT 等。

另外，在基 2FFT 等算法中，还可以采取措施进一步减少运算量，如采用多类蝶形单元运算、预先生成旋转因子、实序列 FFT 等。

5.3　MATLAB 实现 FFT 的有关常用函数

MATLAB 提供了内建的 fft(x, N) 函数来计算 x 的 DFT，ifft(X, N) 函数来计算 X 的 IDFT，并提供了许多用于数字信号处理的函数，如表 5 - 2 所示。

表 5 - 2　信号处理函数

信号处理函数	用　　途
conv	卷积
conv2	二维卷积
fft	快速傅立叶变换
fft2	二维快速傅立叶变换
ifft	快速傅立叶逆变换
ifft2	二维快速傅立叶逆变换
filter	离散时间滤波器
filter2	二维离散时间滤波器
abs	求函数的绝对值、信号的幅值
angle	四个象限的相角、信号的相位角
unwrap	在 360° 边界清除相角突变
fftshift	把 0 频率点平移到频谱的中心位置
pow2、nextpow2	2 的幂、2 的下一个最接近的幂次数
std	计算标准偏差

5.3.1　fft(x) 和 ifft(X)

在 MATLAB 中，用函数 fft(x) 和 ifft(X) 计算一个信号的离散快速傅立叶变换对（FFT、IFFT）。fft() 函数、ifft() 函数是机器码写成的，而不是用 MATLAB 指令写成的，不存在"fft. m"和"ifft. m"文件，因此它的执行速度很快。在数据的长度是 2 的幂次或质因数的乘积的情况下效率最高,计算速度显著增加。

fft()、ifft()函数采用混合算法:

·若 N 为 2 的幂,则得到高速的基 2FFT 算法;

·若 N 不是 2 的幂,则将 N 分解成质数,得到较慢的混合基 FFT;

·若 N 为质数,则采用原始 DFT 算法。

由于 MATLAB 不允许零下标,所以在通常的快速傅立叶变换(FFT)定义中移动了一个下标值,FFT 在 MATLAB 中的定义是:

$$\begin{cases} X(k) = F[x(n)] = \text{fft}[x(n)] = \sum_{n=1}^{N} x(n)W_N^{nk} \\ x(n) = F^{-1}[X(k)] = \text{ifft}[X(k)] = \dfrac{1}{N}\sum_{k=1}^{N} X(k)W_N^{-nk} \\ W_N = e^{-j2\pi/N}, \quad n = 1, 2, 3, \cdots, N \quad k = 1, 2, 3, \cdots, N \end{cases} \quad (5.3.1)$$

式中,W_N 是旋转因子;$X = \text{fft}(x)$ 和 $x = \text{ifft}(X)$ 表示按给出的向量长度 N 执行傅立叶变换和反变换。其语法如下:

(1) X=fft(x):使用快速傅立叶算法(FFT),返回向量 x 的 512 点离散傅立叶变换(DFT),当 x 是一个矩阵时,fft 返回矩阵的每一列的傅立叶变换。

(2) X=fft(x, n):使用快速傅立叶算法(FFT),返回向量 x 的 n 点 DFT,如果 x 长度小于 n,则在 x 的后端加 0 使长度等于 n。如果 x 长度大于 n,则在 x 的后端截断使长度等于 n。当 x 是一个矩阵时,列的长度按同样的规则调整为 n。

(3) X=fft(x, [], dim) 和 X=fft(x, n, dim):按维数参数 dim 提供跨维的 FFT 操作。

(4) x=ifft(X):是向量 X 的 512 点离散傅立叶反变换(IDFT),其他与 fft()函数相同。

例 5 - 3 - 1   有下列单边指数信号,使用 FFT 进行傅立叶变换,求出频谱函数。

$$x(t) = \begin{cases} 10e^{-2t}, & t \geqslant 0 \\ 0, & t < 0 \end{cases}$$

解   该信号的时域表达式为

$$x = 10 * \exp(-2 * t) * \text{heaviside}(t)$$

用符号运算求出该信号的频谱函数:

```
>> syms t;
>>x=10 * exp(-2 * t) * heaviside(t) ;
>>X=fourier(f)
X =10/(2 + w * i)
```

即该信号经傅立叶变换得到的频谱函数为

$$X(\omega) = \frac{10}{2 + i\omega}$$

下面的 MATLAB 语句用 FFT 估计 $X(\omega)$,并且用图形把所得到结果与上面的频谱函数表达式的结果进行比较:

```
clear all;
N=128;    %选择 FFT 计算的点数
t=linspace(0, 3, N);
```

```
x=10 * exp(-2 * t (t>=0));
Ts=t(2)-t(1);
Ws=2 * pi/Ts;   %抽样频率，单位是 rad/sec
X=fft(x);
Xfft= abs(X(1:N/2+1) * Ts);
w=Ws * (0:N/2)/N
Xw=10./(2+j * w);
plot(w, Xfft, 'r.', w, abs(Xw), 'b')
xlabel(' Frequency, Rad/s '), ylabel(' |F(w)| ')
legend('|fft(x)|', '|X(w)|', 1);
```

程序运行后，绘制出用 FFT 求出的结果与解析的频谱函数曲线，两者较好地重合，而且所取的 N 值越大，精确度越高，如图 5-3-1 所示。

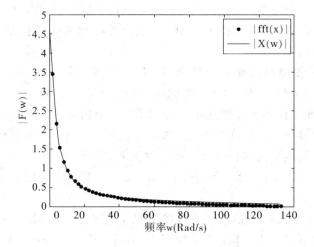

图 5-3-1　傅立叶变换的两种结果比较

5.3.2　fftshift( )、ifftshift( )

fftshift(X)函数是针对频域的，将 FFT 后的频谱函数 X 的直流分量移到频谱中心。ifftshift( )函数是 fftshift( )函数的相反操作，其语法与之类似。

当 X 的长度为偶数时，ifftshift( )函数与 fftshift( )函数的作用相同，即连续使用 2 次 fftshift( )函数与使用 fftshift( )函数后再使用 ifftshift( )函数的作用相同。

例如：

```
>>N=6;
>>X=0:N-1;
>>Y=fftshift(fftshift(X));
>>Z=ifftshift(fftshift(X));
>>isequal(X, Y), isequal(X, Z)
ans=1
ans=1
```

当 X 的长度为奇数时，ifftshift( )函数与 fftshift( )函数的作用不相同。

例如：

>>N=5；

>>X=0：N-1；

>>Y=fftshift(fftshift(X))；

>>Z=ifftshift(fftshift(X))；

>>isequal(X，Y)，isequal(X，Z)

ans=0

ans=1

即连续使用 2 次 fftshift()函数后的结果与原来的函数不同，而使用 fftshift()函数后再使用
ifftshift()函数的结果与原函数相同。

5.4　用 FFT 计算卷积

在信号分析或系统分析、处理中，经常遇到两个信号或信号与系统函数的卷积运算。
无论是连续信号还是离散信号，用 FFT 实现卷积运算都具有快速、方便等优势，尤其是
FFT 运算可以用计算机或 DSP 芯片实现，在实时处理或控制系统中具有广阔的应用前景。
因此，用 FFT 实现卷积运算称为快速卷积算法。

5.4.1　三种卷积的比较

离散序列存在着循环卷积、周期卷积与线性卷积算法。从形式上看，这三种卷积的形式相
似，都可以用于计算卷积，但彼此存在许多不同之处，应注意区别各种卷积的使用范围和方法。

1. 用途

在用途方面，三种卷积的区别如下：

(1) 周期卷积用于周期相同的两个周期序列。DFS 使用周期卷积。

(2) 循环卷积用于有限长的两个非周期序列。DFT 使用循环卷积。

(3) 线性卷积用于有限、无限长序列以及周期、非周期序列。

2. 对序列长度的要求

三种卷积对序列长度的要求如下：

(1) 线性卷积的求和对参与卷积的两个序列无任何要求。线性卷积的求和范围由两个
序列的长度和所在的区间决定，区间为从负无穷大到正无穷大。

(2) 周期卷积、循环卷积要求两个序列的长度相同；周期卷积要求两个序列是长度相
同的周期序列；循环卷积要求两个序列是长度相同的非周期序列。

3. 移位方法

三种卷积的移位方法如下：

(1) 线性卷积与周期卷积采用线性移位，而循环卷积采用 N 点循环移位，因它与 N 有
关，故也叫做 N 点循环卷积。

(2) 周期卷积等同于两个周期序列在一个周期上的线性卷积计算，而循环卷积把 $x(n)$
看作排列在 N 等分的圆周上，循环移位就相当于序列 $x(n)$ 在圆周上循环移动，故称为圆
周移位。

4. 卷积结果比较

三种卷积结果比较如下：

(1) 线性卷积所得序列的长度($N_1 + N_2 - 1$)由参与卷积的两个序列的长度确定，两个 N 点序列的线性卷积将导致一个更长的序列($2N-1$)。而循环卷积与周期卷积一样将区间限制在 $0 \leqslant n \leqslant N-1$，结果仍为 N 点序列。

(2) 循环卷积与线性卷积的结果是不同的，但循环卷积对应于 DFT，可以直接使用快速傅立叶运算 FFT。线性卷积如果使用 FFT 实现快速卷积，需要满足一定条件。

5.4.2 用 FFT 计算圆周卷积和周期卷积

1. 用 FFT 计算圆周卷积(循环卷积)

长度分别为 N_1、N_2 的两个序列 $x(n)$、$y(n)$ 可以使用 FFT 在频域直接求循环卷积，其原理如图 5-4-1 所示。

(1) 将两个序列补零，使其长度都为 $N = N_1 + N_2 - 1$。

(2) 根据时域离散圆周卷积定理：

$$z(n) = x(n) \; \text{Ⓝ} \; y(n) = \text{IDFT}[X(k)Y(k)] \tag{5.4.1}$$

先求出两个系列的 N 点频谱函数 $X(k)$、$Y(k)$。

(3) 对其乘积 $Z(k)$ 进行反变换，即可用 FFT 完成圆周(循环)卷积 $z(n)$，其长度为 N。

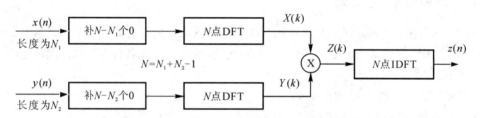

图 5-4-1 使用 FFT 在频域直接求其循环卷积

例 5-4-1 已知序列 $x_1 = [1,1,1,1]$ 和 $x_2 = [1,2,3,4,5]$，求其圆周卷积 $y(n) = x_1(n) \; \text{Ⓝ} \; x_2(n)$。

解 根据上述分析，得出 MATLAB 程序如下：

```
x1=[1, 1, 1, 1];
x2=[1, 2, 3, 4, 5];
N=length(x₁)+length(x₂)-1;
n=0:N-1;
X1=fft(x₁, N);
X2=fft(x₂, N);
Y=X1. * X₂;
y=ifft(Y, N);y
stem(n, y);
title('y(n)=IFFT(X1. * X2)');axis([-1, 6, 0, 15]);
```

程序运行结果如下：

```
y=  1.0000  3.0000  6.0000  10.0000  14.000012.0000  9.0000  5.0000
```

结果与例 4 - 4 - 1 相同。

2. 用 FFT 求周期卷积

求周期卷积时，同样可以先用傅立叶变换求出频谱函数，然后对两个频谱函数的乘积进行傅立叶反变换，求出周期卷积。

与循环卷积一样，周期卷积要求两个序列是长度相同的周期序列。将两个周期序列取主值，然后将主值序列补零，使其长度都为 $N = N_1 + N_2 - 1$，其他步骤与循环卷积一样。

例 5 - 4 - 2 用 FFT 求例 4 - 2 - 4 中两序列的周期卷积。

解 程序如下：

```
x1=[1, 1, 1, 1, 0, 0]; x2=[1, 2, 3, 4, 5, 0];
N=6; n=0:N-1;
X1=fft(x1, N); X2=fft(x2, N);
Y=X1. * X2; y=ifft(Y, N);y
subplot(311);stem(n, x1);title('x1=[1 1 1 1 0 0]');
axis([-1, 6, 0, 1.2]);
subplot(312);stem(n, x2);title('x2=[1 2 3 4 5 0]');
axis([-1, 6, 0, 5]);
subplot(313);stem(n, y);title('y(n)=IDFS(X1. * X2)');
axis([-1, 6, 0, 15]);
```

结果如下：

y= 10   8   6   10   14   12

结果与图 4 - 2 - 7 相同。

5.4.3 用 FFT 计算线性卷积

1. 用 FFT 计算线性卷积的条件和步骤

在实际应用中，为了分析时域离散线性非移变系统或者对序列进行滤波处理等，如果在时域分析离散线性非移变系统或对序列进行滤波处理等运算时，都需要计算两个序列的线性卷积，在大多数情况下循环卷积的运算速度要远远大于线性卷积，因此实际中一般用循环卷积取代线性卷积。与计算循环卷积一样，为了提高运算速度，也希望用 FFT 计算线性卷积。假设 $x(n)$ 和 $h(n)$ 都是有限长序列，长度分别是 M 和 N。它们的线性卷积和循环卷积分别表示如下：

$$y_1(n) = h(n) \otimes x(n) = \sum_{m=0}^{N-1} h(m)x(n-m) \tag{5.4.2}$$

$$y_c(n) = h(n) \, \text{Ⓛ} \, x(n) = \sum_{m=0}^{N-1} h(m)x((n-m))_L R_L(n) \tag{5.4.3}$$

其中，$L \geqslant \max[M, N]$，$x((n))_L = \sum_{i=-\infty}^{\infty} x(n-iL)$，所以

$$y_c(n) = \sum_{m=0}^{N-1} h(m) \sum_{i=-\infty}^{\infty} x(n-m+iL) R_L(n)$$

$$= \sum_{i=-\infty}^{\infty} \sum_{m=0}^{N-1} h(m)x(n+iL-m) R_L(n) \tag{5.4.4}$$

对照式(5.4.2)可以看出，式(5.4.4)中：

$$\sum_{m=0}^{N-1} h(m)x(n+iL-m) = y_1(n+iL)$$

所以

$$y_c(n) = \sum_{i=-\infty}^{\infty} y_l(n+iL) R_L(n) \qquad (5.4.5)$$

式(5.4.5)说明，$y_c(n)$ 等于 $y_l(n)$ 以 L 为周期的周期延拓序列的主值序列。我们知道，$y_l(n)$ 的长度为 $N+M-1$，因此只有当循环卷积长度 $L \geq N+M-1$ 时，$y_l(n)$ 以 L 为周期进行周期延拓时才无时域混叠现象，此时取其主值序列显然满足 $y_c(n) = y_l(n)$，由此证明了 FFT 也能用来计算线性卷积。

如果要用循环卷积取代线性卷积，则须满足下列条件：

$$L \geq N+M-1$$

即循环卷积的周期长度应大于或等于线性卷积的长度，否则将发生频谱混叠。

FFT 同样可以实现线性卷积，其条件是：两个序列都要补零，使长度为 $L=N+M-1$。

用 FFT 运算来求线性卷积 $x(n) \otimes h(n)$ 的步骤如下：

(1) 对序列 $x(n)$、$h(n)$ 补零，使长度 $L=N+M-1$，并且 $L=2^k$（k 为整数），即

$$x(n) = \begin{cases} x(n), & n=0, 1, \cdots, M-1 \\ 0 & n=M, M+1, \cdots, L-1 \end{cases}$$

$$h(n) = \begin{cases} h(n), & n=0, 1, \cdots, N-1 \\ 0 & n=N, N+1, \cdots, L-1 \end{cases}$$

(2) 用 FFT 计算 $x(n)$、$h(n)$ 的 L 点离散傅立叶变换

$$x(n) \xrightarrow{\text{FFT}} X(k), \quad h(n) \xrightarrow{\text{FFT}} H(k)$$

(3) 计算 $Y(k) = X(k)H(k)$。

(4) 用 IFFT 计算 $Y(k)$ 的 L 点离散傅立叶变换得

$$y(n) = x(n) \otimes h(n) = \text{IFFT}[Y(k)]$$

例 5 - 4 - 3　在例 2-2-1 中，已知 $\boldsymbol{x}=[1, 1, 1, 1, 1]$，$\boldsymbol{h}=[0.5, 0.5, 0.5, 0.5, 0.5, 0.5]$，用 FFT 求其线性卷积。

解　程序如下：

```
x=[1, 1, 1, 1, 1];h=[0.5, 0.5, 0.5, 0.5, 0.5, 0.5];
N=length(x)+length(h)-1;
n=0: N-1;
X=fft(x, N); H=fft(h, N);
Y=X. * H;
y=ifft(Y, N);
stem(n, y); axis([-5, 15, 0, 3]);
```

给出的卷积结果图形与图 2-2-7 相同，结果存放在数组 y 中。

用 FFT 可以实现线性卷积的快速卷积算法，但是在实际工作中，经常遇到两个序列长度相差很大的情况。例如，在实际中 $h(n)$ 是系统函数，其长度是有限的；而 $x(n)$ 往往是输入的信号，其长度是很长的，甚至会被认为是无限长。也就是说，当 $N_1 \gg N_2$ 时，若仍然选取 $N \geq N_1+N_2-1$，以 N 为卷积循环区间，势必使较短的序列 N_2 要补许多 0。运算时要求将序列全部输入后才能开始计算，这会导致存储量大、运算时间长，并且使处理的时延增大，不能实现实时处理。

　　显然在这种情况下要求实时处理时，套用上述方法是不行的，解决的方法是将长序列分段处理，方法有重叠相加法和重叠保留法两种。

2. 重叠相加法

　　重叠相加法是将待卷积的信号分割成长为 M 的若干段，每一段都可以和有限时宽单位取样响应作卷积，再将卷积后的各段重叠相加。

　　设 $h(n)$ 长度为 N，$x(n)$ 长度为无限长。将 $x(n)$ 等长分段，每段取 M 点，且与 N 尽量接近：

$$x(n) = \sum_{k=-\infty}^{\infty} x_k(n), \quad x_k(n) = x(n)R_M(n-kM)$$

　　$x(n)$ 与 $h(n)$ 的卷积为

$$y(n) = x(n) \otimes h(n) = h(n) \otimes \sum_{k=-\infty}^{\infty} x_k(n)$$

$$= \sum_{k=-\infty}^{\infty} \left[x_k(n) \otimes h(n) \right] = \sum_{k=-\infty}^{\infty} y_k(n) \tag{5.4.6}$$

式中，

$$y_k(n) = h(n) \otimes x_k(n) \tag{5.4.7}$$

　　式(5.4.6)说明，计算 $h(n)$ 与 $x(n)$ 的线性卷积时，可先计算分段线性卷积 $y_k(n) = h(n) \otimes x_k(n)$，然后把分段卷积结果叠加起来，如图 5-4-2 所示。每一分段卷积 $y_k(n)$ 的长度为 $N+M-1$，因此相邻分段卷积 $y_k(n)$ 与 $y_{k+1}(n)$ 有 $N-1$ 个点重叠，必须把重叠部分的 $y_k(n)$ 与 $y_{k+1}(n)$ 相加，才能得到正确的卷积序列 $y(n)$。

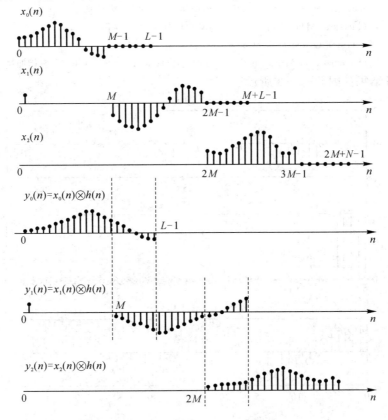

图 5-4-2　重叠相加法的卷积示意图

重叠相加法的步骤如下：

（1）将 $x(n)$ 等长分段得到 $x_k(n)$，每段取 M 点，且与 N 尽量接近。分别将 $x_k(n)$ 补零延长到 $L=M+N-1$，并计算长为 L 的 FFT，得到 $X_k(k)$。

（2）将 $h(n)$ 补零延长到 $L=M+N-1$，并计算长为 L 的 FFT，得到 $H(k)$。

（3）计算 $Y_k(k)=X_k(k)H(k)$，并求长为 L 的反变换，即 $y_k(n)=\text{IFFT}[Y_k(k)]$。

（4）将 $y_k(n)$ 的重叠部分相加，最后得到结果为 $y(n)=\sum\limits_{k=-\infty}^{\infty}y_k(n)$。

MATLAB 信号处理工具箱中提供了一个函数 fftfilt，该函数用重叠相加法实现线性卷积的计算。调用格式为

$$y=\text{fftfilt}(h, x, M)$$

式中，h 是系统单位脉冲响应向量；x 是输入序列向量；y 是系统的输出序列向量（h 与 x 的卷积结果）；M 是由用户选择的输入序列 x 的分段长度，缺省时 M=512。

例 5-4-4 已知 $h(n)=R_5(n)$，$x(n)=\left[\cos\left(\dfrac{\pi}{10}n\right)+\cos\left(\dfrac{2\pi}{5}n\right)\right]\varepsilon(n)$，试用重叠相加法计算 $y(n)=h(n)\otimes x(n)$，并画出 $h(n)$、$x(n)$ 和 $y(n)$ 的波形。

解 $h(n)$ 的长度为 $N=5$，设 $x(n)$ 的长度为 45，将 $x(n)$ 分成 9 段，每段长度为 $M=5$，计算 $h(n)$ 和 $x(n)$ 的线性卷积的 MATLAB 程序如下：

```
Lx=45；N=5；M=5；    %Lx 为信号序列 x(n)长度
hn=ones(1, N)；hn1=[hn zeros(1, Lx-N)]；
n=0：Lx-1；
xn=cos(pi*n/10)+cos(2*pi*n/5)；%产生 x(n)的 Lx 个样值
yn=fftfilt(hn, xn, M)；%调用 fftfilt 用重叠相加法计算卷积
subplot(311)；stem(n, xn)；title('x(n)')；
subplot(312)；stem(n, hn1)；title('h(n)')；subplot(313)；stem(n, yn)；title('重叠相加法计算卷积')；
```

程序运行结果如图 5-4-3 所示。

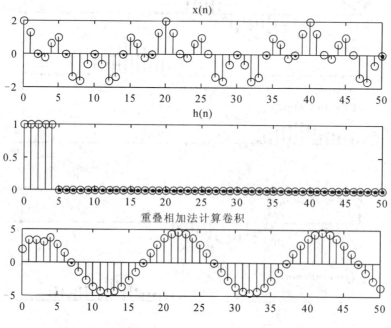

图 5-4-3 程序运行结果

3. 重叠保留法

重叠保留法与重叠相加法计算卷积的方法的不同之处是，序列补零处不补零，而是在每一段的前面补上前一段保留下来的 $N-1$ 个输入序列值，组成 $L=M+N-1$ 点的序列 $x_k(n)$，如图 $5-4-4$(a)所示，如果 $L=M+N-1$ 不是 2 的整数次幂，则可以补零使其为 2^m。

需要注意的是，这时用 FFT 计算 $h(n)$ 与 $x(n)$ 的循环卷积时，循环卷积前 $N-1$ 个点是错误的，必须舍去；而后边的 $L-(N-1)=L-N+1=M$ 个点是正确的，是线性卷积的一部分输出点。每段的 $x_k(n)$ 与 $h(n)$ 卷积结果 $y_k'(n)$ 如图 $5-4-4$(b)所示。

设序列 $h(n)$ 的长度为 N，则对长序列 $x(n)$ 的分段方法为

(1)在序列 $x(n)$ 前补 $N-1$ 个 0；

(2)对补零后的序列进行重叠分段，每段的长度为 L，与上一分段重叠 $N-1$ 个点。

若定义 $M=L-N+1$，则

$$x_0(n)\begin{cases} 0, & n=0,1,\cdots,N-2 \\ x(n-N+1), & n=(N-1)\text{或}L-M,\cdots,L-1 \end{cases} \qquad (5.4.8)$$

$$x_k(n)=\begin{cases} x(n+kL-N+1), & 0\leqslant n\leqslant L-1 \\ 0, & \text{其他} \end{cases} \qquad (5.4.9)$$

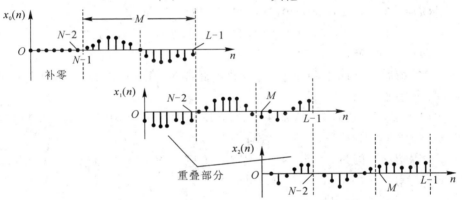

（a）重叠保留法信号的分段方法

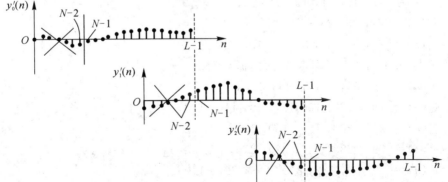

（b）重叠保留法各段保留的结果

图 $5-4-4$　重叠保留法示意图

重叠保留法的步骤如下：

(1) 将输入数据重叠分段为 L 点,将 N 点 $h(n)$ 补零为 L 点;

(2) 对每一段 $x_k(n)$,计算 L 点循环卷积 $y'_k(n)=h(n) \text{L} x_k(n)$;

(3) 每段循环卷积输出去掉前面 $N-1$ 点,只保留后面 M 点;

(4) 将每段 M 点输出拼接构成最终的线性卷积:

$$y_k(n)=y'_k(n+N-1), \quad n=0,1,\cdots,M-1 \tag{5.4.10}$$

$$y(n) = \sum_{k=0}^{\infty} y'_k(n), \quad n=0,1,\cdots,M-1 \tag{5.4.11}$$

例 5 - 4 - 5 设 $x(n)=2n+3, 0 \leqslant n \leqslant 16, h(n)=[1,2,3,4]$,对 $x(n)$ 分段,分别采用重叠相加法(DFT 长度为 10 点)和重叠保留法(DFT 长度为 7 点)计算线性卷积 $y(n)= h(n) \otimes x(n)$。

解 (1) 重叠相加法。

因为 $L=10$,所以 $M=L-N+1=7$,需要把 $x(n)$ 分成 3 段:

$$x_1(n)=[3,5,7,9,11,13,15]$$
$$x_2(n)=[17,19,21,23,25,27,29]$$
$$x_3(n)=[31,33,35,0,0,0,0]$$

利用 10 点 DFT 可得每一段与 $h(n)$ 的线性卷积:

$$y_1(n)=[3,11,26,50,70,90,110,\underline{113,97,60}]$$
$$y_2(n)=[17,53,110,190,210,230,250,\underline{239,195,116}]$$
$$y_3(n)=[31,95,194,293,237,140,0,0,0,0]$$

将 $y_k(n)$ 的最后 $N-1=3$ 项与 $y_{k+1}(n)$ 最开始的 $N-1=3$ 项对应重叠部分相加,得到对应的各项,最后输出为

$$y(n)=[3,11,26,50,70,90,110,130,150,170,190,210,230,250,270,$$
$$290,310,293,237,140]$$

(2) 重叠保留法。因为 $L=7, N=4$,所以 $M=L-N+1=4$,需要把 $x(n)$ 分成 5 段:

$$x_1(n)=[0,0,0,3,5,7,9]$$
$$x_2(n)=[5,7,9,11,13,15,17]$$
$$x_3(n)=[13,15,17,19,21,23,25]$$
$$x_4(n)=[21,23,25,27,29,31,33]$$
$$x_5(n)=[29,31,33,35,0,0,0]$$

利用 7 点 DFT 可得每一段与 $h(n)$ 的循环卷积:

$$y_1(n)=[\underline{59,55,36},3,11,26,50]$$
$$y_2(n)=[\underline{136,128,106},70,90,110,130]$$
$$y_3(n)=[\underline{216,208,186},150,170,190,210]$$
$$y_4(n)=[\underline{296,288,266},230,250,270,290]$$
$$y_5(n)=[\underline{29,89,182},310,293,237,140]$$

去掉每段的前 $N-1=3$ 个样本后,把结果拼接到一起,得到的输出为

$$y(n)=[3,11,26,50,70,90,110,130,150,170,190,210,230,250,270,$$
$$290,310,293,237,140]$$

练 习 与 思 考

5-1 思考题

(1) DFS、DFT、FFT 所代表的意义是什么？它们之间的关系是什么？

(2) 什么是"基 2"算法，请给出简单解释。

(3) 什么是同址计算，同址计算的优点是什么？

5-2 填空题

(1) 快速傅立叶变换是基于对离散傅立叶变换 _____ 和利用旋转因子 $e^{-j\frac{2\pi}{N}k}$ 的 _____ 来减少计算量，其特点是 _____、_____ 和 _____。

(2) N 点 FFT 的运算量大约是 _____。

(3) FFT 主要利用了 DFT 定义中的旋转因子 $W_N^n (n=0, 1, \cdots, N-1)$ 的周期性和对称性，通过将大点数的 DFT 运算转换为多个小数点的 DFT 运算，实现降低计算量。请写出 W_N 的周期性和对称性表达式 _____、_____。

5-3 当 $N=2^{20}$ 时，分别计算 DFT 和 FFT 所需要计算的复数乘法和复数加法各需要多少次？FFT 运算速度是 DFT 运算速度的多少倍？

5-4 如果一台计算机的速度为平均每次复乘需 100 μs，每次复加需 20 μs，计算 $N=1024$ 点的 DFT$[x(n)]$，问：(1) 需要多少时间？(2) 用 FFT 计算需要多少时间？

5-5 在"基 2"FFT 算法中，最后一级或开始一级运算的系数 $W_N^0=1$，即可以不作乘法运算，问可节省多少次乘法运算？所占百分比是多少？

5-6 已知长度为 4 的两个序列 $x(n)=(n+1)R_4(n)$，$h(n)=(4-n)R_4(n)$。

(1) 直接用线性卷积函数 conv() 求其线性卷积。

(2) 参考例 4-4-3，调用自定义的循环移位函数 cirshiftd() 和循环卷积函数 circonvt() 求其线性卷积。

(3) 用 FFT 求其线性卷积。

要求用 MATLAB 编程计算，对比计算结果。

5-7 推导 $N=16$ 时，"基 2"按时间抽取算法的 FFT，并绘制流图。

5-8 当 $N=2^M$ 时，"基 2"按时间抽取算法的 DIF-FFT，复数乘法和复数加法各需要多少次？共需要多少级分解？每级运算要计算的蝶形运算有多少个？

5-9 从 IDFT 定义可知：$x(n)=\text{IDFT}[X(k)]=\frac{1}{N}\{\text{DFT}[X^*(k)]\}^*$，试编写调用 FFT 函数求 IFFT 的程序。

5-10 已知 $x(n)=[0, 1, \cdots, 256]$，分别用 FFT 和 DFT 求其傅立叶变换，并比较其误差。

5-11 若 $x(n)=8 \cdot \left(\frac{1}{2}\right)^n$ 是一个 $N=20$ 的有限长序列，利用 FFT 计算它的频谱，并画出图形。

5-12 如果一台通用计算机的速度为平均每次复乘 5 μs，每次复加 0.5 μs，用它来计算 512 点的 DFT，问直接计算需要多少时间，用 FFT 运算需要多少时间？

5-13 已知线性序列 $x(n)=\delta(n+1)+2\delta(n)+\delta(n-1)$，$h(n)=0.5\delta(n+2)+0.5\delta(n+1)+0.5\delta(n)+0.5\delta(n-1)$，用 FFT 求卷积结果。

5-14 已知两序列 $x(n)=\begin{cases}0.9^n, & 0\leqslant n\leqslant 16 \\ 0, & \text{其他}\end{cases}$，$h(n)=\begin{cases}1, & 0\leqslant n\leqslant 8 \\ 0, & \text{其他}\end{cases}$，编写程序实现序列的线性卷积和 N 点循环卷积，并用 FFT 求卷积结果。

5-15 对于长度为 8 点的实序列 $x(n)$，如何利用长度为 4 点的 FFT 计算 $x(n)$ 的 8 点 DFT？写出其表达式，并画出简略流程图。

5-16 已知两个 N 点实序列 $x(n)$ 和 $y(n)$ 得 DFT 分别为 $X(k)$ 和 $Y(k)$，现在需要求出序列 $x(n)$ 和 $y(n)$，试用运算一次 N 点 IFFT 来实现。

5-17 已知长度为 $2N$ 的实序列 $x(n)$ 的 DFT $X(k)$ 的各个数值（$k=0,1,\cdots,2N-1$），现在需要由 $X(k)$ 计算 $x(n)$，为了提高效率，请设计用一次 N 点 IFFT 来完成。

5-18 已知 $X(k)$、$Y(k)$ 是两个 N 点实序列 $x(n)$、$y(n)$ 的 DFT 值，今需要从 $X(k)$、$Y(k)$ 求 $x(n)$、$y(n)$ 的值，为了提高运算效率，试用一个 N 点 IFFT 运算一次完成。

5-19 序列 $a(n)$ 为 $\{1,2,3\}$，序列 $b(n)$ 为 $\{3,2,1\}$。

（1）求线性卷积 $a(n)\otimes b(n)$。

（2）若用"基 2" FFT 的循环卷积法（快速卷积）来得到两个序列的线性卷积运算结果，FFT 至少应取多少点？

5-20 利用一个单位抽样响应点数 $N=50$ 的有限冲激响应滤波器来过滤一串很长的数据。要求利用重叠保留法通过快速傅立叶变换来实现这种滤波器，为了做到这一点，则：输入各段必须重叠 P 个抽样点；必须从每一段产生的输出中取出 Q 个抽样点，使这些从每一段得到的抽样连接在一起时，得到的序列就是所要求的滤波输出。假设输入的各段长度为 100 个抽样点，而离散傅立叶变换的长度为 128 点。进一步假设，圆周卷积的输出序列标号是从 $n=0$ 到 $n=127$，则

（1）求 P；

（2）求 Q；

（3）求取出来的 Q 个点的起点和终点的标号，即确定从圆周卷积的 128 点中要取出哪些点去和前一段的点衔接起来。

第 6 章

FFT 在确定性信号谱分析中的应用

对信号和系统进行分析研究、处理有时域和频域两类方法，两种方法之间存在一一对应关系，在许多情况下频域方法比时域处理方法更有优势。

数字谱分析就是利用数字方法求信号频谱的离散近似值。随着现代化技术的发展，信号分析与控制技术从模拟转向数字，从非实时转到实时分析与控制，对数据处理和运算速度提出了更高要求。FFT 算法的出现和超大规模集成电路技术的发展，满足了对大数据量和高速运算的要求。目前数字谱分析技术在许多工程技术领域已成为不可缺少的技术手段，广泛应用于通讯、控制、图像处理、音视频处理、雷达、声呐、生物医学、地球物理、航空航天等高科技领域。

表征物理现象的各种信号可分为离散信号和连续信号、确定性信号和随机信号。对于确定性信号，傅立叶变换是频率分析研究的理论基础。随机信号的分析有专门学科，本章只研究 FFT 在确定性信号（包括离散信号和连续信号）中的分析与应用。

FFT 是离散傅立叶变换的快速算法，可以将一个信号从时域变换到频域。有些信号在时域上是很难看出有什么特征的，但是如果变换到频域之后，就很容易看出频谱特征了，这就是很多信号分析采用 FFT 变换的原因。另外，FFT 可以将一个信号的频谱提取出来，这在频谱分析方面也是经常用的。

6.1 数字频谱分析的原理和方法

使用 DFT(FFT)分析处理离散信号非常方便，而使用 FFT 实现连续信号的分析是利用计算机对连续信号进行分析和处理的必然趋势和手段，特别是对于一些复杂信号、高速信号或要求实时处理的信号，可以充分发挥 FFT 高速计算的优势。

6.1.1 FFT 应用于频谱分析的思路

在前面章节内容中已经知道，在应用计算机进行信号处理时，可计算性是个问题，要求信号是离散、有限长的。从表 4-1 中可见只有第 4 种即离散傅立叶级数 DFS 可以满足计算机对离散周期信号进行处理的问题，离散周期信号的时域与频域函数都是离散信号。

DFT 理论解决了离散非周期信号的处理问题并可以应用于离散周期性信号，FFT 理论使 DFT 运算应用于实际工作成为可能，FFT 使高速、高效运算满足实时信号处理的要求，达到理论和实践的统一。如果将 FFT 应用于连续信号，则可以实现对所有确定性信号的分析。将 FFT 应用于连续信号，其思路是在时域和频域同时对信号采样，解决信号的离散问题；对信号加窗进行截断，解决信号的有限长度问题。

用计算机进行信号处理时，不可能对无限长的信号进行测量和运算，而是取其有限的时间片段进行分析，这个过程称为信号截断。为了便于数学处理，对截断信号做周期延拓，得到虚拟的无限长信号。周期延拓后的信号与真实信号是不同的，但是近似的，因此不可避免会出现各种误差，但是要采取各种措施使这些误差最小，使处理后的信号接近真实情况。

因此，在 FFT 应用中，需要考虑数字化问题和有限长度问题，即离散和截断。还应注意处理频谱混叠问题、频谱泄漏问题、栅栏效应问题和频谱分辨率问题等，从连续信号到离散信号的傅立叶变换过程如图 6-1-1 所示。

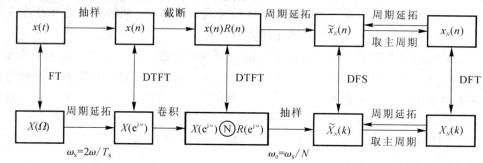

图 6-1-1 连续信号的傅立叶变换过程

1. 数据预处理

无论在时域或频域，计算机分析只能使用有限长、离散信号，因此首先要对数据进行预处理，包括防混叠滤波、离散（A/D）、截断等。然后进行周期延拓，获得近似的周期离散信号。最后取其主周期作为有限长离散信号就可以进行系统分析和 FFT 变换了。$x_a(t)$ 为一般连续信号，$x(t)$ 为经过限制最高频率的带限连续信号，数据预处理过程如图 6-1-2 所示。

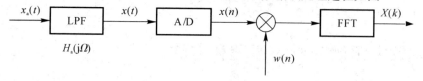

图 6-1-2 连续信号的数据预处理

（1）在连续域，当给定的信号频带很宽或无限宽时，必须从实际需要出发进行截断处理，将带宽限制在一定范围，并保证在此带宽内，从数字域分析的结果能满足对连续系统分析精度的要求。

前置滤波器 LPF（预滤波器）的引入，是为了消除或减少时域连续信号在转换成序列时可能出现的频谱混叠，所以该滤波器也称为"抗混叠滤波器"。该滤波器通常为低通滤波器（LPF），限定信号的最高频率，使之满足 A/D 变换时的 Nyquist 采样定理。

（2）在 DFT 的推导过程中我们知道，这是一个近似过程：首先是用离散采样信号的 DTFT，即 $X(e^{j\omega})$ 来近似连续信号 $x(t)$ 的傅氏变换 $X(j\Omega)$；其次是将 $x(n)$ 截短。

实际工作中，时域离散信号 $x(n)$ 的时域宽度是很长的，甚至是无限长的，如语音信号、音乐信号等。DFT 处理时，必须把 $x(n)$ 的长度限定在一定区间内，就是将 $x(n)$ 截短。这一过程等效于用一窗函数 $w(n)$ 与 $x(n)$ 相乘，一般用矩形窗即序列 $R_N(n)$ 与 $x(n)$ 相乘，其频域中是两个频谱函数的卷积，即 DTFT 为

$$X_N(e^{j\omega}) = DTFT[x(n)R_N(n)] = X(e^{j\omega}) \mathbin{\text{\small N}} R_N(e^{j\omega}) \tag{6.1.1}$$

式中，$R_N(e^{j\omega})$ 是 $R_N(n)$ 的 DTFT，可见 $X_N(e^{j\omega})$ 是 $X(e^{j\omega})$ 和矩形序列的频率响应 $R_N(e^{j\omega})$ 的 N 点卷积的结果；

（3）最后，对截短的信号利用 FFT 作离散傅立叶变换，等效于对 $X_N(e^{j\omega})$ 在频率轴上进行等间隔采样的结果。

2. 三种误差

用 DFT 逼近连续信号 $x(t)$ 频谱主要存在着以下三种误差：

（1）时间有限长连续信号。

如果连续信号 $x_a(t)$ 为时间有限长连续信号，其带宽即傅立叶变换 $X(j\Omega)$ 为无限长，其采样频率 f_s（或 Ω_s）不可能大于信号 $x(t)$ 的最高频率 f_h（或 Ω_h），所以会产生混频误差，即频谱的混叠。

（2）时间无限长连续信号。

如果连续信号 $x_a(t)$ 为时间无限长连续信号，其带宽即傅立叶变换 $X(j\Omega)$ 为有限长。

首先要对信号 $x_a(t)$ 进行截断处理，相当于乘以矩形窗函数 $R(t)$：

$$x(t) = x_a(t)R(t) \tag{6.1.2}$$

根据傅立叶变换的性质，时域相乘则相当于频域的卷积，由于矩形窗的频谱除主瓣外还有较大的旁瓣，会产生"吉布斯"现象，旁瓣泄漏，即出现截断误差。为减少泄漏，可选择不同的窗函数，用 $w(t)$ 表示。

（3）由于频谱的离散性，会出现栅栏效应。

6.1.2 吉布斯现象

1. 具有不连续点的周期函数的频谱

将具有不连续点的周期函数（如图 6-1-3 所示的连续周期矩形方波）进行傅立叶级数展开为

$$x(t) = \frac{1}{2} + \sum_{n=1}^{\infty} \frac{\sin(n\pi/2)}{n\pi/2} \cos(n\pi t)$$

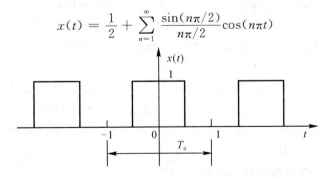

图 6-1-3 连续周期矩形方波信号

然后选取有限项进行合成，例如用 100 项的级数来逼近，编写 MATLAB 程序如下：

```
clear all;

t=-1:0.00001:1;  m=length(t);
```

```
f＝zeros(1, m);  y＝f＋0.5;
%对级数求和
for n＝1：100
    f＝((2 * sin(n * pi/2))/(n * pi)) * cos(n * pi * t);
    y＝y＋f;
end
plot(t, y) %绘制逼近的曲线
hold on;
z＝ones(1, m);  plot(t, z, ': ');  %画基准线
u＝1.09 * ones(1, m);  plot(t, u, ': '); %画最大超调量值线 hold on;
axis([－1, 1, －0.1, 1.2]); %调整坐标轴的显示
```

绘制出前 100 项合成的连续周期矩形方波信号曲线如图 6-1-4 所示。

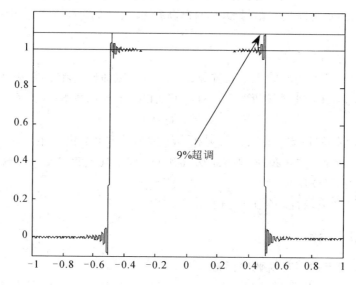

图 6-1-4 取前 100 项合成的连续周期矩形方波信号

对于存在跳跃间断点的周期信号，用傅立叶级数来还原信号时，级数不能一致收敛于原信号，只能是能量意义上的均方收敛。还原的信号在间断点的两边存在着起伏，当选取的项数很大时，该峰值趋于一个常数（大约等于总跳变值的 9％左右），这种现象称为"吉布斯"现象（Gibbs phenomenon，又叫"吉布斯"效应）。

增加选取的项数，会使起伏震荡变密（向间断点处压缩），但是离间断点最近的那个肩峰总是存在大约 9％的超调。选取的项数越多，在所合成的波形中出现的波峰越靠近原信号的不连续点，合成的信号与原信号之间的均方差越小，合成的信号越接近于原信号；当 $n \to \infty$ 时，合成的信号就等于原信号。

2. 没有不连续点的周期函数的频谱

对于没有不连续点的连续信号，例如三角波就不存在这个"超调"问题，其傅立叶级数在每一点都能一致收敛于原信号。在所取的项数不是很大时，就可以用傅里叶级数得到很好的逼近效果。例如，对于一个峰峰值为 2，周期为 2 的奇三角信号，将其展开为傅立叶级数：

$$x(t) = \sum_{n=1}^{\infty} \frac{8\sin(n\pi/2)}{(n\pi)^2} \sin(n\pi t)$$

参考上述 MATLAB 程序进行仿真，结果可以看到，随着项数的增加，三角波的傅立叶级数和越来越接近原信号了，在项数 $n=50$ 时已经基本看不出和原信号的差别，如图 6-1-5所示。

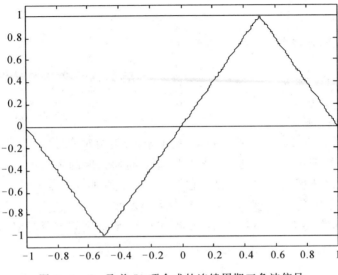

图 6-1-5 取前 50 项合成的连续周期三角波信号

6.1.3 DFT 参数的选择

DFT 运算时各参数的定义、选择原则如下。

1. 时域采样

T_s、f_s：时域抽样间隔、时域抽样频率。

T_0：时域周期(或叫信号记录长度，基频的一个周期)。

f_k：信号最高频率(k 次谐波)，没有谐波关系的用 f_h 表示。

f_m：频域内带宽截止频率。

根据采样定律选择 f_s、T_s：

·T_s：时域抽样间隔，

$$T_s = \frac{1}{f_s} \tag{6.1.3}$$

·f_s：时域抽样频率。

(1) 对于具有已知解析式的周期信号。

(A) 具有谐波关系：f_0 为基频，$T_0 = \dfrac{1}{f_0}$ 为基本周期，k 为最高次谐波，根据采样定律选择 f_s：

$$f_s \geqslant 2kf_0 = 2f_k \quad \text{或} \quad T_s \leqslant \frac{1}{2kf_0} = \frac{1}{2f_k} \tag{6.1.4}$$

为了避免时域采样点为 0 值，可选择：

$$f_s = (2k+1)f_0 = \frac{2k+1}{T_0} \tag{6.1.5}$$

（B）对于周期信号，无谐波关系，f_h 是最高频率：

$$f_s \geqslant 2f_h \quad \text{或} \quad T_s \leqslant \frac{1}{2f_h} \tag{6.1.6}$$

（2）对非周期信号，f_m 是带宽：

$$f_s \geqslant 2f_m \quad \text{或} \quad T_s \leqslant \frac{1}{2f_m} \tag{6.1.7}$$

2. 采样点数 N

采样点数由频率分辨率 f_0（或 Δf）确定：

$$N \geqslant n\frac{T_0}{T_s} = n\frac{f_s}{f_0} \tag{6.1.8}$$

一般可取 $n=1$，并取 2 的整数幂为 N 值。

3. DFT 的频率分辨率

DFT 的频谱分辨率 Δf（也可用频域取样间隔 f_0）是指对信号中两个靠的较近的频谱分量的识别能力，在周期信号中是基频，即时域基本周期长度的倒数；在非周期信号中是时域截止频率，即记录长度的倒数。因此，它仅决定于截取的连续信号的长度（连续信号的截止频率 f_0），在采样频率 f_s 不变时，通过改变采样点数 N 可以改变 DFT 的分辨率 Δf。

DFT 频率分辨率要满足 DFT 线谱间的距离（$2\pi/N$），则频率分辨率 Δf 为

$$\Delta f = f_0 = \frac{1}{T_0} = \frac{1}{NT_s} = \frac{f_s}{N} \tag{6.1.9}$$

（1）采样周期 T_s 固定时，增大 N 可以减小 Δf。

（2）当 N 固定时，增大 T_s，Δf 减小，但减小了高频成分的容量。

（3）对非周期信号，如果 f_m、Δf 固定，则

$$N \geqslant \frac{2f_m}{\Delta f} = \frac{f_s}{f_0} \tag{6.1.10}$$

DFT 频率分辨率体现的是频率成分的可视性的一种度量，看不见的并不意味着没有，因为 DFT 可视为 DTFT 的等间隔采样，反过来理解，DTFT 可由 DFT 通过内插的而恢复。由于内插是客观的过程，内插的结果唯一由样点决定，非抽样点的值尽管在 DFT 谱线中不存在，但并不意味着其频率成分信息丢失了。而对一个序列，如果在其后补零，DFT 的点数也会增加，可视的频率点增加了，但这并不意味着物理意义的分辨率提高了，因为新出现的频率点并不带来任何新的信息。所以，DFT 频率分辨率只与两个参数有关：采样频率 f_s（或 T_s）和有效数据长度 N。

4. 确定记录长度 L

记录长度 L（或 T_0）可由两参数 N 和 T_s 确定：

$$L = NT_s = \frac{N}{f_s} \tag{6.1.11}$$

L 为 $x(n)$ 的时间记录长度，由于周期信号在一个周期内包含了信号的全部信息，因此可以选择时域取样长度为基本周期的整数倍：在周期信号中一般取 $L = nT_0$。一般可取 $n = 1$，即 $L = T_0 = NT_s$，$N \geqslant T_0/T_s = (2k+1)$，并取 2 的整数次幂。

各频率之间的关系为

$$f_k = \frac{1}{NT_s}k, \quad \Omega_k = \frac{2\pi}{NT_s}k, \quad \omega_k = \frac{2\pi}{N}k \tag{6.1.12}$$

例 6 - 1 - 1 有一频谱分析用的 FFT 处理器，其取样点数为 2 的整数次幂，已给条件为：频率分辨率 $f_1 \leqslant 10$ Hz，信号最高频率 $f_h \leqslant 4$ kHz，试确定以下参量：

(1) 最小记录长度 T_0；

(2) 取样点最大时间间隔 T（即最小取样频率）；

(3) 在一个记录中的最少点数 N。

解 (1) 最小记录长度：$T_0 \geqslant \dfrac{1}{f_1} = \dfrac{1}{10} = 0.1$ s $= 100$ ms；

(2) 最大取样间隔：$T_s < \dfrac{1}{2f_h} = \dfrac{1}{2 \times 4000} = 0.125$ ms；

(3) 最小记录点数：$N > \dfrac{T_0}{T_s} = \dfrac{100}{0.125} = 800$；

因此，N 取大于 800 的 2 的整数次幂，$N = 1024$。

5. 连续正弦信号的采样

连续时间正弦信号是很重要的一种信号，不管是在理论研究上还是在信号处理的实际应用中，它都有着广泛的应用。例如，常用正弦信号加白噪声作为输入信号来研究某一实际系统或某一算法的性能。

设连续时间正弦信号为

$$x(t) = A\sin(\Omega_0 t + \varphi) = A\sin(2\pi f_0 t + \varphi)$$

由于这一正弦信号频谱为在 f_0 处的 δ 函数，因而对它的抽样就会遇到一些特殊问题。抽样定理要求抽样频率大于或等于信号最高频率的两倍，应用于正弦信号时要求抽样频率大于信号最高频率的两倍，不取等于两倍，原因如下：

(1) 当抽样频率 $f_s = 2f_0$ 时

· 当 $\varphi = 0$ 时，无法恢复原信号 $x(t)$。

· 当 $\varphi = \pi/2$ 时，可由 $x(n)$ 重建原信号。

· 当 φ 为已知，且 $0 < \varphi < \pi/2$ 时，则恢复的不是原信号，而是 $x'(t) = A\sin(\varphi)\cos(\Omega_0 t)$，但经过移位和幅度变换，仍可得到原信号。

· 当 φ 为未知时，则根本得不到原信号。

(2) 从式 $x'(t) = A\sin(\varphi)\cos(\Omega_0 t)$ 可以看出，由于 $x'(t)$ 有三个未知数 A、t、φ，只要保证在它的一个周期内均匀地抽得该三个未知数的样值，即可由 $x(n)$ 准确地重建 $x(t)$。

(3) 对离散周期的正弦信号作截断时，其截断长度必须为此周期信号周期的整数倍才不会产生离散频谱的泄漏。

(4) 正弦信号的抽样不宜补零，否则将产生频域泄漏。

例 6 - 1 - 2 对连续的单一频率周期信号 $x(t) = \sin(\Omega t)$，按采样频率 $f_s = 15f$ 采样，截取长度 N 分别选 $N = 2.5k$ 和 $N = 2k$，观察其 FFT 结果的幅度谱。

解 此时离散序列 $\omega = \dfrac{\Omega}{f_s} = \dfrac{2\pi f}{f_s} = \dfrac{2\pi}{15}$，即 $x(n) = \sin\left(\dfrac{2\pi}{15}n\right)$，$k = 15$。

用 MATLAB 计算并作图，函数 fft( ) 用于计算离散傅立叶变换 DFT，程序如下：

```
k=15;N1=2.5*k;N2=2*k;n1=[0:N1];
xa1=sin(2*pi*n1/k);
```

```
subplot(2，2，1)；stem(n1，xa1，′.′)；
xlabel(′( n )′)；ylabel(′x(n)′)；
title(′(a)正弦信号 N＝2.5＊k 时域波形′)；
xk1＝fft(xa1)；Xk1＝abs(xk1)；
subplot(2，2，2)；stem(n1，Xk1)；
xlabel(′( k )′)；ylabel(′X(k)′)；title(′(b) N＝2.5＊k 频谱′)；
n2＝[0：N2]；xa2＝sin(2＊pi＊n2/k)；
subplot(2，2，3)；stem(n2，xa2，′.′)；
xlabel(′( n )′)；ylabel(′x(n)′)；title(′(c)正弦信号 N＝2＊k 时域波形′)；
xk2＝fft(xa2)；    Xk2＝abs(xk2)；
subplot(2，2，4)；stem(n2，Xk2)；
xlabel(′( k )′)；ylabel(′X(k)′)；title(′(d) N＝2＊k 频谱′)；
```

计算结果示于图 6－1－6，(a)和(b)分别是 $N＝37.5$ 时的截取信号和 FFT 结果，由于截取了 2.5 个周期，频谱出现了泄漏；图 6－1－6(c)和(d)分别是 $N＝30$ 时的截取信号和 FFT 结果，由于截取了 2 个整周期，得到单一谱线的频谱。

上述频谱的误差主要是由于时域中对信号的非整周期截断产生的频谱泄漏。

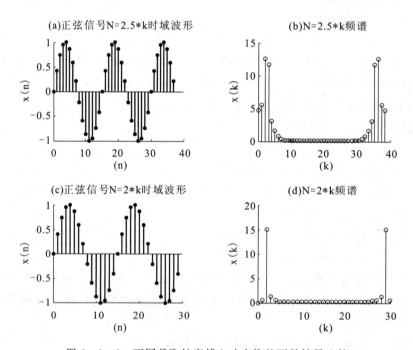

图 6－1－6　不同截取长度傅立叶变换的两种结果比较

6.1.4　用 FFT 进行谱分析的误差及其解决方案

在 DFT 的推导过程中我们知道，用 DFT 逼近实际的频谱函数是一个近似过程，中间要经历离散、截断等环节，下面讨论这一近似过程中出现的问题及其解决方案。

1. 混叠

采样序列的频谱是被采样模拟信号频谱的周期延拓，当采样频率不满足奈奎斯特采样

定理时，就会发生频谱的混叠，使得采样后的序列信号频谱不能真实地反映原信号的频谱。另外，从连续信号 $x_a(t)$ 本身来看，其傅立叶变换为 $X_a(j\Omega)$，若 $X_a(j\Omega)$ 是有限带宽的，且满足在 $|\Omega| \geqslant \Omega_s/2$ 时恒为零，那么 $X(e^{j\omega})$ 不会出现混叠，也即 $X(e^{j\omega})$ 的一个周期等于 $X_a(j\Omega)$。

在很多情况下可能无法预知信号的频率，也就无法保证满足 $|\Omega| \geqslant \Omega_s/2$ 这一条件，为了确保不发生混叠现象，常在模拟信号采样环节之前加一个模拟低通滤波器，限制信号的最高频率，保证满足 $|\Omega| \geqslant \Omega_s/2$，那么 $X(e^{j\omega})$ 就不会出现混叠，该滤波器称为"抗混叠滤波器"。

根据理论分析，频带宽度为有限的信号其时间必然是无限的，$x_a(t)$ 必定是无限长的信号，那么 $x(n)$ 也是无限长的。我们知道 FFT(或 DFT)只能用于计算有限长的信号，必须对 $x(n)$ 截短，但截短又带来了新的问题，即频谱"泄露"。

2. 频谱"泄露"

(1) 在实际问题中，遇到的离散时间序列 $x(n)$ 通常是时域无限长、频域带宽有限的序列，因而处理这个序列的时候需要将它截短。截短相当于将序列乘以窗函数 $\omega(n)$，而窗函数的时宽有限，其频带无限。根据频域卷积定理，时域中 $x(n)$ 和 $\omega(n)$ 相乘对应于频域中它们的离散傅立叶变换 $X(e^{j\omega})$ 和 $W(e^{j\omega})$ 的卷积。因此，$x(n)$ 截短后的频谱不同于它以前的频谱 $X(e^{j\omega})$，而是 $X(e^{j\omega})$ 和 $W(e^{j\omega})$ 的卷积。

(2) 如果时域或频域很长或是无限长时，需要进行截短处理，使之成为有限长或带限信号。

将连续信号或连续系统进行离散的前提是要求输入 $x(t)$、输出 $y(t)$ 和系统函数 $h(t)$ 的带宽都是有限的。否则，因无法满足抽样定理出现频谱混叠而使原始信息丢失，这样一来，从离散域还原到连续域时将发生畸变，使信号出现较大失真。

在连续域中，当给定的信号频带很宽或无限宽时，必须从实际需要出发，进行截短处理，将带宽限制在一定范围，并保证在此带宽内，从数字域分析的结果能满足对连续系统分析精度的要求。

从理论分析可知，

$$x(t)\omega(t) \overset{\text{DFT}}{\rightleftharpoons} \frac{1}{2\pi}[X(j\Omega) \otimes W(j\Omega)] \tag{6.1.13}$$

所以，截短后的信号由于窗函数频谱卷积出现"吉布斯"现象，使原信号频谱出现波动，频谱扩散导致功率泄漏，截短长度越短，泄漏误差也越大。

例如，对于频率为 f_0 的正弦序列，它的频谱应该只是在 f_0 处有离散谱。但是，在利用 DFT 求它的频谱进行了截短，结果使信号的频谱不只是在 f_0 处有离散谱，而是在以 f_0 为中心的频带范围内都有振荡的连续谱线出现，原来集中在 f_0 处的能量被分散到两个较宽的频带中去了，它们可以理解为是从 f_0 频率上"泄露"出去的，如图 6-1-7 所示。

这种长序列截短后造成的谱峰的下降、频谱的扩展现象称为频谱"泄露"或"功率泄漏"。截短长度越短，波动越厉害，频谱泄漏误差越大。正确选择 T、N 参数可以使误差减小，满足实际工程需要。

时域上乘窗函数相当于频域进行卷积。长度为无穷长的常数窗函数的频域为 delta 函数(δ 函数)，卷积后的结果和原来一样。如果是有限矩形窗，频域是 Sa 函数，旁瓣电平起伏大，与原频谱卷积后会产生较大的失真。

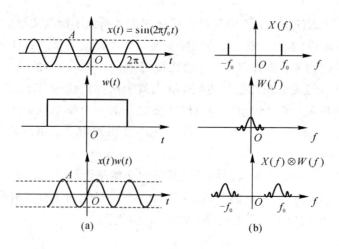

图 6-1-7　频谱"泄露"

窗的频谱越接近 δ 函数（主瓣越窄，旁瓣越小），频谱的还原度越高。理想的窗函数主瓣很窄，旁瓣衰减很快，常用的窗函数特点如下：

- 矩形窗：主瓣宽度为 $4\pi/N$，最大旁瓣为 -13 dB。
- 三角窗：主瓣宽度为 $8\pi/N$，最大旁瓣为 -26 dB。
- 汉宁窗：主瓣宽度为 $8\pi/N$，最大旁瓣为 -31 dB。
- 汉明窗：主瓣宽度为 $8\pi/N$，最大旁瓣为 -41 dB。
- Blackman 窗：主瓣宽度为 $12\pi/N$，最大旁瓣为 -57 dB。

可见，矩形窗的主瓣很窄，但是旁瓣衰减却很慢。hanning 窗、hamming 窗、blackman 窗等的旁瓣衰减有了明显的改进，但是主瓣却宽了很多，大概是矩形窗主瓣的二倍，blackman 窗的主瓣还要宽，这就造成了信号频谱的频率识别率低。

（3）周期信号加窗后进行 DFT、FFT 仍然有可能引起频谱泄露，设 f_s 为采样频率，N 为采样序列长度，DFT、FFT 分析频率为 mf_s/N（$m=0,1,2\cdots$）。以 cos 函数为例，设其频率为 f_0，如果 f_0 不等于 mf_s/N，就会引起除 f_0 以外的其他 mf_s/N 点为非零值，即出现了频谱"泄露"，而当选择 $N=m(f_s/f_0)$ 时，不会出现频谱"泄露"。

在例 6-1-2 中，$m=2$ 时没有泄漏，而 $m=2.5$ 时出现频谱泄漏。因此，为了减小频谱"泄露"的影响，可从两方面选择：

- 选择不同的窗函数，窗序列的长度应选择序列周期的整数倍。
- 尽量增加窗序列的长度，使窗函数频谱主瓣的宽度减小。增加采样长度可以分析出更多频率的信号，可以减少频谱泄露，不过增加采样长度就增加了运算量，必然会对数据处理的实时性造成影响。

3. 栅栏效应

DFT 是对单位圆上 Z 变换的均匀采样，所以它不可能将频谱视为一个连续函数，只有 N 个离散频谱值，用 DFT 来观察频谱就好像通过一个栅栏来观看一个景象一样，只能在离散点上看到真实的频谱，而其他频率点看不见，因此很可能使一部分有用的频率成分被漏掉，该现象被称为栅栏效应。

能量泄漏与栅栏效应的关系：

（1）频谱的离散取样造成了栅栏效应，谱峰越尖锐，产生误差的可能性就越大。例如，余弦信号的频谱为线谱。当信号频率与频谱离散取样点不等时，栅栏效应的误差为无穷大。

（2）实际应用中，由于信号截短的原因，产生了能量泄漏，即使信号频率与频谱离散取样点不相等，也能得到该频率分量的一个近似值。从这个意义上说，能量泄漏误差不完全是有害的。如果没有信号截短产生的能量泄漏，频谱离散取样造成的栅栏效应误差将是不能接受的。

（3）能量泄漏分主瓣泄漏和旁瓣泄漏，主瓣泄漏可以减小因栅栏效应带来的谱峰幅值估计误差，有其好的一面，而旁瓣泄漏则是完全有害的。

不管是时域采样还是频域采样，都有相应的栅栏效应。只是当时域采样满足采样定理时，栅栏效应不会有什么影响。而频域采样的栅栏效应则影响很大，挡住或丢失的频率成分有可能是重要的或具有特征的成分，使信号处理失去意义。频谱的间隔为

$$\Delta\Omega = \Omega_0 = \frac{2\pi}{T_s N} \tag{6.1.14}$$

可见，用提高采样间隔 T_s 也就是提高频率分辨力（减小频谱的间隔 $\Delta\Omega$）的方法可用来减小栅栏效应。

在采样周期 T_s 不变的情况下，在原序列的末端填补一些 0 值，从而增加 DFT 的点数 N，对 $X(k)$ 有插值的作用，使得谱线加密也可减小栅栏效应。同时，补零可以加宽窗函数，改善频谱泄漏问题。

间隔 $\Delta\Omega$ 越小，频率分辨力越高，被挡住或丢失的频率成分就会越少。但增加采样点数，会使计算工作量增加。

对于正弦波这一特殊的信号，只要采样频率和作 FFT 时数据点数选得合适，那么 $X_N(k)$ 完全等于 $X_a(j\Omega)$ 的采样。

4. 高密度频谱

当信号的时间域长度不变时，在频域内对它的频谱进行提高采样频率 f_s 的采样，结果得到密度更高的谱密度，就是高密度频谱。采用在原序列尾部补零的方法可以提高 DFT 频谱密度，但它只可以更细化当前分辨率下的频谱，克服栅栏效应，不能改变 DFT 的分辨率。

5. 高分辨率频谱

根据式（6.1.9）可知，在采样频率 f_s 不变时，通过改变采样点数 N 可以改变 DFT 的分辨率。增加 N 值，可以得到高分辨率频谱。

6. 补零对频谱的影响

进行补零只是增加了数据的长度，而不是原信号的长度。例如，原信号是一个周期的余弦信号，如果又给它补了 9 个周期长度的 0，那么信号并不是 10 个周期的余弦信号，而是一个周期的余弦加一串 0，补的 0 并没有带来新的信息。

其实补零等价于频域的 sinc 函数内插，而这个 sinc 函数的形状（主瓣宽度）是由补零前的信号长度决定的，补零的作用只是细化了这个 sinc 函数，并没有改变其主瓣宽度。而频率分辨率的含义是两个频率不同的信号在频率上可分辨，也就要求它们不能落到一个 sinc 函数的主瓣上。所以，如果待分析的两个信号频率接近，而时域长度又较短，那么在频域上它们就落在一个 sinc 主瓣内了，补再多的 0 也是无济于事的，只能增加频谱密度，而不能提高频谱分辨率。

6.1.5　离散谱的性质

以冲激序列 $h(n)$ 为例，称 $H(k)=H(kf_0)(k\in z)$ 为离散序列 $h(nT_s)(0\leqslant n<N)$ 的 DFT 离散谱，简称离散谱。

由 DFT 求出的离散谱具有下列性质：

（1） $H(k)=H(kf_0)(k\in z)$ 是离散的周期函数，简记为 $H(k)$。

根据 DFT 的定义，可以利用 FFT 对离散信号进行频谱分析和信号合成。经过 DFT 处理的离散频谱，在每个周期内有 N 个不同的幅值。仅在离散频率点 $f=kf_0$ 处存在冲激，强度为 a_k，其余各点为 0，$k=0,1,2\cdots N-1$。

（2）时域的离散时间间隔（或周期）与频域的周期（或离散间隔）互为倒数，如图 6-1-8 所示。

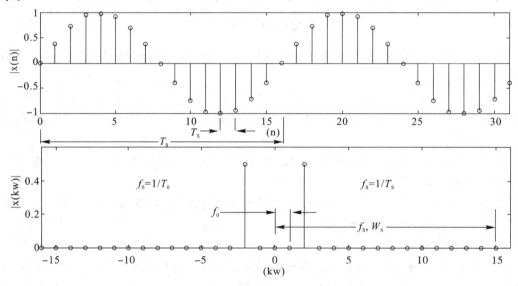

图 6-1-8　离散频谱

如果称离散谱经过 IDFT 所得到的序列为重建信号 $h(nT_s)(n\in z)$，简记为 $h(n)$，则重建信号是离散的周期函数。

（3）经 IDFT 重建信号的基频就是频域的离散间隔，或时域周期的倒数：

$$f_0=\frac{1}{T_0}=\frac{1}{NT_s}$$

（4）周期性。序列的 N 点的 DFT 离散谱是周期为 N 的序列。在时域和频域 $0\sim N$ 范围内的 N 点分别是各自的主值区间或主值周期。

（5）对称性。实序列的离散谱关于原点和 $\frac{N}{2}$（N 是偶数）是共轭对称和幅度对称的。因此，真正有用的频谱信息可以从 $0\sim\frac{N}{2}-1$ 范围获得，从低频到高频。

共轭对称性：如果 $h(nT_s)(0\leqslant n<N)$ 为实序列，则其 N 点的 DFT 关于原点和 $N/2$ 都具有共轭对称性，即 $H_{-k}=H_k^*$、$H_{N-k}=H_k^*$、$H_{\frac{N}{2}\pm k}=H_{\frac{N}{2}\mp k}^*$。

幅度对称性：如果 $x(nT_s)(0\leqslant n<N)$ 为实序列，则其 N 点的 DFT 关于原点和 $N/2$ 都

具有幅度对称性，即 $|H_k|=|H_{-k}|$、$|H_{N-k}|=|H_k|$、$|H_{\frac{N}{2}\pm k}|=|H_{\frac{N}{2}\mp k}|$。

6.2 离散信号的频谱分析

离散周期信号与离散非周期信号的频谱是不同的，要区别不同情况进行分别处理。

6.2.1 离散周期信号的频谱分析和信号合成

1. 离散周期信号的频谱分析

离散周期信号的频谱函数为

$$X(k\omega_0)=\frac{1}{N}\sum_{n=0}^{N-1}x(n)\mathrm{e}^{-\mathrm{j}\omega_0 nk}=\frac{1}{N}\sum_{n=0}^{N-1}x(n)\mathrm{e}^{-\mathrm{j}2\pi nk/N}=\frac{1}{N}X(k) \qquad (6.2.1)$$

其中，$\omega_0=\dfrac{2\pi}{N}$ 是频率分辨率，即数字域相邻谱线间的距离。由于该信号在时域和频域都是离散的和周期的，因此只要在一个周期内正确选择 N 就可以准确求得周期序列的频谱 $X(k)$ 和 $X(k\omega)$。

离散周期信号频谱分析的步骤如下：

(1) 确定离散周期序列的基本周期 N。

(2) 使用 fft() 函数作 N 点 FFT 变换，$\omega_0=\dfrac{2\pi}{N}$ 为基频的大小。

(3) $X(k\omega_0)=X(k)/N$。

例 6 - 2 - 1 已知一个周期序列 $x(n)=\cos(n\omega+\varphi)$，$\omega=\pi/8$，$\varphi=\pi/3$，用 FFT 分析其频谱。

解 (1) 确定离散周期序列的基本周期 N，因 $\omega=\pi/8=2\pi/16$，故 $N=16$。

(2) 作 N 点的 FFT 变换，程序如下：

```
N=16;
n=0:N-1;
xn=cos(pi/8 * n+pi/3);
subplot(311);
stem(n, xn);
title('输入信号');
axis([0, N-1, -1, 1]);
xlabel('( n )'); ylabel('|xn(w)|')
k=-N/2:N/2-1;
Xk=fft(xn, N);
Xkw=fftshift(Xk)/N;
subplot(312);
stem(k, abs(Xkw));
title('幅度响应');
axis([-N/2, N/2, 0, 0.6]);
xlabel('( k )'); ylabel('|X(kw)|')
phi=angle(Xkw);
```

```
subplot(313);
stem(k, phi);
hold on;
plot(k, phi, 'r:');
hold off;
xlabel('( k )'), ylabel('angle(X(kw))');
title('相位响应')
```

程序运行后，计算出频谱函数向量 $X(k)$ 如下，与理论分析结果相同，结果显示如图 6 - 2 - 1 所示。

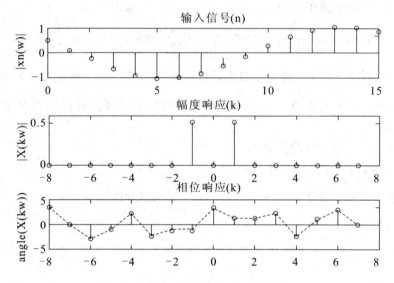

图 6 - 2 - 1　离散周期信号的频谱

X=	-0.0000	4.0000	$+6.9282i$	0.0000	$+0.0000i$	-0.0000	$+0.0000i$
	-0.0000	$-0.0000i$	0.0000	$+0.0000i$	-0.0000	$+0.0000i$ 0	-0.0000
	0	-0.0000	$-0.0000i$	0.0000	$-0.0000i$	-0.0000	$+0.0000i$
	-0.0000	$-0.0000i$	0.0000	$-0.0000i$	4.0000	$-6.9282i$	

2. 使用 IFFT 合成离散周期信号

频谱函数向量 $X(k)$ 包含了频谱的幅度和相位信息，使用 IFFT 可合成离散周期信号，程序如下：

```
N=16; n=0:N-1;
X =[ -0.0000        4.0000+6.9282i        0.0000+0.0000i        -0.0000+0.0000i
    -0.0000-0.0000i  0.0000+0.0000i        -0.0000+0.0000i       0-0.0000  0
    -0.0000-0.0000i  0.0000-0.0000i        -0.0000+0.0000i       -0.0000-0.0000i
    0.0000-0.0000i   4.0000-6.9282i];
x=ifft(X, N);
stem(n, x);
title('合成信号');
xlabel('( n )'), ylabel('x(n)')
```

程序运行后，计算出时域函数向量 $x(n)$，显示结果如图 6 - 2 - 2 所示，与原信号相同。

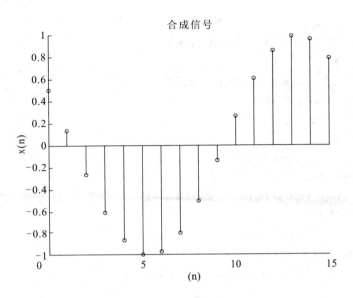

图 6 - 2 - 2　合成离散周期信号

例 6 - 2 - 2　给出一周期方波序列：

$$x(n) = \begin{cases} 1, & mN \leqslant n \leqslant mN+L-1 \\ 0, & mN+L \leqslant n \leqslant (m+1)N+L-1 \end{cases}$$

其中，$m = 0, \pm 1, \pm 2, \cdots$，$N$ 是基本周期，$-L/N$ 是占空比。

（1）确定一种用 L 与 N 描述的 $|\tilde{X}(k)|$ 的表达式。

（2）分别画出当 $L=5$、$N=16$，$L=5$、$N=64$，$L=8$、$N=64$ 时的图形，并对所得结果进行分析。

解　（1）该周期方波理论分析的频谱函数为

$$\tilde{X}(k) = \sum_{n=0}^{N-1} \tilde{x}(n) W_N^{nk} = \sum_{n=0}^{N-1} W_N^{nk} = \sum_{n=0}^{L-1} (\mathrm{e}^{-j2\pi k/N})^n = \begin{cases} \dfrac{\sin\left(\dfrac{L}{N}\pi k\right)}{\sin\left(\dfrac{1}{N}\pi k\right)} \mathrm{e}^{-j(L-1)\pi k/N}, & \text{其他} \\ L, \quad k = 0, \pm N, \pm 2N, \cdots \end{cases}$$

其幅度的表达式为

$$|\tilde{X}(k)| = \begin{cases} \dfrac{\sin\left(\dfrac{\pi k}{N}L\right)}{\sin\left(\dfrac{\pi k}{N}\right)}, & \text{其他} \\ L, \quad\quad k = 0, \pm N, \pm 2N, \cdots \end{cases}$$

（2）FFT 频谱分析程序如下：

```
L=5；N=16；
x=[ones(1, L), zeros(1, N−L)]；xn=x′ * ones(1, 3)；xn=(xn(:))′；
n=−N：1：2 * N−1；
subplot(2, 2, 1)；stem(n, xn, '.')；xlabel('n')；ylabel('x(n)')
title('x(n)')；axis([−N, 2 * N−1, −0.5, 1.5])
xn1=[ones(1, L), zeros(1, N−L)]；
```

```
Xk1＝fft(xn1, N);
magXk1 ＝ abs([Xk1(N/2+1:N) Xk1(1:N/2+1)]);
k=[-N/2:N/2];
subplot(2, 2, 2); stem(k, magXk1, '.');
xlabel('k'); ylabel('|X(k)|')
title('L=5, N=16');axis([-N/2, N/2, -0.5, 5.5])
L=5; N=64;
xn2=[ones(1, L), zeros(1, N-L)];
Xk2＝fft(xn2, N);
magXk2 ＝ abs([Xk2(N/2+1:N) Xk2(1:N/2+1)]);
k=[-N/2:N/2];
subplot(2, 2, 3);stem(k, magXk2, '.');
xlabel('k'); ylabel('|X(k)|')
title('L=5, N=64'); axis([-N/2, N/2, -0.5, 5.5])
%
L=9; N=64;
subplot(2, 2, 4);
xn3=[ones(1, L), zeros(1, N-L)]; Xk3＝fft(xn3, N);
magXk3 ＝ abs([Xk3(N/2+1:N) Xk3(1:N/2+1)]);
k=[-N/2:N/2];
stem(k, magXk3, '.'); xlabel('k'); ylabel('|X(k)|'); title('L=9, N=64');
```

程序运行结果如图 6-2-3 所示，从图中可以看到以下特点：
- 该方波的 FFT 系数的包络类似于 Sinc 函数。
- $k=0$ 时的幅度等于 L，同时函数的零点位于 N/L（占空比的倒数）的整数倍处。
- 在图中，有左右关于 0 对称的 $L/2$ 个波峰、$N/2$ 条谱线。
- 如果 $L=5$ 不变，N 变大（$N=64$，即在序列后面填 0，但有效信息没有增加），则函数形状不变，只是谱线增加、包络更平滑，即获得了一个高密度谱。

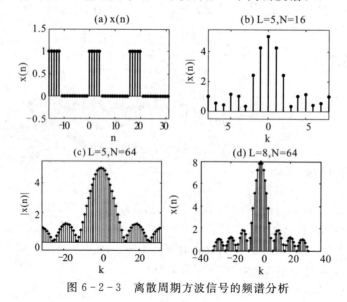

图 6-2-3　离散周期方波信号的频谱分析

• 如果 N 不变、L 变大($L=8$，即增加了原始数据长度），则变换后的形状会发生变化，主瓣变窄，可获得更高的分辨率。

• 当 $L=5$、$N=10$ 时，与例 $4-2-2$ 中用 DFS 分析结果相同。

6.2.2　离散非周期信号的频谱分析和信号合成

根据式(4.1.5)有

$$\begin{cases} x(n) = \dfrac{1}{2\pi}\displaystyle\int_{-\pi}^{\pi} X(\mathrm{e}^{\mathrm{j}\omega})\mathrm{e}^{\mathrm{j}\omega n}\,\mathrm{d}\omega \\ X(\mathrm{e}^{\mathrm{j}\omega}) = \displaystyle\sum_{n=-\infty}^{\infty} x(n)\mathrm{e}^{-\mathrm{j}\omega n} \end{cases}$$

由于离散非周期信号的频谱信号是周期、连续的，因此要进行离散才能利用 FFT 进行分析和合成。在数字域将数字频率 $\omega = k\omega_0 = k\dfrac{2\pi}{N}$ 进行离散化，求得频谱样值为

$$X(\mathrm{e}^{\mathrm{j}\omega})\mid_{\omega = k\frac{2\pi}{N}} = \sum_{n=-\infty}^{\infty} x(n)\mathrm{e}^{-\mathrm{j}\frac{2\pi}{N}kn} = \mathrm{DFT}[x(n)] = X(k)$$

1. 有限长序列

当序列长度有限时，正确选择 N 就可以准确求得非周期序列的频谱 $X(k)=X(\mathrm{e}^{\mathrm{j}\omega})$。

(1) 确定序列 $x(n)$ 的长度 $L=2M+1$。

(2) 对频域取样，根据频域取样定理，频域取样间隔限定为 $f_1 \leqslant 1/L$，L 为 $x(t)$ 的时间记录长度。为使时域信号不产生混叠，确定 FFT 长度时，必须取 $N \geqslant L$。

(3) 对信号进行 N 点 FFT 运算，求出频谱函数 $X(k)$，频率分辨率为 $\omega_0 = \dfrac{2\pi}{N}$。

例 6-2-3　已知一个有限长序列 $x(n)=\begin{cases} 1, & -M \leqslant n \leqslant M \\ 0, & 其他 \end{cases}$，$M=4$，用 FFT 分析频谱，并用 IFFT 进行逆运算合成 $x(n)$。

解　(1) 序列 $x(n)$ 的长度 $L=2M+1=9$，如果是无限长序列，要根据能量分布进行截断处理。

(2) 为使时域信号不产生混叠，确定 FFT 长度时，必须取 $N \geqslant L=9$。即 $N=16$、32、64、……，为了更清楚地看清频谱分布，取 $N=64$。

(3) 对信号进行 N 点 FFT 运算，求出频谱函数 $X(\mathrm{e}^{\mathrm{j}\omega})$，$\omega = k\dfrac{2\pi}{N}$。

(4) 用 IFFT 进行逆运算合成 $x(n)$，程序如下：

```
clear all;
M=4;N =64;L=2*M+1;n = -N/2:(N/2-1);w = 2*pi*n/N;
x=[ones(1, M+1), zeros(1, N-L), ones(1, M)];
subplot(3, 1, 1);stem(n, fftshift(x)); ylabel('x(n)');xlabel('( n )');
X=fft(x, N);
subplot(3, 1, 2);stem(w, fftshift(X), '.');ylabel('X(w)');xlabel('( w )');
xn=ifft(X, N);
subplot(3, 1, 3);stem(n, fftshift(xn)); title('合成 x(n)');xlabel('( n )');
```

程序运行结果如图 $6-2-4$ 所示。

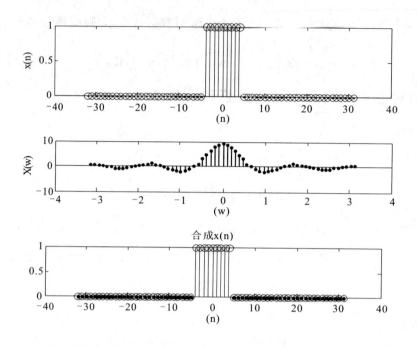

图 6-2-4　离散非周期信号 $R(n)$ 的频谱分析

2. 无限长序列

当序列为无限长时，需要截断处理，会产生频谱泄漏误差和频谱混叠误差，所得结果只能是近似的，只要把误差控制在一定范围内，满足工程需要即可。

(1) 确定序列 $x(n)$ 的长度 L，对于无限长序列，要根据能量分布进行截断处理。

(2) 为使时域信号不产生混叠，确定 FFT 长度时，必须取 $N \geqslant L$。

(3) 对信号进行 N 点 FFT 运算，求出频谱函数 $X(k)$，频率分辨率为 $\omega_0 = \dfrac{2\pi}{N}$。

例 6-2-4　已知一个有限长序列 $x(n) = 0.8^n \varepsilon(n)$，用 FFT 分析频谱。

解　(1) 用下列程序求出能量：

```
>>  syms n
>> digits(5)
>> R=symsum((0.8^n)^2, 0, inf);
>> vpa(R)
ans =2.7778
```

即 $E = \displaystyle\sum_{n=0}^{\infty} |x(n)|^2 = \dfrac{1}{1-0.8^2} = 2.7778$

(2) 序列是无限长，要根据能量分布进行截断处理，用下列程序求出截断所需长度：

```
>> L=input('input:L=? -> ');
>> vpa(symsum((0.8^n)^2, 0, L)/2.7778)
input:L=? -> 10
ans=0.99261
```

截取序列 $x(n)$ 的长度 $L=10$ 时，占总能量的 99.26%。

(3) 对信号进行 $N=10$ 点 FFT 运算，求出频谱函数 $X(k)$，并与实际的频谱函数

$X(e^{jω}) = \dfrac{1}{1-0.8e^{-jω}}$ 比较，$ω = k\dfrac{2π}{N}$。

```
clear all;
N=10; n = 0：(N−1); w = 2 * pi * n/N;
x=(0.8).^n;
X=fft(x, N); magX = abs(X);
X0=1./(1−0.8 * exp(−j * w));
subplot(2, 1, 1); stem(n, x); ylabel('x(n)'); xlabel('( n )');
subplot(2, 1, 2); plot(w, abs(X), '.', w, abs(X0), '−'); ylabel('X(w)'); xlabel('( w )');
```

程序运行结果如图 6-2-5 所示。$N=10$，求出频谱函数 $X(k)$（样点），与实际的频谱函数（实线）并不重合，这是由于信号被截断时产生了频谱泄漏。当序列 $x(n)$ 的长度 $L=20$ 时，占总能量的 99.99%，当 $N≥L=20$ 时两者可以很好重合。

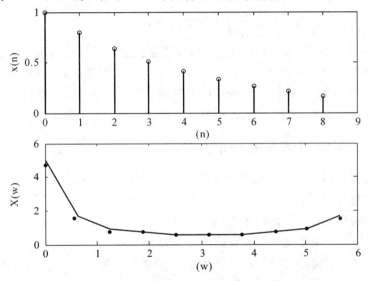

图 6-2-5　$L=10$ 时离散非周期信号的频谱分析

6.3　连续非周期信号的频谱分析

连续信号的频谱计算和分析在"信号与系统"类课程中介绍了直接积分法，该方法的优点是通过积分可以得到闭合的解析式，频谱图可以精确画出。但是在实际工作中，大多数复杂信号、测量得到的信号以及需要实时处理的信号，都不能用此方法完成，而需要采用计算机辅助处理，FFT 算法为计算机实时处理各种信号提供了可能性。FFT 解决了使用计算机对于离散信号的问题分析，对于时域或频域是连续信号时，也可以使用 FFT。利用 FFT 用计算机对连续信号进行频谱分析是数字信号处理技术的一个重要的应用方面。

6.3.1　连续非周期信号的频谱分析

由于非周期信号 $x(t)$ 和频谱信号 $X(jΩ)$ 均是连续的，所以在用数学方法计算、分析时，都需要进行离散处理。对于时域与频域均为无限长的非周期信号、时域与频域均为有限长的非周期信号(有限长、带限信号)处理方法有所不同。

连续非周期信号的傅立叶变换关系为

$$\begin{cases} x(t) = \dfrac{1}{2\pi} \displaystyle\int_{-\infty}^{\infty} X(j\Omega) e^{j\Omega t} d\Omega \\[3mm] X(j\Omega) = \displaystyle\int_{-\infty}^{\infty} x(t) e^{-j\Omega t} dt \end{cases} \tag{6.3.1}$$

为了实现 FFT 分析，对截取的信号(截取长度为 L)，令 $\omega = k\Omega$ 采样，则 $\omega = k\Omega = k\dfrac{2\pi}{NT_s}$，令 $t = nT_s$、$L = NT_s$、$\displaystyle\int_0^L \rightarrow \sum_{k=0}^{N-1}$、$dt \rightarrow T_s$，代入式(6.3.1) 得

$$X(j\omega) \mid_{\omega = k\frac{2\pi}{NT_s}} = \sum_{n=0}^{N-1} x(n) e^{-j\frac{2\pi}{N} kn} T_s = T_s \mathrm{DFT}[x(n)] = T_s X(k)，即$$

$$\begin{cases} X(\omega) = T_s \mathrm{DFT}[x(n)] = T_s X(k) \\[2mm] x(n) = \dfrac{1}{T_s} \mathrm{IDFT}[X(k)] \end{cases} \tag{6.3.2}$$

式中，$x(n)$ 是 $x(t)$ 的采样，$X(k)$ 是 $x(t)$ 的连续谱 $X(j\Omega)$ 离散后的近似值 $X(\omega)$ 的 $1/T_s$。

一个模拟信号经过采样和 ADC 之后，就变成了数字信号。采样得到的数字信号就可以进行系统分析和 FFT 变换了。N 个采样点经过 FFT 之后，就可以得到 N 个点的 FFT 结果。为了方便进行 FFT 运算，通常 N 取 2 的整数次方，即 2^n 次。

6.3.2　有限长非周期信号的频谱分析

对于一个有限长信号 $x(t)$，可利用 FFT 算法求它的振幅频谱、相位频谱和功率谱。求解步骤和参数的选择如下：

(1) 由于时域有限长，设 $x(t)$ 的长度 L 为 $L = T_0$。

(2) 如果频域为有限带宽，设频域截止频率为 ω_m。

如果频域无限长，确定频域截取的宽度 ω_m，使频谱函数在 $(-\omega_m, \omega_m)$ 区间所占能量在 95% 以上。根据式(6.1.7)可知，频域取样间隔限定为 $T_1 \leqslant \pi/\omega_m$。

(3) 确定 FFT 点数 N：$N \geqslant T_0/T_1$，N 应取 2 的整数次幂。

(4) 准备数据，使用 FFT 作 N 点计算，求出频谱 $X(k)$，即可求出连续非周期信号 $x(t)$ 的频谱 $X(\omega) = T_s X(k)$。

6.3.3　时域与频域均为无限长的非周期信号频谱分析

若信号波形无限长或频谱无限宽，就需要进行截短处理，其结果必然带来混叠误差与泄漏误差，所以式(6.3.2)求出的频谱是 $X(\omega)$ 样点的近似值。

只有在恰当选取时域取样间隔 T_s、时域长度 L(或时域样点数 M)和频谱样点数 N 时，才会使误差最小，达到满意的效果。否则，会因误差超出工程允许的范围，导致错误结果的发生。

对于一个时域与频域均为无限长的信号 $x(t)$，利用 FFT 算法求它的振幅频谱、相位频谱和功率谱的步骤和参数选择如下：

(1) 确定时域截取的长度 L(或窗函数的点数 M)。时域截取的长度 L 要占能量 95% 以上，由该长度确定时域截止时间 T_0。

(2) 确定频域截取的宽度 ω_m，使频谱函数在 $(-\omega_m, \omega_m)$ 区间要占能量 95% 以上。

(3) 根据频域内截止频率为 ω_m，频域取样间隔限定为 $T_1 \leqslant \pi/\omega_m$。

(4) 确定频域取样点数 N，N 必须满足 $N \geqslant T_0/T_1$，N 取 2 的整数次幂。或 N 由截止频率与频率分辨率确定：$f_s \geqslant 2/T_0$，$N \geqslant f_s/\Delta f$，并取 2 的整数幂。

(5) 确定 N 后得 $T_s = \dfrac{T_0}{N}$。

使用 FFT 作 N 点计算，求出频谱 $X(k)$，即可求出连续非周期信号 $x(t)$ 的频谱 $X(\omega)$：
$$X(\omega)\big|_{\omega = k \cdot 2\pi/N} = T_s X(k)$$

例 6 - 3 - 1 对信号 $x(t) = \mathrm{e}^{-t}(t \geqslant 0)$ 进行频谱分析。

解 (1) 确定时域信号长度。

该信号的时域为无限长，确定时域截取的长度 L 要占能量 95% 以上。该信号的能量为
$$E = \int_{-\infty}^{\infty} |x(t)|^2 \mathrm{d}t = \int_{-\infty}^{\infty} \mathrm{e}^{-2t} \mathrm{d}t = 0.5$$

根据信号表达式，选择不同的 T_0 值计算能量，最后确定 T_0。

程序如下：

```
t＝input('input:T0=? -> ');
t0＝0;
f＝ @(t)(abs(exp(-t))).^2;
t_power＝quad(f, t0, t)
input:T0=? -> 4
t_power＝0.4998
```

根据计算结果可知，L 在 $[0, T_0 \geqslant 4]$ 内，信号所包含的信号能量为 0.4998，非常接近总能量，因此选择 $T_0 = 5$。

(2) 确定频域信号长度。

该信号的频域为无限宽，确定频域截取的宽度 $(-\omega_m, \omega_m)$ 要占能量 95% 以上。该信号的频谱函数为 $X(\omega) = \dfrac{1}{1 + \mathrm{i}\omega}$。

用下列自定义函数计算频谱函数的能量：

```
function X＝powerw(w)
X＝(abs(1./(1+i.*w))).^2;
```

运行下列程序计算频谱函数的能量：

```
wm＝input('input:wm=? -> ');
w_power＝quad(@powerw, -wm, wm)/(2 * pi)
w_p＝w_power/0.5
input:wm=? -> 15
w_power ＝ 0.4788
w_p ＝ 0.9576,
```

可见当 $\omega_m = 15$ 时，其频谱能量占总能量的 95.76% 以上。

(3) 频域取样间隔限定为 $T_1 \leqslant \dfrac{\pi}{\omega_m} = 0.2093$。

(4) 确定 FFT 点数 N：

$N \geqslant T_0/T_1 = 5/0.2093 = 23.889$，由于 N 应取 2 的整数次幂，因此取 $N=32$。

运行下列程序进行频谱分析：

```
N=32;T0=5;Ts=T0/N;
n=[-N/2:N/2-1];t=0:Ts:T0;
w=n*(2*pi)/(Ts*N);
xa1=exp(-t);X=1./(1+i.*w);
xkw=fft(xa1,N)*Ts;Xkw=abs(xkw);
subplot(2,1,1);plot(t,xa1);
xlabel('(t)');ylabel('x(t)');
title('(a) 连续信号 x(t)=exp(-t)时域波形');
subplot(2,1,2);plot(w,fftshift(Xkw),'--',w,abs(X),'r-');
xlabel('(k,w)');ylabel('|X(kw)|,|X(w)|');title('(b) 频谱函数');
axis([-20,20,0,1.2]);legend('|X(kw)|','|X(w)|')
```

程序运行结果如图 6-3-1 所示。在图 6-3-1(b)中理论分析结果(实线)与 FFT 分析结果(虚线)相吻合。

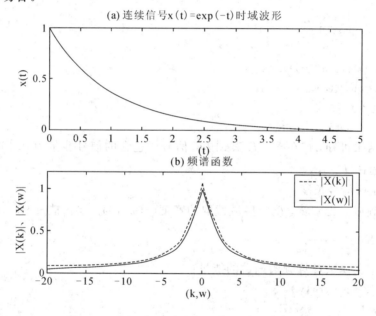

图 6-3-1　无限长的非周期信号频谱分析结果

对离散信号进行频谱分析时，数据样本应有足够的长度，一般 FFT 程序中所用数据点数与原来含有的信号数据点数相同，这样的频谱图具有较高的质量，可减小因补零或截断而产生的影响。

6.4　连续周期信号的频谱分析

如果一个连续信号是周期性的，它的长度一定是无限的，计算出的频谱将不会收敛，但是周期信号的一个周期已经包含了所有信息，只取其中的一个周期计算即可。

6.4.1 连续周期信号的傅立叶变换

连续周期信号的傅立叶变换关系如下：

$$\begin{cases} x(t) = \sum_{n=-\infty}^{\infty} X(n\omega_0)\, e^{jn\omega_0 t} \\ X(n\omega_0) = \dfrac{1}{T_0} \displaystyle\int_{-T_0/2}^{T_0/2} x(t)\, e^{-jn\omega_0 t}\, dt \end{cases}, \quad \omega_0 = 2\pi f_0 = \frac{2\pi}{T_0} \tag{6.4.1}$$

其中，f_0、ω_0 是基频频率，连续周期信号 $x(t)$ 的频谱 $X(n\omega_0)$ 是非周期的离散谱，在严格满足采样定理并恰当选取 T_s 和 N 值的情况下，可以使 DFT(FFT)所求得的离散谱精确等于原连续信号的离散谱 $X(n\omega_0)$。否则，T_s 和 N 值选取不合适时，只能是近似于原连续信号的离散谱 $X(n\omega_0)$。

FFT 主要用于离散信号的快速傅立叶变换，连续周期信号使用 FFT 时，要进行取样使之离散。当按取样周期 T_s 均匀取样、每周期取 N 点时，$t = nT_s$、$T_0 = NT_s$、$dt \to T_s$、$\int_0^{T_0} \to \sum_{k=0}^{N-1}$ 代入(6.4.1)式得：

$$\begin{aligned} X(n\omega_0) &= \frac{1}{T_0} \int_{-T_0/2}^{T_0/2} x(t)\, e^{-jn\omega_0 t}\, dt = \frac{1}{N} \sum_{k=0}^{N-1} x(n)\, e^{-j2\pi kn/N} \\ &= \frac{1}{N} \mathrm{DFT}[x(n)] = \frac{1}{N} X(k) \end{aligned} \tag{6.4.2}$$

求出一个周期内的频谱函数 $X(k)$，即可求出连续周期信号 $x(t)$ 的频谱 $X(n\omega_0)$。

6.4.2 连续周期信号具有有限宽度的频谱

1. 有谐波的连续周期信号频谱

有谐波的连续周期信号频谱可以根据基本周期和最高次谐波确定采样频率，求解步骤如下：

(1) 确定基本周期 T_0 或 f_0。

(2) 确定一个周期内的取样点数 N。根据信号中的最高次谐波 kf_0 选择 N：

$$N \geqslant 2k+1 \tag{6.4.3}$$

由于 FFT 一般使用基 2 算法，因此 N 取 2 的整数次幂。

(3) 确定采样间隔 T_s：

$$T_s = \frac{T_0}{N} \tag{6.4.4}$$

(4) 确定记录长度：

$$L = NT_s = T_0 \tag{6.4.5}$$

(5) 对连续周期信号取样：

$$t = 0 : T_s : L$$

使用 FFT 代替 DFT 作 N 点计算，求出一个周期内的频谱函数 $X(n)$，即可求出连续周期信号 $x(t)$ 的频谱 $X(n\omega_0) = X(k)/N$。

例 6-4-1 已知信号 $x(t) = 2 + \sin(\omega t) - 2\cos(2\omega t) + 3\sin(4\omega t)$，$f = 100$，求其频谱

函数。

解：该信号有谐波，信号的最高次谐波 $k=4$，$f_s=(2k+1)f_0=9f$，$N\geqslant2k+1=9$，并取 2 的整数次幂，$N=16$，$T_s=1/f_s$。

> f＝100；w＝2*pi*f；T0＝1/f；
>
> N＝16； Ts＝T0/N；
>
> t＝0：Ts：T0；
>
> x＝2＋sin(w*t)−2*cos(2*w*t)＋3*sin(4*w*t)；
>
> f＝(−N/2：N/2−1)/Ts/N；
>
> Xw＝fft(x, N)/N；
>
> mag＝abs(fftshift(Xw))；
>
> subplot(211)；stem(f, mag)；
>
> xlabel('(Hz)')；ylabel('abs(X)')；title('连续周期信号频谱')；grid；
>
> subplot(212)；stem(f, angle(X))；
>
> xlabel('(Hz)')；ylabel('angle(X)')；title('相位')；grid；

频谱分析结果如图 6-4-1 所示，除了直流分量（$N=0$，幅度为 2）之外，各频率分量的幅度是对应分量正负频率之和，与实际情况相符合。

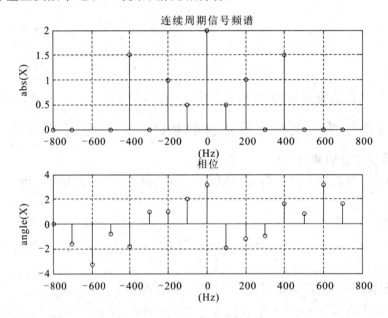

图 6-4-1 连续周期信号的幅频特性和相位

2. 没有谐波的连续周期信号频谱

没有谐波的连续周期信号频谱无法确定基本周期，要根据信号中的最高频率成分确定采样频率。求解步骤如下：

（1）根据式（6.1.6）可知，由信号中的最高频率成分 f_h 选择 f_s：$f_s\geqslant2f_h$。

（2）根据式（6.1.8）可知，由频率分辨率 Δf 确定一个周期内的取样点数。根据 f_s 和频率分辨率 Δf 选择 N：$N\geqslant f_s/\Delta f$。由于 FFT 一般使用基 2 算法，因此 N 取 2 的整数次幂。

（3）确定 N 后，确定取样间隔：$T_s=\dfrac{1}{N\Delta f}$。

（4）确定记录长度：$L = NT_s = 1/\Delta f$。

（5）对连续周期信号取样：$t = 0 : T_s : L$。

使用 FFT 代替 DFT 作 N 点计算，求出一个周期内的频谱函数 $X(n)$，即可求出连续周期信号 $x(t)$ 的频谱 $X(n\omega_0) = X(n)/N$。也可以与离散周期序列一样，根据信号的周期求出 N。

例 6 - 4 - 2 已知一个连续周期信号，它含有 2 V 的直流分量，基频为 50 Hz、相位为 -30 度、幅度为 3 V 的交流信号和一个频率为 75 Hz、相位为 $90°$、幅度为 1.5 V 的交流信号，求其频谱。

解 用数学表达式表示如下：

$$x(t) = 2 + 1.5\sin(\omega_1 t + \varphi_1) + 3\sin(\omega_2 t + \varphi_2), \quad f_2 = 50 \text{ Hz}, \quad f_1 = 75 \text{ Hz}$$

式中，sin 参数为弧度，所以 $-30°$ 和 $90°$ 要分别换算成弧度，即

$$x(t) = 2 + 1.5\sin\left(2\pi \times 75t + \pi\frac{90}{180}\right) + 3\sin\left(2\pi \times 50t - \pi\times\frac{30}{180}\right)$$

该信号没有谐波，求解步骤如下：

（1）根据信号中的最高频率成分 $f_h = 75$ 选择 f_s：

$$f_s \geqslant 2f_h = 2 \times 75 = 150$$

（2）频率分辨率最少应分辨出 1 Hz，即 $\Delta f = 1$，根据 f_s 和频率分辨率选择 N：$N \geqslant f_s/\Delta f = 150$，由于 FFT 一般使用基 2 算法，因此 N 取 2 的整数次幂，256、512 等。

（3）求出 T_s、L，使用 FFT 代替 DFT 作 N 点计算，求出一个周期内的频谱函数 $X(n)$，即可求出连续周期信号 $x(t)$ 的频谱 $X(n\omega_0)$。

程序如下：

```
clear; df=1; N=256;%设定数据长度 N
Ts=1/N/df; L=N*Ts; t=[0:Ts:L];
x=2+1.5*sin(2*pi*50*t+pi*30/180)+3*sin(2*pi*75*t-pi*30/180);%生成信号
subplot(311);plot(t,x);xlabel('(t)');ylabel('幅值');title('(a) 原始信号');
f=(-N/2:N/2-1)/Ts/N;%横坐标频率的表达式
%进行 FFT 变换
y=fft(x,N)/N;%进行 fft 变换
mag=abs(fftshift(y));%求幅值
subplot(312);stem(f,mag);%频谱图
xlabel('(Hz)');ylabel('幅值');
axis([-100,100,0,2.2]);title('(b) 双边幅度谱图');
mag=2*abs(y);    %实际的幅度
mag(1)=mag(1)/2;
f0=[0:N-1]/Ts/N;%实际的频率值
subplot(313);stem(f0(1:N/2),mag(1:N/2));
xlabel('(Hz)');ylabel('幅值');
axis([-1,100,0,3.2]);title('(c) 单边幅度谱图');
```

FFT 之后结果就是一个 N 点的复数，每一个点就对应着一个频率点。每个点的模值就是该频率值下的幅度特性，是原始信号该点的峰值的 N 倍。求出双边幅频特性如图 6 - 4 - 2(b)所示，除了直流分量（$N=0$）之外，各频率分量的幅度是对应分量正负频率之

和。单边幅频特性如图 6 - 4 - 2(c)所示。

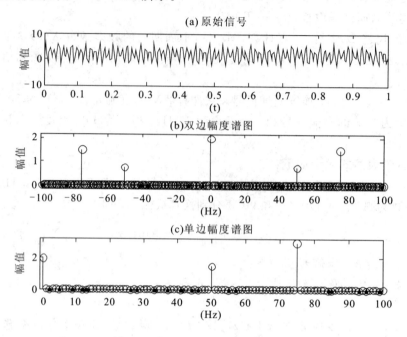

图 6 - 4 - 2　连续周期信号频谱图

6.4.3　连续周期信号具有无限宽度的频谱

有些连续周期信号具有无限宽度的频谱，例如连续周期方波脉冲信号，这些信号无法确定最高次谐波，一般在工程允许最大混叠误差的条件下，取集中信号能量 95%～98% 以上的前$(k+1)$次谐波，取 $2k\omega_0$ 为频谱宽度。求解步骤如下：

(1) 确定基本周期 T_0 或 f_0。

(2) 确定一个周期内的取样点数 N。

由于该连续周期信号具有无限宽度的频谱，因此无法确定最高次谐波 kf_0。需要计算信号功率，占信号功率的 95% 以上的谐波可以按信号中的最高次谐波 k 处理，选择 N：$N \geqslant 2k+1$，取 2 的整数次幂。

(3) 确定采样间隔 T_s：$T_s = \dfrac{T_0}{N}$。

(4) 确定记录长度：$L = NT_s = T_0$。

(5) 对连续周期信号取样：$t = 0$：T_s：L，为了方便观察频谱，可以扩大采样范围，例如：$t = -2L$：T_s：$2L$

使用 FFT 代替 DFT 作 N 点计算，求出一个周期内的频谱函数 $X(k)$，即可求出连续周期信号 $x(t)$ 的频谱 $X(n\omega_0) = X(k)/N$。

例 6 - 4 - 3　生成连续周期性矩形波，频率为 1/8 Hz，幅度为 2，脉冲宽度为 1，即占空比为 $1/8 \times 100$ 的周期性方波，并用 FFT 求其频谱。

解　幅度为 $2A = 2$，$\tau = 1$，$f_0 = 1/8$，求解步骤如下：

(1) 确定周期信号 $x(t)$ 的基本周期 T_0：

$$T_0 = \frac{1}{f_0} = 8$$

（2）计算信号功率，确定多少次谐波可以占信号功率的 95% 以上。

$$P = \frac{1}{T_0}\int_0^{T_0}\mid x(t)\mid^2 dt = \frac{1}{8}\int_0^1 2^2 dt = 0.5$$

可以使用下列程序生成该连续周期性矩形波并计算信号功率：

```
A=1;T0=8;tao=1;
t=-2*T0:0.001:2*T0;
duty=tao/T0*100;
x=1+A*square(2*pi*t/T0,duty);
y=@(t)(abs(x)).^2;
spower=quad(y,-0.5,0.5)/T0;
stairs(t,x);
axis([-10,10,-0.5,2.5]);title('连续周期方波信号');
xlabel('时间(t)');   ylabel('x(t)=1+A*square(2*pi*t/T0,duty)');
```

程序运行后，生成该连续周期性矩形波，并计算出信号功率 spower：

```
>>spower
spower=   0.5000
```

（3）其频谱函数为

$$X(n\omega_0) = \frac{A\tau}{T_0}\mathrm{Sa}\left(\frac{n\pi\tau}{T_0}\right) = \frac{2\times1}{8}\mathrm{Sa}\,\frac{n\pi}{8} = 0.25\mathrm{Sa}\,\frac{n\pi}{8}$$

用下列程序计算频谱函数中取多少次谐波可以满足要求。

```
n=input('input:n=?');
p=0.5;   k=-n:n;
x=0.25*sinc(k/8);
p0=sum(x.^2)/p
input:n=? 15
p0=0.9499
```

当 $n=15$ 时，$p_0=0.95$，即前 15 次谐波的功率占总功率的 95%。选择信号的 15 次谐波，$2n+1=31$，因此可取 $N\geqslant32$。

（4）对连续周期信号取样，$T_s = T_0/N$。

（5）使用 FFT 作 N 点计算，求出一个周期内的频谱函数 $X(n)$，即可求出连续周期信号 $x(t)$ 的频谱 $X(n\omega_0)$。

```
T0=8;A=1;tao=1;duty=tao/T0*100;
f=1/T0;w=2*pi*f;
N=32;% 确定一个周期内的取样点数
Ts=T0/N;t=-2*T0:Ts:2*T0;
x=1+A*square(w*t,duty);%%生成信号%square
f=(-N/2:N/2-1)/Ts/N;%
y=fft(x,N)/N;%fft
mag=abs(fftshift(y));%
subplot(2,2,1);stairs(t,x);%
```

xlabel('时间(t)');ylabel('幅度');title('连续方波信号');axis([−10,10,−0.5,2.5]);
subplot(2,2,2);stem(f,mag,'.');%
title('连续方波信号幅频谱');axis([−2,2,0,0.3]);xlabel('频率(f)');ylabel('|X(k)|');
subplot(2,2,3);stem(f,fftshift(y),'.');
xlabel('频率(f)');ylabel('X(k)');axis([−2,2,−0.1,0.3]);title('连续方波信号频谱');
subplot(2,2,4);stem(f,angle(fftshift(y)),'.');
xlabel('频率(f)');ylabel('angle(X)');title('连续方波信号相位谱');grid;

程序运行后，生成该连续周期性矩形波及频谱图，如图 6-4-3 所示。

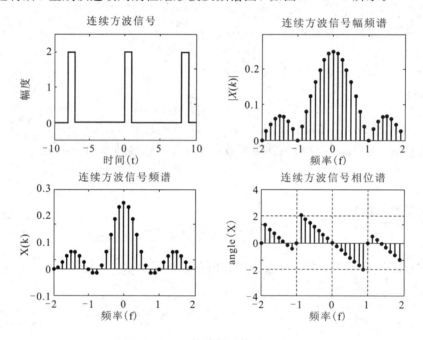

图 6-4-3　连续方波信号频谱图

练 习 与 思 考

6-1　理解 DFT(FFT)分析信号频谱中出现的现象以及改善这些现象的方法。

6-2　补零和增加信号长度对谱分析有何影响？是否都可以提高频谱分辨率？

6-3　试说明连续傅立叶变换 $X(f)$ 采样点的幅值和离散傅立叶变换 $X(k)$ 幅值存在什么关系？

6-4　解释 DFT 中频谱混迭和频谱泄漏产生的原因，如何克服或减弱？

6-5　用计算机对实数序列作谱分析，要求谱分辨率 $f_0 \leqslant 50$ Hz，信号最高频率为 1 kHz，试确定以下各参数：

(1) 最小记录时间 T_0；

(2) 最大取样间隔 T_s；

(3) 最少采样点数 N；

(4) 在频带宽度不变的情况下，将频率分辨率提高一倍的 N 值。

6-6　用某台 FFT 仪做谱分析。使用该仪器时，选用的抽样点数 N 必须是 2 的整数次幂。已知待分析的信号中，上限频率 ≤1025 kHz。要使谱分辨率 ≤5 Hz，试确定下列参数：

（1）一个记录中的最少抽样点数；

（2）相邻样点间的最大时间间隔；

（3）信号的最小记录时间。

6-7　设有一谱分析用的信号处理器，抽样点数必须为 2 的整数幂，假定没有采用任何特殊数据处理措施，要求频率分辨力≤10 Hz，如果采用的抽样时间间隔为 0.1 ms，试确定：

（1）最小记录长度；

（2）所允许处理的信号的最高频率；

（3）在一个记录中的最少点数。

6-8　（1）模拟数据以 10.24 kHz 的速率取样，且计算了 1024 个取样的离散傅立叶变换，求频谱取样之间的频率间隔。

（2）以上数字数据经处理以后又进行了离散傅立叶反变换，求离散傅立叶反变换后抽样点的间隔为多少？整个 1024 点的时宽为多少？

第 7 章

数字滤波器

目前，数字信号处理技术(DSP)已在数字通信、自动控制、谱分析、模式识别、信号处理、语音和图像处理、仪器仪表、医疗、家电等很多领域得到了越来越广泛的应用。数字滤波是信号处理(包括语音、视频和图像处理等)、模式识别、谱分析等应用中的一个基本的处理技术。

数字滤波器是数字信号处理中最重要的组成部分之一，占有极其重要的地位。对数字滤波器的研究包括分析和综合两个方面的内容。数字滤波器的综合是指由给定的参数要求设计出实际的滤波器，本章研究数字滤波器的分析是对滤波器的结构、系统性质的分析。

7.1 数字滤波器的基本概念

7.1.1 数字滤波器概述

1. 滤波器的功能

滤波器的功能就是允许某一部分频率的信号顺利的通过，而另外一部分频率的信号则受到较大的抑制，它实质上是一个选频电路。

滤波器中，把信号能够通过的频率范围称为通频带或通带；反之，信号受到很大衰减或完全被抑制的频率范围称为阻带。通带和阻带之间的分界频率称为截止频率，理想滤波器在通带内的电压增益为常数，在阻带内的电压增益为零，实际滤波器的通带和阻带之间存在一定频率范围的过渡带。

2. 滤波器的分类

(1) 经典滤波器和现代滤波器。

经典滤波的概念，是根据傅立叶分析和变换提出的一个工程概念。根据傅立叶分析理论，任何一个满足一定条件的信号，都可以被看成是由无限个正弦波叠加而成。换句话说，就是工程信号是不同频率的正弦波线性叠加而成的，组成信号的不同频率的正弦波叫做信号的频率成分或谐波成分。只允许一定频率范围内的信号成分正常通过，而阻止另一部分频率成分通过的电路，叫做经典滤波器或滤波电路。

经典滤波器的特点是输入信号中有用的频率成分和希望滤除的频率成分各占不同的频带，通过一个合适的选频网络就可以滤除不需要的频率成分，得到纯净信号。但是如果信号和干扰的频谱相互重叠，则经典滤波器就不能有效滤除干扰成分，这时就需要使用现代滤波器，如维纳滤波器、卡尔曼滤波器、自适应滤波器等。现代滤波器是根据随机信号的一些统计特性，在某种最佳准则下，最大限度的抑制干扰、恢复原始信号，从而达到最佳滤波目的。现代滤波器属于随机信号处理范畴，已超出本书学习范围。本书介绍的滤波器都属于经典滤波器。

（2）经典滤波器按所通过信号的频段分为低通、高通、带通和带阻滤波器四种，如图 7-1-1 所示为模拟滤波器。

· 低通滤波器：允许信号中的低频或直流分量通过，抑制高频分量、干扰和噪声。

· 高通滤波器：允许信号中的高频分量通过，抑制低频或直流分量。

· 带通滤波器：允许一定频段的信号通过，抑制低于和高于该频段的信号、干扰和噪声。

· 带阻滤波器：抑制一定频段内的信号，允许该频段以外的信号通过。

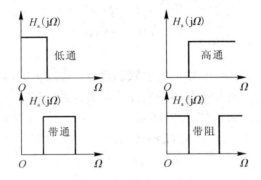

图 7-1-1　模拟低通、高通、带通和带阻滤波器

需要注意的是，数字滤波器的频率响应函数 $H(j\omega)$ 都是以 2π 为周期的，低通滤波器的通频带中心位于 2π 的整数倍处，而高通滤波器的通频带中心位于 π 的奇数倍处，一般在数字频率的主值区间 $[-\pi, \pi]$ 描述数字滤波器的频率响应，这一点是与模拟滤波器不同的，如图 7-1-2 所示。

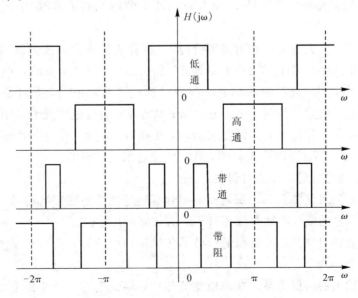

图 7-1-2　数字低通、高通、带通和带阻滤波器

（3）按所处理的信号分为模拟滤波器和数字滤波器两种。

实际上，任何一个电子系统都会对信号的最高、最低频率进行限制，形成自己的频带宽度，频率特性反映出了电子系统的这个基本特点。而滤波器，则是根据电路参数对电路频带宽度的影响而设计出来的工程应用电路。

用模拟电子电路对模拟信号进行滤波，其基本原理就是利用电路的频率特性实现对信号中频率成分的选择。根据频率滤波时，是把信号看成是由不同频率正弦波叠加而成的模拟信号，通过选择不同的频率成分来实现信号滤波。模拟滤波器（AF），是指输入输出均为模拟信号，通过一定运算关系改变输入信号所含频率成分的相对比例或者滤除某些频率成分的器件，其运算关系如式（7.1.1）所示。

$$x(t) \otimes h_a(t) \rightarrow y(t)$$
$$X(j\Omega)H_a(j\Omega) \rightarrow Y(j\Omega) \qquad (7.1.1)$$
$$X(s)H(s) \rightarrow Y(s)$$

式中，符号 $\otimes$ 表示线性卷积。

数字滤波器（DF），是指输入、输出均为数字信号，通过一定运算关系改变输入信号所含频率成分的相对比例或者滤除某些频率成分的数字器件或程序。

数字滤波器的运算关系如式（7.1.2）所示。

$$x(n) \otimes h(n) \rightarrow y(n)$$
$$X(e^{j\omega})H(e^{j\omega}) \rightarrow Y(e^{j\omega}) \qquad (7.1.2)$$
$$X(z)H(z) \rightarrow Y(z)$$

（4）按所采用的元器件分为无源和有源滤波器两种。

·无源滤波器：仅由无源元件（R、L 和 C）组成的滤波器，它是利用电容和电感元件的电抗随频率的变化而变化的原理构成的。这类滤波器的优点是：电路比较简单，不需要直流电源供电，可靠性高；缺点是：通带内的信号有能量损耗，负载效应比较明显。使用电感元件时容易引起电磁感应，当电感 L 较大时滤波器的体积和重量都比较大，在低频域不适用。

·有源滤波器：由无源元件和有源器件（如三极管或集成运算放大器）组成。这类滤波器的优点是：通带内的信号不仅没有能量损耗，而且还可以放大，负载效应不明显，多级相联时相互影响很小，利用级联的简单方法很容易构成高阶滤波器，并且滤波器的体积小、重量轻，由于不使用电感元件而不需要磁屏蔽；缺点是：通带范围受有源器件的带宽限制，需要直流电源供电，可靠性不如无源滤波器高，在高压、高频、大功率的场合不适用。

模拟滤波器可以是有源的或无源的，数字滤波器都是有源的。

3. 低通和高通滤波器之间的对偶关系

（1）幅频特性的对偶关系。当低通滤波器和高通滤波器的通带增益 A、截止频率 ω_c 或 f_c 分别相等时，两者的幅频特性曲线相对于垂直线 $f = f_c$ 对称。

（2）传递函数的对偶关系。将低通滤波器传递函数中的 s 换成 $1/s$，则变成对应的高通滤波器的传递函数。

（3）电路结构上的对偶关系。在模拟滤波器中，将低通滤波器中的起滤波作用的电容 C 与电阻 R 的位置对调，则低通滤波器转化为对应的高通滤波器。

4. 有源滤波器的阶数

有源滤波器传递函数分母中"s"的最高"方次"称为滤波器的"阶数"。阶数越高,滤波器幅频特性的过渡带越陡,越接近理想特性。一般情况下,一阶滤波器过渡带按每十倍频 20 dB 的速率衰减,二阶滤波器按每十倍频 40 dB 的速率衰减。高阶滤波器可由低阶滤波器串接组成。

5. 数字滤波器的特点

数字滤波器是数字信号处理中使用最广泛的一种线性系统环节,是数字信号处理的重要基础。数字滤波器是具有一定传输选择特性的数字信号处理装置,将一组输入的数字序列,通过一定的运算后转变为另一组输出的数字序列。实质上它是一个由有限精度算法实现的线性时不变离散系统。

因此,数字滤波器可以狭义地理解为具有选频特性的系统,如低通、高通、带通、带阻等类型的滤波器;也可以广义地理解为一个任意"数字系统",其功能是将输入信号经过"数字系统"处理,变换为用户所需要的输出信号。

数字滤波器的基本工作原理是利用离散系统特性对系统输入信号进行加工和变换,改变输入序列的频谱或信号波形,让有用频率的信号分量通过,抑制无用的信号分量输出。数字滤波器和模拟滤波器有着相同的滤波概念,根据其频率响应特性可分为低通、高通、带通、带阻等类型,与模拟滤波器相比,数字滤波器除了具有数字信号处理的固有优点外,还有滤波精度高(与系统字长有关)、稳定性好(仅运行在 0 与 1 两个电平状态)、灵活性强等优点。

假定输入信号 $x(n)$ 中的有用成分和希望除去的成分各自占用不同的频带,则当输入信号 $x(n)$ 通过一个线性系统 $h(n)$(即滤波器)后,可将希望除去的成分滤除。对于一个线性移不变系统,其时域、频域的输入和输出关系为

$$\begin{cases} y(n) = x(n) \otimes h(n) \\ Y(e^{j\omega}) = X(e^{j\omega})H(e^{j\omega}) \end{cases} \tag{7.1.3}$$

因此,设计出不同的 $H(e^{j\omega})$ 即可以设计出不同的滤波器。由于输入 $x(n)$ 和输出 $y(n)$ 是离散信号,而系统的单位冲激响应 $h(n)$ 也是离散的,这样的滤波器称为数字滤波器(简称 DF)。

数字滤波器既可以用硬件实现,也可以用软件实现。用硬件实现时,所需的主要元件是延迟器、加法器和乘法器等,而模拟滤波器所需的主要元件是电阻、电容和电感等;数字滤波器用软件方法实现时,可以使用专用处理设备和程序软件,也可以是由通用计算机完成的一段或一组程序,如线性卷积、FFT 运算等。

6. 数字滤波器的分类

数字滤波器可以从以下几方面分类:

(1) 按频带分类:低通、高通、带通、带阻。

(2) 按计算方法分类:递归系统、非递归系统、快速卷积型。一般来说,IIR 数字滤波器使用递归系统较容易实现,而 FIR 数字滤波器使用非递归系统和快速卷积型比较容易实现。快速卷积型是使用 FFT 计算线性卷积的方法,因此这种滤波器也叫 FFT 型数字滤波器。

（3）按冲激响应长度分类：数字滤波器按单位脉冲响应的性质可分为无限长单位脉冲响应滤波器(IIR)和有限长单位脉冲响应滤波器(FIR)两种。其系统函数的形式如表7-1所示。

表7-1　IIR 滤波器与 FIR 滤波器的系统函数

IIR 滤波器	FIR 滤波器
$$H(z) = \frac{Y(z)}{X(z)} = \frac{\sum\limits_{j=0}^{N} b_j z^{-j}}{1 - \sum\limits_{i=1}^{N} a_i z^{-i}}$$ N 阶 IIR 滤波器	$$H(z) = \sum\limits_{n=0}^{N-1} h(n) z^{-n}$$ $N-1$ 阶 FIR 滤波器

7.1.2　滤波器的技术指标

1. 滤波器的一般技术指标

在本书中统一规定：模拟低通滤波器的幅频响应函数为 $H_a(j\Omega)$，模拟低通滤波器原型的幅频响应函数为 $H_a(p)$，各类型（低通、高通、带通、带阻）的模拟滤波器的幅频响应函数为 $H_a(s)$，各类型（低通、高通、带通、带阻）的数字滤波器的幅频响应函数为 $H(z)$。

如图7-1-3所示，$H_a(j\Omega)$ 是模拟滤波器的幅频响应函数，其主要参数（以模拟低通滤波器为例）如下：

（1）通带增益 A_0：滤波器通带内的电压放大倍数。如果归一化处理，则通带增益为1。

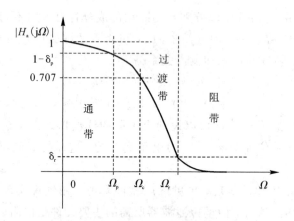

图7-1-3　模拟滤波器的主要参数

（2）特征角频率 Ω_n 和特征频率 f_n：它们只与滤波用的元件参数有关。例如，由电阻和电容元件组成的滤波器，通常为

$$\Omega_n = \frac{1}{RC}, \quad f_n = \frac{1}{2\pi RC} \tag{7.1.4}$$

（3）截止角频率 Ω_c 和截止频率 f_c：它们是电压增益下降到 $|A_0|/\sqrt{2}$ 时，即 $0.707A_0$ 所对应的角频率。

必须注意 Ω_c 不一定等于 Ω_n，但 Ω_c 在一般情况可以等于 Ω_n。带通和带阻滤波器有两个截止频率，即 Ω_L 和 Ω_H。

（4）通带和阻带的截止频率、波动幅度：

Ω_p 和 Ω_r 分别是低通滤波器通带和阻带的截止频率，而带通（带阻）滤波器有两个截止频率：下截止频率 Ω_L 和上截止频率 Ω_H。

· 在 $[0, \Omega_\mathrm{p}]$ 段叫做通带，在 $[\Omega_\mathrm{r}, \infty]$ 段叫做阻带，在 $[\Omega_\mathrm{p}, \Omega_\mathrm{r}]$ 段叫做过渡带，在过渡带内，幅频特性单调下降。

· δ_p 是在通带中振幅的波动幅度，即在通带内波峰与波谷之间的差值。

· δ_r 是在阻带中振幅的波动幅度。

（5）中心角频率 Ω_0 或中心频率 f_0。

中心角频率 Ω_0 与带通（带阻）滤波器的两个截止频率 Ω_L 和 Ω_H 有关。一般为带通滤波器（或带阻滤波器）上下两个截止频率的几何平均值，即

$$\Omega_0 = \sqrt{\Omega_\mathrm{L}\Omega_\mathrm{H}} \tag{7.1.5}$$

而实际上常可以用它们的算术平均值作为几何平均值的近似值。对于带通（或带阻）滤波器，成为带通（或带阻）滤波器的中心角频率 Ω_0 或中心频率 f_0，常常是通带（或阻带）内电压增益最大（或最小）点的频率。

（6）带宽 B、相对带宽。

通带（或阻带）宽度 B 是滤波器的带通（或带阻）上下两个截止频率的差值，

$$B = \Omega_\mathrm{H} - \Omega_\mathrm{L} \tag{7.1.6}$$

但对于低通滤波器，最低截止频率是 0，所以带宽就是 Ω_c。对于高通滤波器，一般只说最低截止频率，而不讲带宽。

相对带宽是带宽与中心频率比值的百分数。

滤波器带宽表示其频率分辨力，通带越窄，分辨力越高，显然，高分辨力（B 值小）与响应速度是互相矛盾的。如果要用滤波的方法从信号中提取某一很窄的频率成分（如作谱分析），必须有足够的时间。

低通滤波器对阶跃响应的上升时间 t_r 与带宽 B 成反比，即

$$B t_\mathrm{r} = 常数 \tag{7.1.7}$$

该结论对高通、带通及带阻滤波器均成立。

（7）等效品质因数 Q：对低通和高通滤波器而言，Q 值等于 $\Omega = \Omega_\mathrm{n}$ 时滤波器电路电压增益的模与通带增益之比。对带通和带阻滤波器而言，Q 值等于中心角频率与通带（阻带）宽度 B 之比，即

$$Q = \frac{|A(\mathrm{j}\Omega_\mathrm{n})|}{|A_0|}, \quad Q = \frac{|\Omega_0|}{|B|} \tag{7.1.8}$$

2. 数字滤波器的主要技术要求

常用的数字滤波器一般属于选频滤波器，频率响应函数 $H(\mathrm{e}^{\mathrm{j}\omega})$ 可表示为

$$H(\mathrm{e}^{\mathrm{j}\omega}) = H(\omega)\mathrm{e}^{\mathrm{j}\phi(\omega)} = |H(\mathrm{e}^{\mathrm{j}\omega})| \mathrm{e}^{\mathrm{j}\phi(\omega)} \tag{7.1.9}$$

其中，$H(\omega) = |H(\mathrm{e}^{\mathrm{j}\omega})|$ 称为幅频特性函数，表示信号通过该网络后各频率成分振幅的衰减情况。$\phi(\omega)$ 称为相频特性函数，反映信号通过该网络后各频率成分在时间上的延时情况，滤波器的指标形式一般应为频域中的幅度响应和相位响应。

两个幅频特性完全相同的滤波器，如果相频特性不同，对于同样的输入信号，其滤波后的输出也是不一样的。

1）幅度指标

在常用的数字滤波器中，希望在通带中具有线性相位响应特性。在 FIR 数字滤波器中，可以得到精确的线性相位响应特性；而在 IIR 数字滤波器中，无法得到线性相位响应特性。因此，数字滤波器的技术要求一般以频率响应的幅度特性的允许误差来表征。

幅度指标可以用两种方式给出：绝对指标与相对指标。

（1）绝对指标。

绝对指标提出了对幅度响应函数 $|H(e^{j\omega})|$ 的要求，这些指标可以直接应用于 FIR 滤波器，IIR 滤波器使用这些指标要进行转换。

数字滤波器的指标定义与模拟滤波器相同，以实际的巴特沃斯（Butterworth）数字低通滤波器为例，频率响应有通带、过渡带和阻带，其绝对指标有 ω_p、ω_r、δ_p、δ_r，如图 7 - 1 - 4 所示。

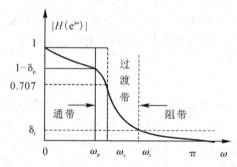

图 7 - 1 - 4　Butterworth 数字低通滤波器的参数

频率自变量以数字频率 ω 表示，与模拟频率 Ω 的关系为

$$\omega = \Omega T_s = \frac{\Omega}{f_s} = 2\pi \frac{f}{f_s} \tag{7.1.10}$$

f_s（或 ω_s）、T_s 为抽样频率和抽样间隔，f（或 Ω）为信号模拟频率，单位为 Hz（或 rad/s），因此数字滤波器必须给出抽样频率或抽样间隔。

ω_p 和 ω_r 分别是通带和阻带的截止频率，ω_p 与 ω_r 之间是过渡带，它们的定义是

$$0 \leqslant \omega \leqslant \omega_p, \quad \omega_r \leqslant \omega \leqslant \pi, \quad \Delta\omega = \omega_r - \omega_p \tag{7.1.11}$$

即在 $[0, \omega_p]$ 段叫做通带，在 $[\omega_r, \pi]$ 段叫做阻带，在 $[\omega_p, \omega_r]$ 段叫做过渡带，在过渡带内，幅频特性单调下降。它们都是数字频率，根据式（7.1.10）得

$$\begin{cases} \omega_p = \Omega_p T_s = \dfrac{\Omega_p}{f_s} = 2\pi \dfrac{f_p}{f_s} \\[2mm] \omega_r = \Omega_r T_s = \dfrac{\Omega_r}{f_s} = 2\pi \dfrac{f_r}{f_s} \end{cases} \tag{7.1.12}$$

δ_p、δ_r 分别是在理想通带和阻带中能够接受的波动量或容限值。

（2）相对指标。

相对指标是以分贝（dB）值的形式提出要求，转换关系为 $dB = -20\lg \dfrac{|H(e^{j\omega})|_{min}}{|H(e^{j\omega})|_{max}}$。

R_p 是通带内允许的最大衰减量的分贝值，R_r 是阻带的最小衰减量的分贝值，单位是 dB，由于 $\omega = 0$ 处幅度最大，因此定义为

$$\begin{cases} R_{\mathrm{p}} = -20\lg \dfrac{H(\mathrm{e}^{\mathrm{j}\omega_{\mathrm{p}}})}{H(\mathrm{e}^{\mathrm{j}0})} \\ R_{\mathrm{r}} = -20\lg \dfrac{H(\mathrm{e}^{\mathrm{j}\omega_{\mathrm{r}}})}{H(\mathrm{e}^{\mathrm{j}0})} \end{cases} \tag{7.1.13}$$

如果 $\omega = 0$ 处幅度已归一化到 1，即当 $|H(\mathrm{e}^{\mathrm{j}0})|$ 归一化为 1 时，它们定义为

$$R_{\mathrm{p}} = -20\lg |H(\mathrm{e}^{\mathrm{j}\omega_{\mathrm{p}}})| > 0, \quad R_{\mathrm{r}} = -20\lg |H(\mathrm{e}^{\mathrm{j}\omega_{\mathrm{r}}})| \gg 1 \tag{7.1.14}$$

（3）绝对指标与相对指标的关系如下：

$$R_{\mathrm{p}} = -20\lg |1-\delta_{\mathrm{p}}|, \quad R_{\mathrm{r}} = -20\lg |\delta_{\mathrm{r}}|, \quad \delta_{\mathrm{p}} = 1-10^{-\frac{R_{\mathrm{p}}}{20}}, \quad \delta_{\mathrm{r}} = 10^{-\frac{R_{\mathrm{r}}}{20}} \tag{7.1.15}$$

（4）n 是要求的低通滤波器的阶次。

（5）截止频率、3 dB 频率。当幅度平方值从最高值降为一半时（半功率值）的频率为截止频率 ω_{c}，即当 $|H(\mathrm{e}^{\mathrm{j}\omega_{\mathrm{p}}})|^2 = 1/2$ 时，

$$|H(\mathrm{e}^{\mathrm{j}\omega_{\mathrm{p}}})| = \frac{1}{\sqrt{2}} = 0.707, \quad R_{\mathrm{p}} = -20\lg |H(\mathrm{e}^{\mathrm{j}\omega_{\mathrm{p}}})| = 3\ \mathrm{dB} \tag{7.1.16}$$

当 $R_{\mathrm{p}} = 3$ dB 时，ω 为截止频率，或称为 3 dB 频率，通常用 ω_{c} 表示。而带通和带阻滤波器有两个 3 dB 截止频率 ω_{L} 和 ω_{H}。

ω_{c}、ω_{p} 与 ω_{r} 统称为滤波器的边界频率，δ_{p}、δ_{r}、R_{p}、R_{r} 是数字滤波器设计中的重要参数。

注意：在 MATLAB 中，通常用 W_{n} 表示 3 分贝截止频率 ω_{c}，用 W_{s} 表示阻带截止频率 ω_{s}，用 R_{s} 表示阻带衰减。但在本书中，ω_{s} 统一表示采样角频率，因此用 W_{r} 表示阻带截止频率 ω_{r}，用 R_{r} 表示阻带衰减。

2）相位指标

一般选频滤波器的技术要求由幅频特性给出，对于几种典型滤波器（如 Butterworth 滤波器），其相频特性是确定的，所以在设计时，对相频特性一般不作要求。但是如果对输出波形有要求，例如图像信号处理、波形传输等，则需要考虑相频特性的指标。

相位指标主要是指线性相位条件的时延和群时延：由于滤波器的输出信号相对于输入信号有一相移，因此输出信号相对于输入信号有一相移，因此输出信号相对于输入信号有一时间延迟，相移和时间延迟都是频率的函数。在 IIR 数字滤波器中，无法得到线性相位响应特性。而在 FIR 数字滤波器中，可以得到精确的线性相位响应特性，我们将在第 9 章的 FIR 数字滤波器设计中讨论相位指标。

7.1.3 FIR 与 IIR 数字滤波器

离散系统根据系数的不同，分为 FIR 系统与 IIR 系统，这构成了数字滤波器的两大类型：FIR 数字滤波器与 IIR 数字滤波器。

1. IIR 数字滤波器

IIR 数字滤波器的 $H(z)$ 为多项式：

$$H(z) = \frac{1}{1 - \sum\limits_{k=1}^{N} a_k z^{-k}} \tag{7.1.17}$$

该式为 N 阶 IIR 滤波器的系统函数。

IIR 滤波器的特点如下：

（1）$h(n)$无限长，极点位于 z 平面的任意位置。

（2）相同的指标下，实现 IIR 滤波器采用的滤波器的阶次可以较低。

（3）要么有混叠现象（使幅度特性难于满足要求），要么有相位的非线性。

（4）不可借助 FFT 来实现。

（5）一般采用递归结构。

（6）可利用成熟的 AF（模拟滤波器）理论设计。

2. FIR 数字滤波器

FIR 数字滤波器的 $H(z)$ 为多项式：

$$H(z) = \sum_{n=-\infty}^{\infty} b_n z^{-n} \tag{7.1.18}$$

该式为 $N-1$ 阶 FIR 滤波器的系统函数。由此可求出系统的 $h(n)$：

$$h(n) = b_n, \ n = 0, 1, 2, \cdots, M$$

与 IIR 数字滤波器比较，FIR 滤波器具有以下特点：

（1）$h(n)$ 为有限长，极点全部固定在原点，不存在稳定性问题。

（2）相同的指标下，实现 FIR 滤波器采用的滤波器的阶次高得多。

（3）有严格的线性相位特性，避免被处理的信号产生相位失真，这一特点在宽频带信号处理、阵列信号处理、数据传输等系统中非常重要。在现代的数字系统中，数据传输、图像处理等都要求线性相位，FIR 滤波器在线性相位特性方面具有优势。

（4）可借助 FFT 来实现。

（5）任何一个非因果的有限长序列，总可以通过一定的延时转变为因果序列，所以因果性总是满足；采用非递归结构，无反馈运算，运算误差小。

（6）可得到多带幅频特性，幅度特性可以随意设计。

（7）缺点是：

· 实现 FIR 滤波器需要采用较高的阶次，因为系统函数无极点，要获得好的过渡带特性，需以较高的阶数为代价；

· 无法利用模拟滤波器的设计结果，一般无解析设计公式，要借助计算机辅助设计程序完成。

3. IIR 滤波器与 FIR 滤波器的比较

从 IIR 滤波器和 FIR 滤波器的特点出发，可综合比较如下：

1）性能比较

IIR 滤波器可以用较低的阶数获得很高的选择性，使用存储单元少、运算量小、具有较高的效率和经济性。但这个高效率、高选择性的代价是相位的非线性，而且选择性越高，其相位特性就越差。

FIR 滤波器的相位是线性的，而且可以得到非常严格的线性相位特性。但是如果需要得到一定的选择性，则需要较多的存储器和较大的运算量，成本高、信号的群延时比较大。由于 FIR 滤波器的极点全部固定在原点，因此永远稳定；如果需要一定的选择性，则需要使用较高的阶次。

（1）对于相同的幅度指标，FIR 滤波器需要的阶次比 IIR 滤波器高 5~10 倍，IIR 滤波器在性能上和经济上都优于 FIR 滤波器。

（2）如果要求严格的线性相位特性，FIR 滤波器在性能上和经济上都优于 IIR 滤波器。

（3）如果按照相同的选择性和复杂性，IIR 滤波器必须加全通网络进行相位校正，会大大增加节数和复杂性。

2）结构比较

IIR 滤波器一般采用递归结构，有反馈，极点必须位于单位圆内，否则系统不稳定。在此情况下，由于运算中的四舍五入会产生极限环。运算过程的舍入及系统的不准确都可能引起轻微的寄生振荡。

FIR 滤波器采用非递归结构，无反馈，极点全部在原点（永远稳定），因此无稳定性问题。

3）工作量比较

IIR 滤波器可利用 AF 的成果，一般都有封闭函数设计公式进行准确的计算，设计工作量比较小，对设计工具要求不高，可简单、有效地完成设计，但不可借助 FFT 来实现。

FIR 滤波器一般无解析的设计公式，窗函数法虽然有计算公式，但计算阻带衰减仍然困难（无显式表达），一般要借助计算机程序完成，可用 FFT 实现，减少运算量、极大提高运算速度。尤其是频率采样法更容易设计适应各种幅度特性和相位特性要求的滤波器，如正交变换、理想微分线性调频等各种滤波器。

总而言之，IIR 滤波器和 FIR 滤波器各有所长，应根据实际需要选择设计方法。

7.1.4　数字滤波器的设计方法

1. IIR 数字滤波器的设计方法

IIR 数字滤波器的设计方法一般有两种：

（1）传统设计法，包括间接法（典型设计法）和直接法。

（2）最优化设计方法。使用一种最佳准则，通过迭代运算逼近给定的频率特性来直接设计 IIR 滤波器。它也是一种直接设计法。

2. FIR 数字滤波器的设计方法

FIR 数字滤波器与 IIR 数字滤波器的设计方法不同，FIR 滤波器不能采用由模拟滤波器的设计进行转换的方法。它通常使用下列方法：

（1）窗函数法。

（2）频率抽样设计法。

（3）最优化设计方法。

经常采用的是窗函数法和频率抽样法。也可以借助计算机辅助设计软件，采用切比雪夫等波逼近法等方法进行最优化设计。

3. 数字滤波器的设计步骤

数字滤波器的一般设计步骤如下：

（1）给出所需要的滤波器的技术指标。

（2）用一个因果稳定的系统函数 $H(z)$ 去逼近这个性能要求。

（3）用一个有限精度的运算去实现这个传递函数 $H(z)$，包括选择运算结构（如级联型、并联型、卷积型、频率采样型以及快速卷积型等）及选择合适的字长和有效的数字处理方法等。

（4）验证结果，调整参数直到满足要求。

7.2 数字滤波器的网络结构

7.2.1 数字滤波器的结构

前面已经讨论过，任何线性时不变集总参数离散系统都可以用时域或变换域形式表示其输入输出关系，例如时域滤波器的功能可以用差分方程或卷积形式来描述。

从第 2 章可知，将差分方程系数进行处理，令 $a_0 = 1$（如果不为 1，可以变换为 1），由式 $y(n) = -\dfrac{1}{a_0} \sum\limits_{i=1}^{N} a_i y(n-i) + \dfrac{1}{a_0} \sum\limits_{j=0}^{M} b_j x(n-j)$ 可得到差分方程的一般形式为

$$y(n) = \sum_{j=0}^{M} b_j x(n-j) + \sum_{i=1}^{N} a_i y(n-i) \tag{7.2.1}$$

卷积形式为

$$y(n) = \sum_{k=-\infty}^{\infty} \left[x(k) h(n-k) \right] = x(n) \otimes h(n) \tag{7.2.2}$$

将式（7.2.1）两边进行 Z 变换，可得

$$Y(z) = X(z) \sum_{j=0}^{M} b_j z^{-j} + Y(z) \sum_{i=1}^{N} a_i z^{-i}$$

在变换域内用系统函数形式可表示为

$$Y(z) = H(z) X(z) = \frac{b_0 + b_1 z^{-1} + \cdots + b_m z^{-m}}{1 + a_1 z^{-1} + \cdots + a_n z^{-n}} X(z) \tag{7.2.3}$$

其系统函数 $H(z)$ 为

$$H(z) = \frac{Y(z)}{X(z)} = \frac{\displaystyle\sum_{i=0}^{M} b_i z^{-i}}{1 - \displaystyle\sum_{i=1}^{N} a_i z^{-i}} \tag{7.2.4}$$

这三种方法是等价的，从任何一个都可以推导出另外两个。但是，即便使用同一类表示方法，也存在着许多等价的算法结构，例如：

$$H_1(z) = \frac{1}{1 - 0.3 z^{-1} - 0.4 z^{-2}}$$

$$H_2(z) = \frac{1}{1 - 0.8 z^{-1}} \cdot \frac{1}{1 + 0.5 z^{-1}}$$

$$H_3(z) = \frac{0.6154}{1 - 0.8 z^{-1}} + \frac{0.3846}{1 + 0.5 z^{-1}}$$

这三种算法是等价的，但是算法结构却是不同的，这些不同的算法结构会影响实现系统的某些实际性能。

滤波器的工程实现需要靠计算机的软硬件来完成，这就需要考虑许多问题。例如：

（1）计算机的运算速度，计算机的效率，即完成整个运算需要的乘法和加法次数。

（2）需要的存储量。

（3）滤波器系数的量化误差影响。

（4）运算过程中的舍入和截断误差、饱和与溢出影响等。

滤波器不同的算法结构可以实现同样的系统传递函数，但不同的算法结构满足上述要求方面的差异是一定有的，甚至差异还会非常显著。因此，对于同一个系统的实现，要使系统性能得到优化，选择合适的算法结构是必须的。

7.2.2 用信号流图表示数字滤波器的网络结构

信号流图是 s 域或 z 域系统框图的一种简化画法，与系统框图描述并无实质区别，但比系统框图更规范。信号流图相对于系统结构框图更简便明了，而且不必对图形进行简化，只要根据统一的公式就能方便地求出系统的传递函数。

完成 N 阶差分方程的基本运算有三种，它们是乘法运算、加法运算和延时运算，电路符号和信号流图如图 7 - 2 - 1 所示。

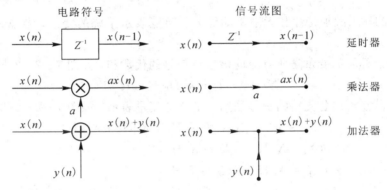

图 7 - 2 - 1 延时器、乘法器、加法器

1. 信号流图的基本概念

信号流图是由连接信号节点的一些有方向的支路组成的，节点和支路是信号流图的基本组成部件。

（1）节点：表示信号或变量。节点有输入节点、输出节点和混合节点，每一个节点处的信号称为节点变量。

·输入节点（或源点）：它对应的节点变量是自变量（即输入信号），该节点只有输出支路，如图 7 - 2 - 1 中的 $x(n)$ 和 $y(n)$。

·输出信号节点（或汇点）：它对应的节点变量是因变量（即输出信号），该节点只有输入支路，如图 7 - 2 - 1 中的 $x(n)+y(n)$ 和 $ax(n)$。

·混合节点：既有输入支路又有输出支路的节点。两个变量相加的加法器用一个圆点表示，圆点称为网络节点。

（2）支路：连接两个节点之间的定向线段。支路上的箭头表示信号传输的方向，标注在箭头附近的量即为两个节点之间的系统函数，也称为转移函数或支路增益。箭头旁边的"z^{-1}"表示延时；"a"表示支路增益。若没有标明增益符号，则默认支路增益为 1。

（3）通路：从任意节点出发，沿支路箭头方向通过各相连支路达到另一节点的路径（中间不允许有通路方向相反的支路存在）。各支路增益乘积称为通路增益。

·开通路：通路与任一节点相交不多于一次。

·前向通路：信号从输入节点到输出节点传递时，对任何节点只通过一次的通路称为前向通路，即从源点到汇点方向的开通路。前向通路上各支路增益的乘积称为前向通路总增益。一个信号流图中可以有多条前向通路。

·闭通路：又称回路，终点就是起点，并且是与任何其他节点相交不多于一次的通路。回路中各支路增益乘积称为回路增益。

·不接触回路：两个或两个以上回路之间没有任何公共节点，此种回路称为不接触回路。

2. 信号流图的基本性质

信号流图实际上是由连接节点的一些有方向性的支路构成，与每一个节点连接的有输入、输出支路，节点变量等于所有输入支路信号之和。

（1）支路的单方向性。信号在支路上只能沿箭头单向传递，即只有前因后果的因果关系。例如，$X(z) \circ\!\!-\!\!\!\xrightarrow{H(z)}\!\!-\!\!\circ Y(z)$ 表示 $Y(z)=X(z)H(z)$。

（2）节点的输入叠加特性和无限驱动能力。节点表示系统的变量，节点一般自左向右顺序设置：

·每个节点标志的变量是所有流向该节点信号的代数和，如图 7 - 2 - 2(a)所示。

$$X_4 = X_1 H_1 + X_2 H_2 + X_3 H_3$$

·从同一节点流向各支路的信号均用该节点的变量表示，如图 7 - 2 - 2(b)、(c)所示。

$$\begin{cases} X_1 = X_0 H_1 \\ X_2 = X_0 H_2 \\ X_3 = X_0 H_3 \end{cases}, \quad \begin{cases} X_4 = X_1 H_1 + X_2 H_2 + X_3 H_3 \\ X_5 = X_4 H_5 \\ X_6 = X_4 H_6 \end{cases}$$

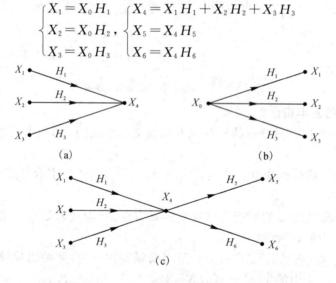

图 7 - 2 - 2　信号流图的表示方法

（3）给定系统的信号流图形式并不是唯一的。这是由于同一系统的方程可以表示成不同形式，因而可以画出不同的流图。

（4）信号流图转置以后，其转移函数保持不变。所谓转置就是把流图中各支路的信号传输方向调转，同时把输入输出节点对换。

3. 基本信号流图的特点

对于给定的系统，有很多种信号流图形式，不同的流图形式代表不同的算法。从运算的可实现性考虑，满足下面三个条件的称为基本的信号流图：

（1）信号流图中所有支路都是基本运算，即支路增益是常数或 z^{-1}。

（2）信号流图中如果有环路，则环路中必须有延时。没有延时的环路称为代数环，必须避免代数环的存在。

（3）节点和支路的数目必须是有限的。

7.2.3　信号流图的绘制

信号流图可以根据系统的方框图绘制，也可以根据数学表达式绘制。

1. 根据系统方框图绘制

信号流图可以根据系统的方框图绘制，其方法和步骤如下：

（1）将方框图中比较点和引出点分别作为信号流图的节点，方框图中的方框变为信号流图中标有传递函数的线段便得到支路。从系统方框图绘制信号流图时，应尽量精简节点数目。

（2）若在方框图的比较点之前没有引出点，但在比较点之后有引出点时，只需在比较点之后设置一个节点即可，如图 7-2-3 所示。

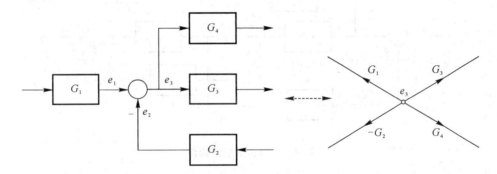

图 7-2-3　比较点之后设置节点

（3）若方框图的比较点之前有引出点，就需要在比较点和引出点处各设一个节点，分别表示两个变量，两个节点之间的增益是 1，如图 7-2-4 所示。

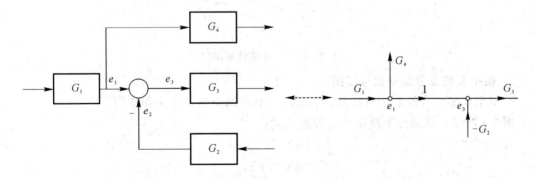

图 7-2-4　比较点之前有引出点，比较点与节点的对应关系

例 7-2-1　已知一阶差分方程 $y(n)=x(n)+ay(n-1)$，绘出它的运算电路结构和对应的信号流图形式。

解　根据给定的差分方程，绘出它的运算电路结构方框图和对应的信号流图形式，如图 7-2-5 所示。

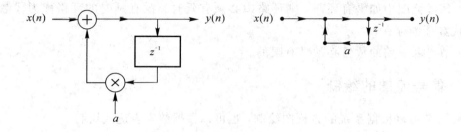

图 7-2-5 运算电路结构、信号流图形式

例 7-2-2 根据系统的方框图绘制信号流图。

系统结构图如图 7-2-6 所示，其中，G_2 在第一个比较点之后引出，G_4 在第二个比较点之前引出，其对应的信号流图如图 7-2-7 所示。

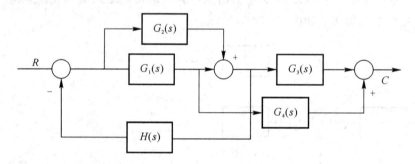

图 7-2-6 系统结构图

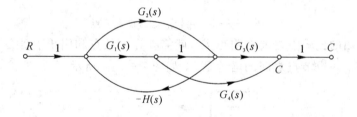

图 7-2-7 系统信号流图

2. 根据系统方程绘制信号流图

可根据系统方程绘制信号流图，下面以一个实例介绍其方法和步骤。

例 7-2-3 某线性系统由下方程组描述：

$$\begin{cases} X_2 = aX_1 \\ X_3 = bX_2 + eX_4 \\ X_4 = cX_2 + dX_3 + fX_4 \end{cases}$$

根据该系统方程绘制信号流图。

解 （1）根据系统描述，首先确定节点为 X_1、X_2、X_3、X_4。

（2）然后绘制上式中各方程信号流图，如图 7-2-8(a)、(b)、(c)所示。

（3）最后将各个图连接起来，即得到系统的信号流图，如图 7-2-8(d)所示。X_1 为输入变量，X_4 为输出变量。

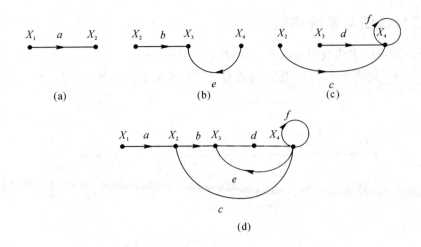

图 7-2-8　各方程及系统的信号流图

3. 信号流图的化简

可以通过合并、消除等方法简化信号流图，得到其时域方程，步骤如下：

（1）串联支路的合并：总增益等于各支路增益的乘积，用于减少节点。

由 $\begin{cases} z=ax \\ y=bz \end{cases}$ 得 $y=abx$，如图 7-2-9(a)所示。

（2）并联支路的合并：并联总增益等于各支路增益的相加，用于减少支路。

由 $\begin{cases} y=ax \\ y=bx \end{cases}$ 得 $y=(a+b)x$，如图 7-2-9(b)所示。

（3）环路的消除：

由 $\begin{cases} z=ax+cy \\ y=bz \end{cases}$ 得 $y=abx+bcy$，由此求出 $y=\dfrac{ab}{1-bc}x$，如图 7-2-9(c)所示。

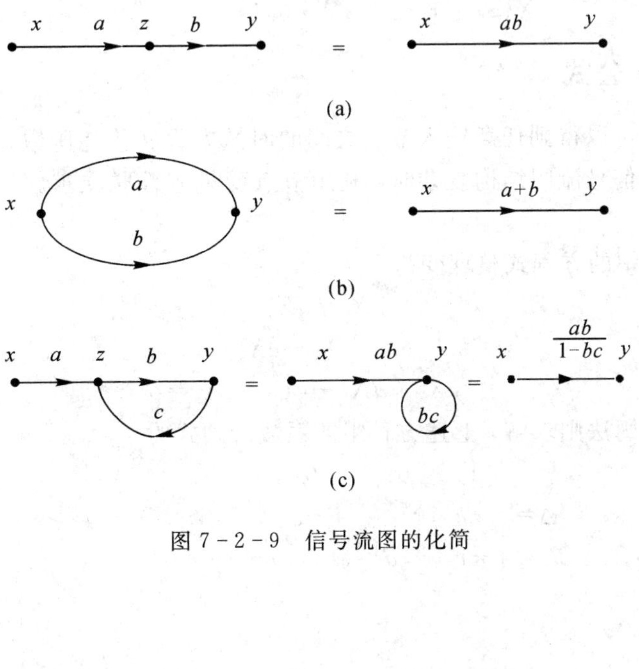

(a)

(b)

(c)

图 7-2-9　信号流图的化简

7.2.4　信号流图与系统函数

由信号流图可以求出其时域方程，从而求出系统函数。

例 7 - 2 - 4　如图 7 - 2 - 10 所示的信号流图，求出系统函数。

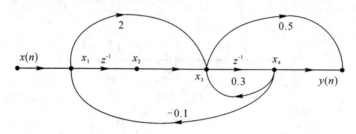

图 7 - 2 - 10　给定的信号流图形式

解　根据信号流图求出时域方程如下：

$$\begin{cases} x_1 = x - 0.1x_4 \\ x_2 = z^{-1}x_1 \\ x_3 = x_2 + 2x_1 + 0.3x_4 \\ x_4 = z^{-1}x_3 \\ y = 0.5x_3 + x_4 \end{cases}$$

进行 Z 变换得到 z 域方程：$\begin{cases} X_1 = X - 0.1X_4 \\ X_2 = z^{-1}X_1 \\ X_3 = X_2 + 2X_1 + 0.3X_4 \\ X_4 = z^{-1}X_3 \\ Y = 0.5X_3 + X_4 \end{cases}$

求解此方程得 $H(z) = \dfrac{Y(z)}{X(z)} = \dfrac{1 + 2.5z^{-1} + 2z^{-2}}{1 - 0.1z^{-1} + 0.1z^{-2}}$。

7.2.5　Masson 公式

根据信号流图可以得到任意输入节点之间的时域方程和传递函数，即任意两个节点之间的总增益。但当信号流图结构复杂时，利用节点变量方程联立求解比较麻烦，可以使用梅森公式直接求解。

将例 7 - 2 - 3 中的方程式整理变为

$$X_2 = aX_1$$
$$-bX_2 + X_3 - eX_4 = 0$$
$$-cX_2 - dX_3 + (1 - f)X_4 = 0$$

如果采用克莱姆法则求解，上述方程组的系数行列式为

$$\Delta = \begin{vmatrix} 1 & 0 & 0 \\ -b & 1 & -e \\ -c & -d & (1-f) \end{vmatrix} = (1 - f) - de$$

$$\Delta_4 = \begin{vmatrix} 1 & 0 & aX_1 \\ -b & 1 & 0 \\ -c & -d & 0 \end{vmatrix} = abdX_1 + acX_1$$

则有

$$X_4 = \frac{\Delta_4}{\Delta} = \frac{ac + abd}{1 - (de + f)} X_1$$

从上式求解过程可知，系数行列式与信号流图之间有一种巧妙的关系。首先，作为传递函数分母的系数行列式 Δ，其中的两项恰巧与信号流图中的两个回路增益之和相对应，即 $(f + de)$。其次，作为传递函数分子系数行列式 Δ_4 的系数，其中的两项恰好与信号流图中的两个前向通道总增益之和相对应，即 $abd + ac$。这种对应关系为我们直接从信号流图采用观察的方法求取系统的传递函数提供了一般规律，这就是梅森(Masson)公式的基本指导思想。

梅森公式是依据信号流图不经化简而直接写出系统函数的公式(适用于 z 域和 s 域)。任意两个节点之间传递函数的梅森公式为

$$H(z) = \frac{\sum_{k=1}^{n} P_k \Delta_k}{\Delta} \tag{7.2.5}$$

式中，

$H(z)$ 为从输入节点到输出节点的总增益(总传递函数)；

n 为从输入节点到输出节点的前向通道总数；

P_k 为从输入节点到输出节点的第 k 个前向通道的总增益；

Δ_k 为第 k 个前向通道的特征余因子式，表示不与第 k 个前向通道接触的那部分流图的 Δ 值。即在信号流图中，把与第 k 条前向通道相接触的回路除去以后的 Δ 值。Δ 为流图特征式，其计算公式为

$$\Delta = 1 - \sum_a L_a + \sum_{b,c} L_b L_c - \sum_{d,e,f} L_d L_e L_f \cdots$$

式中，$\sum_a L_a$ 表示流图中所有不同回路的回路传输之和，即所有单独环路增益之和；$\sum_{b,c} L_b L_c$ 为所有两个互不接触回路的回路增益乘积之和；$\sum_{d,e,f} L_d L_e L_f$ 为所有三个互不接触回路的回路增益乘积之和。

例 7 - 2 - 5 如图 7 - 2 - 11、图 7 - 2 - 12 所示的信号流图，使用 Masson 公式求输入节点到输出节点的传递函数。

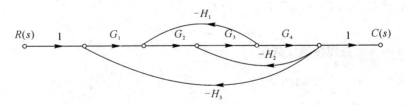

图 7 - 2 - 11 系统信号流图 1

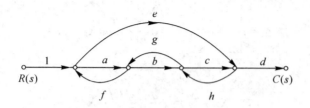

图 7 - 2 - 12　系统信号流图 2

解　（1）从图 7 - 2 - 11 所示的信号流图可知：

（a）根据梅森增益公式，从输入节点到输出节点之间，只有一条前向通道，即 $n=1$，其增益为 $P_1=G_1G_2G_3G_4$。

（b）有三个单独回路，即

$$L_1=-G_2G_3H_1,\ L_2=-G_3G_4H_2,\ L_3=-G_1G_2G_3G_4H_3$$

其回路之和为

$$\sum L_a=-G_2G_3H_1-G_3G_4H_2-G_1G_2G_3G_4H_3$$

（c）这三个回路都有公共点，所以不存在互不接触电路，于是特征式为

$$\Delta=1-\sum L_a=1+G_2G_3H_1+G_3G_4H_2+G_1G_2G_3G_4H_3$$

因为这三个回路都和前向通道接触，所以其余因子式 $\Delta_1=1$，最后得到输入节点到输出节点的总增益 P 即系统传递函数为

$$P=\frac{P_1\Delta_1}{\Delta}=\frac{G_1G_2G_3G_4}{1+G_2G_3H_1+G_3G_4H_2+G_1G_2G_3G_4H_3}$$

（2）从 图 7 - 2 - 12 所示的信号流图可知：

（a）该系统有 4 个单独回路，分别为

$$L_1=af,\ L_2=bg,\ L_3=ch,\ L_4=eghf$$

其回路之和为

$$\sum L_a=L_1+L_2+L_3+L_4=af+bg+ch+ehgf$$

（b）只有 L_1 与 L_3 回路互不接触，所以两两互不接触回路增益乘积为

$$L_1L_3=afch$$

于是特征式为 $\Delta=1-af-bg-ch-ehgf+afch$。

（c）有两个前向通道，分别为 $P_1=abcd$，$P_2=ed$。第一条前向通道与所有回路都接触，第二条前向通道与回路 $L_2=bg$ 不接触，因此

$$\Delta_1=1,\ \Delta_2=1-bg$$

（d）系统的总增益即传递函数为

$$P=\frac{1}{\Delta}(P_1\Delta_1+P_2\Delta_2)=\frac{abcd+ed(1-bg)}{1-af-bg-ch-ehgf+afch}$$

熟悉了梅森公式以后，根据它求取系统的增益比利用结构图更简便有效，特别是对于复杂的多环系统和多输入、多输出系统效果更显著。因此，信号流图得到了广泛的使用，并常用于控制系统的计算和辅助设计。

7.3 IIR 滤波器的结构

IIR 滤波器的传递函数 $H(z)$ 在有限 z 平面上有极点存在。它的单位脉冲响应延续到无限长,而它的结构上的特性是存在反馈环路,也即结构上是递归型的。具体实现起来,结构并不是唯一的,同一个传递函数 $H(z)$ 可以有各种不同的结构形式,IIR 滤波器中主要的基本结构形式主要有直接型、级联型和并联型。

7.3.1 直接型 IIR 滤波器

直接型 IIR 滤波器可以直接使用 IIR 滤波器的传递函数。一个 N 阶 IIR 滤波器的传递函数可以表达为

$$H(z) = \frac{Y(z)}{X(z)} = \frac{\sum_{j=0}^{M} b_j z^{-j}}{1 - \sum_{i=1}^{N} a_i z^{-i}} \tag{7.3.1}$$

用差分方程可以表达为

$$y(n) = \sum_{j=0}^{M} b_j x(n-j) + \sum_{i=1}^{N} a_i y(n-i), \quad a_i \neq 0 \tag{7.3.2}$$

这种滤波器可分为两部分:滑动平均部分(分子)和递归部分(分母)。根据两部分运算次序的先后,可分为直接 I 型和直接 II 型。

直接 I 型:需要 $2N$ 级延时单元。

直接 II 型:只需要 N 级延时单元,节省资源。

1. 直接 I 型

从差分方程表达式(7.3.2)可以看出,$y(n)$ 是由两部分相加构成的。第一部分是一个对输入 $x(n)$ 的 N 节延时链结构,每节延时抽头后加权相加,也即是一个横向结构网络;第二部分也是一个 N 节延时链的横向结构网络,不过它是对 $y(n)$ 延时,因此是个反馈网络,直接 I 型结构需要 $2N$ 级延时单元。

2. 直接 II 型

直接 II 型把 IIR 滤波器传递函数的分子和分母看作是两个独立的网络,

$$H(z) = \frac{Y(z)}{X(z)} = \frac{Y(z)}{W(z)} \cdot \frac{W(z)}{X(z)} = \sum_{j=0}^{M} b_j z^{-j} \cdot \frac{1}{1 - \sum_{i=1}^{N} a_i z^{-i}}$$

其第一部分的传递函数为

$$H_1(z) = \sum_{j=0}^{M} b_j z^{-j} \tag{7.3.3}$$

其第二部分的传递函数为

$$H_2(z) = \frac{1}{1 - \sum_{i=1}^{N} a_i z^{-i}} \tag{7.3.4}$$

这两部分串接后即构成总的系统函数:$H(z) = H_1(z) H_2(z)$。由于系统是线性的,显然将

级联的次序调换不会影响总的结果，即 $H(z)=H_2(z)H_1(z)$。改变级联次序后，将中间的两条完全相同的延时链合并，这样延时单元可以节省一倍，即 N 阶滤波器只需要 N 级延时单元。这种结构称为正准型结构或直接 Ⅱ 型结构。

直接 Ⅱ 型结构节约了大量的延迟器，由于系统函数 $H(z)$ 的零、极点是由差分方程中参数 a_i、b_j 决定的，当滤波器的阶数较高时，其特性随参数的变化变得很敏感，所以要求系统有较高的灵敏度。因此，一般情况下，直接 Ⅱ 型结构多用于一、二阶情况，对于 N 值较大的高阶系统，通常把 $H(z)$ 分解成低阶组合，然后分别实现。

直接 Ⅰ、Ⅱ 型在实现原理上是类似的，都是直接一次构成。共同的缺点是，系数 a_i、b_j 对滤波器性能的控制关系不直接，调整不方便。更严重的是当阶数 N 较高时，直接型结构的极点位置灵敏度太大，对字长效应太明显，因而容易出现不稳定现象并产生较大误差。因此，一般来说，3 阶以上的系统都不使用直接型，采用另两种结构将具有更大的优越性。

直接型结构由两个系数行向量 b 和 a 描述，在 MATLAB 中，这种滤波器的输出用函数 $y=filter(b, a, x)$ 计算，参阅例 2-3-4。

3. 直接型流图

1）直接 Ⅰ 型信号流图形式

直接型用差分方程可以表达为式（7.3.2）所示的形式，展开该式得到：

$$y(n)=[b_0 x(n)+b_1 x(n-1)+b_2 x(n-2)+\cdots+b_M x(n-M)]$$
$$+[a_1 y(n-1)+a_2 y(n-2)+\cdots+a_N y(n-N)]$$

等式右边的 $x(n)$ 及 $x(n)$ 的延时项是与输入信号有关的部分，而 $y(n)$ 的延时项为反馈支路，其网络结构图可以用如图 7-3-1 所示的信号流图形式表示。

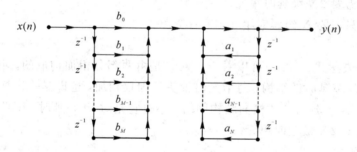

图 7-3-1 直接 Ⅰ 型信号流图形式

该形式是直接 Ⅰ 型信号流图形式，先实现了系统函数 $H(z)$ 的分子部分，后实现系统函数 $H(z)$ 的分母部分，然后把它们级联起来。分子部分是抽头延时线，分母部分是反馈抽头延时线。此结构存在两部分独立的延时线，设 $M=N=2$，则需要 4 个延时线。

2）直接 Ⅱ 型信号流图形式

差分方程交换次序得：

$$y(n)=[a_1 y(n-1)+a_2 y(n-2)+\cdots+a_N y(n-N)]$$
$$+[b_0 x(n)+b_1 x(n-1)+\cdots+b_M x(n-M)]$$

其网络结构图可以用如图 7-3-2 所示的形式表示。

交换次序后，先处理分母部分，后处理分子部分。此时，有两个并排的延时线，如果合并对应位置的延时项 z^{-1}，设 $M=N$，网络结构图又可以表示为如图 7-3-3 所示的形式。

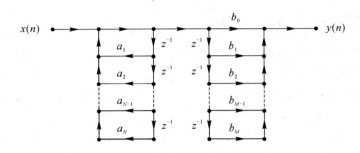

图 7 - 3 - 2　交换次序后的直接型信号流图形式

合并延时线后的结构就是直接 II 型，设 $M=N=2$，则只需要 2 个延时线。

当 $M<N$ 时，流图表示为如图 7 - 3 - 4 所示的形式。

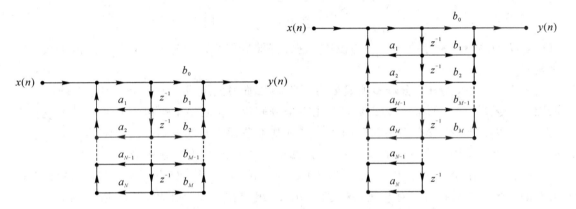

图 7 - 3 - 3　合并延时项后 $M=N$ 的直接型　　图 7 - 3 - 4　合并延时项后 $M<N$ 的直
　　　　　　信号流图形式　　　　　　　　　　　　　接型信号流图形式

例 7 - 3 - 1　已知 IIR 滤波器的系统函数为 $H(z)=\dfrac{Y(z)}{X(z)}=\dfrac{8-4z^{-1}+11z^{-2}-2z^{-3}}{1-\dfrac{5}{4}z^{-1}+\dfrac{3}{4}z^{-2}-\dfrac{1}{8}z^{-3}}$，

画出该滤波器的直接型结构。

解　由系统函数写出差分方程如下：

$$y(n)=\frac{5}{4}y(n-1)-\frac{3}{4}y(n-2)+\frac{1}{8}y(n-3)+8x(n)-4x(n-1)+11x(n-2)-2x(n-3)$$

按照差分方程画出其直接 II 型流图结构，如图 7 - 3 - 5 所示。

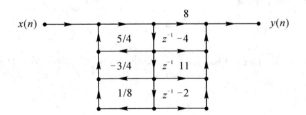

图 7 - 3 - 5　例 7 - 3 - 1 滤波器的直接 III 型流图结构

7.3.2　级联（串联）型 IIR 滤波器

每一个基本节只关系到滤波器的某一对极点和一对零点，便于准确实现滤波器的零、极点，也便于性能调整。

级联结构可以有许多不同的搭配方式，在实际工作中，由于运算字长效应的影响，不同排列所得到的误差和性能也不一样。

对于任何实系数的系统函数 $H(z)$，分子、分母为多项式，系数一般为实数。首先把分子、分母多项式的根解出，一个 N 阶的传递函数就可以用它的零、极点来表示，也即它的分子、分母都可以用因式连乘的形式表达为

$$H(z) = \frac{Y(z)}{X(z)} = \frac{\sum\limits_{j=0}^{M} b_j z^{-j}}{1 - \sum\limits_{i=1}^{N} a_i z^{-i}} = H_0 \frac{\prod\limits_{i=1}^{M} (1 - p_i z^{-1})}{\prod\limits_{i=1}^{N} (1 - q_i z^{-1})}$$

其中，H_0 为系数，p_i 为零点，q_i 为极点，这样滤波器就可以用若干一阶和二阶网络级联起来构成。

一般情况下，分子、分母多项式可由一阶和二阶因式组成。但是为了统一，均采用二阶因式，令 $M = N$，如果 N 为奇数，不能完全分解为二阶因式，可以用 0 系数补齐，使 N 为偶数，以便能够完全分解为二阶因式。二阶基本节通常是实系数，而一阶因子通常包含复系数。统一使用二阶节表示保持了结构上的统一性，有利于时分复用。

因为设计系统时 a_i 和 b_i 一般定义为实数的形式，所以零、极点的出现都是实数或共轭成对的复数。然后把每一对共轭复根（零、极点）组合在一起，形成一个二阶多项式，其系数仍为实数；再将分子、分母的任意两个实根组合在一起，得到二阶子系统：

$$H_j(z) = \frac{Y_j(z)}{X_j(z)} = \frac{1 + \beta_{1j} z^{-1} + \beta_{2j} z^{-2}}{1 - \alpha_{1j} z^{-1} - \alpha_{2j} z^{-2}} \tag{7.3.5}$$

$H_j(z)$ 称为第 j 个双二阶环节（biquad），这样一个二阶基本网络可以采用直接 Ⅱ 型结构来实现，这些二阶网络也成为滤波器的二阶基本节。它的传递函数的一般形式为

$$H(z) = \frac{Y(z)}{X(z)} = \frac{\sum\limits_{j=0}^{N} b_j z^{-j}}{1 - \sum\limits_{i=1}^{N} a_i z^{-i}} = H_0 \prod\limits_{j=1}^{k} H_j(z) \tag{7.3.6}$$

$H(z)$ 的系数 a_i、b_j 都是实系数，H_0 是增益（常数），整个滤波器是它们的级联。上式还可表示为基本二阶节相乘的形式：

$$H(z) = H_0 \prod\limits_{j=1}^{k} \frac{1 + \beta_{1j} z^{-1} + \beta_{2j} z^{-2}}{1 - \alpha_{1j} z^{-1} - \alpha_{2j} z^{-2}} = H_0 \cdot H_1(z) \cdot \cdots \cdot H_k(z) \tag{7.3.7}$$

其中，$k = N/2$，如果 N 为奇数，可以用 0 系数补齐，使 N 为偶数，IIR 数字滤波器的级联形式结构如图 7-3-6 所示。

级联型的特点如下：

· 简化实现，用一个二阶节通过变换系数就可实现整个系统；

· 可流水线操作，所用的存储器的个数最少。

· 缺点是二阶节电平难控制，电平大易导致溢出，电平小则使信噪比减小。

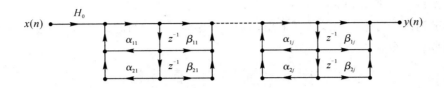

图 7-3-6 级联型信号流图形式

注意：

·传输函数的分母为反馈项，所以画结构图时其系数前需要加"－"号，可以理解为与传输方向相反。

·每一个二阶网络决定一对零点和一对极点，级联可以单独调节滤波器的某级零点、极点，而不影响其他节点的配置，便于调节滤波器的整体频率特性。

·级联网络结构中后面的网络输出不会再流到前面，相对于直接型来说，级联型运算的累计误差要小。

·二阶基本节有许多不同配置，各二阶节零、极点的搭配可互换位置，同时若采用有限位字长，不同配置所带来的误差也不同，因此存在优化问题。通过优化组合可以减小运算误差。

例 7-3-2 将上例系统函数转为级联型，画出网络结构图。

解 将已知 IIR 滤波器的系统函数分解如下

$$H(z)=\frac{Y(z)}{X(z)}=\frac{(2-0.379z^{-1})(4-1.24z^{-1}+5.264z^{-2})}{(1-0.25z^{-1})(1-z^{-1}+0.5z^{-2})}$$

$$=\frac{2-0.379z^{-1}}{1-0.25z^{-1}}\cdot\frac{4-1.24z^{-1}+5.264z^{-2}}{1-z^{-1}+0.5z^{-2}}$$

由此画出级联型网络结构图，如图 7-3-7 所示。

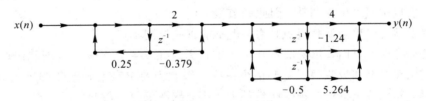

图 7-3-7 级联型网络结构图

7.3.3 并联型 IIR 滤波器

并联型是将传递函数用部分分式展开成二阶子系统和的形式，对于其中的共轭复根部分，再将它们成对地合并为二阶实系数的部分分式，则

$$H(z)=\frac{Y(z)}{X(z)}=\frac{\sum_{j=0}^{N}b_jz^{-j}}{1-\sum_{i=1}^{N}a_iz^{-i}}=H_0+\sum_{i=1}^{L}\frac{A_i}{1-p_iz^{-1}}+\sum_{i=1}^{M}\frac{\gamma_{0i}+\gamma_{1i}z^{-1}}{1-\alpha_{1i}z^{-1}-\alpha_{2i}z^{-2}}$$

$$(7.3.8)$$

其中，$N=L+2M$，这样就可以用 L 个一阶网络、M 个二阶网络以及一个常数 H_0 网络

并联起来组成滤波器 $H(z)$。

同样的道理，当然也可以全部采用二阶节的结构，这时可将式(7.3.8)中实根部分两两合并以形成二阶分式

$$H_j(z) = \sum_{j=1}^{i} \frac{\beta_{0j} + \beta_{1j} z^{-1}}{1 - \alpha_{1j} z^{-1} - \alpha_{2j} z^{-2}} \tag{7.3.9}$$

$$H(z) = [H_0 + H_1(z) + H_2(z) + \cdots + H_i(z)] \tag{7.3.10}$$

$$Y(z) = [H_0 + H_1(z) + H_2(z) + \cdots + H_i(z)] \cdot X(z) \tag{7.3.11}$$

其中，$i = N/2$，如果 N 为奇数，可以用 0 系数补齐，使 N 为偶数，IIR 数字滤波器的并联形式结构如图 7-3-8 所示。

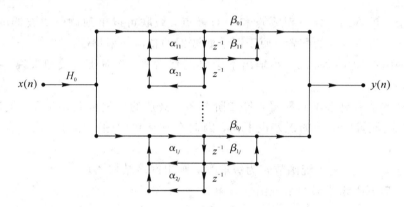

图 7-3-8　并联型信号流图形式

并联型的特点如下：

(1) 系统实现简单。

(2) 在并联型网络中，每一个一阶网络决定一个实数极点，每一个二阶网络决定一对共轭极点，极点位置可单独调整，因此调节很方便。

(3) 并联型可以单独调整极点位置，但不能直接控制零点。

(4) 在运算误差方面，并联型各基本节的误差互不影响，不像直接型和级联型有累计误差，所以比直接型和级联型误差要稍小一些。因此当要求有准确的传输零点时，采用级联型最合适，其他情况下这两种结构性能差不多，或许采用并联型稍好一点。

(5) 运算速度快（可并行进行）：由于基本网络并联，可同时对输入信号进行处理，因此运算速度也比直接型和级联型快。

(6) 总的误差小，对字长要求低。

(7) 缺点：不能直接调整零点。

例 7-3-4　设 IIR 数字滤波器的差分方程为

$$y(n) - \frac{3}{4} y(n-1) + \frac{1}{8} y(n-2) = x(n) + \frac{1}{3} x(n-1)$$

试用直接型、级联型和并联型画出系统的结构图。

解　由差分方程可写出系统函数 $H(z)$，并把它分解为级联形式和并联形式。

(1) IIR 直接型。

将差分方程改写为 $y(n) = \frac{3}{4} y(n-1) - \frac{1}{8} y(n-2) + x(n) + \frac{1}{3} x(n-1)$，直接画出 IIR

直接型，如图 7 - 3 - 9 所示。

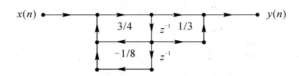

图 7 - 3 - 9　IIR 直接型系统结构图

（2）IIR 级联型。

由差分方程写出系统函数 $H(z)$，把它分解为级联形式为

$$H(z) = \frac{1 + \frac{1}{3}z^{-1}}{1 - \frac{3}{4}z^{-1} + \frac{1}{8}z^{-2}} = \frac{1 + \frac{1}{3}z^{-1}}{\left(1 - \frac{1}{2}z^{-1}\right)\left(1 - \frac{1}{4}z^{-1}\right)} = \frac{1 + \frac{1}{3}z^{-1}}{1 - \frac{1}{2}z^{-1}} \cdot \frac{1}{1 - \frac{1}{4}z^{-1}}$$

直接画出 IIR 级联型，如图 7 - 3 - 10 所示。

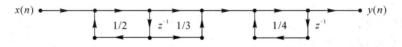

图 7 - 3 - 10　IIR 级联型系统结构图

（3）IIR 并联型。

由差分方程可写出系统函数 $H(z)$，把它分解为并联形式为

$$H(z) = \frac{1 + \frac{1}{3}z^{-1}}{1 - \frac{3}{4}z^{-1} + \frac{1}{8}z^{-2}} = \frac{1 + \frac{1}{3}z^{-1}}{\left(1 - \frac{1}{2}z^{-1}\right)\left(1 - \frac{1}{4}z^{-1}\right)} = \frac{\frac{10}{3}}{1 - \frac{1}{2}z^{-1}} + \frac{-\frac{7}{3}}{1 - \frac{1}{4}z^{-1}}$$

直接画出 IIR 并联型，如图 7 - 3 - 11 所示。

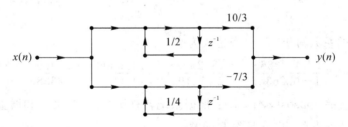

图 7 - 3 - 11　IIR 并联型系统结构图

7.3.4　结构之间的转换

　　直接型、级联结构、并联结构之间可以互相转换，MATLAB 中提供了转换函数。系统的传递函数对应于直接型结构，二次分式模型（SOS）对应于级联型结构，部分分式（residue 或 residuez）对应于并联型结构。

1. 级联结构转换为直接型

（1）[b，a]＝sos2tf(sos)、[b，a]＝sos2tf(sos，g)：将数字滤波器级联结构的系数转换为直接结构的系统转移函数，g 是增益。sos 是一个 k×6 的矩阵，它包含二阶网络节点系数：

$$sos = \begin{vmatrix} b_{01} & b_{11} & b_{21} & 1 & a_{11} & a_{21} \\ b_{02} & b_{12} & b_{22} & 1 & a_{12} & a_{22} \\ \vdots & \vdots & \vdots & \vdots & \vdots & \vdots \\ b_{0k} & b_{1k} & b_{2k} & 1 & a_{1k} & a_{2k} \end{vmatrix}$$

（2）[z, p, k]＝sos2zp(sos)、[z, p, k] ＝ sos2zp(sos, g)：将数字滤波器级联结构的系数转换为直接结构的系统转移函数的零点 z、极点 p 和增益 k，g 是级联增益。

2. 直接型转换为级联结构

（1）[sos, g] ＝ tf2sos(b, a)：根据系统转移函数的系数和增益，将数字滤波器的直接结构转换为级联结构，g 是级联增益。

例 7 - 3 - 5 将直接型的系统函数 $H(z) = \dfrac{Y(z)}{X(z)} = \dfrac{1+3z^{-1}+11z^{-2}-27z^{-3}+18z^{-4}}{12+12z^{-1}+2z^{-2}-4z^{-3}-z^{-4}}$ 转换为级联结构。

解 程序如下：

```
b＝[1, 3, 11, −27, 18];
a＝[12, 12, 2, −4, −1];
fprintf('级联结构系数 sos：')
[sos, g] ＝ tf2sos(b, a)
```

程序运行结果如下：

级联结构系数 sos：

sos＝

| 1.0000 | 4.7366 | 18.2390 | 1.0000 | −0.2638 | −0.1319 |
| 1.0000 | −1.7366 | 0.9869 | 1.0000 | 1.2638 | 0.6319 |

g＝ 0.0833

由级联结构的系数写出 $H(z)$ 表达式为

$$H(z) = 0.0833\left(\frac{1+4.7366z^{-1}+18.2390z^{-2}}{1-0.2638z^{-1}-0.1319z^{-2}}\right)\left(\frac{1.0000-1.7366z^{-1}+0.9869z^{-2}}{1.0000+1.2638z^{-1}+0.6319z^{-2}}\right)$$

（2）[sos, g] ＝ zp2sos(z, p, k)：根据系统转移函数的零、极点和增益，将数字滤波器的直接结构转换为级联结构，g 是级联增益。

例 7 - 3 - 6 求下列直接型系统函数的零、极点，并将它转换成二阶节形式。

$$H(z) = \frac{1-0.1z^{-1}-0.3z^{-2}-0.3z^{-3}-0.2z^{-4}}{1+0.1z^{-1}+0.2z^{-2}+0.2z^{-3}+0.5z^{-4}}$$

解 MATLAB 计算程序如下：

```
num＝[1, −0.1, −0.3, −0.3, −0.2];
den＝[1, 0.1, 0.2, 0.2, 0.5];
[z, p, k]＝tf2zp(num, den);
m＝abs(p);
disp('零点：');disp(z);
```

```
disp('极点:');disp(p);
disp('增益系数:');
disp(k);sos=zp2sos(z, p, k);
disp('二阶节 sos=');
disp(real(sos));
    zplane(num, den)
```

输入到"num"和"den"的分别为分子和分母多项式的系数。计算求得零、极点增益系数和二阶节的系数:

零点:

$$0.9615$$
$$-0.5730$$
$$-0.1443 + 0.5850i$$
$$-0.1443 - 0.5850i$$

极点:

$$0.5276 + 0.6997i$$
$$0.5276 - 0.6997i$$
$$-0.5776 + 0.5635i$$
$$-0.5776 - 0.5635i$$

增益系数:1

二阶节 sos=

1.0000	−0.3885	−0.5509	1.0000	1.1552	0.6511
1.0000	0.2885	0.3630	1.0000	−1.0552	0.7679

由此得到系统函数的二阶节形式为

$$H(z) = \frac{1 - 0.3885z^{-1} - 0.5509z^{-2}}{1 + 0.2885z^{-1} + 0.3630z^{-2}} \cdot \frac{1 + 1.1552z^{-1} + 0.6511z^{-2}}{1 - 1.0552z^{-1} + 0.7679z^{-2}}$$

绘制出极点图如图 7-3-12 所示。

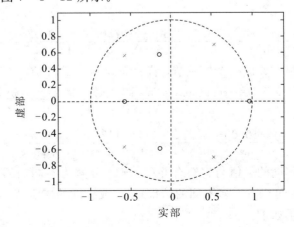

图 7-3-12　极点图

例 7－3－7 将直接型系统函数 $H(z) = \dfrac{Y(z)}{X(z)} = \dfrac{1-3z^{-1}+11z^{-2}-27z^{-3}+18z^{-4}}{16+12z^{-1}+2z^{-2}-4z^{-3}-z^{-4}}$ 转换成级联、并联形式。

解 MATLAB 计算程序如下：

```
b=[1, -3, 11, -27, 18];
a=[16, 12, 2, -4, -1];
disp('级联结构系数 sos:')
[sos, g] = tf2sos(b, a)
disp('并联结构系数 sos:')
[r, p, k] = residuez(b, a)
```

级联结构系数 sos：

sos=

| 1.0000 | −3.0000 | 2.0000 | 1.0000 | −0.2500 | −0.1250 |
| 1.0000 | 0.0000 | 9.0000 | 1.0000 | 1.0000 | 0.5000 |

g = 0.0625

$$H(z) = 0.0625 \left(\frac{1-3z^{-1}+2z^{-2}}{1-0.25z^{-1}-0.125z^{-2}} \right) \left(\frac{1+9z^{-2}}{1+z^{-1}+0.5z^{-2}} \right)$$

并联结构系数 sos：

r=

$-5.0250-1.0750i$

$-5.0250+1.0750i$

0.9250

27.1875

p=

$-0.5000+0.5000i$

$-0.5000-0.5000i$

0.5000

-0.2500

k=−18

$$H(z) = \frac{-5.0250-1.0750i}{1-(-0.5+0.5i)z^{-1}} + \frac{-5.0250+1.0750i}{1-(-0.5-0.5i)z^{-1}} + \frac{0.925}{1-0.5z^{-1}} + \frac{27.1875}{1+0.25z^{-1}} - 18$$

将前两项共轭复根合并成一个二阶节，将后面 3、4 项合并成一个二阶节即可。

提示：分别使用[B, A] = residuez(r, p, k)函数，令 k＝0，进行逆操作完成上述合并，最后的结果为

$$H(z) = \frac{-10.05-3.95z^{-1}}{1-z^{-1}-0.5z^{-2}} + \frac{28.1125-13.3625z^{-1}}{1-0.25z^{-1}-0.125z^{-2}} - 18$$

当然也可以利用不同的 k 值与它们合并（将−18 分解为不同的组合，分别供前两项和后两项合并使用，因此可以有许多不同的结果）以生成不同的二阶节。例如，将 $k＝-18$ 供后两项合并使用的结果如下：

$$H(z) = \frac{-10.05-3.95z^{-1}}{1-z^{-1}-0.5z^{-2}} + \frac{10.1125-8.8625z^{-1}+2.25z^{-2}}{1-0.25z^{-1}-0.125z^{-2}}$$

7.4 FIR 数字滤波器的网络结构

FIR 网络的特点是没有反馈支路,即没有环路,是非递归结构(频率抽样型有反馈的递归结构)。其单位脉冲响应是有限长的,设单位脉冲响应长度为 M,则 FIR 数字滤波器的差分方程为

$$y(n) = \sum_{m=0}^{M-1} h(m)x(n-m) \tag{7.4.1}$$

其系统函数 $H(z)$ 为

$$H(z) = \frac{Y(z)}{X(z)} = \sum_{n=0}^{M-1} h(n)z^{-n} \tag{7.4.2}$$

实现 N 阶 FIR 数字滤波器差分方程的网络结构有直接型、级联型和频率抽样型等。

7.4.1 直接型

直接型包括卷积型和横截型:

(1) 卷积型:差分方程是信号的卷积形式;

(2) 横截型:差分方程是一条输入 $x(n)$ 延时链的横向结构。

根据式(7.4.2)可知,直接绘出 FIR 数字滤波器的直接型的横截型网络结构如图 7-4-1 所示。

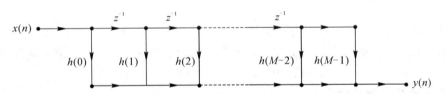

图 7-4-1 FIR 数字滤波器的直接型的横截型网络结构

7.4.2 级联型

将 FIR 数字滤波器的系统函数 $H(z)$ 进行因式分解得到

$$H(z) = H_0 \prod_{i=1}^{j} (1 + \beta_{1i}z^{-1} + \beta_{2i}z^{-2}) \tag{7.4.3}$$

然后把每一对共轭复根(零点)组合在一起,形成一个系数为实数的二阶多项式,得到由一阶和二阶子系统构成的级联结构,其中每一个子系统都可以用直接型实现。

FIR 数字滤波器的级联型网络结构图如图 7-4-2 所示。

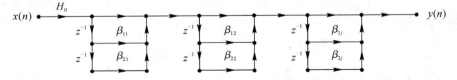

图 7-4-2 FIR 数字滤波器的级联型网络结构图

例 7 - 4 - 1 系统函数为 $H(z)=0.96+2z^{-1}+2.8z^{-2}+1.5z^{-3}$，画出直接型和级联型网络结构图。

解 由 $H(z)$ 的表达式可直接绘出直接型网络结构图，如图 7 - 4 - 3 所示。

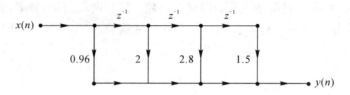

图 7 - 4 - 3　FIR 数字滤波器的直接型网络结构图

$H(z)$ 又可分解为 $H(z)=(0.6+0.5z^{-1})\times(1.6+2z^{-1}+3z^{-2})$，其级联型网络结构图如图 7 - 4 - 4 所示。

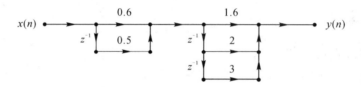

图 7 - 4 - 4　FIR 数字滤波器的级联型网络结构图

7.4.3　频率抽样型

我们知道，有限长序列可以进行频域采样。现 $h(n)$ 是长度为 N 的序列，因此也可对系统函数 $H(z)$ 在单位圆上作 N 等分采样，这个采样值也就是 $h(n)$ 的离散傅立叶变换值：

$$H(k)=H(z)\big|_{z=W_N^{-k}}=\mathrm{DFT}[h(n)]$$

1. 频率抽样型网络的实现

频率抽样型求出 FIR 的 $H(z)$ 的步骤是 $h(n)\xrightarrow{\text{DFT}}H(k)\xrightarrow{\text{内插公式}}H(z)$。

(1) 设 FIR 滤波器的单位采样响应 $h(n)$ 的长度为 M，对其作 N 点的 DFT$(N\geqslant M)$ 可求出 $H(k)$，即

$$H(k)=\sum_{n=0}^{N-1}h(n)W_N^{kn}\quad(k=0,1,\cdots,N-1)\tag{7.4.4}$$

(2) 再用内插公式由 $H(k)$ 求出 $H(z)$：

$$H(z)=(1-z^{-N})\frac{1}{N}\sum_{k=0}^{N-1}\frac{H(k)}{1-W_N^{-k}z^{-1}}\tag{7.4.5}$$

(3) 令 $H_k(z)=\dfrac{H(k)}{1-W_N^{-k}z^{-1}}$，$H_c(z)=(1-z^{-N})$。$H_c(z)$ 是一种梳状滤波器结构，将前式写成如下形式：

$$H(z)=H_c(z)\frac{1}{N}\sum_{k=0}^{N-1}H_k(z)\tag{7.4.6}$$

由上述步骤求出 $H(z)$ 的方法称为频率抽样法，其 FIR 的结构称为频率抽样型结构，如图 7 - 4 - 5 所示。

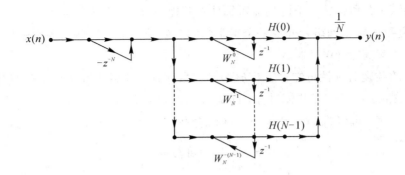

图 7 - 4 - 5　FIR 滤波器的频率抽样型结构

可见，$H(z)$ 由 FIR 和 IIR 两部分级联而成，第一部分 $H_c(z)$（FIR 部分），是一个由 N 节延时器组成的梳状滤波器，它在单位圆上有 N 个等分的零点；第二部分是由 IIR 的 N 个一阶网络 $H_k(z)$ 并联组成。网络中有反馈支路，它是由 $H_k(z)$ 产生的，极点为

$$z_k = e^{j\frac{2\pi}{N}k}, \quad k = 0, 1, 2, \cdots, N-1 \tag{7.4.7}$$

即它们是单位圆上有等间隔分布的 N 个极点，而梳状滤波器 $H_c(z)$ 的零点与之相同，也是等间隔分布在单位圆上，这样零点与极点抵消，保证了网络的稳定性。

频率抽样型结构有两个显著的优点：

(1) 在频率采样点 ω_k 处，$H(e^{j\omega}) = H(k)$，只要调整一阶网络中乘法器的系数 $H(k)$，就可以有效地调整频率特性，在实际中非常方便。

(2) 对于任何 N 阶系统的频响形状，其梳状滤波器及 N 个一阶网络部分结构完全相同，只是各支路增益 $H(k)$ 不同。也就是说，只要 $h(n)$ 的长度相同，都是 N 点，不管其频率响应的形状如何，其梳状滤波器及 N 个一阶网络部分结构都是完全相同的，形状的差异取决于各支路增益 $H(k)$ 的不同。这样，相同部分可以标准化、模块化。各支路增益可以做成可编程单元，生产出可编程的 FIR 滤波器。

2. 频率抽样型结构的修正

频率抽样型结构有以下缺点：

(1) 系统的稳定性是由于零点与极点抵消的原因，实际上由于寄存器的字长是有限的，对网络中的支路增益量化时会产生量化误差，可能使零点与极点不能够完全抵消，从而影响系统稳定度。

(2) 在此结构中，$H(k)$ 和 W_N^{-k} 一般为复数，要求乘法器完成复数运算，对硬件实现是不方便的。

为了克服上述缺点，需要对频率采样结构作出修正：

(1) 将单位圆上的零极点向单位圆内收缩，收缩到半径为 r 的圆上，取 $r<1$，且 $r\approx1$，此时

$$H(z) = (1 - r^N z^{-N}) \frac{1}{N} \sum_{k=0}^{N-1} \frac{H_r(k)}{1 - rW_N^{-k}z^{-1}} \tag{7.4.8}$$

其中，$H_r(k)$ 是在半径为 r 的圆上对 $H(z)$ 的 N 点等间隔采样值，由于 $r\approx1$，可以近似的认为 $H_r(k) \approx H(k)$，这样零极点均为 $re^{j\frac{2\pi}{N}k}$（$k=0, 1, 2, \cdots, N-1$）。如果由于量化误差可能使零点与极点不能够完全抵消，极点仍在单位圆内，可保持系统稳定。

（2）利用 DFT 和旋转因子的共轭对称性将共轭根合并，消除虚数部分。

将一对复数一阶子网络合并成一个实系数的二阶子网络。这些共轭根在圆周上是对称点，即 $W_N^{-(N-k)} = W^k = (W^{-k})^*$。

由 DFT 的共轭对称性可知，如果 $h(n)$ 是实数序列，其离散傅立叶变换 $H(k)$ 也是圆周共轭对称的，即关于 $N/2$ 点共轭对称，即 $H(k) = H^*(N-k)$、$H(N-k) = H^*(k)$。而且由于 $W_N^{-k} = W_N^{N-k}$，可以将 $H_k(z)$ 和 $H_{N-k}(z)$ 合并成一个二阶网络，当 N 为偶数时，$M = \frac{N}{2} - 1$，当 N 为奇数时，$M = \frac{N-1}{2}$，式（7.4.8）可写成

$$H(z) = (1 - r^N z^{-N}) \frac{1}{N} \left[\sum_{k=1}^{M} \frac{H(k)}{1 - rW_N^{-k}z^{-1}} + \frac{H(N-k)}{1 - rW_N^{-(N-k)}z^{-1}} + \frac{H(0)}{1 - rz^{-1}} + \frac{H(N/2)}{1 + rz^{-1}} \right]$$

$$H_k(z) = \frac{H(k)}{1 - rW_N^{-k}z^{-1}} + \frac{H(N-k)}{1 - rW_N^{-(N-k)}z^{-1}}$$

$$= \frac{H(k)}{1 - rW_N^{-k}z^{-1}} + \frac{H^*(k)}{1 - r(W_N^{-k})^* z^{-1}}$$

$$= \frac{a_{0k} + a_{1k}z^{-1}}{1 - 2r\cos\left(\frac{2\pi}{N}k\right)z^{-1} + r^2 z^{-2}} \qquad k = 1, 2, \dots M$$

令 $a_{0k} = 2\mathrm{Re}[H(k)]$，$a_{1k} = -2\mathrm{Re}[rH(k)W_N^k]$，$k = 1, 2, \cdots M$，最后得到以下结果：

这个二端网络是一个有限 Q 值的谐振器，谐振频率为 $\omega_k = \frac{2\pi}{N}k$。除了以上共轭极点外，还有实数极点，分两种情况：

（1）当 N 为偶数时，$M = \frac{N}{2} - 1$，有两个实数极点 $z = \pm r$，对应 $H(0)$ 和 $H(N/2)$，有

两个一阶网络 $H_0(z) = \frac{H(0)}{1 - rz^{-1}}$ 和 $H_{\frac{N}{2}}(z) = \frac{H\left(\frac{N}{2}\right)}{1 + rz^{-1}}$，则

$$H(z) = \frac{1 - r^N z^{-N}}{N} \left[\frac{H(0)}{1 - rz^{-1}} + \frac{H\left(\frac{N}{2}\right)}{1 + rz^{-1}} + \sum_{k=1}^{M} \frac{a_{0k} + a_{1k}z^{-1}}{1 - 2r\cos\left(\frac{2\pi}{N}k\right)z^{-1} + r^2 z^{-2}} \right]$$

$$(7.4.9)$$

（2）当 N 为奇数时，$M = \frac{N-1}{2}$，只有一个实数极点 $z = r$，只有一个采样值 $H(0)$ 为实数，对应的有一个一阶网络 $H_0(z) = \frac{H(0)}{1 - rz^{-1}}$，则

$$H(z) = \frac{1 - r^N z^{-N}}{N} \left[\frac{H(0)}{1 - rz^{-1}} + \sum_{k=1}^{M} \frac{a_{0k} + a_{1k}z^{-1}}{1 - 2r\cos\left(\frac{2\pi}{N}k\right)z^{-1} + r^2 z^{-2}} \right] \qquad (7.4.10)$$

可见，当采样点数 N 很大时，其结构很复杂，需要的乘法器和延时器很多，但是对于窄带滤波器，大部分采样点 $H(k)$ 的值为 0，从而使二阶网络个数大大减少，所以频率采样结构适合于窄带滤波器。

频率采样型特点如下：

（1）频率采样型结构适合于任何 FIR 系统函数。

（2）频率采样法设计得到的系统函数，可以用频率采样型结构实现，也可以用横截型、级联型或 FFT 实现。

（3）优点：选频性好，适于窄带滤波；不同的 FIR 滤波器，若长度相同，可通过改变系数用同一个网络实现；复用性好。

（4）缺点：结构复杂，采用的存储器多。

7.4.4　线性相位型的网络结构

线性相位结构 FIR 滤波器是直接型结构的化简，特点是网络具有线性相位，比直接型结构节约近一半的乘法器。如果系统具有线性相位，它的单位脉冲响应满足

$$h(n) = \pm h(N-1-n) \qquad (7.4.11)$$

$h(n)$ 偶对称时，$h(n) = h(N-1-n)$，这是第一类线性相位结构 FIR 滤波器，如图 7-4-6 所示。$h(n)$ 奇对称时，$h(n) = -h(N-1-n)$，这是第二类线性相位结构 FIR 滤波器，如图 7-4-7 所示。

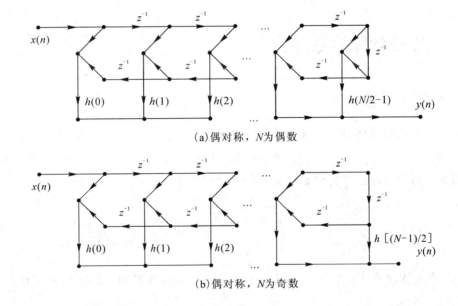

（a）偶对称，N 为偶数

（b）偶对称，N 为奇数

图 7-4-6　第一类线性相位结构

当 $h(n)$ 满足偶对称或奇对称条件时，根据 N 为偶数或奇数，可分为以下四种情况：

（1）$h(n)$ 偶对称或奇对称时，若 N 为奇数，则

$$H(z) = \sum_{n=0}^{\frac{N-1}{2}-1} h(n)\left[z^{-n} \pm z^{-(N-1-n)}\right] + h\left(\frac{N-1}{2}\right)z^{-\frac{N-1}{2}} \qquad (7.4.12)$$

（2）$h(n)$ 偶对称或奇对称时，若 N 为偶数，则

$$H(z) = \sum_{n=0}^{\frac{N}{2}-1} h(n)\left[z^{-n} \pm z^{-(N-1-n)}\right] \qquad (7.4.13)$$

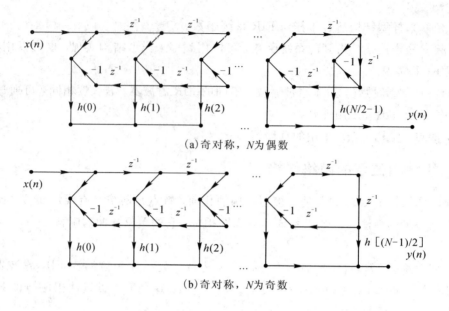

（a）奇对称，N为偶数

（b）奇对称，N为奇数

图 7 - 4 - 7　第二类线性相位结构

7.5　几种特殊的滤波器

7.5.1　全通滤波器

若滤波器的幅频特性对所有频率均等于常数或 1，即

$$|H(e^{j\omega})|=1,\quad 0\leqslant\omega\leqslant 2\pi \tag{7.5.1}$$

则该滤波器称为全通滤波器。全通滤波器的系统函数如下：

$$H(z)=\dfrac{\displaystyle\sum_{k=0}^{N}a_k z^{-N+k}}{\displaystyle\sum_{k=0}^{N}a_k z^{-k}}=\dfrac{z^{-N}+a_1 z^{-N+1}+a_2 z^{-N+2}+\cdots+a_N}{1+a_1 z^{-1}+a_2 z^{-2}+\cdots+a_N z^{-N}},\ a_0=1 \tag{7.5.2}$$

可见，全通滤波器的系统函数分子、分母多项式的系数相同，但排列顺序相反。它也可以写成以下形式：

$$H(z)=\dfrac{\displaystyle\sum_{k=0}^{N}a_k z^{-N+k}}{\displaystyle\sum_{k=0}^{N}a_k z^{-k}}=z^{-N}\cdot\dfrac{\displaystyle\sum_{k=0}^{N}a_k z^{k}}{\displaystyle\sum_{k=0}^{N}a_k z^{-k}}=z^{-N}\dfrac{D(z^{-1})}{D(z)},\quad a_0=1 \tag{7.5.3}$$

式中，$D(z)=\displaystyle\sum_{k=0}^{N}a_k z^{-k}$，由于 $z=e^{j\omega}$，系数 a_k 是实数，$D(z^{-1})=D(e^{-j\omega})=D^*(e^{j\omega})$，所以，

$$|H(e^{j\omega})|=\left|\dfrac{D^*(e^{j\omega})}{D(e^{j\omega})}\right|=1 \tag{7.5.4}$$

这就证明了式（7.5.2）表示的系统函数具有全通滤波器的特性。全通滤波器的系统函数也可以写成二阶滤波器级联形式：

$$H(z) = \prod_{j=1}^{M} \frac{\beta_{2j} + \beta_{1j}z^{-1} + z^{-2}}{1 + \beta_{1j}z^{-1} + \beta_{2j}z^{-2}} \tag{7.5.5}$$

由式(7.5.3)可知：

（1）若 z_k 为 $H(z)$ 的零点，则 $p_k = z_k^{-1}$ 必为其极点，即 $z_k p_k = 1$，全通滤波器的零、极点互为倒易关系。

（2）因为 a_k 为实数，因此其零极点共轭成对出现。

全通滤波器的零极点分布如图 7-5-1 所示。若将 z_k 与 p_k^* 组成一对，将 z_k^* 与 p_k 组成一对，那么全通滤波器的零、极点以共轭倒易关系出现，全通滤波器的系统函数也可以写成以下形式：

$$H_{\mathrm{ap}}(z) = \prod_{k=1}^{N} \frac{z^{-1} - z_k}{1 - z_k^* z^{-1}} \tag{7.5.6}$$

由全通滤波器的频率响应函数 $H(\mathrm{e}^{\mathrm{j}\omega}) = \mathrm{e}^{\mathrm{j}\phi(\omega)}$ 可知：

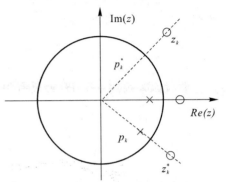

图 7-5-1　全通滤波器的零极点分布

（1）全通滤波器的零、极点以共轭倒易关系出现。

（2）全通滤波器是一种纯相位滤波器，经常用于相位均衡。

与前面所说的低通、高通、带通、带阻等几种滤波器不同，全通滤波器具有平坦的频率响应，也就是说全通滤波器并不衰减任何频率的信号。由此可见，全通滤波器虽然也叫做滤波器，但它并不具有通常所说的滤波作用，大概正是因为这个缘故，有些教科书上宁愿用全通网络这个词，而不叫它全通滤波器。

全通滤波器（APF）虽然并不改变输入信号的频率特性，但它会改变输入信号的相位。因此利用这个特性，全通滤波器常用于作相位均衡器、相位校正器、延时器、延迟均衡等。

实际上，常规的滤波器（包括低通滤波器等）也能改变输入信号的相位，但幅频特性和相频特性很难兼顾，很难使两者同时满足要求。全通滤波器和其他滤波器组合起来使用，能够很方便的解决这个问题。

在通讯系统中，尤其是数字通讯领域，延迟均衡是非常重要的。不夸张的说，没有延迟均衡器，就没有现在广泛使用的宽带数字网络。延时均衡是全通滤波器最主要的用途，全世界所有生产出来的全通滤波器，估计有超过 90% 被用于相位校正，因此全通滤波器也被被称为延迟均衡器。

全通滤波器也有其他很多用途。比如，单边带通讯中，可以利用全通滤波器得到两路正交的音频信号，这两路音频信号分别对两路正交的载波信号进行载波抑制调制，然后叠加就能得到所需要的无载波的单边带调制信号。

7.5.2　最小相位系统

一个因果稳定的时域离散线性非移变系统 $H(z)$，其所有极点必须在单位圆内，但零点可在 z 平面的任意位置，只要频响特性满足要求即可。如果零点也在单位圆内，则是最小相位延时系统（简称为最小相位系统），它在通信中有重要的地位，因而把它的一些重要性质归纳如下：

·最小相位系统：若离散时间系统的零、极点全部都位于 z 平面单位圆内，则系统是最小相位系统，记为 $H_{\min}(z)$。

·最大相位系统：所有零点都在单位圆外，记为 $H_{\max}(z)$。

·非最小相位系统：单位圆内、外都有零点，也称为"混合相位系统"。

（1）任何一个非最小相位系统的系统函数 $H(z)$ 均可由一个最小相位系统 $H_{\min}(z)$ 和一个全通系统 $H_{ap}(z)$ 级联而成，即

$$H(z)=H_{\min}(z)H_{ap}(z)，且 |H(e^{j\omega})|=|H_{\min}(e^{j\omega})| \tag{7.5.7}$$

证明：

假设因果稳定系统 $H(z)$ 仅有一个零点在单位圆外，令该零点为 $z=1/z_0$，$|z_0|<1$，则

$$H(z)=H_1(z)(z^{-1}-z_0)=H_1(z)(z^{-1}-z_0)\frac{1-z_0^* z^{-1}}{1-z_0^* z^{-1}}$$

$$=H_1(z)(1-z_0^* z^{-1})\frac{z^{-1}-z_0}{1-z_0^* z^{-1}}=H_{\min}(z)H_{ap}(z)$$

由于 $H_1(z)$ 是最小相位系统，所以 $H_1(z)(1-z_0^* z^{-1})$ 也是最小相位系统，故

$$H_1(z)(1-z_0^* z^{-1})=H_{\min}(z)$$

由式（7.5.6）可知，$\dfrac{z^{-1}-z_0}{1-z_0^* z^{-1}}=H_{ap}(z)$ 为全通系统。

该特点说明了一个在滤波器优化中很有用的结论：

将系统位于单位圆外的零点（或极点）z_k 用其镜像 $1/z_k^*$ 代替时，不会影响系统的幅频响应特性。

这一结论在滤波器优化设计中已经用到，为我们提供了一种用非最小相位系统构造幅频特性相同的最小相位系统的方法：将非最小相位系统 $H(z)$ 位于单位圆外的零点 z_{0k} 用其镜像 $1/z_{0k}^*$（$k=1,2,\cdots,m$，m 是单位圆外的零点数目）代替，即可得到最小相位系统 $H_{\min}(z)$，且 $H_{\min}(z)$ 与 $H(z)$ 幅频特性相同。

（2）在幅频响应特性相同的所有因果稳定系统集中，最小相位系统对 $\delta(n)$ 的响应波形的相位延迟最小。在傅立叶变换 $H(e^{j\omega})$ 相同的所有系统中，最小相位系统具有最小的相位滞后，即它有负的相位，相位绝对值最小。

（3）按照帕塞瓦定理，由于傅立叶变换幅度相同的各系统的总能量应当相同，一般系统 $h(n)$ 的能量则集中在 $n>0$ 处，但最小相位延时系统 $h_{\min}(n)$ 的能量集中在 $n=0$ 附近，也就是说，如果 $h_{\min}(n)$ 和 $h(n)$ 是 $N+1$ 点有限长序列（$n=0,1,\cdots,N$），则有：

$$\sum_{n=0}^{N}|h(n)|^2=\sum_{n=0}^{N}|h_{\min}(n)|^2$$

$$\sum_{n=0}^{m}|h(n)|^2<\sum_{n=0}^{m}|h_{\min}(n)|^2，m<N \tag{7.5.8}$$

由式（7.5.8.）的关系可得出，对相同傅立叶变换幅度的各序列，最小相位序列在 $n=0$ 时 $h_{\min}(0)$ 最大（可用初值定理加以证明）：

$$h_{\min}(0)>h(0) \tag{7.5.9}$$

（4）最小相位系统保证其逆系统存在。给定一个因果稳定系统 $H(z)=B(z)/A(z)$，定

义其逆系统为

$$H_{\text{inv}}(z) = \frac{1}{H(z)} = \frac{A(z)}{B(z)} \tag{7.5.10}$$

当且仅当 $H(z)$ 是最小相位系统时，其逆系统才是因果稳定的(物理可实现的)。逆滤波在信号检测、解卷积中有重要应用。例如，信号检测中的信道均衡实质上就是设计信道的近似逆滤波。

(5) 在幅度响应相同的系统中，只有唯一的一个最小相位延时系统。

最小相位系统是一类最普遍的系统，其重要特征在于：幅频特性与相频特性有确定的关系。因此，在利用对数频率特性对最小相位系统进行分析或综合时，常常只需画出和利用对数幅频特性曲线，就可以以省略相频特性作图。

通过上述内容，总结最小相位系统的主要特点如下：

(1) 系统函数的特点：

· 所有的极点、零点都在单位圆内。

· 假设 $h(n)$ 为最小相位系统，$h(n)$ 的值集中在较小的 n 值范围内。

· 最小相位系统的对数谱的实部和虚部构成一对希尔伯特变换。由此，可以通过幅频特性推出最小相位系统的相频特性，反之亦然。

· 给定 $H(z)$ 为稳定的因果系统，当且仅当 $H(z)$ 为最小相位系统时，其逆系统才是稳定和因果的。

· 任何一个非最小相位因果系统都可以由一个最小相位系统和一个全通系统级联而成。

(2) 最小相位系统的幅频响应具有下列特点：

· 一组具有相同幅频响应的因果稳定的滤波器中，最小相位滤波器对于零相位具有最小的相位偏移。

· 不同的离散时间系统可能具有相同的幅频响应，如果 $h(n)$ 为相同幅频的离散时间系统的单位抽样响应，单位抽样响应的能量集中在 n 为较小值的范围内。

(3) 最小相位系统具有如下性质：

· 最小相位系统传递函数可由其对应的开环对数频率特性唯一确定，反之亦然；

· 最小相位系统的相频特性可由其对应的开环频率特性唯一确定，反之亦然；换言之，最小相位系统的相频与幅频特性具有唯一的对应关系。

· 在具有相同幅频特性的系统中，最小相位系统的相角范围最小。

最小相位系统的判断方法如下：

(1) 对于开环系统，从开环传递函数角度看：

· 如果说一个环节的传递函数的极点和零点的实部全都小于或等于零，则称这个环节是最小相位环节。

· 如果传递函数中具有正实部的零点或极点，这个环节就是非最小相位环节或有延迟环节。因为若把延迟环节用零点和极点的形式近似表达时(泰勒级数展开)，会发现它具有正实部零点。

(2) 对于闭环系统，按照上述方法分析它的开环传递函数，判断是不是最小相位系统。

一个因果稳定的并且具有有理形式系统函数的系统一定可以分解成一连串全通系统和

最小相位系统。工程上常用这一性质来消除失真，但是缺点是它消除了幅度失真后会带来相移失真。

7.5.3 梳状滤波器

梳状滤波器的系统函数为

$$H(z^N) = \frac{1 - z^{-N}}{1 - a z^{-N}} \tag{7.5.11}$$

梳状滤波器的零、极点分布如下：

（1）零点：均匀分布在单位圆上：

$$z_k = e^{j\frac{2\pi}{N}k}, \quad k = 0, 1, 2, \cdots, N-1 \tag{7.5.12}$$

（2）极点：均匀分布在半径为 $R = a^{\frac{1}{N}}$ 的圆上：

$$p_k = \sqrt[N]{a}\, e^{j\frac{2\pi}{N}k}, \quad k = 0, 1, 2, \cdots, N-1 \tag{7.5.13}$$

例如，已知 $a = 0.1$，$N = 8$，求其零极点分布和频率响应。利用"例 3-6-4"的程序，绘制出 8 阶梳状滤波器的零极点分布，如图 7-5-2 所示，零极点等间隔分布在单位圆上，极点均匀分布在半径为 $\sqrt[N]{a}$ 的圆上。频率响应如图 7-5-3 所示，由于特性曲线像梳子一样，故称为梳状滤波器。

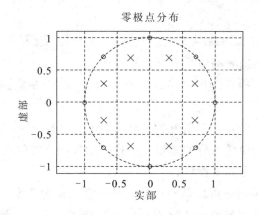

图 7-5-2 8 阶梳状滤波器的零极点分布

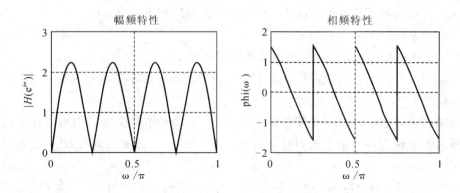

图 7-5-3 8 阶梳状滤波器的频率响应

梳状滤波器可以滤除输入信号中位于 $\omega=\dfrac{2\pi}{N}k(k=0,1,2,\cdots,N-1)$ 的频率分量,这种滤波器可用于消除电网谐波干扰,在彩色电视接收机中用于亮色分离,在音频和图像、通讯等领域有广泛应用。

练 习 与 思 考

7-1　简述滤波器的功能和分类。

7-2　什么是数字滤波器?其特点是什么?

7-3　简述 FIR 数字滤波器、IIR 数字滤波器的特点。

7-4　简述 IIR 数字滤波器的设计方法。

7-5　简述 FIR 数字滤波器的设计方法。

7-6　已知一 IIR 滤波器的 $H(z)=\dfrac{0.9+z^{-1}}{1+0.9z^{-1}}$,试判断滤波器的类型。

7-7　用级联型结构和并联型结构实现以下传递函数:

(1) $H(z)=\dfrac{3z^3-3.5z^2+2.5z}{(z^2-z-1)(z-0.5)}$

(2) $H(z)=\dfrac{4z^3-2.8284z^2+z}{(z^2-1.4142z+1)(z+0.7071)}$

7-8　设某 FIR 数字滤波器的系统函数为

$$H(z)=\frac{1}{5}(1+3z^{-1}+5z^{-2}+3z^{-3}+z^{-4})$$

试画出此滤波器的线性相位结构。

7-9　画出由下列差分方程定义的因果线性离散时间系统的直接Ⅰ型、直接Ⅱ型、级联型和并联型结构的信号流程图,级联型和并联型只用 1 阶节,

$$y(n)-\frac{3}{4}y(n-1)+\frac{1}{8}y(n-2)=x(n)+\frac{1}{3}x(n-1)$$

7-10　用级联型及并联型结构实现系统函数 $H(z)=\dfrac{2z^3+3z^2-2z}{(z^2-z+1)(z-1)}$。

7-11　已知滤波器单位抽样响应为 $h(n)=\begin{cases}2^n, & 0\leqslant n\leqslant 5\\ 0, & \text{其他}\end{cases}$,画出横截型结构。

7-12　用卷积型和级联型网络实现系统函数 $H(z)=(1-1.4z^{-1}+3z^{-2})(1+2z^{-1})$。

7-13　用横截型结构实现系统函数 $H(z)=\left(1-\dfrac{1}{2}z^{-1}\right)(1+6z^{-1})(1-2z^{-1})\left(1+\dfrac{1}{6}z^{-1}\right)\cdot$ $(1-z^{-1})$。

7-14　何谓全通系统?全通系统的系统函数 $H_{ap}(z)$ 有何特点?

7-15　何谓最小相位系统?最小相位系统的系统函数 $H(z)$ 有何特点?最小相位系统一定是稳定的吗?其逆系统也一定是稳定的吗?

7-16　何谓梳状滤波器?系统函数 $H(z)$ 有何特点?有何用途?

7-17　已知一 IIR 滤波器的 $H(z)=\dfrac{0.9+z^{-1}}{1+0.9z^{-1}}$,试判断滤波器的类型。

第 8 章

IIR 数字滤波器的设计

IIR 滤波器可以用较低的阶数获得很高的选择性，使用存储单元少，运算量小，具有较高的效率和经济性，但是相位特性差。IIR 数字滤波器的设计方法一般有传统设计法（包括典型设计法、直接法）和最优化设计方法两种。

8.1 IIR 滤波器的设计方法

IIR 数字滤波器的设计方法包括传统设计法和优化设计法。传统设计法借助于传统的模拟滤波器设计理论来设计数字滤波器，包括典型设计法（间接法）和直接法。优化设计法不借助于任何模拟滤波器，而是确定一种最优准则，通过迭代运算求数字滤波器的系数。

8.1.1 IIR 数字滤波器的典型设计法

典型设计法利用模拟滤波器的理论，即用模拟低通滤波器原型来间接设计数字滤波器。因此，典型设计法也叫间接法。这类方法是基于模拟滤波器的设计方法，相对比较成熟，且有若干典型的模拟滤波器供选择，如巴特沃斯（Butterworth）滤波器、切比雪夫（Chebyshev）滤波器、椭圆（Cauer）滤波器、贝塞尔（Bessel）滤波器等，这些滤波器都有确定的系统函数形式、严格的设计公式、现成的曲线和图表供设计人员使用。

模拟滤波器的设计思路是在 s 平面上用数学逼近法去寻找近似的所需特性 $H_a(s)$。数字滤波器与模拟滤波器的设计思路相仿，其设计实质也是寻找一组系数 (b, a) 去逼近所要求的频率响应，使其在性能上满足预定的技术要求。不同的是，数字滤波器是在 z 平面寻找合适的 $H(z)$，因此数字滤波器设计的关键是 $H_a(s) \rightarrow H(z)$。

IIR 数字滤波器的单位响应是无限长的，而 IIR 模拟滤波器一般都具有无限长的单位脉冲响应与数字滤波器相匹配，因此使用模拟滤波器间接设计 IIR 数字滤波器是最常用的方法。

典型设计法是根据模拟滤波器理论设计出满足要求的模拟滤波器的 $H_a(s)$，然后根据 $H_a(s)$ 求得相应的 $H(z)$，使 $H(z)$ 逼近 $H_a(s)$ 的频率响应，即利用复值映射将模拟滤波器离散化，同时 $H(z)$ 也必须保持 $H_a(s)$ 的因果性和稳定性，冲激响应不变法和双线性变换法能较好地担当此任。

根据前述设计思路，可将 IIR 数字滤波器设计流程归纳如下：首先设计一个模拟低通滤波器原型 $H_a(p)$，然后通过频率变换将 $H_a(p)$ 转换为各种类型的模拟滤波器 $H_a(s)$，最后通过模/数变换将 $H_a(s)$ 转换为数字滤波器 $H(z)$，整个设计思路如图 8-1-1 所示。

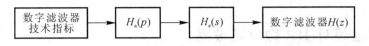

图 8-1-1 滤波器的设计思路

1. 原型滤波器

根据前述设计思路和 IIR 数字滤波器设计流程归纳结果可知，数字滤波器的设计可归结为模拟滤波器的设计。

用 MATLAB 信号处理工具箱提供的函数可以很容易地设计 IIR 数字滤波器，其方法、步骤如图 8-1-2 所示。

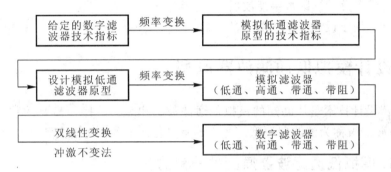

图 8-1-2 IIR 数字滤波器的设计流程

（1）第一次频率变换。按一定规则将给出的数字滤波器的技术指标转换成模拟低通滤波器的技术指标。

（2）确定参数 N、Ω_c：根据转换后的技术指标使用滤波器阶数选择函数，确定最小阶数 N 和 3 dB 截止频率 Ω_c。在 MATLAB 中用 W_n 表示 3 dB 截止频率，根据选用的模拟低通滤波器的类型，可分别用 buttord、cheb1ord、cheb2ord、elliord 等函数计算 N 和 W_n。

（3）运用最小阶数 N 产生模拟滤波器原型。在 MATLAB 中，模拟低通滤波器的创建函数有 buttap、cheb1ap、cheb2ap、ellipap、besselap 等。

2. 将模拟原形滤波器转换成所需类型的模拟滤波器

在模拟域（s 平面）进行第二次频率变换，将模拟原型滤波器转换成所需类型（指定截止频率的低通、高通、带通、带阻）的模拟滤波器。

在 MATLAB 中，用固有频率 W_n 把模拟低通滤波器原型转换成模拟低通、高通、带通、带阻滤波器，可分别用函数 lp2lp、lp2hp、lp2bp、lp2bs 实现。

3. 通过模/数变换转换为数字滤波器

将设计的模拟滤波器离散化，然后从 s 平面映射至 z 平面，变换成满足预定指标的数字滤波器。其转换方法有两种：冲激响应不变变换法和双线性变换法。在 MATLAB 中，分别调用 imoinvar()函数和 bilinear()函数实现。

上述过程是典型设计的第一种方法。如果把频率变换与模/数转换的顺序改变一下，也可得到第二种方法：先进行模/数转换，将模拟原型离散化，得到数字原型滤波器；然后在数字域（z 平面）进行频率变换，得到所需类型的数字滤波器。

在 MATLAB 的信号处理工具箱中，采用第一种方法直接调用软件所提供的函数比较方便。

8.1.2　直接法设计 IIR 数字滤波器

直接设计法一般是直接调用 MATLAB 中的一些程序或者函数，省略了模拟原型滤波器的设计和转换步骤，可以很方便地设计出所需要的滤波器。由于这些现成的函数内部仍然使用模拟滤波器的理论，因此仍属于传统设计法。MATLAB 信号处理工具箱提供了如下直接设计 IIR 数字滤波器的函数：

（1）butter：用于设计巴特沃兹数字滤波器。

（2）cheby1、cheby2：用于设计切比雪夫Ⅰ、切比雪夫Ⅱ型数字滤波器。

（3）ellip：用于设计椭圆数字滤波器。

（4）besself：用于设计贝塞尔数字滤波器。

▪▪ 8.2　设计模拟低通滤波器原型

IIR 滤波器设计技术是从已知的模拟低通滤波器出发，转换为需要的数字滤波器，这些模拟低通滤波器被称为滤波器原型。常用的有巴特沃兹、切比雪夫和椭圆滤波器。

8.2.1　设计模拟低通滤波器原型的一般方法

1. 模拟低通滤波器的技术指标

在 IIR 滤波器设计技术中，模拟低通滤波器常用平方幅度响应指标 $J(\Omega)=|H_a(j\Omega)|^2$，通常把通带幅度最大特性归一化为 1，而滤波器指标以相对指标形式给出。$H_a(j\Omega)$ 是模拟滤波器的频率响应函数，则基于平方幅度响应指标 $J(\Omega)=|H_a(j\Omega)|^2$ 的模拟低通滤波器的技术指标如下：

$$\begin{cases} \dfrac{1}{1+\varepsilon^2} \leqslant |H_a(j\Omega)|^2 \leqslant 1, & |\Omega| < \Omega_p \\ 0 \leqslant |H_a(j\Omega)|^2 \leqslant \dfrac{1}{\alpha^2} & \Omega_r \leqslant \Omega \end{cases}$$

$$(8.2.1)$$

其中，ε 为通带波动系数，α 为阻带衰减参数，Ω_p 和 Ω_r 分别是低通滤波器通带和阻带的截止频率，如图 8-2-1 所示。

从图 8-2-1 中可以看出，$J(\Omega)$ 必须满足：

$$J(\Omega)=|H_a(j\Omega)|^2$$

$$=\begin{cases} \dfrac{1}{1+\varepsilon^2}, & \Omega=\Omega_p \\ \dfrac{1}{\alpha^2}, & \Omega=\Omega_r \end{cases} \quad (8.2.2)$$

其衰减函数或称损耗函数（单位是 dB）如下：

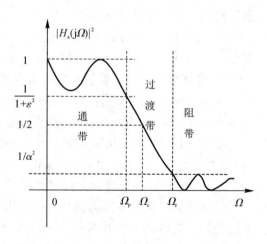

图 8-2-1　模拟低通滤波器技术指标

$$R_p = -10 \lg |H_a(j\Omega_p)|^2 = -10 \lg\left(\frac{1}{1+\varepsilon^2}\right) = 10 \lg(1+\varepsilon^2) \tag{8.2.3}$$

$$R_r = -10 \lg |H_a(j\Omega_r)|^2 = -10 \lg\left(\frac{1}{\alpha^2}\right) = 20 \lg\alpha \tag{8.2.4}$$

由此可得到衰减函数与通带、阻带波动系数的关系：

$$\varepsilon = \sqrt{10^{R_p/10} - 1}, \quad \alpha = 10^{R_r/20} \tag{8.2.5}$$

$$\varepsilon = \sqrt{\frac{1}{(1-\delta_p)^2} - 1} = \frac{1}{1-\delta_p}\sqrt{2\delta_p - \delta_p^2}, \quad \alpha = \frac{1}{\delta_r}, \quad |H_a(j\Omega_c)| = 10^{-R_p/20} \tag{8.2.6}$$

式中，Ω_c 是半功率截止频率（也叫 -3 dB 截止频率）；δ_p、δ_r 表示振幅的波动幅度，δ_p 表示在通带中振幅的波动幅度，δ_r 表示在阻带中振幅的波动幅度。

2. 模拟低通滤波器原型设计的一般步骤

进行模拟低通滤波器原型设计的一般步骤如下：

（1）将给出的数字滤波器的技术指标 ω_p、ω_r 转换成模拟低通滤波器原型的技术指标 Ω_p、Ω_r，这是第一次频率变换：

$$\begin{cases} \Omega_p = \omega_p f_s = \dfrac{\omega_p}{T} \\[2mm] \Omega_r = \omega_r f_s = \dfrac{\omega_r}{T} \end{cases} \tag{8.2.7}$$

（2）根据转换后的技术指标使用滤波器阶数选择函数，确定最小阶数 N 和固有频率 ω_c（在函数中用"W_n"表示），根据选用的模拟低通滤波器的类型可分别使用以下函数：

- buttord：计算 Butterworth 滤波器阶数 N、固有频率 W_n。
- cheb1ord：计算 chebyshev I 型滤波器阶数 N、固有频率 W_n。
- cheb2ord：计算 chebyshev II 型滤波器阶数 N、固有频率 W_n。
- ellipord：计算椭圆滤波器阶数 N、固有频率 W_n。

W_n 为归一化 3 dB 截频，若 $R_p = 3$ dB，则 $W_n = W_p$。

（3）运用最小阶数 N 产生模拟低通滤波器原型 $H(p)$，使用以下函数：

- buttap：Butterworth 滤波器设计。
- cheb1ap：chebyshev I 型滤波器设计。
- cheb2ap：chebyshev II 型滤波器设计。
- ellipap：椭圆滤波器设计。

8.2.2 Butterworth 模拟低通滤波器

模拟巴特沃斯（Butterworth）滤波器的幅度平方函数具有如下形式：

$$|H_a(j\Omega)|^2 = \frac{1}{1+\left(\dfrac{j\Omega}{j\Omega_c}\right)^{2N}} \tag{8.2.8}$$

式中，N 为整数，称为滤波器的阶数；Ω_c 为 Butterworth 滤波器的 3 dB 通带截止频率，在 MATLAB 工具箱中，用 W_n 表示。

1. 巴特沃斯（Butterworth）滤波器的特点

Butterworth 滤波器的特点是：具有通带内最大平坦的振幅特性，且随 Ω 上升而单调下降；其阶数 N 越大，通带和阻带的近似性越好，过渡带也越陡。

（1）当 $\Omega < \Omega_c$ 时，通带内有最大平坦的幅度特性，且单调减小。

· 在通带内，$\dfrac{j\Omega}{j\Omega_c} < 1$，当 $\Omega = 0$ 时，$|H_a(j\Omega)|^2 = 1$；当 $\Omega \neq 0$ 时，随着 N 的增加，$\left(\dfrac{j\Omega}{j\Omega_c}\right)^{2N}$ 趋向于 0，$|H_a(j\Omega)|^2$ 趋向于 1。

· 当 $\dfrac{j\Omega}{j\Omega_c} = 1$（即 $\Omega = \Omega_c$）时，$|H_a(j\Omega)|^2 = \dfrac{1}{2}$，而 $|H_a(j\Omega)| = \dfrac{1}{\sqrt{2}} = 0.707$。此时，$R_p = -20\lg|H_a(j\Omega_p)| = 3\text{ dB}$，即具有 3 dB 不变性。

（2）当 $\Omega > \Omega_c$ 时，在过渡带及阻带内的幅度特性快速单调减小。

· 在过渡带内，$\dfrac{j\Omega}{j\Omega_c} > 1$，随着 N 增加，$\left(\dfrac{j\Omega}{j\Omega_c}\right)^{2N} \gg 1$，$|H_a(j\Omega)|$ 快速下降。

· 在阻带内，当 $|H_a(j\Omega)|$ 下降到 0.01 时，$R_r = -20\lg|H_a(j\Omega)| = 40\text{ dB}$。当 $\Omega \to \infty$ 时，$|H_a(j\Omega)|^2 = 0$。

（3）Butterworth 低通滤波器的幅度函数只由阶数 N 控制，N 值越大，越接近于理想滤波器，但实现也越复杂。当 $N \to \infty$ 时，$|H_a(j\Omega)|^2$ 趋向于理想滤波器，如图 8-2-2 所示。

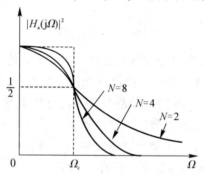

图 8-2-2 Butterworth 低通滤波器的幅度函数

Butterworth 滤波器的特性是通带内的幅度响应最大限度地平滑，幅度特性是单调下降的，但损失了截止频率处的下降斜度。如果阶次一定，则在靠近截止频率 Ω_c 处幅度下降很多，或者说，为了使通带内的衰减足够小，需要的阶次 N 值要很大。

2. Butterworth 低通滤波器的极点分布

由于复变量 $s = \sigma + j\Omega$，而一般滤波器的单位冲激响应为实函数（即 $s = j\Omega$），则

$$|H_a(j\Omega)|^2 = |H_a(s)|^2_{s=j\Omega} = H_a(s) \cdot H_a(-s)|_{s=j\Omega} = H_a(j\Omega)H_a^*(j\Omega)$$

$$|H_a(s)|^2 = H_a(s)H_a(-s) = \frac{1}{1 + \left(\dfrac{s}{j\Omega_c}\right)^{2N}}, \quad N = 1, 2, 3, \cdots \qquad (8.2.9)$$

式（8.2.9）表明 Butterworth 滤波器的振幅平方函数有 $2N$ 个极点：

$$s_k = (-1)^{\frac{1}{2N}}(j\Omega_c) = \Omega_c e^{j\pi\left(\frac{1}{2} + \frac{2k+1}{2N}\right)}, \quad k = 0, 1, 2, \cdots, 2N-1 \qquad (8.2.10)$$

它们均匀对称地分布在半径为 $|s| = \Omega_c$ 的圆周上，间隔是 π/N rad，该圆称为 Butterworth 圆。为了形成因果稳定的滤波器，$2N$ 个极点中只取 s 平面左半平面的 N 个极点构成 $H_a(s)$，而右半平面的 N 个极点构成 $H_a(-s)$。$H_a(s)$ 的表示式为

$$H_a(s) = \frac{\Omega_c^N}{\displaystyle\prod_{k=0}^{N-1}(s - s_k)} \tag{8.2.11}$$

设 $N=3$，则极点有 6 个，如图 8-2-3 所示，它们分别为 $s_0 = \Omega_c e^{j\frac{2}{3}\pi}$，$s_1 = -\Omega_c$，$s_2 = \Omega_c e^{-j\frac{2}{3}\pi}$，$s_3 = \Omega_c e^{-j\frac{1}{3}\pi}$，$s_4 = \Omega_c$，$s_5 = \Omega_c e^{j\frac{1}{3}\pi}$。

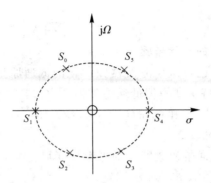

图 8-2-3　三阶 Butterworth 滤波器的极点分布图

3. Butterworth 低通滤波器的系统函数

取 s 平面左半平面的极点 s_0、s_1、s_2 组成 $H_a(s)$：

$$H_a(s) = \frac{\Omega_c^3}{(s - s_0)(s - s_1)(s - s_2)} = \frac{\Omega_c^3}{(s + \Omega_c)(s - \Omega_c e^{j\frac{2}{3}\pi})(s - \Omega_c e^{-j\frac{2}{3}\pi})} \tag{8.2.12}$$

在模拟低通滤波器设计中，为了使其具有通用性，往往使用归一化转移函数（即使用 Ω/Ω_c 归一化）。归一化模拟 Butterworth 滤波器的幅度平方函数具有如下特点：

$$|H_a(j\Omega)|^2 = \frac{1}{1 + (j\Omega)^{2N}}, \quad N = 1, 2, 3, \cdots \tag{8.2.13}$$

使用 $s = j\Omega$ 关系可将模拟 Butterworth 滤波器的幅度平方函数归一化，得到归一化的低通滤波器的转移函数。归一化（即使用 $s/(j\Omega_c)$ 归一化）后，得到归一化的低通滤波器的转移函数

$$|H_a(s)|^2 = H_a(s)H_a(-s) = \frac{1}{1 + s^{2N}}, \quad N = 1, 2, 3, \cdots \tag{8.2.14}$$

由于各滤波器的幅频特性不同，为使设计统一，将所有的频率归一化。对 3 dB 截止频率归一化后的 $H_a(s)$ 表示为

$$H_a(s) = \frac{1}{\displaystyle\prod_{k=0}^{N-1}\left(\dfrac{s}{\Omega_c} - \dfrac{s_k}{\Omega_c}\right)} \tag{8.2.15}$$

式中，$\dfrac{s}{\Omega_c} = \dfrac{j\Omega}{\Omega_c}$。令 $\lambda = \dfrac{\Omega}{\Omega_c}$，则 $\lambda_p = \dfrac{\Omega_p}{\Omega_c}$，$\lambda_r = \dfrac{\Omega_r}{\Omega_c}$。

令 $p = j\lambda = s/\Omega_c$，$\lambda$ 称为归一化频率，p 称为归一化复变量，这样巴特沃斯滤波器归一化的低通原型传输函数为

$$H_a(p) = \frac{1}{\displaystyle\prod_{k=0}^{N-1}(p - p_k)} \tag{8.2.16}$$

式中，$p_k = s_k/\Omega_c$ 为归一化极点，p_k 的计算式为

$$p_k = e^{j\pi\left(\frac{1}{2} + \frac{2k+1}{2N}\right)}, \quad k = 0, 1, 2, \cdots, 2N-1 \tag{8.2.17}$$

显然

$$s_k = p_k\Omega_c \tag{8.2.18}$$

把归一化极点 p_k 代入式(8.2.16)，可得到 $H_a(p)$ 的多项式形式：

$$H_a(p) = \frac{1}{p^N + b_{N-1}p^{N-1} + \cdots + b_1 p + b_0} \tag{8.2.19}$$

4. 巴特沃斯低通滤波器的设计步骤

只要知道 N 就可以求出巴特沃斯滤波器归一化的低通原型传输函数 $H_a(p)$，根据 Ω_c 去归一化即可求出实际的巴特沃斯模拟低通滤波器 $H_a(s)$，因此巴特沃斯低通滤波器的设计实质上就是根据技术指标求 N 和 Ω_c 的过程，其步骤如下：

(1) 根据技术指标求出阶数 N。

阶数 N 的大小主要影响通带幅频特性的平坦程度和过渡带以及阻带的下降速度，它由技术指标 Ω_p、Ω_r、R_p、R_r(或 δ_p、δ_r、ε、α)确定。

由式(8.2.9)可得

$$|H_a(j\Omega_p)|^2 = \frac{1}{1 + \left(\frac{j\Omega_p}{j\Omega_c}\right)^{2N}}$$

再由式(8.2.3)可得

$$1 + \left(\frac{j\Omega_p}{j\Omega_c}\right)^{2N} = 10^{R_p/10} \tag{8.2.20}$$

同理可得

$$1 + \left(\frac{j\Omega_r}{j\Omega_c}\right)^{2N} = 10^{R_r/10} \tag{8.2.21}$$

式(8.2.20)和式(8.2.21)相除得：

$$\left(\frac{\Omega_r}{\Omega_p}\right)^N = \sqrt{\frac{10^{0.1R_r}-1}{10^{0.1R_p}-1}}$$

由于 $\lambda_p = \dfrac{\Omega_p}{\Omega_c}$，$\lambda_r = \dfrac{\Omega_r}{\Omega_c}$，令 $\lambda_{rp} = \dfrac{\lambda_r}{\lambda_p} = \dfrac{\Omega_r}{\Omega_p}$，$k_{rp} = \sqrt{\dfrac{10^{0.1R_r}-1}{10^{0.1R_p}-1}}$，则

$$N = \frac{\lg(k_{rp})}{\lg(\lambda_{rp})} = \frac{\lg\sqrt{\dfrac{10^{0.1R_r}-1}{10^{0.1R_p}-1}}}{\lg\left(\dfrac{\Omega_r}{\Omega_p}\right)} \tag{8.2.22}$$

求出的 N 可能是带小数的部分，应取大于该计算值的最小整数。MATLAB 程序如下：

```
>> N=ceil(log10(sqrt((10.^(0.1*abs(Rr))-1)/(10.^(0.1*abs(Rp))-1)))/log10(Wr/Wp))
```

或

```
N=ceil(log10((10.^(0.1*abs(Rr))-1)/(10.^(0.1*abs(Rp))-1))/(2.*log10(Wr/Wp)))
```

(2) 根据式(8.2.17)求出 N 个极点 p_k。

(3) 由 p_k 值根据式(8.2.16)求出低通原型传输函数 $H_a(p)$。

当 N 不大于 10 时，也可以查表求出。在式(8.2.17)中的 p_k、式(8.2.19)中 b_k 在本书附录中有"巴特沃斯归一化低通滤波器参数"表可供查询，可直接得到 $H_a(p)$。

（4）如果 Ω_c 没有给出，可以根据式(8.2.20)或式(8.2.21)求出。

$$\Omega_c = \Omega_p \left(10^{0.1R_p} - 1\right)^{\frac{-1}{2N}} \tag{8.2.23}$$

$$\Omega_c = \Omega_r \left(10^{0.1R_r} - 1\right)^{\frac{-1}{2N}} \tag{8.2.24}$$

对由式(8.2.23)求出的 Ω_c，通带指标刚好满足要求，阻带指标富余。

对由式(8.2.24)求出的 Ω_c，阻带指标刚好满足要求，通带指标富余。MATLAB 程序如下：

$>>$ Wc=Wp/((10.^(0.1 * abs(Rp))−1).^(1/(2 * N)))

或

$>>$ Wc=Wr/((10.^(0.1 * abs(Rr))−1).^(1/(2 * N)))

8.2.3 Chebyshev 低通滤波器

巴特沃斯滤波器在通带内的幅度特性是单调下降的，如果阶次一定，则在靠近截止频率 Ω_c 处幅度下降很多。或者说，为了使通带内的衰减足够小，需要的阶次 N 很高，为了克服这一缺点，采用切比雪夫(Chebyshev)多项式来逼近所希望的 $|H_a(j\Omega)|^2$。切比雪夫滤波器的 $|H_a(j\Omega)|^2$ 在通带范围内是等幅起伏的，所以在同样的通带内衰减指标下，其阶数 N 较巴特沃斯滤波器要小。

切比雪夫(Chebyshev)滤波器的幅度特性就是在一个频带中(通带或阻带)具有等波纹特性：一种在通带中是等波纹的，在阻带中是单调的，称为切比雪夫 I (Chebyshev I)型；另一种是在通带内是单调的，在阻带内是等波纹的，称为切比雪夫 II (Chebyshev II)型。下面以切比雪夫 I (Chebyshev I)型为例分析其性能和设计方法。

切比雪夫滤波器的振幅平方函数为

$$|H_a(j\Omega)|^2 = \frac{1}{1 + \varepsilon^2 V_N^2 \left(\dfrac{\Omega}{\Omega_p}\right)} = \frac{1}{1 + \varepsilon^2 V_N^2(\lambda)} \tag{8.2.25}$$

式中，$\lambda = \dfrac{\Omega}{\Omega_p}$，称其为对 Ω_p 的归一化频率；Ω_p 为有效通带截止频率；ε 是通带波纹系数，ε 越大，波纹越大，$0 < \varepsilon < 1$；$V_N(\lambda)$ 为 N 阶切比雪夫多项式，计算式为

$$V_N(\lambda) = \begin{cases} \cos[N \cdot \arccos(\lambda)], & |\lambda| \leqslant 1 \\ \mathrm{ch}[N \cdot \mathrm{arch}(\lambda)], & |\lambda| > 1 \end{cases} \tag{8.2.26}$$

（1）当 $\dfrac{\Omega}{\Omega_p} > 1$ 时，$|\lambda| > 1$，$|V_N(\lambda)|$ 是双曲线函数，随着 x 的上升而单调上升，随着 $\dfrac{\Omega}{\Omega_p}$ 的增大，$|H_a(j\Omega)|^2$ 趋向于 0。

（2）在通带内，当 $\dfrac{\Omega}{\Omega_p} \leqslant 1$ 时，$|\lambda| \leqslant 1$；$|V_N(\lambda)| \leqslant 1$，在 $|\lambda| \leqslant 1$ 范围内振荡，具有等波纹性质，$|H_a(j\Omega)|^2$ 的变化范围为 1 到 $\dfrac{1}{1 + \varepsilon^2}$。

（3）当 $\dfrac{\Omega}{\Omega_p} = 1$ 时，$|\lambda| = 1$，$|H_a(1)|^2 = \dfrac{1}{1 + \varepsilon^2}$。

（4）当 $\Omega = 0$ 时，有 $|H_a(j\Omega)|^2 = \dfrac{1}{1 + \varepsilon^2 \cos^2 \left(N \cdot \dfrac{\pi}{2}\right)}$。其中，$N$ 为偶数时，$|H_a(j0)|^2 =$

$\dfrac{1}{1+\varepsilon^2}$；$N$ 为奇数时，$|H_n(\mathrm{j}0)|^2=1$，如图 8 - 2 - 4 所示。

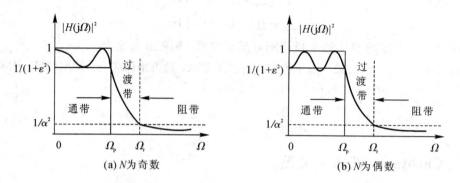

图 8 - 2 - 4　Chebyshev 低通滤波器的参数

可见，Chebyshev 型滤波器的振幅平方函数与参数 N、ε、Ω_p 有关。Chebyshev 型滤波器的设计方法和步骤分析如下。

1. 计算 Chebyshev 型滤波器的阶次和截止频率

计算 Chebyshev 型滤波器的阶次和截止频率的步骤如下：

（1）预先给定通带截止频率 Ω_p。

（2）确定 ε。

通带波纹表示为

$$R_\mathrm{p}=10\,\lg\frac{|H_\mathrm{a}(\mathrm{j}\Omega)|^2_{\max}}{|H_\mathrm{a}(\mathrm{j}\Omega)|^2_{\min}}=10\,\lg\frac{1}{|H_\mathrm{a}(\mathrm{j}\Omega_\mathrm{p})|^2}=10\,\lg(1+\varepsilon^2) \qquad (8.2.27)$$

所以，有

$$\varepsilon^2=10^{0.1R_\mathrm{p}}-1 \qquad (8.2.28)$$

给定通带波纹值 $R_\mathrm{p}(\mathrm{dB})$ 的分贝数后，可求得 ε^2。

（3）由阻带的边界条件确定阶数 N。

设 Ω_r、α^2 为事先给定的边界条件，即在阻带中的频率点 Ω_r 处要求滤波器频响衰减达到 $1/\alpha^2$ 以上，即 $\Omega=\Omega_\mathrm{r}$ 时，

$$\lambda_\mathrm{r}=\frac{\Omega_\mathrm{r}}{\Omega_\mathrm{p}},\quad |H_\mathrm{a}(\mathrm{j}\Omega_\mathrm{r})|^2=\frac{1}{\alpha^2}$$

由此得

$$\frac{1}{1+\varepsilon^2 V_N^2\left(\dfrac{\Omega_\mathrm{r}}{\Omega_\mathrm{p}}\right)}=\frac{1}{\alpha^2}$$

因此

$$\left|V_N\left(\frac{\Omega_\mathrm{r}}{\Omega_\mathrm{p}}\right)\right|=\frac{\sqrt{\alpha^2-1}}{\varepsilon}$$

根据式(8.2.26)得

$$V_N(\lambda_\mathrm{r})=\mathrm{ch}[N\cdot\mathrm{arch}(\lambda_\mathrm{r})]=\frac{\sqrt{\alpha^2-1}}{\varepsilon}$$

$$N = \frac{\text{arch}\left(\dfrac{\sqrt{\alpha^2-1}}{\varepsilon}\right)}{\text{arch}(\lambda_r)} = \frac{\text{arch}\left(\dfrac{\sqrt{\alpha^2-1}}{\varepsilon}\right)}{\text{arch}(\Omega_r/\Omega_p)} \qquad (8.2.29)$$

当 $\Omega=\Omega_r$ 时，如果给定 R_r，则由 $R_r=10\lg\dfrac{1}{|H_a(j\Omega_r)|^2}=10\lg(\alpha^2)$ 得 $\alpha^2=10^{0.1R_r}$。

令 $k_r=\dfrac{\sqrt{\alpha^2-1}}{\varepsilon}=\sqrt{\dfrac{10^{0.1R_r}-1}{10^{0.1R_p}-1}}$，则

$$N = \frac{\text{arch}\left(\sqrt{\dfrac{10^{0.1R_r}-1}{10^{0.1R_p}-1}}\right)}{\text{arch}\left(\dfrac{\Omega_r}{\Omega_p}\right)} = \frac{\text{arch}(k_r)}{\text{arch}(\lambda_r)} \qquad (8.2.30)$$

因此，如果要求阻带边界频率处衰减越大，则 N 也必须越大。求出阶数 N 值后，最后 N 取大于等于该值的最小整数。

（4）求 3 dB 频率 Ω_c。

当 $\Omega=\Omega_c$ 时，有

$$J(\Omega)=|H_a(j\Omega_c)|^2=\frac{1}{1+\varepsilon^2 V_N^2\left(\dfrac{\Omega_c}{\Omega_p}\right)}=\frac{1}{2}$$

则 $\varepsilon^2 V_N^2\left(\dfrac{\Omega_c}{\Omega_p}\right)=1$，由于一般 $\Omega_c>\Omega_p$，故根据式（8.2.26）得

$$V_N\left(\frac{\Omega_c}{\Omega_p}\right)=\pm\frac{1}{\varepsilon}=\text{ch}\left[N\cdot\text{arch}\left(\frac{\Omega_c}{\Omega_p}\right)\right]$$

上式中仅取正号，得到 3 dB 频率 Ω_c 的计算公式：

$$\Omega_c=\Omega_p\text{ch}\left[\frac{1}{N}\text{arch}\left(\frac{1}{\varepsilon}\right)\right] \qquad (8.2.31)$$

2. 求系统函数 $H_a(p)$

参数 Ω_p 一般由设计指标给定，求出 N、ε 后，即可求出滤波器系统函数的极点，从而确定 $H_a(p)$。

（1）求极点。

令 $p=j\lambda=\dfrac{s}{\Omega_p}$，$\lambda$ 称为归一化频率，p 称为归一化复变量，求解的过程非常繁琐，有兴趣的读者请参考有关资料，下面仅介绍一些有用的结果。

设 $H_a(s)$ 的极点为 $s_k=\sigma_k+j\Omega_k$，可以证明：

$$\begin{cases}\sigma_k=-\Omega_p\text{ch}\left[\xi\sin\left(\dfrac{2k-1}{2N}\right)\right], \\[2mm] \Omega_k=\Omega_p\text{ch}\left[\xi\cos\left(\dfrac{2k-1}{2N}\right)\right]\end{cases} \quad k=1,2,3,\cdots,N \qquad (8.2.32)$$

其中：

$$\xi=\frac{1}{N}\text{arsh}\left(\frac{1}{\varepsilon}\right) \qquad (8.2.33)$$

$$\frac{\sigma_k^2}{\Omega_p^2\text{sh}^2(\xi)}+\frac{\Omega_k^2}{\Omega_p^2\text{ch}^2(\xi)}=1 \qquad (8.2.34)$$

式(8.2.33)是一个椭圆方程，$\Omega_p \mathrm{sh}(\xi)$ 为长半轴在虚轴上，$\Omega_p \mathrm{ch}(\xi)$ 为短半轴在实轴上。令 $b\Omega_p$ 和 $a\Omega_p$ 分别表示长半轴和短半轴，可推导出

$$a = \frac{1}{2}(\beta^{\frac{1}{N}} - \beta^{-\frac{1}{N}}), \quad b = \frac{1}{2}(\beta^{\frac{1}{N}} + \beta^{-\frac{1}{N}})$$

其中：

$$\beta = \frac{1}{\varepsilon} + \sqrt{\frac{1}{\varepsilon^2} + 1} \qquad (8.2.35)$$

按照式(8.2.32)求出归一化极点 p_k：

$$\begin{aligned}
p_k &= -\mathrm{ch}\left[\xi\sin\left(\frac{2k-1}{2N}\pi\right)\right] + \mathrm{jch}\left[\xi\cos\left(\frac{2k-1}{2N}\pi\right)\right] \\
&= -\mathrm{ch}\left[\frac{1}{N}\mathrm{arsh}\left(\frac{1}{\varepsilon}\right)\sin\left(\frac{2k-1}{2N}\pi\right)\right] + \mathrm{jch}\left[\frac{1}{N}\mathrm{arsh}\left(\frac{1}{\varepsilon}\right)\cos\left(\frac{2k-1}{2N}\pi\right)\right]
\end{aligned} \qquad (8.2.36)$$

(2) 确定 $H_a(p)$。

由上面讨论可知，Chebyshev 型滤波器的极点在 s 平面呈象限对称，分布在长半轴为 $b\Omega_p$ 和短半轴为 $a\Omega_p$ 的椭圆上，共 $2N$ 点。

图 8-2-5 所示为三阶 Chebyshev 型滤波器的极点分布。

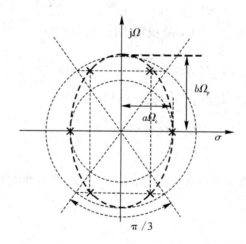

图 8-2-5   三阶 Chebyshev 型滤波器的极点分布

极点不落在虚轴上，前 N 个极点落在 s 平面的左半平面，为了保证因果稳定性，用左半平面的极点构成 $H_a(p)$，即

$$H_a(p) = \frac{1}{c \displaystyle\prod_{k=0}^{N}(p - p_k)}$$

式中，c 是待定系数。根据幅度平方函数可导出 $c = \varepsilon \cdot 2^{N-1}$，代入上式，得到归一化的传输函数为

$$H_a(p) = \frac{1}{\varepsilon \cdot 2^{N-1} \displaystyle\prod_{k=0}^{N}(p - p_k)} \qquad (8.2.37)$$

多项式形式为

$$H_a(p) = \frac{1}{\varepsilon \cdot 2^{N-1}} \cdot \frac{1}{p^N + b_{N-1}p^{N-1} + \cdots + b_1 p + b_0} \tag{8.2.38}$$

求系统函数 $H_a(p)$ 的方法有以下两种:

· 求出 N、ε 后,查阅有关模拟滤波器手册,代入式(8.2.38)就可求得系统函数 $H_a(p)$。

· 求出 N、ε 后,按照式(8.2.36)求出归一化极点 p_k,代入式(8.2.37)就可求得系统函数 $H_a(p)$。

8.2.4 椭圆低通滤波器

1. 椭圆(Elliptic)低通滤波器的特点

切比雪夫(Chebyshev)滤波器的幅度特性是在一个频带中(通带或阻带)具有等波纹特性,而椭圆(Elliptic)低通滤波器的幅度特性是在通带和阻带中都具有等波纹特性。在同样的阶次为 N 的情况下,椭圆低通滤波器的过渡带最陡。从这个意义上来说,椭圆低通滤波器是一种性价比较好的滤波器,是一种最优滤波器。

椭圆(Elliptic)低通滤波器的振幅平方函数为

$$|H_a(j\Omega)|^2 = \frac{1}{1 + \varepsilon^2 U_N^2\left(\dfrac{\Omega}{\Omega_c}\right)} = \frac{1}{1 + \varepsilon^2 U_N^2(\lambda)} \tag{8.2.39}$$

式中,$\lambda = \dfrac{\Omega}{\Omega_c}$,称为对 Ω_c 的归一化频率;ε 是通带波纹系数,与 R_p 有关,ε 越大,波纹越大,$0 < \varepsilon < 1$;$U_N(\lambda)$ 为 N 阶雅克比椭圆多项式。计算阶次 N 的公式如下:

$$N = \frac{K(\lambda_p)K\left(\sqrt{1-\lambda_r^2}\right)}{K(\lambda_r)K\left(\sqrt{1-\lambda_p^2}\right)} \tag{8.2.40}$$

其中,$\lambda_r = \dfrac{\varepsilon}{\sqrt{\alpha^2-1}}$,$\lambda_p = \dfrac{\Omega_p}{\Omega_c}$,$K(x) = \displaystyle\int_0^{\pi/2} \frac{1}{\sqrt{1 - x^2\sin^2\theta}}\mathrm{d}\theta$。

设计椭圆低通滤波器要借助于计算机,利用 MATLAB 工具来实现。

2. 计算 Elliptic 型滤波器的阶次和截止频率

使用典型设计法或其他设计法设计 Elliptic 型低通数字滤波器时,首先使用 ellipord() 函数计算滤波器所需要的最低阶次 n 和截止频率 W_n(即 3 dB 频率 Ω_c),使用方法与 buttord() 相同。语法如下:

· [n, Wn] = ellipord(Wp, Wr, Rp, Rr):用于数字低通滤波器。

· [n, Wn] = ellipord(Wp, Wr, Rp, Rr, 's'):用于模拟低通滤波器。

8.3 模拟低通滤波器原型转换为实际模拟滤波器

在获得的系统函数 $H_a(s)$ 中进行第二次频率变换,把模拟低通滤波器原型 $H_a(p)$ 转换为模拟低通、高通、带通或带阻滤波器 $H_a(s)$。把归一化的模拟低通滤波器原型转换为实际模拟滤波器,如表 8-1 所示。

表 8 - 1 从归一化的模拟低通滤波器原型到实际模拟滤波器的转换

变换类型	变换关系	说　明
低通→低通	将 p 以 s/Ω_c 代替	把归一化的模拟低通滤波器原型转换为模拟低通滤波器。Ω_c 是要求的低通截止频率，一般代表通带宽
低通→高通	将 p 以 Ω_c/s 代替	把归一化的模拟低通滤波器原型转换为模拟高通滤波器。Ω_c 是要求的高通截止频率，一般代表阻带宽
低通→带通	将 p 以 $\dfrac{s^2+\Omega_0^2}{s(\Omega_H-\Omega_L)}$ 代替	把归一化的模拟低通滤波器原型转换为模拟带通滤波器。$\Omega_0=\sqrt{\Omega_H\Omega_L}$ 为通带的中心频率，Ω_H、Ω_L 为通带的上、下截止频率。$B=(\Omega_H-\Omega_L)$ 为通带宽度
低通→带阻	将 p 以 $\dfrac{s(\Omega_H-\Omega_L)}{s^2+\Omega_0^2}$ 代替	把归一化的模拟低通滤波器原型转换为模拟带阻滤波器。$\Omega_0=\sqrt{\Omega_H\Omega_L}$ 为阻带的中心频率，Ω_H、Ω_L 为通带的上、下截止频率。$B=(\Omega_H-\Omega_L)$ 为通带宽度

8.3.1 模拟低通原型到实际模拟低通的频率变换

把归一化的模拟低通滤波器原型转换为实际模拟低通滤波器，方法是根据 Ω_c 去归一化。

1. 巴特沃斯低通滤波器的设计步骤

由式(8.2.18)求出 $p_k=s_k/\Omega_c$，将 s_k 代入式(8.2.15)，或将 $p=s/\Omega_c$ 代入式(8.2.19)求出实际模拟低通滤波器传输函数 $H_a(s)$：

$$H_a(s)=\frac{\Omega_c^N}{s^N+b_{N-1}\Omega_c s^{N-1}+\cdots+b_1\Omega_c^{N-1}s+b_0\Omega_c^{\,N}} \tag{8.3.1}$$

例 8 - 3 - 1 设计一个 Butterworth 低通滤波器，其指标为：通带截止频率为 5000 Hz，通带的最大衰减为 2 dB；阻带的截止频率为 12 000 Hz，阻带的最小衰减为 30 dB。

解 (1) 已知要求的低通滤波器技术指标为 $f_p=5000$，$f_r=12\ 000$，$\Omega_p=2\pi f_p$，$\Omega_r=2\pi f_r$，$R_p=2$，$R_r=30$。

(2) 确定阶数 N，MATLAB 程序如下：

```
>> fp=5000；fr=12000；Wp=2*pi*fp；Wr= 2*pi*fr；Rp=2；Rr=30；
>> N=ceil(log10((10.^(0.1*abs(Rr))-1)/(10.^(0.1*abs(Rp))-1))/(2.*log10(Wr/Wp)))
```

求得 N=5。

(3) 求极点，根据式(8.2.17)，$p_k=e^{j\pi\left(\frac{1}{2}+\frac{2k+1}{2N}\right)}$（$k=0,\ 1,\ 2,\ \cdots,\ 2N-1$），求得该例极点为

$$p_0=e^{j\frac{3}{5}\pi},\quad p_1=e^{j\frac{4}{5}\pi},\quad p_2=e^{j\pi},\quad p_3=e^{j\frac{6}{5}\pi},\quad p_4=e^{j\frac{7}{5}\pi}$$

(4) 按照式(8.2.16)，归一化传输函数为

$$H_a(p)=\frac{1}{\displaystyle\prod_{k=0}^{4}(p-p_k)}$$

上式分母可以展开成五阶多项式，或者将共轭极点放在一起，形成因式分解形式。

由 $N=5$，直接查表得到极点：$-0.3090\pm j0.9511$、$-0.8090\pm j0.5878$、-1.0000，可得到 $H_a(p)$ 的多项式形式：

$$H_a(p) = \frac{1}{p^5 + b_4 p^4 + \cdots + b_1 p + b_0}$$

查表得 $b_0 = 1.0000$, $b_1 = 3.2361$, $b_2 = 5.2361$, $b_3 = 5.2361$, $b_4 = 3.2361$, 因此有

$$H_a(p) = \frac{1}{p^5 + 3.2361 p^4 + 5.2361 p^3 + 5.2361 p^2 + 3.2361 p + 1}$$

（5）为将 $H_a(p)$ 去归一化，先求 3 dB 截止频率 Ω_c。由式（8.2.23），得

$$\Omega_c = \Omega_p (10^{0.1 R_p} - 1)^{\frac{-1}{2N}} = 2\pi \times 5.2755 \text{ krad/s} \approx 33 \text{ krad/s}$$

MATLAB 程序如下：

```
>> Wc=Wp/((10.^(0.1 * abs(Rp))−1).^(1/(2 * N)))
```

Wc=3.3147e+004=33 krad/s

（6）将 Ω_c 代入式（8.2.24）得

$$\Omega_r = \Omega_c (10^{0.1 R_r} - 1)^{\frac{1}{2N}} = 2\pi \times 10.525 \text{ krad/s}$$

该值小于题目给定的条件 $\Omega_r = 2\pi \times 12.000$ krad/s，即求出的过渡带截止频率小于指标要求的频率。或者说，在给定的阻带截止频率 12 000 Hz 处，阻带的最小衰减大于 30 dB，阻带指标有余量。

如果要求通带指标有余量，则按照式（8.2.23），得

MATLAB 程序如下：

```
>> Wc=Wr/((10.^(0.1 * abs(Rr))−1).^(1/(2 * N)))
```

Wc=3.7792e+004=37.792krad/s

（7）根据给定的或求出的 Ω_c 去归一化，将 $p = \dfrac{s}{\Omega_c}$ 代入 $H_a(p)$ 中得到实际模拟低通滤波器传输函数 $H_a(s)$：

$$H_a(s) = \frac{\Omega_c^5}{s^5 + b_4 \Omega_c s^4 + \cdots + b_1 \Omega_c^4 s + b_0 \Omega_c^5}$$

将 $\Omega_c = 3.7792$e+004 代入上式可得：

$$H_a(s) = \frac{7.709 \times 10^{22}}{s^5 + 1.22 \times 10^5 s^4 + 7.48 \times 10^9 s^3 + 2.83 \times 10^{14} s^2 + 6.6 \times 10^{18} s + 7.709 \times 10^{22}}$$

$$\approx \frac{7.709}{6.6 \times 10^{-4} s + 7.709}$$

在 MATLAB 工具箱中，提供了设计 Butterworth 滤波器的函数，计算阶次和截止频率使用 buttord() 函数，设计 Butterworth 低通原型滤波器用函数 buttap()，直接计算、设计 Butterworth 滤波器用函数 butter()。通过 lp2lp() 等函数的频率转换可以设计低通、高通、带通和带阻的数字和模拟滤波器。

其他类型的 IIR 数字滤波器，如 Chebyshev 滤波器、椭圆滤波器等，基本的设计方法和步骤都是类似的，但都有各自的特点，应注意区别对待。

2. 切比雪夫 I 型滤波器设计步骤

切比雪夫型滤波器参数 Ω_p 一般由设计指标给定，求出 N、ε 后，即可求出滤波器系统函数的极点，从而确定切比雪夫型模拟低通滤波器原型 $H_a(p)$，然后去归一化得到实际的切比雪夫型模拟低通滤波器 $H(s)$。

按照以上分析，总结切比雪夫 I 型滤波器的设计步骤如下：

（1）确定技术指标要求 R_p、R_r、Ω_p 和 Ω_r。

R_p 是 $\Omega = \Omega_p$ 时的衰减系数，R_r 是 $\Omega = \Omega_r$ 时的衰减系数，根据式（8.2.27）可知，它们为

$$R_p = 10 \lg \frac{1}{|H_a(j\Omega_p)|^2} = 10 \lg(1 + \varepsilon^2)$$

$$R_r = 10 \lg \frac{1}{|H_a(j\Omega_r)|^2} = 10 \lg(\alpha^2)$$

（2）由式（8.2.28）可知，根据 R_p 求参数 ε：$\varepsilon = \sqrt{10^{0.1R_p} - 1}$。MATLAB 程序如下：

```
ep=sqrt((10.^(0.1*abs(Rp))−1))
```

（3）由式（8.2.30）可知，根据技术指标要求的 R_p、R_r、Ω_p、Ω_r 和 ε，求滤波器阶数 N：

$$N = \frac{\text{arch}\left(\dfrac{\sqrt{\alpha^2 - 1}}{\varepsilon}\right)}{\text{arch}(\Omega_r/\Omega_p)} = \frac{\text{arch}\left(\sqrt{\dfrac{10^{0.1R_r} - 1}{10^{0.1R_p} - 1}}\right)}{\text{arch}(\Omega_r/\Omega_p)} = \frac{\text{arch}(k_r)}{\text{arch}(\lambda_r)}$$

求出阶数 N 的数值，最后 N 取大于等于该数值的最小整数。MATLAB 程序如下：

```
>>N=ceil(acosh(sqrt((10.^(0.1*abs(Rr))−1)/(10.^(0.1*abs(Rp))−1)))/acosh(Wr/Wp))
```

（4）为求 $H_a(p)$，先按照式（8.2.36）求出归一化极点 p_k：

$$p_k = -\text{ch}\left[\xi \sin\left(\frac{2k-1}{2N}\pi\right)\right] + j\text{ch}\left[\xi \cos\left(\frac{2k-1}{2N}\pi\right)\right]$$

$$= -\text{ch}\left[\frac{1}{N}\text{arsh}\left(\frac{1}{\varepsilon}\right)\sin\left(\frac{2k-1}{2N}\pi\right)\right] + j\text{ch}\left[\frac{1}{N}\text{arsh}\left(\frac{1}{\varepsilon}\right)\cos\left(\frac{2k-1}{2N}\pi\right)\right]$$

（5）求归一化传输函数 $H_a(p)$，将极点 p_k 代入式（8.2.37）可得

$$H_a(p) = \frac{1}{\varepsilon \cdot 2^{N-1} \cdot \prod\limits_{k=0}^{N}(p - p_k)}$$

（6）将 $p = \dfrac{s}{\Omega_p}$、$p_k = \dfrac{s_k}{\Omega_p}$ 代入上式，$H_a(p)$ 去归一化，得到实际的 $H_a(s)$：

$$H_a(s) = H_a(p)\big|_{p=\frac{s}{\Omega_p}} = \frac{\Omega_p^N}{\varepsilon \cdot 2^{N-1} \cdot \prod\limits_{k=0}^{N}(s - s_k)}$$

或将 $p = \dfrac{s}{\Omega_p}$ 代入式（8.2.38），$H_a(p)$ 去归一化，得到实际的 $H_a(s)$，即

$$H_a(s) = H_a(p)\big|_{p=\frac{s}{\Omega_p}} = \frac{1}{\varepsilon \cdot 2^{N-1}} \cdot \frac{\Omega_p^N}{s^N + b_{N-1}\Omega_p s^{N-1} + \cdots + b_1 \Omega_p^{N-1} s + b_0 \Omega_p^N} \tag{8.3.2}$$

例 8-3-2　设计一个切比雪夫低通滤波器，要求通带截止频率 $f_p = 3$ kHz，通带最大衰减 $R_p = 0.1$ dB，阻带截止频率 $f_r = 12$ kHz，阻带最小衰减 $R_r = 60$ dB。

解　（1）滤波器的技术要求：$f_p = 3$ kHz，$R_p = 0.1$ dB，$f_r = 12$ kHz，$R_r = 60$ dB。

（2）确定阶数 N 和 ε。

$$N = \frac{\text{arch}\left(\sqrt{\dfrac{10^{0.1R_r} - 1}{10^{0.1R_p} - 1}}\right)}{\text{arch}(\Omega_r/\Omega_p)} = \frac{\text{arch}\left(\sqrt{\dfrac{10^{0.1 \times 60} - 1}{10^{0.1 \times 0.1} - 1}}\right)}{\text{arch}(2\pi \times 12\,000/2\pi \times 3000)} = 4.6$$

取 $N = 5$。

$$\varepsilon = \sqrt{10^{0.1R_p} - 1} = 0.1526$$

MATLAB 程序如下：

```
>> fp＝5000；fr＝12000；Wp＝2 * pi * fp；Wr＝ 2 * pi * fr；Rp＝2；Rr＝30；
>>N＝ceil(acosh(sqrt((10.^(0.1 * abs(Rr))－1)/(10.^(0.1 * abs(Rp))－1)))/acosh(Wr/Wp))
>> ep＝sqrt((10.^(0.1 * abs(Rp))－1))
```

结果如下：

　　N＝5

　　ε＝0.1526

（3）由 $N=5$ 求出各点的极点 p_k，将 p_k 和 ε 代入式(8.2.37)得

$$H_a(p) = \frac{1}{0.1526 \times 2^4 \prod\limits_{k=1}^{5}(p-p_k)}$$

$$= \frac{1}{2.442(p+0.5389)(p^2+0.3331p+1.1949)(p^2+0.8720p+0.6359)}$$

（4）将 $H_a(p)$ 去归一化得

$$H_a(s)=H_a(p)|_{p=\frac{s}{\Omega_p}}=\frac{1}{(s+1.0158\times10^7)(s^2+6.2788\times10^6 s+4.2459\times10^{14})}$$

$$\cdot \frac{1}{(s^2+1.6437\times10^7 s+2.2595\times10^{14})}$$

使用典型设计法或其他设计法设计 Chebyshev Ⅰ、Chebyshev Ⅱ 型低通数字滤波器时，首先使用 cheb1ord()、cheb2ord() 函数计算滤波器所需的最低阶次 n 和截止频率 W_n（使用 W_p），使用方法与 buttord() 相同。语法如下：

• [n, Wp]＝cheb1ord(Wp, Wr, Rp, Rr)：用于 Chebyshev Ⅰ 数字低通滤波器。Wp、Wr 是通带和阻带的归一化截止角频率，Rp 是通带内最大的波动的 dB 数，Rr 是阻带最小衰减的 dB 数，其值是从通带衰减到阻带的 dB 数。

• [n, Wp]＝cheb1ord(Wp, Wr, Rp, Rr, ′s′)、[n, Wp]＝cheb2ord(Wp, Wr, Rp, Rr, ′s′)：用于 Chebyshev Ⅰ 模拟低通滤波器。Wp、Wr 是通带和阻带的截止角频率，单位是 rad/s。

• [n, Wr]＝cheb2ord(Wp, Wr, Rp, Rr)、[n, Wr]＝cheb2ord(Wp, Wr, Rp, Rr, ′s′)：用于 Chebyshev Ⅱ 型数字、模拟低通滤波器。

8.3.2　模拟低通原型到实际模拟高通的频率变换

低通滤波器与高通滤波器的幅度特性对应关系如图 8-3-1 所示。为了防止符号混淆，先规定一些符号如下：$\lambda=s/\Omega_c$ 为模拟低通滤波器的归一化频率，η 为模拟高通滤波器的归一化频率。λ 和 η 之间的关系为

$$\lambda=\frac{1}{\eta} \tag{8.3.3}$$

式(8.3.3)即是低通到高通的频率变换公式，如果已知模拟低通原型 $H_a(p)(p=j\lambda)$，实际模拟高通 $H_a(q)(q=j\eta)$，则用下式转换：

$$H_a(q)=H_a(p)|_{\lambda=\frac{1}{\eta}} \tag{8.3.4}$$

模拟高通滤波器的设计步骤如下：

（1）确定高通滤波器的技术指标：通带下限频率 η_p，阻带上限频率 η_r，通带最大衰减

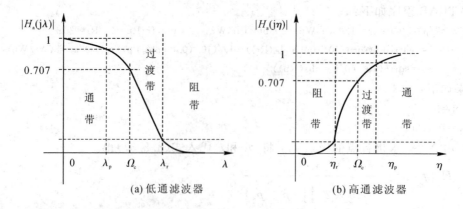

图 8-3-1　低通与高通滤波器的幅度特性

R_p，阻带最小衰减 R_r。

（2）确定相应低通滤波器的设计指标：按照式(8.3.3)，将高通滤波器的边界频率转换成低通滤波器的边界频率。各项设计指标为

· 低通滤波器通带截止频率 $\lambda_p = 1/\eta_p$；

· 低通滤波器阻带截止频率 $\lambda_r = 1/\eta_r$；

· 通带最大衰减仍为 R_p，阻带最小衰减仍为 R_r。

（3）设计归一化低通滤波器 $H_a(p)$。

（4）求模拟高通的 $H_a(s)$：

· 将 $H_a(p)$ 按照式(8.3.4)转换成归一化高通 $H_a(q)$；

· 为去归一化，将 $q = \dfrac{1}{p} = \dfrac{\Omega_c}{s}$ 代入模拟低通原型滤波器 $H_a(q)$ 中，得实际模拟高通滤波器的 $H_a(s)$。

例 8-3-3　已知 $f_p = 200$ Hz，$f_r = 100$ Hz，幅度特性单调下降，f_p 处最大衰减为 3 dB，阻带最小衰减 $R_r = 15$ dB，设计一个高通滤波器。

解　（1）确定高通滤波器的技术要求：$R_p = 3$ dB，$f_p = f_c = 200$ Hz，$f_r = 100$ Hz，$R_r = 15$ dB。归一化频率 $\eta_p = \dfrac{f_p}{f_c} = 1$，$\eta_r = \dfrac{f_r}{f_c} = 0.5$。

（2）确定低通滤波器的技术指标 $\lambda_p = \dfrac{1}{\eta_p} = 1$，$\lambda_r = \dfrac{1}{\eta_r} = 2$，$R_p = 3$ dB，$R_r = 15$ dB。

（3）采用巴特沃斯滤波器，故根据式(8.2.22)求出 $N = 2.47$，最后取 $N = 3$。

（4）设计归一化低通 $H_a(p)$：

$$H_a(p) = \frac{1}{p^3 + b_2 p^2 + b_1 p + b_0} = \frac{1}{p^3 + 2p^2 + 2p + 1}$$

根据 $N = 3$ 查表得 $b_0 = 1$，$b_1 = 2$，$b_2 = 2$。

（5）去归一化。根据 $q = jn$、$p = j\lambda$ 关系，代入低通到高通的频率变换公式(8.3.3)，求出 p；将 $p = 1/q = \Omega_c/s$，$\Omega_c = 2\pi f_c$ 代入 $H_a(s)$ 中，得到要求的模拟高通 $H_a(s)$：

$$H_a(s) = \frac{s^3}{s^3 + 2\Omega_c s^2 + 2\Omega_c^2 s + \Omega_c^3}$$

8.3.3　模拟低通原型滤波器到模拟带通滤波器的频率变换

低通与带通滤波器的幅度特性如图 8-3-2 所示。

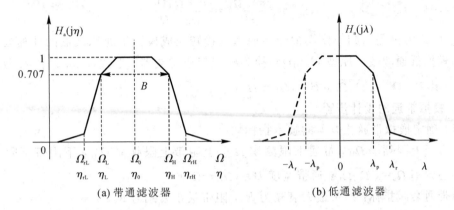

(a) 带通滤波器　　　　　　(b) 低通滤波器

图 8-3-2　低通与带通滤波器的幅度特性

1. 带通滤波器的技术指标

（1）频率。带通滤波器有 4 个频率：$\eta_H = \dfrac{\Omega_H}{B}$，$\eta_L = \dfrac{\Omega_L}{B}$，$\eta_{rH} = \dfrac{\Omega_{rH}}{B}$，$\eta_{rL} = \dfrac{\Omega_{rL}}{B}$。其中：$\Omega_H$、$\Omega_L$ 为通带的上、下截止频率，以幅度 $A=1$ 为参考点，对应于 0.707 点（即衰减 -3 dB）。若以信号幅值的平方表示信号功率，则 -3 dB 点对应半功率点；Ω_{rH}、Ω_{rL} 为阻带的上、下截止频率；通带宽度 $B = \Omega_H - \Omega_L$；通带的中心频率 $\Omega_0 = \sqrt{\Omega_H \Omega_L}$，$\eta_0 = \sqrt{\eta_H \eta_L}$。

（2）衰减指标：通带最大衰减为 R_p，阻带最小衰减为 R_r。

2. 带通滤波器与低通滤波器技术指标的关系

带通滤波器频率特性是正负对称的，故这个变换必须是一对二的映射，它应该是 Ω 的二次函数。

（1）确定归一化带通与低通技术要求的关系。

由 η 与 λ 的对应关系可得

$$\lambda = \frac{\eta^2 - \eta_0^2}{\eta} \tag{8.3.5}$$

由图 8-3-2 可知 λ_p 对应于 η_H，代入式(8.3.5)中有

$$\lambda_p = \frac{\eta_H^2 - \eta_0^2}{\eta_H} = \eta_H - \eta_L = 1 \tag{8.3.6}$$

$$\lambda_r = \frac{\eta_{rH}^2 - \eta_0^2}{\eta_{rH}} \quad \text{或} \quad -\lambda_r = \frac{\eta_{rL}^2 - \eta_0^2}{\eta_{rL}} \tag{8.3.7}$$

两者的绝对值不一定相等，取绝对值小的作为 λ_r，这样可保证在较大的 λ_r 处更能满足要求。

（2）在低通滤波器中，通带最大衰减仍为 R_p，阻带最小衰减仍为 R_r。

3. 模拟低通原型滤波器到模拟带通滤波器的频率变换关系

如果已知模拟低通原型 $H_a(p)(p=j\lambda)$，实际模拟带通 $H_a(q)(q=j\eta)$，则根据式 (8.3.5)得

$$p = j\lambda = j\,\frac{\eta^2 - \eta_0^2}{\eta} = \frac{p^2 - \eta_0^2}{p} \tag{8.3.8}$$

为去归一化,将 $p = s/B$ 代入式(8.3.8)可得

$$p = \frac{s^2 + \Omega_0^2}{sB} = \frac{s^2 + \Omega_H\Omega_L}{s(\Omega_H - \Omega_L)} \tag{8.3.9}$$

式(8.3.9)就是由归一化模拟低通原型直接转换成模拟带通滤波器的计算公式。把归一化的模拟低通滤波器原型 $H_a(p)$ 转换为模拟带通滤波器,把式(8.3.9)代入 $H_a(p)$ 得到 $H_a(s)$。其中,$\Omega_0 = \sqrt{\Omega_H\Omega_L}$,$B = (\Omega_H - \Omega_L)$。

4. 模拟带通的设计步骤

(1) 确定模拟带通滤波器的技术指标。

· 带通上限频率 Ω_H,带通下限频率 Ω_L,上阻带上限频率 Ω_{rH},下阻带下限频率 Ω_{rL}。通带中心频率 $\Omega_0 = \sqrt{\Omega_H\Omega_L}$,通带宽度 $B = (\Omega_H - \Omega_L)$。

· 带通衰减指标:通带最大衰减为 R_p,阻带最小衰减为 R_r。

与以上边界频率对应的归一化边界频率如下:

$$\eta_H = \frac{\Omega_H}{B}, \quad \eta_L = \frac{\Omega_L}{B}, \quad \eta_{rH} = \frac{\Omega_{rH}}{B}, \quad \eta_{rL} = \frac{\Omega_{rL}}{B}, \quad \eta_0 = \sqrt{\eta_H\eta_L}$$

(2) 确定归一化低通技术要求如下:

· $\lambda_p = 1$。

· $\lambda_r = \dfrac{\eta_{rH}^2 - \eta_0^2}{\eta_{rH}} = \dfrac{\Omega_{rH}^2 - \Omega_0^2}{B\Omega_{rH}}$ 或 $-\lambda_r = \dfrac{\eta_{rL}^2 - \eta_0^2}{\eta_{rL}} = \dfrac{\Omega_{rL}^2 - \Omega_0^2}{B\Omega_{rL}}$,取绝对值小的。

· 在低通滤波器中,通带最大衰减仍为 R_p,阻带最小衰减仍为 R_r。

(3) 设计归一化的模拟低通滤波器原型 $H_a(p)$。

(4) 把归一化低通 $H_a(p)$ 转换为模拟带通滤波器,直接将(8.3.9)式代入 $H_a(p)$ 得到带通 $H_a(s)$。

例 8 - 3 - 4 设计模拟带通滤波器。已知通带带宽 $B = 2\pi \times 200$ rad/s,中心频率为 $2\pi \times 1000$ rad/s,通带内最大衰减为 3 dB,阻带为 $2\pi \times 830$ rad/s、$2\pi \times 1200$ rad/s,阻带最小衰减为15 dB。

解 (1) 模拟带通的技术要求:

$$\Omega_0 = 2\pi \times 1000 \text{ rad/s}, \quad \Omega_{rL} = 2\pi \times 830 \text{ rad/s}, \quad \Omega_{rH} = 2\pi \times 1200 \text{ rad/s}$$

$$R_p = 3 \text{ dB}, \ R_r = 15 \text{ dB}, \ B = 2\pi \times 200 \text{rad/s}, \ \eta_{rH} = \frac{\Omega_{rH}}{B} = \frac{1200}{200} = 6$$

$$\eta_{rL} = \frac{\Omega_{rL}}{B} = \frac{830}{200} = 4.15, \quad \eta_0 = \frac{\Omega_0}{B} = \frac{1000}{200} = 5$$

(2) 模拟归一化低通技术要求:

$$\lambda_r = \frac{\eta_{rH}^2 - \eta_0^2}{\eta_{rH}} = \frac{6^2 - 5^2}{6} = 1.833, \quad -\lambda_r = -\frac{\eta_{rL}^2 - \eta_0^2}{\eta_{rL}} = -\frac{4.15^2 - 5^2}{4.15} = 1.874$$

取 $\lambda_r = 1.833$,$R_p = 3$ dB,$R_r = 15$ dB。

(3) 设计模拟归一化低通滤波器 $H_a(p)$。采用巴特沃斯型有

$$\lambda_{rp} = \frac{\lambda_r}{\lambda_p} = 1.833, \quad k_{rp} = \sqrt{\frac{10^{0.1R_r} - 1}{10^{0.1R_p} - 1}} = 0.18$$

$$N=\frac{\lg k_{rp}}{\lg \lambda_{rp}}=\frac{\lg 0.18}{\lg 1.833}=2.83$$

取 $N=3$, 查表得

$$H_a(p)=\frac{1}{p^3+2p^2+2p+1}$$

(4) 把 $p=\frac{s^2+\Omega_0^2}{sB}$ 代入, 求模拟带通 $H_a(s)$:

$$H_a(s)=\frac{s^3 B^3}{s^6+2Bs^5+(2B^2+3\Omega_0^2)s^4+(B^3+4B\Omega_0^2)s^3+(2B^2\Omega_0^2+3\Omega_0^4)s^2+2B\Omega_0^4 s+\Omega_0^6}$$

8.3.4 模拟低通原型滤波器到模拟带阻滤波器的频率变换

低通与带阻滤波器的幅频特性如图 8-3-3 所示。

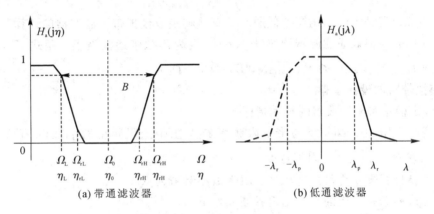

(a) 带通滤波器   (b) 低通滤波器

图 8-3-3　低通与带阻滤波器的幅频特性

1. 带阻滤波器的技术指标

(1) 频率。图 8-3-3 中, 带阻滤波器有 4 个频率: $\eta_H=\frac{\Omega_H}{B}$, $\eta_L=\frac{\Omega_L}{B}$, $\eta_{rH}=\frac{\Omega_{rH}}{B}$, $\eta_{rL}=$

$\frac{\Omega_{rL}}{B}$。其中: Ω_H、Ω_L 为通带的上、下截止频率, 以幅度 $A=1$ 为参考点, 对应于 0.707 点(即衰减 -3 dB)。若以信号幅值的平方表示信号功率, 则 -3 dB 点对应半功率点; Ω_{rH}、Ω_{rL} 为阻带的上、下截止频率; 阻带宽度 $B=\Omega_H-\Omega_L$; 阻带的中心频率 $\Omega_0=\sqrt{\Omega_H\Omega_L}$, $\eta_0=\sqrt{\eta_H\eta_L}$。

(2) 衰减指标:通带最大衰减为 R_p, 阻带最小衰减为 R_r。

2. 带阻滤波器与低通滤波器技术指标的关系

带阻滤波器频率特性是正负对称的, 故这个变换必须是一对二的映射, 它应该是 Ω 的二次函数。

(1) 确定归一化带阻与低通技术要求的关系。

由 η 与 λ 的对应关系可得

$$\lambda=\frac{\eta}{\eta^2-\eta_0^2} \tag{8.3.10}$$

由图 8-3-2 可知 λ_p 对应于 η_H, 代入式(8.3.10)中有

$$\lambda_p=1 \tag{8.3.11}$$

$$\lambda_r = \frac{\eta_{rH}}{\eta_{rH}^2 - \eta_0^2} \quad 或 \quad -\lambda_r = \frac{\eta_{rL}}{\eta_{rL}^2 - \eta_0^2} \tag{8.3.12}$$

取绝对值小的作为 λ_r，这样可保证在较大的 λ_r 处更能满足要求。

（2）在低通滤波器中，通带最大衰减仍为 R_p，阻带最小衰减仍为 R_r。

3. 模拟低通原型滤波器到模拟带阻滤波器的频率变换关系

如果已知模拟低通原型 $H_a(p)(p=j\lambda)$，实际模拟带阻 $H_a(q)(q=j\eta)$，则根据式(8.3.10)得

$$p = j\lambda = j\frac{\eta}{\eta^2 - \eta_0^2} = \frac{p}{p^2 - \eta_0^2} \tag{8.3.13}$$

为去归一化，将 $p=s/B$ 代入式(8.3.14)得

$$p = \frac{sB}{s^2 + \Omega_0^2} = \frac{s(\Omega_H - \Omega_L)}{s^2 + \Omega_H \cdot \Omega_L} \tag{8.3.14}$$

式(8.3.14)就是由归一化模拟低通原型直接转换成模拟带阻滤波器的计算公式。

把归一化的模拟低通滤波器原型 $H_a(p)$ 转换为模拟带通滤波器，用式(8.3.14)代入 $H_a(p)$ 得到 $H_a(s)$。其中，$\Omega_0 = \sqrt{\Omega_H \Omega_L}$，$B = (\Omega_H - \Omega_L)$。

4. 模拟带阻的设计步骤

（1）确定模拟带阻滤波器的技术指标。

·上通带下限频率 Ω_H，下通带上限频率 Ω_L，阻带上限频率 Ω_{rH}，阻带下限频率 Ω_{rL}。阻带中心频率 $\Omega_0 = \sqrt{\Omega_H \Omega_L}$，阻带宽度 $B = \Omega_H - \Omega_L$。

·衰减指标：通带最大衰减为 R_p，阻带最小衰减为 R_r。

与以上边界频率对应的归一化边界频率如下：

$$\eta_H = \frac{\Omega_H}{B}, \quad \eta_L = \frac{\Omega_L}{B}, \quad \eta_{rH} = \frac{\Omega_{rH}}{B}, \quad \eta_{rL} = \frac{\Omega_{rL}}{B}, \quad \eta_0 = \sqrt{\eta_H \eta_L}$$

（2）确定归一化低通技术要求：

·$\lambda_p = 1$。

·$\lambda_r = \dfrac{\eta_{rH}}{\eta_{rH}^2 - \eta_0^2}$ 或 $-\lambda_r = \dfrac{\eta_{rL}}{\eta_{rL}^2 - \eta_0^2}$，取绝对值小的作为 λ_r。

·在低通滤波器中，通带最大衰减仍为 R_p，阻带最小衰减仍为 R_r。

（3）设计归一化的模拟低通滤波器原型 $H_a(p)$。

（4）把归一化低通 $H_a(p)$ 转换为模拟带阻滤波器，直接用式(8.3.14)代入 $H_a(p)$ 得到带阻 $H(s)$。

例 8 - 3 - 5 设计模拟带阻滤波器，其技术要求为：$\Omega_L = 2\pi \times 905 \text{ rad/s}$，$\Omega_{rL} = 2\pi \times 980 \text{ rad/s}$，$\Omega_{rH} = 2\pi \times 1020 \text{ rad/s}$，$\Omega_H = 2\pi \times 1105 \text{ rad/s}$，$R_p = 3 \text{ dB}$，$R_r = 25 \text{ dB}$。试设计巴特沃斯带阻滤波器。

解 （1）确定模拟带阻滤波器的技术要求。

由 $\Omega_L = 2\pi \times 905 \text{ rad/s}$，$\Omega_{rL} = 2\pi \times 980 \text{ rad/s}$，$\Omega_{rH} = 2\pi \times 1020 \text{ rad/s}$，$\Omega_H = 2\pi \times 1105 \text{ rad/s}$，$R_p = 3 \text{ dB}$，$R_r = 25 \text{ dB}$，得

$$\Omega_0^2 = \Omega_H \Omega_L = 4\pi^2 \times 1\ 000\ 025$$

$$B = \Omega_H - \Omega_L = 2\pi \times 200$$

$$\eta_H = \frac{\Omega_H}{B} = \frac{1105}{200} = 5.525, \quad \eta_L = \frac{\Omega_L}{B} = 4.525, \quad \eta_{rH} = \frac{\Omega_{rH}}{B} = 5.1,$$

$$\eta_{rL} = \frac{\Omega_{rL}}{B} = 4.9, \quad \eta_0^2 = \eta_H \eta_L = 25$$

（2）确定模拟归一化低通技术要求。

$$\lambda_p = 1, \quad \lambda_r = \frac{\eta_{rH}}{\eta_{rH}^2 - \eta_0^2} = 4.95, \quad -\lambda_r = \frac{\eta_{rL}}{\eta_{rL}^2 - \eta_0^2} = 4.95$$

取 $\lambda_r = 4.95$，$R_p = 3$ dB，$R_r = 25$ dB。

（3）设计模拟归一化低通滤波器 $H_a(p)$。

采用巴特沃斯型，有：

$$\lambda_{rp} = \frac{\lambda_r}{\lambda_p} = 4.95, \quad k_{rp} = \sqrt{\frac{10^{0.1R_r} - 1}{10^{0.1R_p} - 1}} = 0.0562$$

$$N = \frac{\lg(k_{rp})}{\lg(\lambda_{rp})} = \frac{\lg 0.0562}{\lg 4.95} = 1.8$$

取 $N = 2$，查表得：

$$H_a(p) = \frac{1}{p^2 + \sqrt{2}p + 1}$$

（4）将 $p = \frac{sB}{s^2 + \Omega_0^2} = \frac{s(\Omega_H - \Omega_L)}{s^2 + \Omega_H \Omega_L}$ 代入 $H_a(p)$，求模拟带阻 $H_a(s)$：

$$H_a(s) = H_a(p)\big|_{p = \frac{sB}{s^2 + \Omega_0^2}} = \frac{s^4 + 2\Omega_0^2 s^2 + \Omega_0^4}{s^4 + \sqrt{2}Bs^3 + (B^2 + 2\Omega_0^2)s^2 + \sqrt{2}B\Omega_0^2 s + \Omega_0^4}$$

8.4 模拟滤波器转换为数字滤波器

将实际模拟滤波器转换为相应的数字滤波器，实质上是用一种从 s 平面到 z 平面的映射函数实现 $H_a(s)$ 到 $H(z)$ 的转换，对这种映射函数的要求是：

（1）因果稳定的模拟滤波器 $H_a(s)$ 转换成数字滤波器 $H(z)$ 仍是因果稳定的。就是说 s 平面的 $\sigma < 0$ 的左半部分都要映射到 z 平面的单位圆内（$|z| < 1$）。

（2）数字滤波器的频率响应模仿模拟滤波器的频响，s 平面的虚轴 $j\Omega$ 映射到 z 平面的单位圆 $e^{j\omega}$ 上，就是说频率轴要对应，相应的频率之间成线性关系。

（3）变换前后的数字滤波器与模拟滤波器在频域和时域的主要特征应尽量相同或相近。脉冲响应不变法和双线性变换法都满足此要求。模拟滤波器到数字滤波器的转换可在时域进行也可在频域实现。

（4）时域转换的关键是要使数字滤波器与模拟滤波器时域响应的采样值相等，以保持其瞬态特性不变，常用的是脉冲响应不变法。

（5）频域变换法必须使得数字滤波器在（$-\pi \leqslant \omega \leqslant \pi$）范围内的幅频特性与模拟滤波器在（$-\pi/T \leqslant \Omega \leqslant \pi/T$）范围内的幅频特性一致，即保证 s 平面与 z 平面上幅频特性的单值一一对应关系，常用的是双线性变换法。

8.4.1　脉冲响应不变法

1.脉冲响应不变法的原理

脉冲响应不变法是一种时域响应等价的方法。用数字滤波器的单位脉冲响应序列$h(n)$模仿模拟滤波器的冲激响应$h_a(t)$，让$h(n)$正好等于$h_a(t)$的采样值，即

$$h(n)=h_a(nT) \tag{8.4.1}$$

其中，T为采样间隔。

脉冲响应不变法的特点：

(1) 在要求时域脉冲响应能模仿模拟滤波器的场合，一般使用脉冲响应不变法。

(2) 脉冲响应不变法的一个重要特点是频率坐标的变换是线性的，即$\omega=\Omega T$。ω与Ω是线性关系。因此，如果模拟滤波的频响带限于折叠频率以内的话，通过变换后滤波器的频响可不失真地反映原响应与频率的关系：

$$H(\mathrm{e}^{\mathrm{j}\omega})=H(\mathrm{e}^{\mathrm{j}\Omega T})=H_a(\mathrm{j}\Omega) \quad |\Omega|<\frac{\pi}{T} \tag{8.4.2}$$

例如，线性相位的贝塞尔低通滤波器通过脉冲响应不变法得到的仍是线性相位的低通数字滤波器。

(3) 如果$H_a(s)$是稳定的(即其极点在s左半平面)，则映射到$H(z)$也是稳定的。

脉冲响应不变法的最大缺点就是脉冲响应不变法可能存在频谱混叠问题，有频谱周期延拓效应。因此，它只能用于带限的频响特性，如衰减特性很好的低通或带通。

模拟滤波器与数字滤波器两者之间的映射关系是由拉普拉斯算子s和z变换算子之间的可逆关系式决定的：

$$\begin{cases} z=\mathrm{e}^{sT} \\ s=\dfrac{1}{T}\ln z \end{cases} \tag{8.4.3}$$

由于$s=\sigma+\mathrm{j}\Omega$，$z=r\mathrm{e}^{\mathrm{j}\omega}$，则$z=r\mathrm{e}^{\mathrm{j}\omega}=\mathrm{e}^{\sigma T}\cdot\mathrm{e}^{\mathrm{j}\Omega T}$，所以

$$\begin{cases} r=\mathrm{e}^{\sigma T} \\ \omega=\Omega T \end{cases} \tag{8.4.4}$$

z的模r仅对应于s的实部σ，z的幅角ω仅对应于s的虚部Ω，这种从复平面到复平面的复数映射图形如图8-4-1所示。

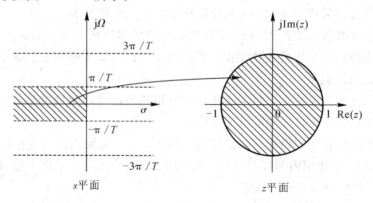

图8-4-1　从s复平面到z复平面的复数映射

由此可见：

• 当 $\sigma=0$ 时，$r=1$，s 平面的虚轴映射到单位圆上，虚轴上每一条长度为 $2\pi/T$ 的线段都映射到单位圆上一周；

• 当 $\sigma<0$ 时，$r<1$，s 平面的每一条宽度为 $2\pi/T$ 的横条左半部分都映射到 z 平面的单位圆内；

• 当 $\sigma>0$ 时，$r>1$，s 平面的每一条宽度为 $2\pi/T$ 的横条右半部分都映射到单位圆外。

由于 $\omega=\Omega T$，所以当 ω 自 0 到 $\pm\pi$ 变化时，Ω 的值对应为 0 到 $\pm\pi/T$。s 平面的无数多的宽度为 $2\pi/T$ 的横条都将重叠映射到 z 平面上，这种多对一的非单值映射关系说明了混叠产生的原因，因为通过这个变换，模拟域 s 平面的许多的频谱模态都映射到 z 平面的同一点上。

2. 设计思路

脉冲响应不变法是实现模拟滤波器数字化的一种直观而常用的方法，它特别适合于对滤波器的时域特性有一定要求的场合。脉冲响应不变法是一种时域等价的方法，它以变换前后的模拟滤波器和数字滤波器的脉冲响应等价为基础，获得与模拟滤波器等价的数字滤波器。这种等价映射的思路如下：

(1) 根据已知的模拟滤波器传递函数 $H_a(s)$，用拉普拉斯反变换求出它的脉冲响应 $h(t)$。

脉冲响应不变法特别适用于用部分分式表达的传递函数，模拟滤波器的传递函数若只有单阶极点，且分母的阶数高于分子阶数，即 $N>M$，则传递函数可以用部分分式表达式表示为

$$H_a(s) = \sum_{k=1}^{N} \frac{A_k}{s-s_k} \tag{8.4.5}$$

通过反拉普拉斯变换我们就可以得到它的冲激响应：

$$h(t) = L^{-1}\left[H_a(s)\right] = \sum_{k=1}^{N} A_k e^{s_k t}\varepsilon(t) \tag{8.4.6}$$

(2) 脉冲响应不变法就是要保证脉冲响应不变，首先要对脉冲响应 $h(t)$ 进行采样得到 $h_a(nT)$。

$$h_a(nT)\mid_{t=nT} = \sum_{k=1}^{N} A_k e^{s_k nT}\varepsilon(nT)$$

在采样定理中已经知道，模拟信号经过以 T 为周期的等间隔采样后，其频谱产生了周期延拓，幅度是原信号的 $1/T$，即 $H(e^{j\omega})$ 是 $H_a(j\Omega)$ 的周期延拓(周期为 $\frac{2\pi}{T}$，采样频率为 f_s)。对 $h_a(nT)$ 进行傅立叶变换得

$$H(e^{j\omega}) = \frac{1}{T}\sum_{n=-\infty}^{\infty} H_a(j\Omega-jk\Omega_s) = \frac{1}{T}\sum_{n=-\infty}^{\infty} H_a(j\Omega-jk2\pi f_s) = \frac{1}{T}\sum_{n=-\infty}^{\infty} H_a\left(j\Omega-jk\frac{2\pi}{T}\right)$$

$$= \frac{1}{T}\sum_{n=-\infty}^{\infty} H_a\left(j\frac{\omega-2k\pi}{T}\right)$$

对于采样后的频谱分析，存在以下两个问题：

(A) 如果原 $h(t)$ 的频带不是限于 $\pm\frac{\pi}{T}$ 之间，则会在奇数 $\pm\frac{\pi}{T}$ 附近产生频谱混叠，对应于数字频率在 $\omega=\pm\pi$ 附近产生频谱混叠。正如采样定理所讨论的，如果模拟滤波器的频率响应是限带的，且频带限于折叠频率 $f_s/2$ 以内时，即 $H_a(j\Omega)=0\left(|\Omega|\geqslant\frac{\pi}{T}\right)$ 才能使数字

滤波器的频率响应等价于模拟滤波器的频率响应，即

$$H(e^{j\omega}) = \frac{1}{T} H_a\left(j\frac{\omega}{T}\right), \quad |\omega| < \pi$$

上式说明，如果不考虑频谱混叠现象，用脉冲响应不变法实现数字滤波器时在带限内是可以很好地实现原模拟滤波器的频率特性的，如图 8-4-2 所示。

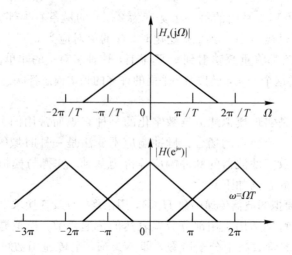

图 8-4-2 脉冲响应不变法的频谱混叠现象

但实际上，因 $H_a(j\Omega)$ 并不是真正带限的，即在频率超过 $f_s/2$ 时频响并不为 0，所以产生了混叠。当为低通或带通滤波器时，f_s 越大，则混叠越小；当为带阻或高通滤波器时，$H_a(j\Omega)$ 在超过 $f_s/2$ 频率部分全为通带，这就不满足抽样定理，此时发生了完全的混叠，所以，脉冲响应不变法一般不适合于直接设计带阻或高通滤波器。

如果需要用脉冲响应不变法实现高通和带阻滤波器，应增加一保护滤波器，滤掉高于折叠频率以上的频带，然后再用脉冲响应不变法转换为数字滤波器，但这会增加设计的复杂性和滤波器的阶数，只有在需要一定频率线性关系或保持网络瞬态响应时才采用。

（B）采样后的频谱幅度是原信号频谱幅度的 $1/T$，当 T 很小时，$|H(e^{j\omega})|$ 就会有很高的增益，容易产生溢出，以至于产生大的失真。为避免这一现象产生，通常的修正方法是将 $h_a(nT)$ 乘以 T，得到等价的脉冲响应序列：

$$h(n) = Th_a(nT)\,|_{t=nT} = \sum_{k=1}^{N} A_k T e^{s_k nT} \varepsilon(nT) \tag{8.4.7}$$

（3）对上式的冲激响应序列 $h(n)$ 作 Z 变换，就可以得到数字滤波器的传递函数：

$$
\begin{aligned}
H(z) &= \sum_{n=-\infty}^{\infty} Th_a(nT) z^{-n} \\
&= \sum_{k=1}^{N} A_k T e^{s_k nT} z^{-n} = \sum_{k=1}^{N} A_k T \sum_{n=0}^{\infty} (e^{s_k T} z^{-1})^n \\
&= \sum_{k=1}^{N} \frac{A_k T}{1 - e^{s_k T} z^{-1}} = \sum_{k=1}^{N} \frac{A_k T z}{(z - z_k)}
\end{aligned}
\tag{8.4.8}
$$

其中，$z_k = e^{s_k T}$ 为 $H(z)$ 的极点。

比较部分分式形式的 $H_a(s)$ 和式(8.4.8)中的 $H(z)$ 可以看到，s 平面上的极点 s_k 变换到 z 平面上是极点 $z_k = e^{s_k T}$，而 $H_a(s)$ 与 $H(z)$ 中部分分式所对应的系数 A_k 不变。如果模拟

滤波器是稳定的，则所有极点 s_k 都在 s 的左半平面，即 $\mathrm{Re}[s_k]<0$，那么变换后 $H(z)$ 的极点 $z_k=\mathrm{e}^{s_kT}$ 也都在单位圆以内，因此数字滤波器保持稳定。值得注意的是，这种 $H_a(s)$ 到 $H(z)$ 的对应变换关系，只有将 $H_a(s)$ 表达为部分分式形式才成立。

虽然脉冲响应不变法能保证 s 平面与 z 平面的极点位置有一一对应的代数关系，但这并不是说整个 s 平面与 z 平面就存在这种一一对应的关系，特别是数字滤波器的零点位置与 s 平面上的零点就没有一一对应关系，而是随着 $H_a(s)$ 的极点 s_k 与系数 A_k 的不同而不同。

在 MATLAB 中，冲激响应不变法使用 impinvar() 函数实现，其使用形式如下：

- [bz, az] = impinvar(b, a, fs)
- [bz, az] = impinvar(b, a)

将模拟滤波器的系统函数系数(b、a)转换成数字滤波器的系统函数系数(b_z、a_z)，f_s 是抽样频率，如果不指定 f_s 或指定 f_s 是一个空向量[]，则 f_s 默认为 1 Hz。

例 8 - 4 - 1 设模拟滤波器的系统函数为 $H_a(s)=\dfrac{s+1}{s^2+5s+6}$，$T=0.1$ s，用冲激响应不变法设计 IIR 数字滤波器。

解
$$H_a(s)=\frac{s+1}{s^2+5s+6}=\frac{2}{s+3}-\frac{1}{s+2}$$

极点为 $s_1=-3$、$s_2=-2$，$A_1=2$、$A_2=1$，则 $z_1=\mathrm{e}^{-3T}$、$z_2=\mathrm{e}^{-2T}$，有

$$H(z)=\frac{2T}{1-\mathrm{e}^{-3T}z^{-1}}-\frac{T}{1-\mathrm{e}^{-2T}z^{-1}}=\frac{0.1-0.089\,66z^{-1}}{1-1.5595z^{-1}+0.6065z^{-2}}$$

当系统阶次很高时，手工计算非常繁琐，可利用 MATLAB 的函数开发一个程序进行转换：

(1) 使用函数[Ak, sk, k] = residue(b, a)：返回模拟滤波器部分分式展开式中的极点 sk、相应极点对应的留数 Ak 和余项 k，a、b 为多项式的系数。

(2) 将 s_k 映射为数字极点 $z_k=\mathrm{e}^{s_kT}$。

(3) 使用函数[B, A] = residuez() 转换为 $H(z)$ 的多项式的系数。

将该例用 MATLAB 编程如下：

```
>> b=[0 1 1];a=[1 5 6];T=0.1;
>> [Ak, sk, k] = residue(b, a);
>> zk=exp(sk * T);
>> [B, A] = residuez(T * Ak, zk, k);
>> B=real(B), A=real(A)   %% 去除运算误差产生的微小虚数
```

B =   0.1000   −0.0897
A =   1.0000   −1.5595   0.6065

结果与手工计算相同。

3. 设计步骤

(1) 指标转换：根据给定的数字滤波器技术指标 ω_p、ω_r、R_p、R_r，转换为模拟滤波器的技术指标 Ω_p、Ω_r、R_p、R_r。

$$\Omega_p=\frac{\omega_p}{T}, \ \Omega_r=\frac{\omega_r}{T} \tag{8.4.9}$$

（2）根据模拟滤波器的技术指标 Ω_p、Ω_r、R_p、R_r，设计模拟低通滤波器 $H_a(s)$。

（3）根据式(8.4.5)求出极点 s_k。

（4）根据式(8.4.8)，代入极点 s_k，求出数字滤波器 $H(z)$。

例 8－4－2 用脉冲响应不变法设计 IIR 数字低通滤波器，要求满足技术指标：$\omega_p = 0.2\pi$，$\omega_r = 0.6\pi$，$R_p \leqslant 2$ dB，$R_r \geqslant 15$ dB。

解 （1）将数字低通指标转换成模拟低通指标，取 $T=1$，则

$$\Omega_p = \frac{\omega_p}{T} = 0.2\pi, \quad \Omega_r = \frac{\omega_r}{T} = 0.6\pi, \quad R_p \leqslant 2 \text{ dB}, \quad R_r \geqslant 15 \text{ dB}$$

（2）设计模拟低通滤波器（BW 型）。

>>Wp＝0.2 * pi；Wr＝0.6 pi；Rp＝2；Rr＝15；T＝1；

>>N＝ceil(log10((10.^(0.1 * abs(Rr))－1)/(10.^(0.1 * abs(Rp))－1))/(2. * log10(Wr/Wp)))

>> Wc＝Wr/((10.^(0.1 * abs(Rr))－1).^(1/(2 * N)))

N＝2，Wc＝0.8013，即

$$N \geqslant \frac{\lg\left(\dfrac{10^{0.1R_r}-1}{10^{0.1R_p}-1}\right)}{2\lg(\Omega_r/\Omega_p)} = 2, \quad \Omega_c = \frac{\Omega_r}{(10^{0.1R_r}-1)^{1/(2N)}} = 0.8013$$

查表得：

$$H_a(s) = \frac{1}{\left(\dfrac{s}{\omega_c}\right)^2 + \sqrt{2}\,\dfrac{s}{\omega_c} + 1} = \frac{0.6421}{s^2 + 1.1356\,s + 0.6421}$$

（3）将模拟低通滤波器转换成数字低通滤波器。

>> b＝[0, 0, 0.6421]；a＝[1, 1.1356, 0.6421]；

>> [Ak, sk, k] ＝ residue(b, a)

Ak＝0－0.5678i

0＋0.5678i

sk＝－0.5678＋0.5654i

－0.5678－0.5654i

k＝　　 []

即

$$H_a(s) = \frac{-0.5678\text{j}}{s - s_1} + \frac{0.5678\text{j}}{s - s_2}$$

极点为 $s_1 = -0.5678 + 0.5654\text{j}$，$s_2 = -0.5678 - 0.5654\,\text{j}$

>> zk＝exp(sk * T)；

>> [B, A] ＝ residuez(T * Ak, zk, k)；

>> B＝real(B)，A＝real(A)　 ％％去除运算误差产生的微小虚数

B＝　　 0　　 0.3448

A＝　 1.0000　 －0.9571　　 0.3212

可得 DF 的系统函数为

$$H(z) = \frac{0.3448z^{-1}}{1 - 0.9571z^{-1} + 0.3212z^{-2}}$$

8.4.2　双线性变换法

1. 双线性变换的原理

双线性变换不存在混叠问题。脉冲响应不变法的主要缺点是对时域的采样会造成频域的"混叠效应"，故有可能使所设计数字滤波器的频率响应与原来模拟滤波器的频率响应相差很大，而且它不能用来设计高通和带阻滤波器，原因是频谱交叠产生的混淆。这是从 s 平面到 z 平面的标准变换 $z=e^{s t}$ 的多值对应关系导致的，为了克服这一缺点，设想变换分为两步：

（1）将整个 s 平面压缩到 s_1 平面的一条横带里。

为了将 s 平面的 $j\Omega$ 轴压缩到 s_1 平面 $j\Omega_1$ 轴上的 $-\dfrac{\pi}{T}\sim\dfrac{\pi}{T}$ 一段上，可通过正切变换 $j\Omega=C\tan\left(j\dfrac{T}{2}\Omega_1\right)$ 实现。这里 C 是待定常数，用不同的方法确定 C 可使模拟滤波器的频率特性与数字滤波器的频率特性在不同频率点有对应关系。也就是说，常数 C 可以调节频带间的对应关系。技术要求需要保证数字滤波器的某一特定频率，一般如截止频率 $\omega_c=\Omega_c/f_s=\Omega_c T$ 与模拟滤波器的截止频率 Ω_c 严格对应，即

$$j\Omega_c=C\tan\left(j\frac{1}{2}\omega_c\right)=C\tan\left(j\frac{T}{2}\Omega_c\right)$$

当截止频率较低时，有 $C=\dfrac{j\Omega_c}{\tan\left(j\dfrac{T}{2}\Omega_c\right)}\approx\dfrac{2}{T}$ ，所以一般取 $C=\dfrac{2}{T}$，则有

$$j\Omega=\frac{2}{T}\tan\left(j\frac{T}{2}\Omega_1\right)=\frac{2}{T}\frac{e^{j\Omega_1 T/2}-e^{-j\Omega_1 T/2}}{e^{j\Omega_1 T/2}+e^{-j\Omega_1 T/2}}=\frac{2}{T}\frac{1-e^{-j\Omega_1 T}}{1+e^{-j\Omega_1 T}} \tag{8.4.10}$$

令 $s=j\Omega$、$s_1=j\Omega_1$，代入得

$$s=\frac{2}{T}\cdot\frac{1-e^{-s_1 T}}{1+e^{-s_1 T}} \tag{8.4.11}$$

（2）通过标准变换关系将此横带变换到整个 z 平面上去。

代入 $z=e^{s_1 t}$，从 s_1 平面映射到 z 平面，则 s 平面与 z 平面之间满足以下映射关系：

$$s=\frac{2}{T}\cdot\frac{1-z^{-1}}{1+z^{-1}},\ z=\frac{\dfrac{2}{T}+s}{\dfrac{2}{T}-s} \tag{8.4.12}$$

其中，T 是参数，通常取采样周期，也可以取其他值。式（8.4.12）被称为"双线性变换"。可见，双线性变换法是在频域内使数字滤波器仿真模拟滤波器的一种变换方法。它首先将整个 s 平面映射到 s_1 平面，将 s 平面压缩到 s_1 平面的一条横带里；然后从 s_1 平面映射到 z 平面，这样就把整个 s 平面通过 s_1 平面变换到整个 z 平面上去，而且也使 s 的左半平面映射到 z 平面的单位圆内。

这样变换的结果就使 s 平面的虚轴单值地映射于 z 平面的单位圆上，s 平面的左半平面完全映射到 z 平面的单位圆内。s 平面与 z 平面是一一对应的单值关系，消除了多值性也就消除了混淆现象，同时也保持了数字滤波器与原来的模拟滤波器有同样的稳定性和因果性，如图 8-4-3 所示。

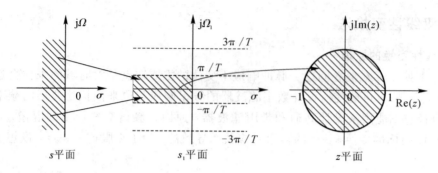

图 8-4-3　双线性变换法

2. 双线性变换的特点

双线性变换的特点如下：

（1）双线性变换是一种非线性变换。

由于 $s = j\Omega$，$s_1 = j\Omega_1$，$z = e^{j\omega} = e^{j\Omega_1 T}$，得

$$\Omega = \frac{2}{T}\tan\left(\frac{\omega}{2}\right), \quad \omega = 2\arctan\left(\frac{T\Omega}{2}\right) \tag{8.4.13}$$

可见双线性变换实际上却是一种非线性变换，s 平面的 Ω 与 z 平面的 ω 是非线性的正切关系，正是这种非线性的正切关系消除了频谱混叠。如图 8-4-4 所示，在零频率附近，Ω、ω 接近于线性关系；当 Ω 进一步增加时，ω 增长变得缓慢；当 Ω 趋向于 $\pm\infty$ 时，$\omega = \pm\pi$（ω 终止于折叠频率处），所以双线性变换不会出现由于高频部分超过折叠频率而混淆到低频部分去的现象。

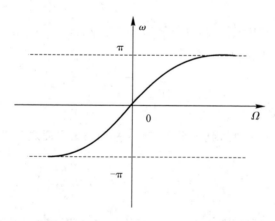

图 8-4-4　双线性变换法的频率关系

（2）双线性变换的优缺点。

优点：避免了频率响应的混迭现象。

缺点：

·除了零频率附近，Ω 与 ω 之间严重非线性。

·线性相位模拟滤波器变为非线性相位数字滤波器。

·双线性变换后，频率响应产生了畸变，但通带阻带仍为常数特性，不受影响，只是临界频率点产生了畸变。

（3）预畸变。

双线性变换虽然克服了脉冲响应不变法的频谱混叠问题，却是以引入了频率失真为代价的，但这种非线性引起的幅频特性畸变可通过预畸变方法得到校正。

对于双线性变换法可以使用以下关系式进行预畸变：

$$\Omega = \frac{2}{T}\tan\left(\frac{\omega}{2}\right), \ \omega = 2\arctan\left(\frac{\Omega T}{2}\right) \tag{8.4.14}$$

在 MATLAB 中，使用 bilinear() 函数来实现双线性变换法，其调用语法如下：

• [zd, pd, kd]＝bilinear(z, p, k, fs)、[zd, pd, kd] = bilinear(z, p, k, fs, fp)：返回等价的离散系统函数的零、极点和增益(zd、pd、kd)，将 z、p、k 指定的 s 域系统函数转换为等价的离散函数。输入参数 z 和 p 是零、极点的列向量，k 是一个代表增益的标量，fs 是采样频率(Hz)，fp 是预畸变频率(Hz)。

• [numd, dend] = bilinear(num, den, fs)、[numd, dend] = bilinear(num, den, fs, fp)：使用系统函数的系数实现转换。

8.5 MATLAB 应用于 IIR 数字滤波器的典型设计法

8.5.1 MATLAB 的典型设计法步骤

在实际的典型设计中，无论是 Butterworth、Chebyshev，还是其他类型的低通滤波器原型的计算工作都是非常繁琐的，尤其当阶数较高时更是如此。虽然有些滤波器有现成的图表可供查询，但也只能查询到 N 不大于 10 的阶次，对于更高阶次的滤波器设计是非常困难的。MATLAB 提供了许多实用的函数和工具，可应用于 IIR 数字滤波器的典型设计法，解决了数字滤波器设计的难题。本节以 Butterworth、Chebyshev 和 Elliptic 为例，介绍在 IIR 数字滤波器的典型设计法中 MATLAB 的应用。

在 MATLAB 中，典型设计法的步骤如下：

(1) 在传统的数字滤波器设计中，根据 IIR 滤波器的典型设计法，可以使用 MATLAB 函数先设计出 Butterworth、Chebyshev、Elliptic 等模拟低通原型滤波器 $H_a(p)$。

(2) 然后转换 $H_a(p)$ 为需要的实际低通、高通、带通或带阻滤波器 $H(s)$，在 MATLAB 中，运用固有频率 W_n 把模拟低通滤波器原型转换成模拟低通、高通、带通、带阻滤波器，可分别使用下列函数：

• [B, A]＝lp2lp(b, a, Wn)：模拟低通滤波器原型转换为模拟低通。b、a 分别为低通模拟原型滤波器传输函数的分子和分母多项式的系数。W_n 为一般低通模拟滤波器的 3 dB 截止频率(rad/s)。B、A 分别为生成的一般低通模拟滤波器传输函数的分子、分母多项式的系数。该函数执行的是将低通模拟原型滤波器由截止频率 1 到指定截止频率 Wn 的变换。

以下几个函数与该函数的参数含义相同的，不再重复介绍。

• [B, A] = lp2hp(b, a, Wn)：模拟低通滤波器原型转换为模拟高通。

• [B, A] = lp2bp(b, a, W0, B)：模拟低通滤波器原型转换为模拟带通，B 为带通滤波器的通带宽，W0 为带通滤波器中心频率(rad/s)。W0＝(w1 * w2)^1/2，B＝w2－w1，其中 w1 为带通滤波器的下边界频率，w2 为上边界频率，若给定的边界频率为 Hz，则要乘 2 * pi。

・[B，A]＝lp2bs(b，a，W0，B)：模拟低通滤波器原型转换为模拟带阻，B 为阻带宽。各参数同低通原型到带通的变换。

（3）最后使用脉冲响应不变法或双线性变换法，设计出想要的数字滤波器 $H(z)$。

8.5.2 Butterworth 数字滤波器的典型设计法

根据 IIR 滤波器的典型设计法，可以用 buttap() 函数先设计出 Butterworth 模拟低通原型滤波器 $H_a(p)$，然后使用脉冲响应不变法或双线性变换法设计出低通 Butterworth 数字滤波器 $H(z)$。

1. 用 buttord() 函数计算最小阶次 N 和 3 dB 截止频率 W_c

buttord() 函数可以在模拟和数字域应用，设计巴特沃斯模拟低通原型滤波器时，用函数 buttord() 计算模拟滤波器的最小阶次 N 和 3 dB 截止频率 W_c（MATLAB 中常用 W_n 代表）。其调用格式为：

[N，Wn]＝buttord(Wp，Wr，Rp，Rr，′s′)：用于计算巴特沃斯模拟滤波器的最小阶次 N 和 3 dB 截止频率 W_n（即 Ω_c）。Wp、Wr 分别是通带和阻带的截止频率，它们都是模拟角频率，单位是 rad/s。当 Wp＜Wr 时，求低通滤波器，此时求出的 Wn 是阻带指标满足，而通带指标富余。根据 Wp 和 Wr 的值不同，也可以求模拟高通、带通和带阻滤波器的最小阶次 N 和 3 dB 截止频率 Wn。

2. 用 buttap() 函数设计模拟低通原型滤波器

用函数 buttap() 设计 N 阶归一化（Wn＝1）的模拟低通原型滤波器，其调用格式为：

[z，p，k]＝buttap(N)：N 是要求设计的低通滤波器的阶次，z、p、k 是设计出的原型滤波器 $H_a(p)$ 的零点、极点和增益，由于没有零点，z 是一个空矩阵。

$$H_a(p)=\frac{Z(p)}{P(p)}=k\frac{1}{(p-p_1)(p-p_2)\cdots(p-p_n)} \qquad (8.5.1)$$

3. 使用 butter() 函数设计模拟滤波器

使用 butter() 函数可以设计 Butterworth 模拟、数字低通滤波器。设计 Butterworth 模拟低通滤波器的调用格式如下：

（1）[b，a]＝butter(n，Wn，′s′)：使用截止频率 Wn，设计一个 n 阶 Butterworth 低通模拟滤波器，返回滤波器系数行向量 b 和 a，长度是 n+1，它们是 s 的降幂指数的系数。

$$H(s)=\frac{B(s)}{A(s)}=\frac{b_1 s^n+b_2 s^{n-1}+\cdots+b_{n+1}}{a_1 s^n+a_2 s^{n-1}+\cdots+a_{n+1}} \qquad (8.5.2)$$

Wn 是角频率，取值必须大于 0。如果 Wn 是一个两元素的向量，Wn＝[w_1 w_2]，返回一个 2n 阶带通模拟滤波器，通带是 $w_1 ＜ w ＜ w_2$。

（2）[b，a]＝butter(n，Wn，′ftype′，′s′)：根据 ftype 的值，设计高通、低通或带阻滤波器。ftype 可取下列值：

・′high′：设计高通滤波器。

・′low′：设计低通滤波器，可省略。

・′stop′：设计带阻滤波器。如果 Wn 是一个两元素的向量，Wn＝[w_1 w_2]，′stop′设计一个 2n 阶带阻模拟滤波器，阻带是 $w_1 ＜ w ＜ w_2$。

（3）[z，p，k]＝butter(n，Wn，′s′)、[z，p，k]＝butter(n，Wn，′ftype′，′s′)：返回

模拟滤波器的零点、极点和增益形式。

4. 设计步骤

根据 IIR 滤波器的典型设计法，低通 Butterworth 数字滤波器的设计步骤如下：

（1）根据给定的数字滤波器参数，进行第一次频率转换，转换为模拟滤波器的参数。

（2）用函数 buttord() 计算模拟滤波器的最小阶次 N 和 3 dB 截止频率 W_c。

（3）根据最小阶次 N，用函数 buttap(N) 设计出 Butterworth 模拟低通原型滤波器，并求出分母 a、分子 b 向量。

（4）根据 3 dB 截止频率 W_c，使用 lp2lp() 等函数将模拟低通原型滤波器转换为实际模拟低通、高通、带通或带阻滤波器，实现第二次频率转换。

使用 butter() 函数，可以代替步骤（3）和步骤（4）直接设计出实际的模拟低通、高通、带通或带阻滤波器。

（5）然后使用脉冲响应不变法或双线性变换法，将模拟低通、高通、带通或带阻滤波器转换，设计出 Butterworth 低通、高通、带通或带阻数字滤波器。

例 8 - 5 - 1 用脉冲响应不变法和双线性变换法设计一个三阶巴特沃斯数字低通滤波器，其 3 dB 边界频率为 1000 Hz，阻带的截止频率为 1600 Hz，阻带的最小衰减为 20 dB，设采样周期 $T = 250\ \mu s$。

解 （1）确定数字滤波器的性能指标：

该例明确给出了通带的 3 dB 衰减的截止频率，即 $f_n = 1000$ Hz，并给出了需要的最低阶数 $n = 3$，即 $n = 3$，$R_p = 3$ dB，$R_r = 20$ dB，$T = 250\ \mu s$，$f_s = 1/T$，$W_n = 2\pi f_n = 2\pi \times 1000$。

（2）根据给定的模拟低通原型滤波器的阶数 $n = 3$，使用 buttap() 函数求得低通原型的传递函数 $H_a(p)$。

```
>> clear all;
>>n=3; fn=1000;Wn=2 * pi * fn;T=250 * 10^(-6);
>> [z, p, k] = buttap(n)
>>Hap= zpk(z, p, k)
z=      []
p=-0.5000+0.8660i
  -0.5000-0.8660i
  -1.0000
k=   1.0000
```

得出系统函数为

$$\frac{1}{(s+1)(s^2+s+1)}$$

即 $H_a(p) = \dfrac{Z(p)}{P(p)} = \dfrac{k}{(p-p_1)(p-p_2)\ldots(p-p_n)} = \dfrac{1}{(p+1)(p^2+p+1)} = \dfrac{1}{p^3+2p^2+2p+1}$

系统函数的系数为 $b = [0, 0, 0, 1]$，$a = [1, 2, 2, 1]$。

（3）使用固有频率 W_n 把模拟低通滤波器原型转换成模拟低通滤波器，可使用 lp2lp() 函数实现转换：

```
>> b=[0, 0, 0, 1];a=[1, 2, 2, 1];
>> [B, A] = lp2lp(b, a, Wn);
```

（4）将模拟滤波器转换为相应的数字滤波器，实质上是用一种从 s 平面到 z 平面的映射函数实现 $H(s)$ 到 $H(z)$ 的转换。分别使用脉冲响应不变法 impinvar() 和双线性变换法 bilinear()，将模拟低通滤波器原型转换成数字低通滤波器。对于双线性变换法应使用以下关系式进行预畸变：

$$\Omega = \frac{2}{T}\tan\frac{\omega}{2} = \frac{2}{T}\tan\frac{\Omega T}{2} \tag{8.5.3}$$

MATLAB 程序如下：

```
n=3; fn=1000;Wn=2 * pi * fn;
T=250 * 10^(−6);fs=1/T;
b=[0 0 0 1];a=[1 2 2 1];
  %脉冲响应不变法
[B, A]=lp2lp(b, a, Wn);
[num1, den1]=impinvar(B, A, fs);
[h1, w]=freqz(num1, den1);
% 双线性变换法
wn=2 * tan(Wn * T/2)/T;
[B, A]=lp2lp(b, a, wn);
[num2, den2]=bilinear(B, A, fs);
[h2, w]=freqz(num2, den2);
f=w * fs/(2 * pi);
plot(f, abs(h1), '−.', f, abs(h2), 'r−');
grid; axis([0, 2000, 0, 1.2]);
xlabel('频率(Hz)');ylabel('幅值');
title('脉冲响应不变法和双线性变换法(n=3)')
```

如图 8-5-1 所示，给出了这两种设计方法所得到的频响，虚线为脉冲响应不变法的结果，实线为双线性变换法的结果。

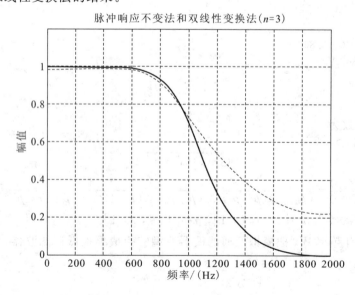

图 8-5-1　脉冲响应不变法和双线性变换法结果

图中第一个边界频率为 1000 Hz，幅度为 0.707，为原型低通滤波器的通带边界频率；第二个边界频率为 1600 Hz，为原型低通滤波器的阻带边界频率，两种设计方法都满足了技术指标要求。脉冲响应不变法由于混叠效应，使得过渡带和阻带的衰减特性变差，并且不存在传输零点。双线性变换法在 $z=-1$ 即 $\omega=\pi$ 或 $f=2000$ Hz 处有一个三阶传输零点，该零点正是模拟滤波器在 $\Omega=\infty$ 处的三阶传输零点通过映射形成的。

在例 8-5-1 中，用 butter() 函数可将上述步骤简化，直接设计一个三阶巴特沃斯模拟滤波器，然后用脉冲响应不变法和双线性变换法设计一个巴特沃斯数字滤波器。程序如下：

```
n=3；fn=1000；wn=2*pi*fn；
Ts=250*10^(-6)；fs=1/Ts；
[B, A]=butter(n, wn, 's')
[num1, den1]=impinvar(B, A, fs)；
[h1, w]=freqz(num1, den1)；
%双线性变换法
wn=2*tan(Wn*Ts/2)/Ts；
[B, A]=butter(n, wn, 's')；
[num2, den2]=bilinear(B, A, fs)；
[h2, w]=freqz(num2, den2)；
f=w/pi*2000；
plot(f, abs(h1), '-.', f, abs(h2), 'r-')；
grid；axis([0, 2000, 0, 1.2])；
xlabel('频率/Hz')；ylabel('幅值')；
title('脉冲响应不变法和双线性变换法(n=3)')
```

结果与图 8-5-1 相同。

例 8-5-2 用双线性变换法设计一个三阶巴特沃斯数字带通滤波器，其 3 dB 边界频率为 90 kHz、110 kHz。阻带的两个截止频率为 60 kHz、120 kHz，位于这两个截止频率处的最小衰减大于 15 dB，采样频率 $f_s=400$ kHz。

解 (1) 确定数字滤波器的性能指标。

该例明确给出了通带的 3 dB 衰减的截止频率，即 90 000 Hz、110 000 Hz，并给出了需要的最低阶数 $n=3$，

$R_p=3$ dB，$f_{p1}=90\ 000$ Hz，$W_{n1}=2\pi f_{p1}$，$f_{p2}=110\ 000$ Hz，$W_{n2}=2\pi f_{p2}$；

$R_r=15$ dB，$f_{r1}=60\ 000$ Hz，$W_{r1}=2\pi f_{p1}$，$f_{r2}=120\ 000$ Hz，$W_{r2}=2\pi f_{r2}$；

$f_s=1/T=400\ 000$ Hz。

(2) 先使用 butter() 函数设计出模拟带通滤波器，然后用双线性变换法转换为数字带通滤波器。该方法需要进行预畸变处理，程序如下：

```
clear all；Rp=3；Rr=15；
f1=90；f2=110；f3=60；f4=120；fs=400；
w1=2*pi*f1；w2=2*pi*f2；
w3=2*pi*f3；w4=2*pi*f4；
wp1=2*fs*tan(w1/(2*fs))；
wp2=2*fs*tan(w2/(2*fs))；
```

```
wr1=2*fs*tan(w3/(2*fs));
wr2=2*fs*tan(w4/(2*fs));
Wp=[wp1 wp2];Wr=[wr1 wr2];
[N wn]=buttord(Wp, Wr, Rp, Rr, 's');
[B, A]=butter(N, wn, 's');
[num, den]=bilinear(B, A, fs);
[h, w]= freqz(num, den);
f=w/pi*200;
plot(f, 20*log10(abs(h)));
axis([40, 160, -40, 5]);
grid;
xlabel('频率(k, Hz)'); ylabel('幅度(dB)')
```

程序运行结果如图 8-5-2 所示。

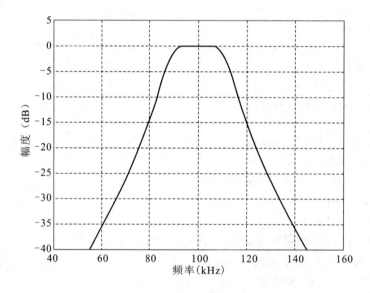

图 8-5-2　数字带通滤波器

8.5.3　Chebyshev、Elliptic 数字滤波器的典型设计法

根据 IIR 滤波器的典型设计法，可以先设计出 Chebyshev I 模拟低通原型滤波器，然后使用脉冲响应不变法或双线性变换法设计出低通 Chebyshev I 数字滤波器。

1. 设计步骤

与低通 Butterworth 数字滤波器的典型设计类似，根据 IIR 滤波器的典型设计法，低通 Chebyshev I 型数字滤波器的典型设计步骤如下：

（1）根据给定的数字滤波器参数，进行第一次频率转换，转换为模拟滤波器的参数。

（2）设计出 Chebyshev I 模拟低通原型滤波器。

（3）将模拟低通原型滤波器转换为模拟低通、高通、带通或带阻滤波器，实现第二次频率转换。

（4）使用脉冲响应不变法或双线性变换法将模拟低通滤波器转换，设计出 Chebyshev

Ⅰ型数字滤波器。

Chebyshev Ⅱ型、椭圆型等数字滤波器的典型设计步骤与此类似。

2. 设计模拟低通原型滤波器

1) Chebyshev Ⅰ型

[n, Wp] = cheb1ord(Wp, Wr, Rp, Rr, 's')函数用于计算切比雪夫Ⅰ型模拟和数字滤波器的最小阶次 n。

用函数 cheb1ap()设计模拟低通原型滤波器, 其调用格式为:

[z, p, k]=cheb1ap(n, Rp): n 是要求设计的低通滤波器的阶次, Rp 是通带内波动。z、p、k 是设计出的原型滤波器 $H(s)$ 的零点、极点和增益, 由于没有零点, z 是一个空矩阵。系统函数为

$$H(s) = \frac{Z(s)}{P(s)} = \frac{k}{(s-p_1)(s-p_2)\cdots(s-p_n)} \qquad (8.5.4)$$

ChebyshevⅠ型滤波器在通道内具有波动, 在阻带内呈单调、极点均匀的分布在左半平面的椭圆中。截止角频率 Ω_c 设置为归一化 1.0, 位于通带的末端, 在此处幅度响应为 $10^{-R_p/20}$。

使用函数 chebyⅠ()可以设计低通、高通、带通和带阻的数字和模拟 ChebyshevⅠ型滤波器, 其通带内为等波纹, 阻带内为单调。ChebyshevⅠ型滤波器的下降斜度比Ⅱ型大, 但其代价是通带内波纹较大。chebyⅠ()函数使用语法如下:

• [b, a]=cheby1(n, Rp, Wp, 's'):Rp(dB)是通带内的"峰-峰"波纹, 使用截止频率 Wp, 设计一个 n 阶 ChebyshevⅠ低通模拟滤波器, 返回滤波器系数行向量 b 和 a, 长度是 n+1, 它们是 s 的降幂指数的系数。Wp 是角频率, 取值必须大于 0。如果 Wp 是一个两元素的向量, Wp=[w_1, w_2], 返回一个 2n 阶带通模拟滤波器, 通带是 w_1<w<w_2。

• [b, a]=cheby1(n, Rp, Wp, 'ftype', 's'):根据 ftype 的值设计模拟高通、低通或带阻滤波器。high:设计高通滤波器;low:设计低通滤波器, 可省略;stop:设计 2n 阶带阻滤波器;如果 Wp 是一个两元素的向量, Wp=[w_1, w_2], 阻带是 w_1<w<w_2。

• [z, p, k] = cheby1(…):与上述方法相同, 返回模拟或数字滤波器的零点、极点和增益。

2) Chebyshev Ⅱ型

用函数 cheb2ap()设计模拟低通原型滤波器, 其调用格式为:

[z, p, k] = cheb2ap(n, Rs):返回 n 阶切比雪夫Ⅱ型模拟低通滤波器原型, 长度为 n 的零 z、极点 p 列向量与标量增益 k。如果 n 是奇数, 则 z 的长度是 n-1。cheb2ap()极点位置与 cheb1ap()极点位置相反, 其极点等间隔均匀分布在左半平面的椭圆中。

Chebyshev Ⅱ型滤波器在通道内呈单调, 在阻带内具有波动, 阻带的纹波在通带峰值下方的一Rs(dB)处。系统函数为

$$H(s) = \frac{Z(s)}{P(s)} = k\frac{(s-z_1)(s-z_2)\cdots(s-z_n)}{(s-p_1)(s-p_2)\cdots(s-p_n)} \qquad (8.5.5)$$

截止角频率 Ω_c 设置为归一化 1.0, 位于阻带的始端, 在此处幅度响应为 $10^{-R_s/20}$。

Chebyshev Ⅱ型滤波器有时也称为反切比雪夫滤波器, Cheb2ap()函数是切比雪夫Ⅰ型原型滤波器的一种改进的算法:

· cheb2ap 用 $1/\Omega$ 代替 Ω，把低通滤波器转换为高通滤波器，而保留 $\Omega=1$ 处的性能。

· cheb2ap 从单位圆减去滤波器转移函数。

3）Elliptic 型

用函数 ellipap() 设计椭圆模拟低通原型滤波器，其调用格式为：

[z，p，k] = ellipap(n，Rp，Rs)：返回 n 阶椭圆型模拟低通滤波器原型的零 z、极点 p 列向量与标量增益 k。如果 n 是奇数，z 的长度是 n−1。

例 8 − 5 − 3　用脉冲响应不变法和双线性变换法设计一个 Chebyshev Ⅰ 数字低通滤波器，其通带 3 dB 边界频率为 1000 Hz。阻带的截止频率为 1600 Hz，阻带的最小衰减为 20 dB。设采样周期 $T=250\ \mu s$。

解　（1）确定数字滤波器的模拟性能指标：通带临界频率 $f_p=f_n=1000$、阻带临界频率 $f_r=1600$；通带内的最大衰减 $R_p=3$ dB，阻带内的最小衰减 $R_r=20$ dB；以此确定相应的角频率：

$$\Omega_p=2\pi f_p=2\pi\times1000,\ \Omega_r=2\pi f_r=2\pi\times1600$$

（2）根据给定的模拟低通原型滤波器的计算参数，使用 [n，Wp] = cheb1ord(Wp，Wr，Rp，Rr，'s') 函数求出阶数 N。

（3）使用 [z，p，k] = cheb1ap(n，Rp) 函数求得低通原型的传递函数的零、极点和增益。

（4）根据零、极点和增益，求出滤波器的系数，其方法有两种：

（A）求得低通原型的传递函数 $H_a(s)$：Has= zpk(z，p，k)。

使用 [b，a] = tfdata(Has，'v') 函数直接求出传递函数 $H_a(s)$ 的分子和分母系数。

注意：用此函数求出的滤波器的系数为复数。

（B）可直接使用 [b，a] = zp2tf(z，p，k) 语句，求出滤波器的系数。

（5）用截止频率 Wn（Chebyshev Ⅰ 型用 Wp，Chebyshev2 型用 Wr）把模拟低通滤波器原型转换成实际模拟低通（或其他类型）滤波器：[B，A] = lp2lp(b，a，Wn)；

（6）分别使用脉冲响应不变法 impinvar() 和双线性变换法 bilinear() 将模拟滤波器转换成数字滤波器。

对于双线性变换法需要使用关系式进行预畸变：

$$\Omega'=\frac{2}{T}\tan\frac{\omega}{2}=\frac{2}{T}\tan\left(\frac{\Omega T}{2}\right)$$

```
clear all;Rp=3;Rr=40;
fn =1000;Wp=2 * pi * fn;fr=1600;Wr=2 * pi * fr;
T=250 * 10^(−6);
[n, Wp] = cheb1ord(Wp, Wr, Rp, Rr, 's');
[z, p, k] = cheb1ap(n, Rp);
[b, a] = zp2tf(z, p, k);
%脉冲响应不变法
[B, A] = lp2lp(b, a, Wp);
[num1, den1]=impinvar(B, A, 1/T);
[h1, w]=freqz(num1, den1);
%双线性变换法
```

```
wn＝2 * tan(Wp * T/2)/T;
[B, A] = lp2lp(b, a, wn);
[num2, den2]=bilinear(B, A, 1/T);
[h2, w]=freqz(num2, den2);
f＝w/(2 * pi * T);
plot(f, abs(h1), '−.', f, abs(h2), 'r−');
grid; axis([0, 2000, 0, 1.2]);
xlabel('频率(Hz)');ylabel('幅值');
title('脉冲响应不变法和双线性变换法')
```

　　如图 8−5−3 所示，给出了这两种设计方法所得到的频响，虚线为脉冲响应不变法的结果，实线为双线性变换法的结果。与图 8−2−2 相比可见到 Chebyshev Ⅰ 数字低通滤波器通带内的波动，但过渡带下降沿较陡。

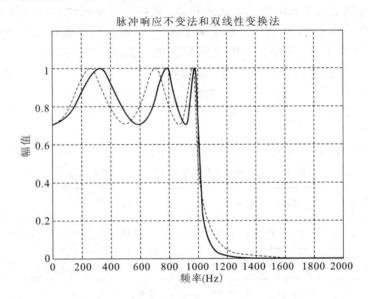

图 8−5−3　用两种方法设计的 Chebyshev Ⅰ 数字低通滤波器

　　使用 cheby1() 函数可以代替上述步骤(3)、(4)、(5)，简化程序设计，双线性变换法需要进行预畸变处理。Chebyshev Ⅱ型、椭圆滤波器的设计方法与此类似。

8.6　直接设计法设计数字滤波器

　　前述的 IIR 数字滤波器设计方法是通过先设计模拟滤波器，再进行 $s−z$ 平面转换，来达到设计数字滤波器的目的。这种设计方法实际上是数字滤波器的一种间接设计方法，而直接设计法(又称完全设计法)使用函数 butter()、cheby1()、cheby2() 将上述步骤合并，一次完成设计。

8.6.1　直接设计 Butterworth 数字低通滤波器

　　实际上，butter() 函数内部使用五步算法直接设计 Butterworth 数字低通滤波器：
　　·使用 buttap() 函数找出低通模拟原型滤波器的零、极点和增益。

·转换零、极点和增益为状态空间形式。

·使用状态空间形式和截止频率，把低通模拟滤波器转换为模拟高通、带通或带阻滤波器。

·butter（）函数默认使用双线性变换法，把上述模拟滤波器转换为数字滤波器。

·把数字滤波器的状态空间形式转换为零、极点和增益形式。

使用函数 butter（）也可以先设计出 Butterworth 模拟低通滤波器原型，然后进行转换，实现间接设计数字滤波器。

1. 用 buttord（）函数计算阶次和截止频率

在 MATLAB 中，使用 butter（）函数直接设计 Butterworth 滤波器时，可用函数 buttord（）确定数字低通滤波器的阶次 N 和归一化 3 dB 频率 Wn，格式为：

[n, Wn]＝buttord(Wp, Wr, Rp, Rr)：用于数字低通滤波器。注意与模拟滤波器的区别：Wp、Wr 分别是通带和阻带的截止角频率，可以是标量或两元素的向量，它们是归一化频率，取值在 0~1 之间。1 对应于数字频率等于 π，或对应于采样频率的一半（即 $\omega_s/2$）。R_p 是通带 3 dB 频率处的最大衰减，R_r 是阻带的最小衰减，单位是 dB。

归一化频率＝实际数字频率/p＝实际模拟频率/（$\omega_s/2$），即

$$W_p = \frac{\omega_p}{\pi} = \frac{\Omega_p}{\omega_s/2} = \frac{T\Omega_p}{\pi}, \quad W_r = \frac{\omega_r}{\pi} = \frac{\Omega_r}{\omega_s/2} = \frac{T\Omega_r}{\pi} \tag{8.6.1}$$

根据 W_p、W_r 的取值可以设计不同类型的滤波器，如表 8 - 2 所示。

表 8 - 2　滤波器类型与截止频率的关系

滤波器类型	W_p、W_r 的取值	阻　带	通　带
低通	$W_p < W_r$，皆标量	$(W_r, 1)$	$(0, W_p)$
高通	$W_p > W_r$，皆标量	$(0, W_r)$	$(W_p, 1)$
带通	$W_{r1} < W_{p1} < W_{p2} < W_{r2}$	$(0, W_{r1})$、$(W_{r2}, 1)$	(W_{p1}, W_{p2})
带阻	$W_{p1} < W_{r1} < W_{r2} < W_{p2}$	$(0, W_{p1})$、$(W_{p2}, 1)$	(W_{r1}, W_{r2})

2. 用 butter（）函数设计 Butterworth 数字低通滤波器

butter（）函数设计 Butterworth 数字低通滤波器的用法如下：

（1）[b, a] ＝ butter(n, Wn)：使用归一化截止频率 Wn 设计一个 n 阶 Butterworth 低通数字滤波器，返回滤波器系数行向量 b 和 a，长度是 n＋1，它们是 z 的降幂指数的系数。

$$H(z) = \frac{B(z)}{A(z)} = \frac{b_1 + b_2 z^{-1} + \cdots + b_{n+1} z^{-n}}{a_1 + a_2 z^{-1} + \cdots + a_{n+1} z^{-n}} \tag{8.6.2}$$

Wn 是归一化频率，取值在 0~1 之间，1 对应于 Nyquist 采样频率 π。如果 Wn 是一个两元素的向量即 Wn ＝ [w1, w2]，返回一个 2n 阶带通滤波器，通带是 w1 ＜ w ＜ w2。

（2）[b, a] ＝ butter(n, Wn, 'ftype')：根据 ftype 的值，设计高通、低通或带阻滤波器。

high：设计高通滤波器。

low：设计低通滤波器，可省略。

stop：设计 2n 阶带阻滤波器。如果 Wn 是一个两元素的向量，Wn ＝ [w1，w2]，阻带是 w1＜w＜w2。

（3）[z，p，k] ＝ butter(n，Wn)、[z，p，k]＝butter(n，Wn，'ftype')：返回数字滤波器的零点、极点和增益形式。

例 8 - 6 - 1   使用 butter( )函数设计一个 Butterworth 数字低通滤波器，其指标为：通带和阻带的截止频率分别为 100 Hz 和 300 Hz，通带的最大衰减和阻带的最小衰减分别为 2 dB 和 20 dB，抽样频率为 1000 Hz。

解   给定的是模拟指标，要转换为数字指标，然后归一化才能使用 butter( )函数。

（1）已知要求的数字低通滤波器的模拟技术指标为：

$f_p＝100$，$f_r＝300$，$f_s＝1000$，$\Omega_p＝2\pi i \times f_p$，$\Omega_r＝2\pi \times f_r$，$R_p＝2$，$R_r＝20$。

（2）确定数字角频率指标：

$\omega_p＝\Omega_p/f_s$，$\omega_r＝\Omega_r/f_s$。

（3）将角频率指标归一化：$W_p＝\omega_p/\pi$，$W_r＝\omega_r/\pi$。

由于没有给出 3 dB 截止频率 W_n 和最小阶次 n，可先使用 buttord( )函数求出阶次 n、W_n。然后使用 butter( )函数设计一个 Butterworth 数字低通滤波器，可使用 tf( )函数输出系统函数。程序如下：

```
%(1)给定模拟频率指标为
fp＝100；fr＝300；fs＝1000；
Rp＝2；Rr＝20；
omegap＝2 * pi * fp；
omegar＝2 * pi * fr；
%(2)确定数字角频率指标为
wp＝ omegap/fs；
wr＝ omegar/fs；
%(3)模拟角频率指标归一化：
Wp＝wp/pi；
Wr＝wr/pi；
[n，Wn]＝buttord(Wp，Wr，Rp，Rr)
[B，A]＝butter(n，Wn)；%LOW filter
sysH＝tf(B，A)
[h，f]＝freqz(B，A，1024，fs)；
plot(f，abs(h))；
grid；
xlabel('频率(Hz)')
ylabel('幅度(dB)')
```

程序运行后输出该 Butterworth 数字低通滤波器的响应曲线，如图 8 - 6 - 1 所示，并计算出系统函数如下：

$$H(s)=\frac{0.1053s^2+0.2107s+0.1053}{s^2-0.8958s+0.3172}$$

并求出：$n＝2$，$f_n＝W_n \times f_s/2＝0.2619 \times 500＝130.95$ Hz。

从图中可以看出，在 100 Hz 处，幅度为 0.88(1.11 dB)＜2 dB；在 300 Hz 处，幅度为

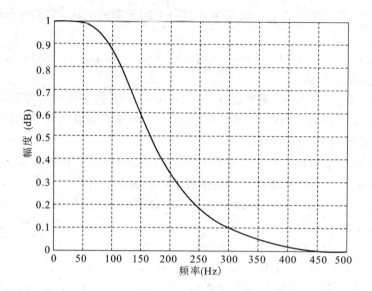

图 8 - 6 - 1　Butterworth 数字低通滤波器

0.1(20 dB)，满足设计指标要求。

3. 设计 Butterworth 带阻数字滤波器

使用 butter(n，Wn，'stop')形式可以设计 Butterworth 带阻数字滤波器，Wn 是两元素的向量，代表阻带的截止频率。

例 8 - 6 - 2　一数字滤波器采样频率 $f_s = 1$ kHz，要求滤除 100 Hz 的干扰，其 3 dB 的边界频率为 90 Hz 和 110 Hz，原型归一化低通滤波器为 $H_a^1(s) = \dfrac{1}{1+s}$。

解　（1）已知要求的数字带阻滤波器技术指标为

$$\Omega_1 = 2\pi \times 90，R_1 = 3 \text{ dB}，\Omega_2 = 2\pi \times 110，R_2 = 3 \text{ dB}，f_s = 1000，n = 1$$

（2）将角频率指标归一化：

$$\omega_1 = \frac{\Omega_1}{2\pi f_s/2} = \frac{2 \times 90}{f_s}，\omega_2 = \frac{\Omega_2}{2\pi f_s/2} = \frac{2 \times 110}{f_s}$$

程序如下：

```
W1＝90；W2＝110；
fs＝1000；
w1＝2 * W1/fs；
w2＝2 * W2/fs；
[B，A]＝butter(1，[w1，w2]，'stop')；
[h，w]＝freqz(B，A)；
f＝w * fs/(2 * pi)；
plot(f，20 * log10(abs(h)))；
axis([50，150，-30，10])；
grid；title('Butterworth 带阻数字滤波器')
xlabel('频率（ Hz ）')
ylabel('幅度（ dB ）')
```

如图 8 - 6 - 2 所示为设计的 Butterworth 带阻数字滤波器。

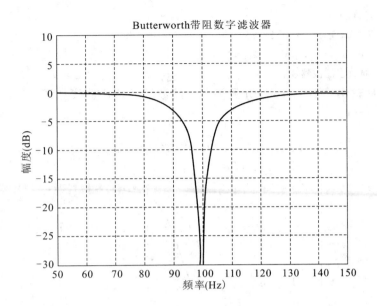

图 8 - 6 - 2　Butterworth 带阻数字滤波器

4. 设计巴特沃斯高通数字滤波器

使用 butter(n，Wn，' high ')形式可以设计 Butterworth 高通数字滤波器，Wn 是两元素的向量，代表阻带的截止频率。

例 8 - 6 - 3　设计一个 Butterworth 数字高通滤波器，其指标为：通带和阻带的截止频率分别为 500 Hz 和 300 Hz，通带的最大衰减和阻带的最小衰减分别为 3 dB 和 20 dB，抽样频率为 2000 Hz。

解　该例给出了通带的 3 dB 衰减的截止频率为 500 Hz，即 W_n，只需求出需要的最低阶数 n，即可使用 butter()函数设计 Butterworth 数字高通滤波器。

（1）已知要求的数字高通滤波器技术指标为：

$f_p = 100$，$f_r = 300$，$f_s = 1000$，$\omega_s = 2\pi f_s$，$\Omega_p = 2\pi f_p$，$\Omega_r = 2\pi f_r$，$R_p = 3$，$R_r = 20$。

（2）确定数字角频率指标，并将角频率指标归一化：

$$\omega_p = 2\Omega_p/\omega_s, \quad \omega_r = 2\Omega_p/\omega_s$$

（3）当 $R_p = 3$ dB 时，数字滤波器截止频率 $W_n = \omega_p$。使用 tf()函数输出计算出的系统函数。

程序如下：

```
clear all;
%(1)给定模拟频率指标为
fp＝500;fr＝300;fs＝2000;ws＝2*pi*fs;
Rp＝3;Rr＝20;
omegap＝2*pi*fp;omegar＝2*pi*fr;
%(2)数字角频率指标归一化：
wp＝2*omegap/ws;　wr＝2*omegar/ws;
n＝buttord(wp,wr,Rp,Rr)
[B,A]＝butter(n,wp,'high');% high filter
[h,f]＝freqz(B,A,1024,fs);
```

```
plot(f, abs(h));
grid；axis([0, 1000, 0, 1.2]);
 xlabel('频率(Hz)')；ylabel('幅值');
title('高通数字滤波器')
```

程序运行后输出该 Butterworth 数字高通滤波器的响应曲线如图 8-6-3 所示，并计算出最低阶数 $n=4$。

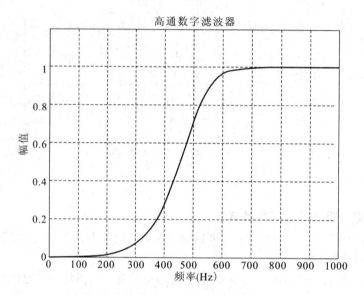

图 8-6-3　Butterworth 高通数字滤波器

5. 设计巴特沃斯带通数字滤波器

使用 butter(n, Wn) 形式可以设计 Butterworth 带通数字滤波器，Wn 是两元素的向量，代表通带的截止频率。

例 8-6-4　设计一巴特沃斯带通滤波器，其中 3 dB 边界频率分别为 $f_2=110$ kHz 和 $f_1=90$ kHz，在阻带 $f_3=60$ kHz、$f_4=120$ kHz 处的最小衰减大于 15 dB，采样频率 $f_s=400$ kHz。

解　由于 butter() 函数默认使用双线性变换法设计数字滤波器，因此可以直接使用该函数而省略预畸变处理和双线性变换等步骤，结果与例 8-5-2 相同。程序如下：

```
clear all；Rp=3；Rr=15；
f1=90；f2=110；f3=60；f4=120；fs=400；ws=2*pi*fs；
w1=2*pi*f1；w2=2*pi*f2；w3=2*pi*f3；w4=2*pi*f4；
Wp=2*[w1 w2]/ws；Wr=2*[w3 w4]/ws；
[N wn]=buttord(Wp, Wr, Rp, Rr)；
[B, A]=butter(N, wn)；
[h, w]=freqz(B, A)；
f=w/pi*200；
plot(f, 20*log10(abs(h)))；
axis([40, 160, -40, 5])；grid；
xlabel('频率(kHz)')；ylabel('幅度(dB)')；
```

8.6.2 直接设计 Chebyshev 型低通数字滤波器

chebyl()、cheby2()函数采用与 butter()函数类似的五步算法，直接设计 Chebyshev 型低通模拟或数字滤波器。

1. ChebyshevⅠ型

使用函数 chebyⅠ()可以设计低通、高通、带通和带阻的数字和模拟 ChebyshevⅠ型滤波器，其通带内为等波纹，阻带内为单调。ChebyshevⅠ型滤波器的下降斜度比Ⅱ型大，但其代价是通带内波纹较大。chebyⅠ()函数使用语法如下：

(1) [b, a]＝chebyl(n, Rp, Wp)：设计一个 n 阶 ChebyshevⅠ型低通数字滤波器，Wp 是归一化截止频率，Rp(dB)是通带内的波纹，返回滤波器系数的行向量 b 和 a，长度是 n+1，它们是 z 的降幂指数的系数。

Wp 是归一化频率，是幅度响应在－Rp(dB)处的截止角频率，取值在 0～1 之间，1 对应于 Nyquist 采样频率 π。如果 Wp 是一个两元素的向量，Wp＝[w1, w2]，返回一个 2n 阶带通滤波器，通带是 w1＜w＜w2。

(2) [b, a] = chebyl(n, Rp, Wp, ′ftype′)：根据 ftype 的值设计高通、低通或带阻数字滤波器。

- high：设计高通滤波器。
- low：设计低通滤波器，可省略。
- stop：设计 2n 阶带阻滤波器。如果 Wp 是一个两元素的向量，Wp＝[w1, w2]，阻带是 w1＜w＜w2。

(3) [z, p, k] = chebyl (…)：与上述方法相同，返回模拟或数字滤波器的零点、极点和增益。

2. ChebyshevⅡ型

设计 chebyshevⅡ型滤波器用函数 cheby2()，可以设计低通、高通、带通和带阻的数字和模拟 ChebyshevⅡ型滤波器，其通带内为单调，阻带内等波纹。ChebyshevⅡ型滤波器的下降斜度比Ⅰ型小，但其阻带内波纹较大。

cheby2()函数与 cheby1()函数使用方法类似，不同的是 cheby2()函数使用阻带内的最小衰减 R_r。

例 8-6-5 在例 8-5-1 中，使用函数 chebyⅠ()直接设计 ChebyshevⅠ型低通模拟滤波器，根据(8.6.1)式将 W_p 归一化：[B, A] = chebyl(n, Rp, TW_p/π)，结果相同。

8.6.3 直接设计 Chebyshev 型高通、带通和带阻数字滤波器

与设计 Butterworth 数字滤波器类似，根据 ftype 的值可设计高通、低通或带阻滤波器。

例 8-6-6 设计一个 ChebyshevⅠ数字高通滤波器，其指标为：通带和阻带的截止频率分别为 500 Hz 和 300 Hz，通带的最大衰减和阻带的最小衰减分别为 3 dB 和 20 dB，抽样频率为 2000 Hz。

解 首先用 $n=$cheb1ord(w_p, w_r, R_p, R_r)求出滤波器阶次。然后用[B, A]＝chebyl(n, R_p, w_p, ′high′)直接设计出 ChebyshevⅠ型高通数字滤波器，结果如图 8-6-4 所示，

可见通带内波纹较大。

程序如下：

```
clear all；Rp＝3；Rr＝20；
fn＝500；Wp＝2 * pi * fn；fr＝300；Wr＝2 * pi * fr；
fs＝2000；T＝1/fs；
wp＝T * Wp/pi；wr＝T * Wr/pi；
[n, wp] ＝ cheb1ord(wp, wr, Rp, Rr)；
[B, A] ＝ cheby1(n, Rp, wp, 'high')；
[h, w]＝freqz(B, A)；
f＝w/(2 * pi * T)；
plot(f, abs(h), 'r-')；
grid；axis([0, 1000, 0, 1.2])；
xlabel('频率/Hz')；ylabel('幅值')；
```

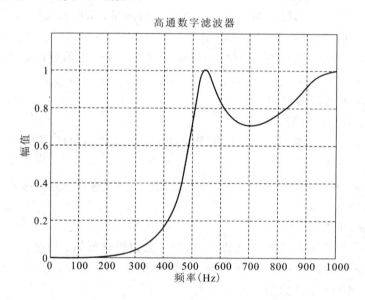

图 8-6-4　Chebyshev I 型高通数字滤波器

对于 Chebyshev I、II 型高通、带通和带阻数字滤波器，可参照 Butterworth 进行设计。

练 习 与 思 考

8-1　IIR 数字滤波器的设计方法包括＿＿和＿＿，传统设计法包括＿＿和＿＿。

8-2　传统设计法和优化设计法的特点是什么？

8-3　设计原型模拟低通的三种常用方法为＿＿、＿＿、＿＿。

8-4　设计数字滤波器的方法之一是先设计模拟滤波器，然后通过模拟 s 域(拉氏变换域)到数字 z 域的变换，将模拟滤波器转换成数字滤波器，其中常用的双线性变换的关系式是＿＿＿。

8-5　脉冲响应不变法的基本思路是是什么？试分析脉冲响应不变法设计数字滤波器的基本思想、方法及其局限性。

8-6 假设某模拟滤波器 $H_a(s)$ 是一个低通滤波器，又知 $H(z) = H_a\left(\dfrac{z+1}{z-1}\right)$ $\left(用了变换 s = \dfrac{z+1}{z-1}\right)$，试判定数字滤波器的通带中心位于的地方：

(1) 低通，$\omega = 0$ (2) 高通，$\omega = \pi$ (3) 带通，在 $(0, \pi)$ 内的某一频率上。

8-7 设计一个巴特沃斯低通滤波器，要求通带截止频率为 6 kHz，通带最大衰减为 3 dB，阻带截止频率为 12 kHz，阻带最小衰减为 25 dB。求出滤波器归一化传输函数 $H_a(p)$ 以及实际的 $H_a(s)$。

8-8 设计一个切比雪夫低通滤波器，要求通带截止频率为 3 kHz，通带最大衰减为 0.2 dB，阻带截止频率为 12 kHz，阻带最小衰减为 50 dB。求出归一化传输函数 $H_a(p)$ 和实际的 $H_a(s)$。

8-9 已知模拟滤波器的传输函数为：

(1) $H_a(s) = \dfrac{s+a}{(s+a)^2 + b^2}$；

(2) $H_a(s) = \dfrac{b}{(s+a)^2 + b^2}$。

式中，a、b 为常数，设 $H_a(s)$ 因果稳定，试采用脉冲响应不变法分别将其转换成数字滤波器 $H(z)$。

8-10 已知模拟滤波器的传输函数为 $H_a(s) = \dfrac{1}{s^2 + s + 1}$，试用脉冲响应不变法和双线性变换法分别将其转换为数字滤波器，设 $T = 2$ s。

8-11 设计低通数字滤波器，要求通带内频率低于 0.2π 时，容许幅度误差在 1 dB 之内；频率在 0.3π 到 π 之间的阻带衰减大于 10 dB。试采用巴特沃斯型模拟滤波器进行设计，用脉冲响应不变法进行转换，采样间隔 $T = 1$ ms。

8-12 设计一个采样频率为 1000 Hz、通带截止频率为 50 Hz、阻带截止频率为 100 Hz 的 IIR 低通滤波器，并要求通带最大衰减为 1 dB，阻带最小衰减为 60 dB。分别用巴特沃斯、滤波器切比雪夫 I 和 II 型、椭圆滤波器设计，并比较结果。

第 9 章

FIR 滤波器的设计方法

IIR 数字滤波器的设计方法是利用模拟滤波器成熟的理论及设计图表进行设计的，因而保留了一些典型模拟滤波器优良的幅度特性。但设计中只考虑了幅度特性，没考虑相位特性，所以 IIR 数字滤波器最大的缺点是不易做成线性相位，而现代图像、语声、数据通信对线性相位的要求普遍是较高的。因此，使得具有线性相位的 FIR 数字滤波器得到大力发展和广泛应用。

与 IIR 数字滤波器的设计方法不同，FIR 数字滤波器使用窗函数法、频率抽样设计法和优化设计法。

9.1 FIR 滤波器简介

9.1.1 线性相位 FIR 滤波器的特点

1. FIR 滤波器的定义与设计方法

由式(7.1.18)可知，FIR 数字滤波器的单位脉冲响应为 $h(n)(0 \leqslant n \leqslant N-1)$。系统函数为

$$H(z) = \sum_{i=0}^{N-1} b_i z^{-i} = \sum_{n=0}^{N-1} h(n) z^{-n} \tag{9.1.1}$$

可见 FIR 数字滤波器的系统函数 $H(z)$ 是 z^{-1} 的 $(N-1)$ 次多项式，而不是 IIR 数字滤波器的有理分式多项式。因此，FIR 数字滤波器在 s 平面上找不到对应的模拟系统函数 $H_a(s)$，不能借用模拟滤波器的成熟设计方法。

把 $z = e^{j\omega}$ 代入式(9.1.1)得 $H(e^{j\omega}) = \sum_{n=0}^{N-1} h(n) e^{-jn\omega}$。当 $h(n)$ 是实数序列时，FIR 数字滤波器的频率响应为

$$H(e^{j\omega}) = |H(e^{j\omega})| e^{j\phi(\omega)} = H(\omega) e^{j\phi(\omega)} \tag{9.1.2}$$

$H(\omega) = |H(e^{j\omega})|$ 是幅度函数，为可正可负的实数，$\phi(\omega)$ 是相频响应函数。

2. FIR 数字滤波器系统函数的特点

FIR 滤波器有以下特点：

(1) 系统函数 $H(z)$ 在 z 平面上有 $(N-1)$ 个 0 点。同时在 $z=0$ 处是 $N-1$ 阶极点，FIR 滤波器的极点都在原点上。

很明显，FIR 数字滤波器的单位脉冲响应为 $h(n)$ 是有限长的，$h(n)$ 在有限范围内非零，因而 $h(n)$ 是因果稳定的有限长序列，$H(z)$ 在有限 z 平面上是稳定的，因此系统总是稳定的。

理想滤波器的理想频率响应为 $H_d(e^{j\omega})$，$H_d(e^{j\omega})$ 是 ω 的周期函数，周期为 2π，可以展开成傅氏级数：

$$H_d(e^{j\omega}) = \sum_{n=-\infty}^{\infty} h_d(n)e^{-j\omega n} \tag{9.1.3}$$

其中，$h_d(n)$ 是与理想频响对应的理想单位抽样响应序列，因为 $h_d(n)$ 一般都是无限长、非因果的，物理上无法实现，因此不能用于设计 FIR 数字滤波器，实际中一般用因果稳定的有限长序列 $h(n)$ 来近似代替 $h_d(n)$。

FIR 滤波器的设计目标就在于寻找一个传递函数 $H(e^{j\omega}) = \sum_{n=0}^{N-1} h(n)e^{-jn\omega}$ 去逼近 $H_d(e^{j\omega})$，逼近方法有时域逼近（窗函数设计法）、频域逼近（频率抽样设计法）和等波纹逼近（最优化设计）三种。

（2）容易设计成线性相位。这在实际工程中是非常重要的性质，如语音、图像信号处理和自适应信号处理等，都要求在信号传输过程中不能有明显的相位失真。线性与稳定是 FIR 数字滤波器的两个突出优点。

（3）运算量比 IIR 大，但可利用 FFT 实现，可以大大提高滤波器的运算效率。

3. 线性相位条件

所谓线性相位，是指线性相频响应函数 $\phi(\omega)$ 是 ω 的线性函数，如果系统的相频响应不是线性的，那么系统的输出将不再是输入信号作线性移位后的组合，因此，输出将发生失真。

数字滤波器的相位特性与离散信号的延时 τ 有密切关系，设一个离散时间系统的幅度特性为 1，而相位特性具有如下的线性相位：

$$\phi(\omega) = \arg[H(e^{j\omega})] = -\tau\omega \tag{9.1.4}$$

式中，τ 为常数，表明系统的相位与频率成正比，信号通过该系统后其输出只有时间上的延迟，而不会产生信号失真，达到无失真输出的目的。时延有以下两种：

（1）系统的相位时延：$\tau_p = -\phi(\omega)/\omega$。

（2）系统的群时延：$\tau_q = -d\phi(\omega)/d\omega$。

所谓线性相位特性有两种定义：一种是严格线性相位特性，要求系统的相位时延和群时延相等且为一个常数，即 $\tau_p = \tau_q = \tau =$ 常数；另一种是工程线性相位特性，要求系统的群时延为一个常数，线性相位的 FIR 滤波器是指其相位函数 $\phi(\omega)$ 满足线性方程：

$$\phi(\omega) = -\alpha\omega + \beta \quad (\alpha、\beta 是常数) \tag{9.1.5}$$

根据群时延的定义，式中 α 表示系统群时延 τ_q，即群时延（Group Delay，GD）：

$$-\frac{d\phi(\omega)}{d\omega} = \alpha \tag{9.1.6}$$

两种定义都要求 $\phi(\omega)$ 曲线必须是一条直线，工程上常采用式（9.1.5）和式（9.1.6）的定义。若系统具有线性相位，则 α 为常数，β 表示附加相移。

线性相位的 FIR 系统都具有恒群时延特性，因为 α 为常数，但只有 $\beta = 0$ 的 FIR 系统才具有恒相时延特性。

FIR 数字滤波器的线性相位条件如下：

$$\begin{cases} h(n) = h(N-1-n) & \text{偶对称} \\ h(n) = -h(N-1-n) & \text{奇对称} \end{cases}, \quad 0 \leqslant n \leqslant N-1 \qquad (9.1.7)$$

如果单位脉冲响应 $h(n)$ 为实数，且具有偶对称或奇对称性，则 FIR 数字滤波器具有严格的线性相位特性。

FIR 数字滤波器根据线性相位特性可分为具有偶对称或奇对称性两大类，具有偶对称性的称为第一类线性相位条件，具有奇对称性的称为第二类线性相位条件。两类 FIR 数字滤波器，根据 N 的奇偶性又可以细分为四种，每种都有自己不同的特点。四种 FIR 数字滤波器的应用特点如表 9-1 所示。

表 9-1 四种 FIR 数字滤波器的应用特点

种　类		$h(n)$	N	应　用
Ⅰ 类 $h(n) = h(N-1-n)$	1	偶对称	奇数	低通、高通、带通、带阻
	2	偶对称	偶数	低通、带通
Ⅱ 类 $h(n) = -h(N-1-n)$	3	奇对称	奇数	带通
	4	奇对称	偶数	高通、带通

9.1.2　第一类线性相位条件

1. 第一类线性相位特性

第一类线性相位条件的特点是 $h(n)$ 以 α 点偶对称：

$$h(n) = h(N-1-n), \quad \alpha = \frac{N-1}{2} \qquad (9.1.8)$$

系统函数为

$$H(z) = \sum_{n=0}^{N-1} h(n) z^{-n} = \sum_{n=0}^{N-1} h(N-1-n) z^{-n}$$

令 $m = N-1-n$，代入上式得

$$H(z) = \sum_{m=0}^{N-1} h(m) z^{-(N-1-m)} = z^{-(N-1)} \sum_{m=0}^{N-1} h(m) z^m = z^{-(N-1)} H(z^{-1}) \qquad (9.1.9)$$

上式可改写成

$$H(z) = \frac{1}{2} \left[H(z) + z^{-(N-1)} H(z^{-1}) \right] = \frac{1}{2} \sum_{n=0}^{N-1} h(n) \left[z^{-n} + z^{-(N-1)} z^n \right]$$

$$= z^{-a} \sum_{n=0}^{N-1} h(n) \left[\frac{z^{-(n-a)} + z^{(n-a)}}{2} \right] \qquad (9.1.10)$$

频率响应为

$$H(e^{j\omega}) = e^{-j\omega a} \sum_{n=0}^{N-1} h(n) \cos[(\alpha-n)\omega] = e^{j\phi(\omega)} H(\omega) \qquad (9.1.11)$$

其中，

$$H(\omega) = \sum_{n=0}^{N-1} h(n)\cos\left[(\alpha - n)\omega\right] \tag{9.1.12}$$

式(9.1.12)为幅度函数，是一个标量函数(即实函数)，可以为正、负或 0，而且是 ω 的偶对称函数、周期函数。该幅度函数与 $|H(e^{j\omega})|$ 是有些不同的，$|H(e^{j\omega})|$ 只能是正值或 0，两者在某些 ω 值上相位相差 π。相位函数为

$$\phi(\omega) = -\alpha\omega \tag{9.1.13}$$

当 $h(n)$ 为实数且偶对称时，FIR 滤波器为恒相时延，相位曲线是一条过原点、以 $-\dfrac{N-1}{2} = -\alpha$ 为斜率的直线。信号通过这类滤波器后，各种频率分量的时延都是 $\dfrac{N-1}{2}$。第一类线性相位条件的线性相位特性如图 9-1-1 所示。

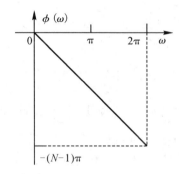

图 9-1-1　第一类线性相位特性

2. 第一类线性滤波器

(1) 第一种 FIR 滤波器的特点：$h(n)$ 偶对称，N 为奇数，如图 9-1-2 所示。

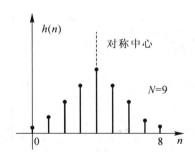

图 9-1-2　$h(n)$ 偶对称，N 为奇数

由 $h(n)$ 偶对称的式(9.1.12)可知，不仅 $h(n)$ 对于 $\alpha = \dfrac{N-1}{2}$ 呈偶对称，而且 $\cos\left[(\alpha-n)\omega\right]$ 也对于 $\alpha = \dfrac{N-1}{2}$ 呈偶对称，即满足：

- $h(n) = h(N-1-n)$，$0 \leqslant n \leqslant N-1$
- $\cos\left[(n-\alpha)\omega\right] = \cos\left[(\alpha-n)\omega\right] = \cos\left[\dfrac{N-1}{2} - (N-1-n)\omega\right]$

于是，$H(\omega)$ 中第 n 项与第 $(N-1-n)$ 项相等，可以进行合并：

$$H(\omega) = h\left(\frac{N-1}{2}\right) + \sum_{n=0}^{(N-3)/2} 2h(n)\cos\left[\omega\left(n-\frac{N-1}{2}\right)\right]$$

令 $n = \frac{N-1}{2} - m$，将上式换元改写为

$$H(\omega) = h\left(\frac{N-1}{2}\right) + \sum_{m=1}^{(N-1)/2} 2h\left(\frac{N-1}{2} - m\right)\cos(\omega m)$$

可表示为

$$H(\omega) = \sum_{n=0}^{(N-1)/2} a(n)\cos(\omega n) \tag{9.1.14}$$

式中，$a(0) = h\left(\frac{N-1}{2}\right)$，$a(n) = 2h\left(\frac{N-1}{2} - n\right)$　$\left(n = 1, 2, \cdots, \frac{N-1}{2}\right)$。

第一种 FIR 滤波器的频域特点如下：

• 幅度函数对频率轴零点偶对称，即 $H(\omega) = H(-\omega)$；对 0、π、2π 点偶对称，即 $H(\omega) = H(2\pi - \omega)$，如图 9-1-3 所示。

• 恒相时延，相位曲线是过原点的曲线，$\phi(\omega) = -\frac{N-1}{2}\omega = -\alpha\omega$。

• $\alpha = \frac{N-1}{2}$ 为 $h(n)$ 的偶对称中心，可通过 $h(n)$ 灵活设计幅度函数的零点位置。

（2）第二种 FIR 滤波器的特点：$h(n)$ 偶对称，N 为偶数，如图 9-1-4 所示。推导过程与第一种相同，由于 N 为偶数，式（9.1.12）中无单独项，则

$$H(\omega) = \sum_{n=0}^{N/2-1} 2h(n)\cos\left[\omega\left(n-\frac{N-1}{2}\right)\right] = \sum_{n=1}^{N/2} b(n)\cos\left[\omega\left(n-\frac{1}{2}\right)\right] \tag{9.1.15}$$

式中，$b(n) = 2h\left(\frac{N}{2} - n\right)$　$\left(n = 1, 2, \cdots, \frac{N}{2}\right)$。

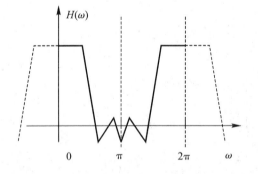

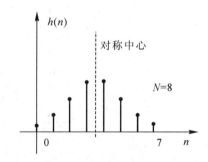

图 9-1-3　$H(\omega)$ 对 0、π、2π 点偶对称　　　　图 9-1-4　$h(n)$ 偶对称，N 为偶数

• 由于 $\cos\left[\omega\left(n-\frac{1}{2}\right)\right]$ 对 $\omega = \pi$ 奇对称，所以 $H(\omega)$ 对 $\omega = \pi$ 也为奇对称，且由于 $\omega = \pi$ 时，$\cos[\omega(n-1/2)] = 0$，$H(\pi) = 0$，$H(z)$ 在 $z = -1$ 处必有一零点，因此这种情况不能用于设计 $\omega = \pi$ 时 $H(\omega) \neq 0$ 的滤波器，如高通、带阻滤波器。

• $\omega = 0$、$\omega = 2\pi$ 时，由于 $\cos\left[\omega\left(n-\frac{1}{2}\right)\right] = 1$ 或 -1，余弦项对 $\omega = 0$、$\omega = 2\pi$ 偶对称，所以 $H(\omega)$ 也对 $\omega = 0$、$\omega = 2\pi$ 为偶对称，如图 9-1-5 所示。

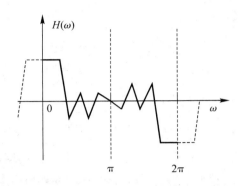

图 9-1-5 $H(\omega)$ 对 π 奇对称，对 0、2π 偶对称

3. 第一类线性相位条件滤波器的应用

第一类 FIR 系统是 $\cos(\omega n)$ 的线性组合，在 $\omega = 0$ 时，$H(\mathrm{e}^{\mathrm{j}\omega})$ 易取得最大值，因此这一类滤波器易体现低通特性，且是偶函数。通过频率移位，又可体现高通、带通、带阻特性。所以，经典的低通、高通、带通和带阻滤波器的 $h(n)$ 都是偶对称的。

• 当 N 为奇数时，时延 $\alpha = \dfrac{N-1}{2}$ 是整数，是采样间隔的整数倍，采样点时延后仍是采样点。一般情况下，此种 FIR 滤波器特别适合设计各种滤波器。

• 当 N 为偶数时，π 点是幅度的零点，时延 $\alpha = \dfrac{N-1}{2}$ 不是整数，采样点时延后就不在采样点位置上了，这在某些应用场合会带来一些意外的问题。此种可设计低、带通滤波器，不能做高通、带阻滤波器。

9.1.3 第二类线性相位条件

1. 第二类线性相位特性

第二类线性相位条件的特点是 $h(n)$ 以 α 点奇对称：

$$h(n) = -h(N-1-n),\ \phi(\omega) = -\alpha\omega + \beta,\ \alpha = \frac{N-1}{2},\ \beta = \pm\frac{\pi}{2} \tag{9.1.16}$$

系统函数为

$$H(z) = \sum_{n=0}^{N-1} h(n) z^{-n} = -\sum_{n=0}^{N-1} h(N-1-n) z^{-n}$$

令 $m = N-1-n$，代入上式得

$$H(z) = -\sum_{m=0}^{N-1} h(m) z^{-(N-1-m)} = -z^{-(N-1)}\sum_{m=0}^{N-1} h(m) z^{m} = -z^{-(N-1)} H(z^{-1})$$

上式可改写成

$$H(z) = \frac{1}{2}\big[H(z) - z^{-(N-1)} H(z^{-1})\big] = \frac{1}{2}\sum_{n=0}^{N-1} h(n)\big[z^{-n} - z^{-(N-1)} z^{n}\big]$$

$$= z^{-\alpha}\sum_{n=0}^{N-1} h(n)\left[\frac{z^{-(n-\alpha)} - z^{(n-\alpha)}}{2}\right] \tag{9.1.17}$$

频率响应如下：

$$H(\mathrm{e}^{\mathrm{j}\omega}) = \mathrm{j}\,\mathrm{e}^{-\mathrm{j}\omega\alpha}\sum_{n=0}^{N-1} h(n)\sin[(\alpha-n)\omega] \tag{9.1.18}$$

其中，

$$H(\omega) = \sum_{n=0}^{N-1} h(n)\sin[(\alpha - n)\omega] \tag{9.1.19}$$

相位函数为

$$\phi(\omega) = -\alpha\omega + \frac{\pi}{2} \tag{9.1.20}$$

　　幅度函数是一个标量函数，可以为正、负或 0，而且是 ω 的奇对称函数、周期函数。相位函数是线性函数，此类 FIR 滤波器不仅有 $\alpha = \dfrac{N-1}{2}$ 个采样周期的恒群时延。而且所有通过的信号还有 $\beta = \dfrac{\pi}{2}$ 附加相移。相位曲线是截距为 $\dfrac{\pi}{2}$、斜率为 $-\dfrac{N-1}{2} = -\alpha$ 的直线。

　　第二类线性相位条件的线性相位特性如图 9-1-6 所示。

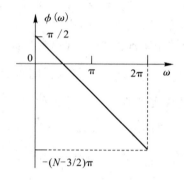

图 9-1-6　第二类线性相位特性

2. 第二类线性滤波器

（1）第三种 FIR 滤波器的特点为 $h(n)$ 奇对称，N 为奇数，如图 9-1-7 所示。

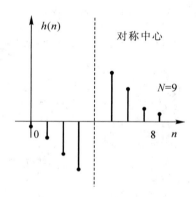

图 9-1-7　$h(n)$ 奇对称，N 为奇数

　　由于 $h(n) = -h(N-1-n)(0 \leqslant n \leqslant N-1)$，而 $\alpha = \dfrac{N-1}{2}$ 为 $h(n)$ 的奇对称中心。所以，当 $n = (N-1)/2$ 时，$h\left(\dfrac{N-1}{2}\right) = -h\left(N-1-\dfrac{N-1}{2}\right) = -h\left(\dfrac{N-1}{2}\right)$，即 $h\left(\dfrac{N-1}{2}\right) = 0$。也就是说，$h(n)$ 奇对称时，中心项一定为 0。

根据式 $(9.1.19) H(\omega) = \sum_{n=0}^{N-1} h(n) \sin[(\alpha-n)\omega]$ 可知，正弦项也对 $(N-1)/2$ 奇对称，则

$$\sin[\alpha-(N-1-n)\omega] = -\sin[\alpha+(N-1-n)\omega] = -\sin[(\alpha-n)\omega]$$

因此，$H(\omega)$ 中第 n 项与第 $(N-1-n)$ 项相等，可以进行合并：

$$H(\omega) = \sum_{n=0}^{\frac{N-3}{2}} 2h(n) \sin\left[\omega\left(\frac{N-1}{2}-n\right)\right]$$

令 $n = \dfrac{N-1}{2} - m$，将上式换元改写为

$$H(\omega) = \sum_{m=1}^{(N-1)/2} 2h\left(\frac{N-1}{2}-m\right) \sin(\omega m)$$

也可表示为

$$H(\omega) = \sum_{n=0}^{(N-1)/2} c(n) \sin(\omega n) \tag{9.1.21}$$

式中，$c(n) = 2h\left(\dfrac{N-1}{2}-n\right) \quad \left(n=1, 2, \cdots, \dfrac{N-1}{2}\right)$。

由于 $\omega = 0$、π 和 2π 时，$\sin(\omega n) = 0$，正弦项对这些点奇对称，所以 $H(\omega)$ 也在 $\omega = 0$、π 和 2π 处为 0，即 $H(z)$ 在 $z=1$ 和 $z=-1$ 处有零点，并且也对这些点为奇对称，如图 $9-1-8$ 所示。

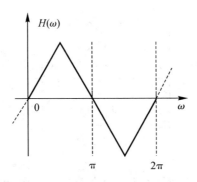

图 $9-1-8$ $H(\omega)$ 在 0、π、2π 处为 0，奇对称

（2）第四种 FIR 滤波器的特点：$h(n)$ 奇对称，N 为偶数，如图 $9-1-9$ 所示。

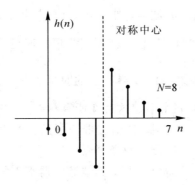

图 $9-1-9$ $h(n)$ 奇对称，N 为偶数

推导过程与第二类第三种相同，由于 N 为偶数，式(9.1.17)中无单独项，全部可以两两合并，合并后只有 $N/2$ 项，则

$$H(\omega) = \sum_{n=0}^{\frac{N}{2}-1} 2h(n)\sin\left[\omega\left(\frac{N-1}{2}-n\right)\right]$$

令 $n=\dfrac{N}{2}-m$，将该式换元改写为

$$H(\omega) = \sum_{m=1}^{N/2} 2h\left(\frac{N}{2}-m\right)\sin\left[\omega\left(m-\frac{1}{2}\right)\right] = \sum_{m=1}^{N/2} d(m)\sin\left[\omega\left(m-\frac{1}{2}\right)\right]$$

也可表示为

$$H(\omega) = \sum_{n=1}^{N/2} d(n)\sin\left[\omega\left(n-\frac{1}{2}\right)\right] \tag{9.1.22}$$

式中，$d(n)=2h\left(\dfrac{N}{2}-n\right) \quad \left(n=1,\,2,\,\cdots,\,\dfrac{N}{2}\right)$。

• 由于 $\omega=0$ 和 $\omega=2\pi$ 时，正弦项为 0，且对这些点奇对称，所以 $H(\omega)$ 也在 $\omega=0$ 和 $\omega=2\pi$ 处为 0，即 $H(z)$ 在 $z=1$ 处必然有零点，并且也对这些点为奇对称，$H(\omega)=-H(-\omega)$、$H(\omega)=-H(2\pi-\omega)$。

• 当 $\omega=\pi$ 时，该正弦项为 1 或 -1，且对 $\omega=\pi$ 点偶对称，所以 $H(\omega)$ 也在 $\omega=\pi$ 处为偶对称，$H(\omega)=H(-\omega)$，如图 9-1-10 所示。

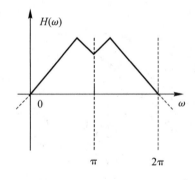

图 9-1-10 $H(\omega)$在 0、2π 处为 0，奇对称，π 处偶对称

3. 第二类线性相位条件滤波器的应用

第二类 FIR 系统是 $\sin(\omega n)$ 的线性组合，在 $\omega=0$ 时，$H(e^{j\omega})$ 的值为零，且是奇函数。这一类滤波器都是作为特殊形式的滤波器，如 Hilbert 变换器、差分器等。

当 $h(n)$ 为实函数且奇对称时，FIR 滤波器仅是恒群时延。相位曲线是一条截距为 $\dfrac{\pi}{2}$ 以 $-\dfrac{N-1}{2}$ 为斜率的直线。信号通过该滤波器产生的时延也是 $\dfrac{N-1}{2}$ 个采样周期，但另外对所有频率分量均有一个附加的 90° 的相移。这种在所有频率上都产生 90° 相移的变换称为正交变换，在电子技术中有很重要的应用，如单边带调制及正交调制正需要这种特性，因此这种滤波器特别适合做希尔伯特滤波器以及微分器。

当 N 为奇数时，只能设计带通滤波器，其他滤波器都不能设计。

当 N 为偶数时，可设计高通、带通滤波器，不能设计低通和带阻。

9.2 窗函数设计法

窗函数设计法是 FIR 数字滤波器的最基本的设计方法，其优点是设计思路简单、性能可以满足常用选频滤波器的要求。

9.2.1 窗函数设计法的基本思路

1. 窗函数设计法要解决的问题

数字信号处理的主要数学工具是傅立叶变换，而傅立叶变换是研究整个时间域和频率域的关系。当运用计算机实现信号处理时，不可能对无限长的信号进行测量和运算，而是取其有限的时间段进行分析。

由式(3.7.1)可知，FIR 系统的系统函数为

$$H(z) = \sum_{n=-\infty}^{\infty} h(n) z^{-n}$$

对 FIR 系统而言，冲击响应 $h(n)$ 就是系统函数的系数。窗函数设计法的基本思路如下：

$$H_d(e^{j\omega}) \xrightarrow{\text{IFFT}} h_d(n) \xrightarrow{w(n)} h(n) \xrightarrow{\text{FFT}} H(e^{j\omega})$$

上述过程简述如下：

窗函数设计法基本思路是把理想滤波器的频率响应 $H_d(e^{j\omega})$ 进行傅立叶反变换得到 $h_d(n)$，在时域内用窗函数对理想滤波器的时域特性 $h_d(n)$ 截断，用截断后、周期延拓的虚拟长冲激响应 $h(n)$ 去逼近理想滤波器的 $h_d(n)$，最后进行傅立叶变换得到的频率响应 $H(e^{j\omega})$ 逼近 $H_d(e^{j\omega})$。

这种截取可以形象地想象为 $h(n)$ 是通过一个"窗口"所看到的一段 $h_d(n)$，因此 $h(n)$ 也可表达为 $h_d(n)$ 和一个截断函数 $w(n)$ 的乘积，即

$$h(n) = h_d(n) w(n)$$

截断函数 $w(n)$ 称为"窗函数"，简称为窗。

因此，设计 FIR 数字滤波器就要解决实际使用的滤波器 $h(n)$ 逼近理想滤波器 $h_d(n)$ 的问题，即寻求一个系统函数 $H(z)$，用其频率响应 $H(e^{j\omega}) = \sum_{n=0}^{N-1} h(n) z^{-j\omega n}$ 逼近理想滤波器的频率响应 $H_d(e^{j\omega})$。

(1) 直接从理想滤波器的频率特性入手，先选取一个理想滤波器，给定理想频响函数。线性相位理想低通滤波器的频率响应为

$$H_d(e^{j\omega}) = \begin{cases} e^{-j\omega a}, & -\omega_c \leqslant \omega \leqslant \omega_c \\ 0, & -\pi \leqslant \omega \leqslant -\omega_c, \ \omega_c \leqslant \omega \leqslant \pi \end{cases}$$

技术指标为 δ_r、$\Delta\omega$，它的单位抽样响应是非因果、无限长的。

(2) 对 $H_d(e^{j\omega})$ 进行傅立叶逆变换求 $h_d(n)$：$h_d(n) = \text{IFFT}[H_d(e^{j\omega})]$，其理想单位抽样响应 $h_d(n)$ 为

$$h_d(n) = \frac{1}{2\pi}\int_{-\pi}^{\pi} H_d(c^{j\omega})\, e^{j\omega n}\, d\omega - \frac{1}{2\pi}\int_{-\omega_c}^{\omega_c} e^{j\omega\alpha}\, e^{j\omega n}\, d\omega = \frac{\omega_c}{\pi}\frac{\sin[\omega_c(n-\alpha)]}{\omega_c(n-\alpha)} \qquad (9.2.1)$$

$h_d(n)$ 是关于中心点为 α 的偶对称无限长非因果序列，而式（9.1.2）要求 FIR 数字滤波器 $h(n)$ 是有限长的因果序列。因此，这就要解决两个问题：有限长和因果，解决思路如下：

- 将无限长的 $h_d(n)$ 变成有限长的 $h_N(n)$。
- 将 $h_N(n)$ 变成因果序列 $h(n)$。

2. 将无限长的 $h_d(n)$ 变成有限长的 $h_N(n)$

实际做法是从信号 $h_d(n)$ 中截取一个时间段（N 个有限项）作为 $h_N(n)$：

$$h_N(n) = h_d(n)w_N(n) = h_d(n)R_N(n) \qquad (9.2.2)$$

式中，窗函数为矩形窗：

$$w_N(n) = R_N(n) = \begin{cases} 1, & |n| \leqslant \dfrac{N-1}{2} \\ 0, & \text{其他} \end{cases} \qquad (9.2.3)$$

截断后的系统函数为

$$H_N(z) = \sum_{n=-(N-1)/2}^{(N-1)/2} h_N(n)z^{-n} \qquad (9.2.4)$$

式中，$h_N(n)$ 为非因果系列，$H_N(z)$ 为非因果系统。

3. 将 $h_N(n)$ 变成因果序列 $h(n)$

将 $h_N(n)$ 变成因果序列 $h(n)$ 的办法是移位 $\dfrac{N-1}{2}$ 变成因果序列 $h(n)$：

(1) $H(z) = z^{-\frac{N-1}{2}}H_N(z) = z^{-\frac{N-1}{2}}\displaystyle\sum_{n=-(N-1)/2}^{(N-1)/2} h_N(n)z^{-n} = \sum_{n=-(N-1)/2}^{(N-1)/2} h_N(n)z^{-\left(n+\frac{N-1}{2}\right)}$

(2) 令 $m = n + \dfrac{N-1}{2}$ 得

$$H(z) = \sum_{m=0}^{N-1} h_N\left(m - \frac{N-1}{2}\right)z^{-m} = \sum_{n=0}^{N-1} h_N(n)z^{-n} \qquad (9.2.5)$$

$$h(n) = h_N\left(n - \frac{N-1}{2}\right), \qquad 0 \leqslant n \leqslant N-1 \qquad (9.2.6)$$

$H(z)$ 是一个因果系统，$h(n)$ 是一个长度为 N 的有限长序列。以上引入的 $z^{-\frac{N-1}{2}}$ 并没有改变 $H_N(z)$ 的幅度特性：

$$H(z) = z^{-\frac{N-1}{2}}H_N(z), \quad H(e^{j\omega}) = z^{-j\omega\frac{N-1}{2}}H_N(e^{j\omega}), \quad |H(e^{j\omega})| = |H_N(e^{j\omega})| \qquad (9.2.7)$$

显然，$H(e^{j\omega})$ 比 $H_N(e^{j\omega})$ 增加了 $\alpha = \dfrac{N-1}{2}$ 的群延迟。

窗函数设计法的方法是根据理想特性 $H_d(e^{j\omega})$ 由式（9.2.1）求出 $h_d(n)$，由式（9.2.2）加窗截断求出 $h_N(n)$，然后根据式（9.2.6）将 $h_N(n)$ 移位 $\alpha = \dfrac{N-1}{2}$ 变成因果序列 $h(n) = h_N\left(n - \dfrac{N-1}{2}\right)$，上述步骤可归纳为下式一步完成：

$$h(n) = h_N\left(n - \frac{N-1}{2}\right) = \frac{1}{2\pi}\int_{-\pi}^{\pi} H_d(e^{j\omega})\, e^{j\omega\left(n-\frac{N-1}{2}\right)}\, d\omega, \qquad 0 \leqslant n \leqslant N-1 \qquad (9.2.8)$$

4. 窗函数设计法的基本步骤

窗函数设计法的实际步骤可以简化如下：

（1）给定理想滤波器的频率响应 $H_d(e^{j\omega})$。根据给定的滤波器技术指标，选择滤波器长度 N 和窗函数 $w(n)$，使其具有最窄宽度的主瓣和最小的旁瓣。

（2）根据指标选择窗函数和 N 值：

$$N = \frac{\Delta\omega}{B} \tag{9.2.9}$$

式中，$B = |\omega_p - \omega_r|$ 为技术指标给定的过渡带宽，$\Delta\omega$ 为窗函数给定的过渡带宽。

（3）根据式（9.2.8）先求出移位后的因果系列：

$$h_0(n) = \frac{1}{2\pi}\int_{-\pi}^{\pi} H_d(e^{j\omega})\, e^{j\omega\left(n-\frac{N-1}{2}\right)}\,\mathrm{d}\omega, \quad 0 \leqslant n \leqslant N-1 \tag{9.2.10}$$

（4）加窗截断为有限长，用什么样的窗来截取会有不同的过渡带和阻带的最小衰减。确定窗函数类型的主要依据是过渡带的带宽和阻带的最小衰耗指标。因此，窗函数的要求是：

- 窗谱主瓣尽可能窄以获得较陡的过渡带。
- 尽量减少窗谱最大旁瓣的相对幅度，能量尽量集中于主瓣，使肩峰和波纹减小，从而增大阻带的衰减。

相对而言，三角形窗、海明窗、汉宁窗效果比矩形窗好，因为它们在边缘处不是陡然下降的。

通过加窗截取得到满足 FIR 滤波器的单位采样响应 $h(n)$：

$$h(n) = h_0(n)w(n) \tag{9.2.11}$$

从而得到线性相位因果 FIR 滤波器。

（5）检验。由 $h(n)$ 进行傅立叶逆变换求出 $H(e^{j\omega})$ 作为 $H_d(e^{j\omega})$ 的逼近，用给定的技术指标验证 $H(e^{j\omega})$ 是否在误差容限之内。

5. 截断效应与功率泄漏

"窗函数"设计法设计 FIR 滤波器就是根据要求找到有限个（N 个）傅氏级数系数，来代替并近似无限项傅氏级数，这样一来，在频率不连续点附近会产生误差，即截断效应。

截断效应，指的是采取截断函数时，截取的有限长信号不能完全反映原信号的频率特性。具体地说，会增加新的频率成分，并且使谱值大小发生变化，这种现象称为频率泄漏。从能量角度来讲，频率泄漏现象相当于原信号各种频率成分处的能量渗透到其他频率成分上，所以又称为功率泄漏。

周期延拓后的信号与真实信号并不是完全相同的，信号截断以后产生的能量泄漏现象是必然的，因此就不可避免地会引起混叠，信号截断必然导致一些误差，这是信号分析中不容忽视的问题。

泄漏与窗函数频谱的两侧旁瓣有关，如果两侧旁瓣的高度趋于零，而使能量相对集中在主瓣，就可以较为接近于真实的频谱。由此自然想到，如果能改变这种突然截断方式，泄漏会得到改善。选择适当的窗函数，对所取样本函数进行不等权处理便是一种有效的措施。需要注意的是，在使用窗函数法时，选取傅氏级数的基数愈多，引起的误差就愈小，但同时项数增多也使成本、体积增加。因此，为了减少频谱能量泄漏，在时间域中可采用不同的截取函数来截断信号，这种方法的重点是选择一个合适的窗函数 $w(n)$ 和理想滤波器 $h_d(n)$，并选择合适的 N。

泄漏是由于无限长信号的突然截断造成的，是不可避免的。但根据实际工程需要，只要选择的 N 足够长、截取的方法合理（即选择适当的窗函数），总能尽量减小泄漏，以满足频域的要求。

9.2.2　矩形窗与吉布斯（Gibbs）现象

我们知道，对于存在跳跃间断点的周期信号，用傅立叶级数来还原信号时，存在着"吉布斯"现象。窗函数设计法的基本思路是在时域内用窗函数对理想滤波器的时域特性 $h_d(n)$ 截断：

$$h(n) = \begin{cases} h_d(n), & |n| \leqslant \dfrac{N-1}{2} \\ 0, & 其他 \end{cases}$$

因此，$h(n)$ 也可表达为 $h_d(n)$ 和一个截断函数 $w(n)$ 的乘积：

$$h(n) = h_d(n)w(n)$$

矩形窗使用最多，习惯上默认不加窗就是使信号通过了矩形窗。这种窗的优点是主瓣比较集中，缺点是旁瓣较高，并有负旁瓣，导致变换中带进了高频干扰和泄漏，甚至出现负谱现象。矩形窗函数为

$$w(n) = R_N(n) = \begin{cases} 1, & |n| \leqslant \dfrac{N-1}{2} \\ 0, & 其他 \end{cases}$$

为了便于分析，假定 $h_d(n)$ 是理想低通滤波器，其频率响应 $H_d(e^{j\omega})$ 如图 9-2-1 所示，而实际的窗函数频率响应 $W_R(e^{j\omega})$ 如图 9-2-2 所示。

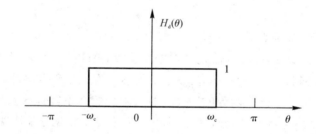

图 9-2-1　理想低通滤波器

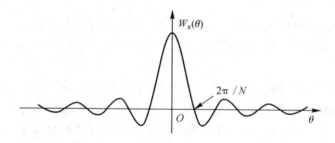

图 9-2-2　窗函数频率响应 $W_R(e^{j\omega})$ 幅度曲线

在时域的相乘映射到频域即是频谱函数的卷积:

$$H(e^{j\omega}) = \frac{1}{2\pi}[H_d(e^{j\omega}) \otimes W_R(e^{j\omega})] = \frac{1}{2\pi}\int_{-\pi}^{\pi} H_d(e^{j\omega}) W_R[e^{j(\omega-\theta)}]d\theta \qquad (9.2.12)$$

窗谱为 $W_R(e^{j\omega}) = \sum_{n=0}^{N-1} w(n)e^{-j\omega n} = W_R(\omega)e^{-j\omega\frac{N-1}{2}}$,幅度函数为 $W_R(\omega) = \dfrac{\sin\dfrac{\omega N}{2}}{\sin\dfrac{\omega}{2}}$,主瓣宽度

最窄为 $\dfrac{4\pi}{N}$,旁瓣幅度大。

在式(9.2.12)中,积分等于 θ 从 $-\omega_c$ 到 ω_c 区间内 $W_R[e^{j(\omega-\theta)}]$ 下的面积,随着 ω 的变化,不同大小、正负的旁瓣移入、移出积分区间,积分面积发生变化,也就是说,$|H(e^{j\omega})|$ 会发生波动:

(1) 当 $\omega = 0$ 时,响应 $H(0)$ 为图 9-2-1 和图 9-2-2 所示两个函数乘积的积分。一般情况下,由于 $\omega_c \gg \dfrac{2\pi}{N}$,$H(0)$ 可以看做是 θ 从 $-\pi$ 到 π 的全部积分面积,以后用 $H(0)$ 进行归一化,即

$$H(0) = \frac{1}{2\pi}\int_{-\pi}^{\pi} W_R(e^{-j\theta})d\theta \qquad (9.2.13)$$

(2) 当 $\omega = \omega_c$ 时,$H(e^{j\omega_c}) = \dfrac{1}{2\pi}\int_{-\omega_c}^{\omega_c} W_R[e^{j(\omega_c-\theta)}]d\theta \approx \dfrac{H(0)}{2}$,如图 9-2-3 所示。

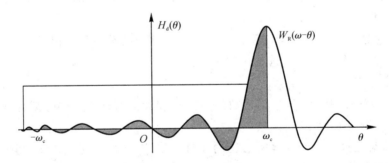

图 9-2-3　$\omega = \omega_c$

(3) 当 $\omega = \omega_c - \dfrac{2\pi}{N}$ 时,$H(e^{j(\omega_c-\frac{2\pi}{N})}) = \dfrac{1}{2\pi}\int_{-\omega_c}^{\omega_c} W_R[e^{j(\omega_c-\theta-2\pi/N)}]d\theta = 1.089H(0)$,此时值最大,是正肩峰,如图 9-2-4 所示。

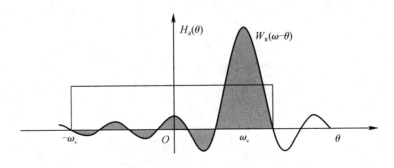

图 9-2-4　$\omega = \omega_c - \dfrac{2\pi}{N}$

（4）当 $\omega=\omega_c+\dfrac{2\pi}{N}$ 时，$H(e^{j(\omega_c+\frac{2\pi}{N})})=\dfrac{1}{2\pi}\displaystyle\int_{-\omega_c}^{\omega_c}W_R[e^{j(\omega_c-\theta+2\pi/N)}]d\theta=-0.089H(0)$，此时值最小，是负肩峰，如图 9-2-5 所示。

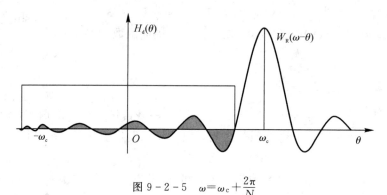

图 9-2-5　$\omega=\omega_c+\dfrac{2\pi}{N}$

1. 过渡带

正负肩峰之间的频带是过渡带，其宽度等于窗口频谱的主瓣宽度。对于矩形窗 $W_R(e^{j\omega})$，此宽度为

$$\Delta\omega=\frac{4\pi}{N} \tag{9.2.14}$$

因此，过渡带宽度与所选窗函数有关，而对于一定的窗函数，增加 N 可使过渡带变陡。

2. 肩峰及波动

肩峰及波动是由窗函数的旁瓣引起的，旁瓣越多，波动越快。相对值越大，波动越厉害，肩峰越强。肩峰和波动与所选窗函数有关。

3. 吉布斯现象

由于对 $h_d(n)$ 进行截短，矩形窗函数的频谱有较大的旁瓣，这些旁瓣在与 $|H_d(e^{j\omega})|$ 卷积时产生了吉布斯现象。

长度 N 的改变只能改变 ω 坐标的比例及窗函数 $W_R(e^{j\omega})$ 的绝对大小，但不能改变肩峰和波动的相对大小（因为不能改变窗函数主瓣和旁瓣的相对比例，而波动是由旁瓣引起的），即增加窗口长度 N 值只能相应地减小过渡带宽度，使通、阻带内振荡加快，但相对振荡幅度却不减小，即不能改变肩峰值。例如，在矩形窗中，最大肩峰值为 8.95%；当 N 增加时，只能使起伏振荡变密，而最大肩峰值总是 8.95%，这种现象称为矩形窗的吉布斯效应。这也意味着所有的波动集中在带的边沿，如图 9-2-6 所示。

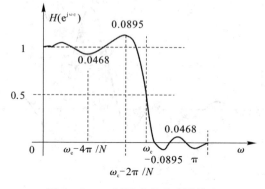

图 9-2-6　矩形窗的吉布斯效应

（1）旁瓣峰值衰耗。

旁瓣峰值衰耗适用于窗函数，它是窗谱主副瓣幅度之比，即

$$旁瓣峰值衰耗 = 20\lg\left(\frac{第一旁瓣峰值}{主瓣峰值}\right) \tag{9.2.15}$$

（2）阻带最小衰耗。

阻带最小衰耗适用于滤波器。工程上习惯于用相对衰耗来描述滤波器。相对衰耗定义为：当滤波器是用窗口法得出时，阻带最小衰耗取决于窗谱主副瓣面积之比，即

$$阻带最小衰耗 = 20\lg\left(\frac{副瓣面积}{主瓣面积}\right) \tag{9.2.16}$$

对于矩形窗：

$$阻带最小衰耗 = 20\lg\left(\frac{副瓣面积}{主瓣面积}\right) = 20\lg\left|\frac{H(\omega)}{H(0)}\right|$$
$$= 20\lg 0.0895 = -21\ \text{dB}$$

这在工作中往往满足不了要求，改善阻带最小衰耗特性要从选择不同的窗函数入手。

4. 矩形窗的实现

使用 rectwin() 函数实现矩形窗，使用语法如下：

w＝rectwin(n)：返回一个长度为 n 点的对称矩形窗列向量 w，n 必须是正整数。矩形窗本质上相当于 w＝ones(n, 1)。

为了减小吉布斯现象，可选取一些旁瓣较小的窗函数，在 9.2.4 节中我们将介绍几种窗函数。

9.2.3 窗函数设计工具

wvtool 和 wintool 是两个有用的窗函数设计工具，wvtool 工具适合用于显示、添加注释、显示和打印窗函数的时域、频域响应，wintool 适合用于设计、分析窗函数。

1. wintool 和 sigwin

wintool 和 sigwin 配合使用。sigwin 是信号处理窗函数对象，用法如下：

w＝sigwin. window：返回窗函数对象 w，如果不指定长度，默认打开 64 点窗函数。

wintool 命令用图形用户界面（GUI)打开窗口设计和分析工具（WinTool），如果不指定窗函数，默认打开 64 点汉明窗。用法如下：

（1）wintool：默认打开 64 点汉明窗。

（2）wintool(obj1, obj2, ...)：在同一窗口打开多个由 obj1、obj2、…指定的 sigwin 窗函数对象。

例如：

```
>> w=sigwin. bartlett;
>> w1=sigwin. chebwin(128, 100);
>> wintool(w, w1)
```

在同一窗口打开 w 和 w_1 指定的 sigwin 窗函数对象，图 9-2-7 为 bartlett 窗，图 9-2-8为 chebwin 窗。

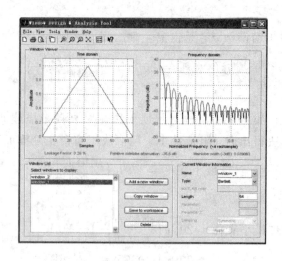

图 9 - 2 - 7　bartlett 窗

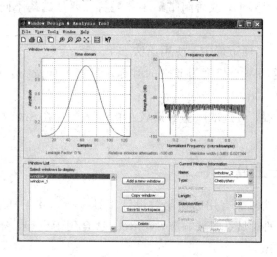

图 9 - 2 - 8　chebwin 窗

2. wvtool 和 window

wvtool 和 window 配合使用。window 是信号处理窗函数对象，用法如下：

（1）w＝window（fhandle，n）：返回 n 点窗函数对象，窗函数由句柄 fhandle 指定，fhandle 的形式是窗函数名称前加@符号，窗函数对象 w 是一个列向量。

（2）wvtool（winname（n））命令可以在时域和频域打开窗函数的可视化工具（WVTool），winname 可以是任何窗函数，n 是长度。在 wvtool 命令中，在窗函数名称前面不要加@符号。wvtool 工具用于显示、添加注释、显示和打印窗函数的时域、频域响应，非常方便。

* wvtool（winname1（n），winname2（n），...winnamem（n）) 可以在同一个窗口显示多个窗函数的响应，以便比较和对比它们的特性。

* h＝wvtool（...）返回句柄图形的句柄 h。

* wvtool（w）用窗函数对象 w 启动 wvtool 可视化工具。

例 9 - 2 - 1　用 wintool 和 window 工具设计窗函数。

设 N＝65，使用布拉克曼窗、海明窗和高斯窗。

解 程序如下：

```
N＝65；
w＝window(@blackmanharris, N)；
w1＝window(@hamming, N)；
w2＝window(@gausswin, N, 2.5)；
wvtool(w, w1, w2)
```

程序运行后，绘制出布拉克曼窗、海明窗和高斯窗图形，如图 9-2-9 所示。

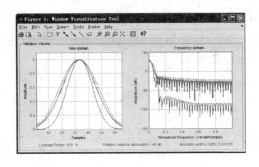

图 9-2-9　布拉克曼窗、海明窗和高斯窗

9.2.4　常用窗函数

1. 窗函数的主要类型

实际应用的窗函数可分为以下主要类型：

(1) 幂窗：采用时间变量某种幂次的函数，如矩形、三角形、梯形或其他时间函数 $x(t)$ 的高次幂；

(2) 三角函数窗：应用三角函数，即正弦或余弦函数等组合成复合函数，例如汉宁窗、海明窗等；

(3) 指数窗：采用指数时间函数，例如高斯窗等。

对于窗函数的选择，应考虑被分析信号的性质与处理要求。如果仅要求精确读出主瓣频率，而不考虑幅值精度，则可选用主瓣宽度比较窄且便于分辨的矩形窗，如测量物体的自振频率等；如果分析窄带信号，且有较强的干扰噪声，则应选用旁瓣幅度小的窗函数，如汉宁窗、三角窗等；对于随时间按指数衰减的函数，可采用指数窗来提高信噪比。

各种常用窗函数的性能指标如表 9-2 所示。

表 9-2　各种常用窗函数的性能指标

窗函数	窗谱性能指标		加窗后滤波器性能指标	
	旁瓣峰值(dB)	主瓣宽度	过渡带宽 $\Delta\omega$	阻带最小衰减 δ_r(dB)
矩形窗	-13	$2\times(2\pi/N)$	$0.9\times(2\pi/N)$	-21
三角形窗	-25	$4\times(2\pi/N)$	$2.1\times(2\pi/N)$	-25
汉宁窗	-31	$4\times(2\pi/N)$	$3.1\times(2\pi/N)$	-44
海明窗	-41	$4\times(2\pi/N)$	$3.3\times(2\pi/N)$	-53
布拉克曼窗	-57	$6\times(2\pi/N)$	$5.5\times(2\pi/N)$	-74
凯塞窗($\beta=7.865$)	-57	由 β 值确定	$5\times(2\pi/N)$	-80

因为 $H(z) = \sum\limits_{n=0}^{N-1} h(n)z^{-n}$，对 FIR 系统而言，冲击响应就是系统函数的系数。因此，设计 FIR 滤波器的方法之一是可以从时域出发，截取有限长的一段冲击响应作为 $H(z)$ 的系数，冲击响应长度 N 就是系统函数 $H(z)$ 的阶数。只要 N 足够长，截取的方法合理，总能满足频域的要求。

窗函数设计法是 FIR 数字滤波器的最基本的设计方法，其优点是设计思路简单、性能可以满足常用选频滤波器的要求。

2. 三角窗与 Bartlett 窗

三角窗与巴特利特（Bartlett）窗是幂窗的一次方形式。

（1）巴特利特（Bartlett）窗函数为

n 为奇数：

$$w(n+1) = \begin{cases} \dfrac{2n}{N-1}, & 0 \leqslant n \leqslant \dfrac{N-1}{2} \\ 2 - \dfrac{2n}{N-1}, & \dfrac{N-1}{2} \leqslant n \leqslant N-1 \end{cases} \tag{9.2.17}$$

n 为偶数：

$$w(n+1) = \begin{cases} \dfrac{2n}{N-1}, & 0 \leqslant n \leqslant \dfrac{N}{2}-1 \\ \dfrac{2(n-N-1)}{N-1}, & \dfrac{N}{2} \leqslant n \leqslant N-1 \end{cases} \tag{9.2.18}$$

（2）三角窗函数为

n 为奇数：

$$w(n) = \begin{cases} \dfrac{2n}{N+1}, & 1 \leqslant n \leqslant \dfrac{N+1}{2} \\ \dfrac{2(n-N+1)}{N-1}, & \dfrac{N+1}{2} \leqslant n \leqslant N \end{cases} \tag{9.2.19}$$

n 为偶数：

$$w(n) = \begin{cases} \dfrac{2n-1}{N}, & 1 \leqslant n \leqslant \dfrac{N}{2} \\ \dfrac{2(n-N)+1}{N-1}, & \dfrac{N}{2}+1 \leqslant n \leqslant N \end{cases} \tag{9.2.20}$$

（3）特点。

窗谱为

$$W(e^{j\omega}) = W(\omega)e^{-j\omega\frac{N-1}{2}} \tag{9.2.21}$$

幅度函数为

$$W_{\mathrm{R}}(\omega) = \frac{2}{N}\left[\frac{\sin\dfrac{\omega N}{2}}{\sin\dfrac{\omega}{2}}\right]^2, \qquad N \gg 1 \tag{9.2.22}$$

主瓣宽度为 $\dfrac{8\pi}{N}$，旁瓣幅度较小。主瓣是由两个长度为 $N/2$ 的矩形窗进行线性卷积得到的。

三角窗非常类似于巴特利特(Bartlett)窗,不同的是 Bartlett 窗在样本 1 和 n 后总是 0,而三角窗在这些点是非 0 的。对于奇数 n,triang$(n-2)$ 的 $n-2$ 点中心等于 bartlett(n)。

(4) 使用 triang() 函数实现三角窗,使用 bartlett(n) 函数实现巴特利特窗,语法如下:

w=triang(n)、w=bartlett(n):返回一个长度为 n 点的三角或巴特利特窗列向量 w,n 必须是正整数。

例如:

>> n=16;

>> wvtool(triang(n),rectwin(n),bartlett(n))

绘制矩形窗、Bartlett 窗和三角窗的时域和频域响应,如图 9-2-10 所示。

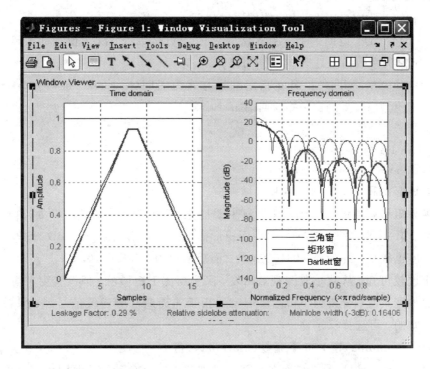

图 9-2-10   矩形窗、三角窗、Bartlett 窗的时域和频域响应

三角窗、Bartlett 窗与矩形窗比较,三角窗、Bartlett 窗的频域主瓣宽约等于矩形窗的两倍,但旁瓣小,而且无负旁瓣。

3. 汉宁(hanning)窗

1) 汉宁(Hanning)窗的定义

汉宁(Hanning)窗又称升余弦窗,是常用的窗函数之一。汉宁窗可以看做是 3 个矩形时间窗的频谱之和,或者说是 3 个 sinc(t) 型函数之和,而括号中的两项相对于第一个谱窗向左、右各移动了 $\dfrac{\pi}{T}$,从而使旁瓣互相抵消,消去高频干扰和漏能。窗函数为

$$w(n) = \frac{1}{2}\left[1 - \cos\frac{2\pi n}{N-1}\right], \qquad 0 \leqslant n \leqslant N-1 \qquad (9.2.23)$$

它的思路是通过矩形窗谱的合理叠加减小旁瓣面积。式(9.2.23)可写成

$$w(n) = \frac{1}{2}R_N(n) - \frac{1}{2} \cdot \frac{e^{j\frac{2\pi}{N-1}} + e^{-j\frac{2\pi}{N-1}}}{2} \cdot R_N(n) \qquad (9.2.24)$$

对应的频谱为

$$W(e^{j\omega}) = 0.5W_R(e^{j\omega}) - 0.25W_R(e^{j(\omega-\frac{2\pi}{N-1})}) - 0.25W_R(e^{j(\omega+\frac{2\pi}{N-1})}) \qquad (9.2.25)$$

其主瓣宽度为 $\frac{8\pi}{N}$，旁瓣幅度小。式中，$W_R(e^{j\omega})$ 是矩形窗谱。当 N 较大时，$\frac{2\pi}{N-1}$ 近似等于 $\frac{2\pi}{N}$，这样 $W(e^{j\omega})$ 可看作是三个不同位置矩形窗谱的叠加。叠加付出的代价是主瓣增宽一倍，得到的好处是旁瓣峰值衰耗由 -13 dB 增加到 -31 dB。

2）汉宁窗函数

使用 hann（）函数实现汉宁窗，使用语法如下：

（1）w＝hann(n)：返回一个 n 点默认的对称（'symmetric'）汉宁窗列向量 w，n 必须是正整数。汉宁窗的系数由上述公式计算而得。

（2）w＝hann(n，'sflag')：sflag 指定抽样方式为周期（'periodic'）或对称（'symmetric'），periodic 计算长度为 n＋1 的窗，并返回前 n 个点。

例如：

```
>> n=16;
>> wvtool(hann(n) , rectwin(n))
```

可绘制矩形窗和汉宁窗的时域和频域响应。

汉宁窗与矩形窗的谱图对比，汉宁窗主瓣加宽（第一个零点在 $2\pi/T$ 处）并降低，旁瓣则显著减小。第一个旁瓣衰减 -32 dB，而矩形窗第一个旁瓣衰减 -13 dB。此外，汉宁窗的旁瓣衰减速度也较快，约为 60 dB/（10oct），而矩形窗为 20 dB/（10oct）。

由以上比较可知，从减小泄漏观点出发，汉宁窗优于矩形窗。但汉宁窗主瓣加宽，相当于分析带宽加宽，频率分辨力下降。汉宁窗适用于非周期性的连续信号，如果被测信号是随机或者未知的，可选汉宁窗。

4. 海明（hamming）窗、布莱克曼（blackman）窗

海明（Hamming）窗也是余弦窗的一种，又称改进的升余弦窗，海明窗与汉宁窗都是余弦窗，都是很有用的窗函数。其窗函数为

$$w(n) = 0.54 - 0.46\cos\left(2\pi\frac{n}{N}\right), \qquad 0 \leqslant n \leqslant N \qquad (9.2.26)$$

主瓣宽度为 $\frac{8\pi}{N}$，旁瓣幅度更小，窗的长度 $L=N+1$。

海明窗是海宁窗的修正，系数稍作变动使叠加后效果更好。

海明窗函数的使用方法与汉宁窗函数类似：

- w＝hamming (L)
- w＝hamming (L，'sflag')

海明窗与汉宁窗的区别只是加权系数不同，海明窗加权的系数能使旁瓣达到更小。海明窗的第一旁瓣衰减为 -42 dB。海明窗的频谱也是由 3 个矩形时窗的频谱合成，但其旁瓣衰减速度为 20 dB/（10oct），这比汉宁窗衰减速度慢。

类似的还有布莱克曼窗：

$$w(n) = 0.42 - 0.5\cos\left(2\pi\frac{n}{N}\right) + 0.08\cos\left(4\pi\frac{n}{N}\right), \qquad 0 \leqslant n \leqslant N$$

窗的长度 $L = N + 1$。布莱克曼窗的使用方法如下：

- w＝blackman(L)
- w＝blackman(L, ′sflag′)

5. 凯塞(Kaiser)窗

Kaiser 窗是一种最优化窗，它的优化准则是：对于有限的信号能量，要求确定一个有限时宽的信号波形，它使得频宽内的能量为最大。也就是说，Kaiser 窗的频带内能量主要集中在主瓣中，它有最好的旁瓣抑制性能。其窗函数为

$$w(n) = \frac{I_0\left(\beta\sqrt{1 - \left(\frac{2n}{N-1} - 1\right)^2}\right)}{I_0(\beta)}, \qquad 0 \leqslant n \leqslant N - 1 \qquad (9.2.27)$$

$I_0(*)$：第一类变形零阶贝塞尔函数。旁瓣衰减为 R_r 的 FIR 滤波器设计，参数 β 可自由选择，一般按下列方法取 β、N 值：

$$R_r = -20\lg\delta_r, \qquad N = \frac{R_r - 7.95}{2.285\Delta\omega} \qquad (9.2.28)$$

$$\beta = \begin{cases} 0.1102(R_r - 8.7), & R_r > 50 \\ 0.5842(R_r - 21)^{0.4} + 0.078\,86(R_r - 21), & 21 \leqslant R_r \leqslant 50 \\ 0, & R_r < 21 \end{cases} \qquad (9.2.29)$$

式中，δ_r 表示阻带衰减量，R_r 表示阻带衰减的分贝数。β 决定主瓣宽度与旁瓣衰减，改变 β 值可同时改变主瓣宽度和旁瓣幅度。β 上升，窗变窄，其频谱的主瓣宽度上升、旁瓣幅度下降(增加了衰减)。$\beta = 5.44$ 时，接近汉明窗；$\beta = 8.5$ 时，接近布莱克曼窗；$\beta = 0$ 时，为矩形窗。一般取 $4 < \beta < 9$，β 值对窗的影响如表 9 - 3 所示。

表 9 - 3 　β 值的影响

β	过渡带	通带波纹/dB	阻带最小衰减/dB
2.120	$3.00\pi/N$	± 0.27	-30
3.384	$4.46\pi/N$	$\pm 0.086\,47$	-40
4.538	$5.86\pi/N$	$\pm 0.027\,4$	-50
5.658	$7.24\pi/N$	$\pm 0.008\,68$	-60
6.764	$8.64\pi/N$	$\pm 0.002\,75$	-70
7.865	$10.0\pi/N$	$\pm 0.000\,868$	-80
8.960	$11.4\pi/N$	$\pm 0.000\,275$	-90
10.056	$12.8\pi/N$	$\pm 0.000\,087$	-100

1) Kaiser 窗函数阶次和截止频率的计算

kaiserord()函数确定 Kaiser 窗函数阶次和截止频率等参数,用于 fir1()函数设计 FIR 滤波器,其用法如下:

(1) [n, Wn, beta, ftype]=kaiserord(f, a, dev):找出阶次 n、频带边沿归一化频率 Wn 和权重 beta(即 β 值),输入参数为 f、a 和 dev。

f 是频带边沿向量,a 是由 f 定义的频带上的幅度向量。f 的长度 length(f)=2 (length (a)−1)。由 f 和 a 可定义所需的分段常数响应函数。dev 是一个向量,长度与 a 相等,指定最大允许误差或设计的实际滤波器输出的频率响应与技术指标指定的理想滤波器各个波段之间的分段幅度偏差。dev 中的数据指定通带波纹和阻带衰减,其计算公式如下:

• 阻带衰减:

$$\delta_r = 10^{-R_r/20} \tag{9.2.30}$$

• 通带波动:

$$\delta_p = 1 - 10^{-R_p/20} \tag{9.2.31}$$

可以在 dev 的每个条目中指定一个正数表示滤波器增益的绝对值(不是以分贝值表示),例如,dev=[0.01, 0.01]。

ftype 是一个串,'high'为高通滤波器,'stop'为带阻滤波器。对于多带滤波器,当第一个带为阻带时,ftype='dc−0'(开始频率 f=0);当第一个带为通带时,ftype='dc−1'。

(2) [n, Wn, beta, ftype]=kaiserord(f, a, dev, fs):fs 是抽样频率(Hz),默认值是 2 Hz。Nyquist 频率是 1 Hz。该语法可以按抽样频率缩展频带的边沿频率,f 的边沿频率必须为 0~fs/2。

(3) c=kaiserord(f, a, dev, fs, 'cell'):cell 是单元数组,其元素是 fir1()函数的参数。

注意区分滤波器长度和滤波器阶次的意义:滤波器长度是 FIR 滤波器中脉冲响应的样本的数目。脉冲响应索引一般从 $n=0$ 到 $n=L-1$,L 是滤波器长度。滤波器器阶次 n 是 z 变换表示的滤波器中 z 的最高次幂。对于 FIR 转移函数,使用 z 的多项式表示,最高次幂是 z^{L-1},最低次幂是 z^0。

2) kaiser()窗函数

Kaiser 窗使用 kaiser()函数,方法如下:

w=kaiser(n, beta):以列向量 w 返回 n 点的 Kaiser 窗,窗的列向量 β 是 Kaiser 窗参数 beta,它影响窗函数的 Fourier 变换旁瓣的衰减情况,默认值是 0.5。在 fir1()函数中的使用方法为

b=fir1(n, Wn, kaiser(n+1, beta), ftype, 'noscale')

例如,设计一个 16 点的、beta 值为 2.5 的 Kaiser 窗滤波器,在 WVTool 窗口显示结果。

```
>> n=16;
>> wvtool(kaiser(n, 2.5), blackman(n))
```

绘制 Kaiser 窗、布莱克曼的时域和频域响应,如图 9−2−11 所示。

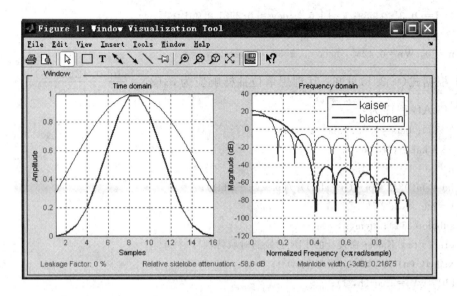

图 9-2-11　Kaiser 窗、布莱克曼的时域和频域响应

6. 高斯窗(gausswin)

高斯(gausswin)窗函数常被用来截断一些非周期信号,如指数衰减信号等。其窗函数为

$$w(n) = e^{-\beta/2}, \quad \beta = \left[\alpha \frac{n}{N/2}\right]^2, \quad -\frac{N}{2} \leqslant n \leqslant \frac{N}{2}, \quad \alpha \geqslant 2 \qquad (9.2.32)$$

高斯窗函数使用方法如下:

- w＝gausswin(n)
- w＝gausswin(n, α)

返回一个 n 点的高斯窗列向量 w,n 必须是正整数,窗的系数由上述公式计算而得。α 是标准偏差的倒数,窗的宽度反比于该值,α 值越大窗越窄,α 默认为 2.5。

高斯窗是一种指数窗,高斯窗谱无负的旁瓣,第一旁瓣衰减达 -55 dB。高斯窗谱的主瓣较宽,故而频率分辨力低。

除了以上几种常用窗函数以外,还有多种窗函数,如平顶窗、帕仁(Parzen)窗、切比雪夫窗(chebwin)等。

例 9-2-2　用凯塞窗设计一个 FIR 低通滤波器,低通边界频率 $\omega_p = 0.3\pi$,阻带边界频率 $\omega_r = 0.55\pi$,阻带最小衰减 $R_r \geqslant 60$ dB。

解　(1)首先由过渡带宽和阻带衰减来决定凯塞窗的 N 和 β 。

$$\Delta\omega = \omega_r - \omega_p = 0.55\pi - 0.3\pi = 0.25\pi, \quad \omega_c = \frac{\omega_r + \omega_p}{2} = 0.42$$

由于 $R_r \geqslant 60$ dB,故根据式(9.2.23)和式(9.2.24)得

$$N = \frac{60 - 7.95}{2.285 \times 0.25\pi} \approx 30, \beta = 0.1102(60 - 8.7) = 5.6533, \alpha = \frac{N-1}{2}$$

(2)求出各参数。

设通带的最大波动不大于 3 dB,则通带波动为 $\delta_p = 1 - 10^{-R_p/20} = 0.2921$,阻带衰减为 $\delta_r = 10^{-R_r/20} = 0.001$。可以使用下列程序求出各参数:

```
≫ clear all;
```

$\gg$ f=[0.3　0.55]；a=[1 0]；dev=[0.2921 0.001]；

$\gg$ [n, Wn, beta, ftype]=kaiserord(f, a, dev)

n=30，Wn=0.4250，beta=5.6533，ftype=low

（3）根据式（9.2.1）可知，其理想单位抽样响应为 $h_d(n)=\dfrac{\sin[0.42(n-\alpha)]}{\pi(n-\alpha)}$。

MATLAB 程序为：

```
N=30；beta=5.65；alfa=(N-1)/2；
wk=kaiser(N, beta)；
n=[0：1：N-1]；
hd=sin(0.42*pi*(n-alfa))./(pi*(n-alfa))；
h=hd.*wk'；
subplot(211)；stem(n, h)；
grid；title('Kaiser 窗设计的 FIR 滤波器时域特性')
xlabel('(n)')；ylabel('幅度 h(n)')；
[h1, w1]=freqz(h, 1)；
subplot(212)；plot(w1/pi, 20*log10(abs(h1)))；
axis([0, 1, -80, 10])；grid；title('Kaiser 窗设计的 FIR 滤波器频率特性')
xlabel('归一化频率(w/pi)')；ylabel('幅度(dB)')；
```

凯塞窗设计的 FIR 滤波器频率特性如图 9-2-12 所示。

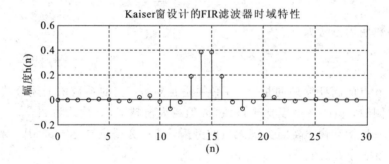

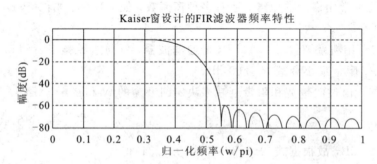

图 9-2-12　凯塞窗设计的 FIR 滤波器频率特性

9.2.5　fir1( )函数与窗函数设计法

fir1()函数使用经典的加窗设计法设计一个基于窗函数的、具有线性相位的有限冲激响应（FIR）滤波器。它可以设计标准的低通、高通、带通和带阻滤波器，默认设计的滤波器是归一化的，因此带通滤波器的幅度响应在中心频率处是 0 dB。

其他类似函数如下：

（1）fircls1()：设计一个约束的低通和高通线性相位 FIR 最小二乘滤波器。

（2）firls()：设计最小二乘线性相位 FIR 滤波器。

若 $w(n)$ 表示一个窗函数，则 $1 \leqslant n \leqslant N$，理想滤波器的单位冲激响应是 $h(n)$，在此 $h(n)$ 是理想频率响应的 Fourier 反变换，加窗的数字滤波器的系数由下式给出：

$$b(n) = h(n)w(n), \quad 1 \leqslant n \leqslant N$$

FIR 数字滤波器的系统函数为

$$H(z) = b(1) + b(2)z^{-1} + b(3)z^{-2} + \cdots + b(n+1)z^{-n} \tag{9.2.33}$$

fir1() 函数的使用方法如下：

（1）b=fir1(n, Wn)：返回含有 n+1 个系数的 n 阶低通 FIR 滤波器的行向量 b。这是默认基于海明窗（也叫汉明窗，Hamming）的截止频率为 Wn 的标准线性相位滤波器。滤波器输出系数为 b，阶数 n 是降序排列 z 的幂指数。

Wn 是介于 0 和 1 之间的数字，1 响应于奈奎斯特（Nyquist）频率。如果 Wn 是一个二元素的向量，Wn=[w1, w2]，fir1() 返回一个带通滤波器，w1≪w2。

如果 Wn 是一个多元素的向量：Wn=[w1, w2, w3, w4, w5, ..., wn]，fir1() 返回一个 n 阶多波段滤波器：0≪w1，w1≪w2，...，wn≪1。默认情况，加窗后的通带中心的幅度是 1。

（2）b=fir1(n, Wn, window)：指定窗函数 window，使用列向量 Wn 设计，向量 Wn 长度必须为 n +1 个元素。如果没有指定窗函数 window，fir1() 使用长度为 n+1 的汉明窗（Hamming），即使用格式（1）的方法。

例如，上面的例 9-2-1 可用 fir1() 函数设计：

```
b=fir1(29, 0.4, kaiser(30, 5.65));
[h1, w1]=freqz(b, 1);
plot(w1/pi, 20 * log10(abs(h1)));
axis([0, 1, -80, 10]); grid;
xlabel('归一化频率'); ylabel('幅度(dB)');
```

（3）b=fir1(n, Wn, 'ftype')：指定一个滤波器的类型，在此 ftype 可取值：

• high：用于高通滤波器，截止频率 Wn。

• stop：用于带阻滤波器，若 Wn=[w1, w2]，阻带频率范围由 w1、w2 确定。

• DC−1：产生多带滤波器的第一个通带。

• DC−0：产生多带滤波器的第一个阻带。

注意：fir1() 总是为高通（highpass）和带阻（bandstop）滤波器使用偶次滤波阶数配置，这是因为使用奇次滤波阶数时，奈奎斯特（Nyquist）频率的频率响应是 0，这对于高通（highpass）和带阻（bandstop）滤波器是不合适的，如果你指定 n 的值是奇数，则 fir1() 就自动加 1。

（4）b=fir1(n, Wn, 'ftype', window)：使用 ftype 和 window 参数设计各种滤波器。

（5）b=fir1(..., 'normalization')：指定滤波器幅度是否归一化。

字符串"normalization"的选项如下：

- scale（默认）：归一化。
- noscale：不归一化。

FIR 滤波器的群延迟是 $n/2$。

例 9 - 2 - 3 设计一个线性相位 FIR 低通滤波器。给定抽样频率为 $\Omega_s = 2\pi \times 1.5 \times 10^4$（rad/s），通带截止频率为 $\Omega_p = 2\pi \times 1.5 \times 10^3$（rad/s），阻带起始频率为 $\Omega_r = 2\pi \times 3.0 \times 10^3$（rad/s），阻带衰减不小于 -50 dB，幅度特性如图 9 - 2 - 13 所示。

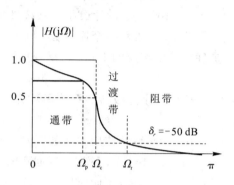

图 9 - 2 - 13　低通滤波器的幅度特性

解　（1）求数字频率。

$$\omega_p = \frac{\Omega_p}{f_s} = \frac{2\pi\Omega_p}{\Omega_s} = 0.2\pi$$

$$\omega_r = \frac{\Omega_r}{f_s} = \frac{2\pi\Omega_r}{\Omega_s} = 0.4\pi$$

$$\delta_r = -50 \text{ dB}, \quad \Delta\omega = \omega_r - \omega_p = 0.2\pi$$

（2）求 $h_d(n)$。

$$H_d(e^{j\omega}) = \begin{cases} e^{-j\omega\alpha}, & -\omega_c \leqslant \omega \leqslant \omega_c \\ 0, & -\pi \leqslant \omega \leqslant -\omega_c, \ \omega_c \leqslant \omega \leqslant \pi \end{cases}$$

$$\omega_c = \frac{\Omega_c}{f_s} = \frac{(\omega_p + \omega_r)}{2} = 0.30\pi$$

$$h_d(n) = \frac{1}{2\pi}\int_{-\pi}^{\pi} H_d(e^{j\omega}) e^{j\omega n} d\omega = \frac{1}{2\pi}\int_{-\omega_c}^{\omega_c} e^{j\omega(n-\alpha)} d\omega$$

$$= \begin{cases} \dfrac{1}{\pi(n-\alpha)}\sin[\omega_c(n-\alpha)], & n \neq \alpha \\ \dfrac{\omega_c}{\pi}, & n = \alpha \end{cases} \qquad \alpha = \frac{N-1}{2}$$

（3）选择窗函数：由 $\delta_r = -50$ dB 确定选海明窗（-53 dB）。

（4）确定 N 值。海明窗过渡带宽为 $\Delta\omega = \dfrac{3.3 \times 2\pi}{N} = \dfrac{6.6\pi}{N} = 0.2\pi$，由此得出 $N = 33$，$\alpha = \dfrac{N-1}{2} = 16$。

（5）确定 FIR 滤波器的 $h(n)$。

$$h(n) = h_d(n)w(n)$$

$$= \frac{1}{\pi(n-16)}\sin[0.3\pi(n-16)] \cdot \left[0.54 - 0.46\cos\left(\frac{\pi n}{16}\right)\right]R_{33}(n)$$

（6）计算程序如下：

```
>> N=33; Wn=0.3;
>> b=fir1(N, Wn, hamming(34));
>> freqz(b, 1, 512)
```

设计出的滤波器幅度特性如图 9 - 2 - 14 所示，满足设计要求。

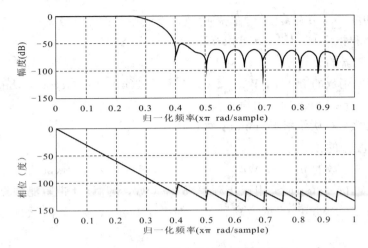

图 9 - 2 - 14　设计出的滤波器幅度特性

9.2.6　FIR 高通、带通、带阻滤波器的设计

1. FIR 带通滤波器的设计

在使用 fir1() 函数的 fir1(n，Wn) 和 fir1(n，Wn，window) 形式设计 FIR 滤波器时，如果 Wn 是一个两元素的向量，Wn＝[w_1，w_2]，fir1() 返回一个带通滤波器，$w_1 \ll w_2$。"window" 指定窗函数，如果不指定该参数，默认使用 Hamming 窗设计。

例 9 - 2 - 4　使用 Hamming 窗设计一个通带为 0.35、0.65 的 FIR 带通滤波器。

解　>> n＝18；
　　　　>> b＝fir1(n，[0.35，0.65])；
　　　　>> freqz(b，1，512)

生成一个 18＋1 个元素的 18 阶低通 FIR 滤波器的系数行向量 b。生成的 18 阶 FIR 带通滤波器的频率和相位响应如图 9 - 2 - 15 所示。即系统函数为 $H(z) = -0.0053z^{-1} - 0.0106z^{-3} + 0.0980z^{-5} \cdots - 0.0053z^{-17}$。

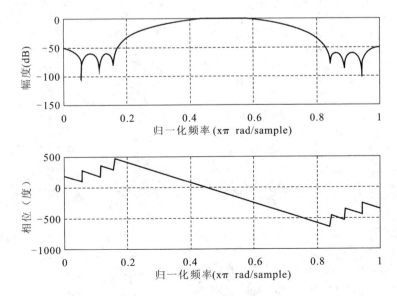

图 9 - 2 - 15　生成的 18 阶 FIR 带通滤波器的频率和相位响应

可见生成的滤波器中心瓣较宽，提高阶数可以改变其性能，当 $n=48$ 时，48 阶 FIR 带通滤波器的频率和相位响应完全满足指标要求。

2. 高通滤波器的设计

在使用 fir1() 函数的 fir1(n, Wn, 'ftype') 和 fir1(n, Wn, 'ftype', window)形式设计 FIR 滤波器时，ftype＝high 时，用截止频率 Wn 设计高通滤波器，"window"指定窗函数，如果不指定该参数，默认使用 Hamming 窗设计。

3. 带阻滤波器的设计

在使用 fir1() 函数的 fir1(n, Wn, 'ftype') 和 fir1(n, Wn, 'ftype', window)形式设计 FIR 滤波器时，ftype＝stop 时，用截止频率 Wn＝[w_1, w_2]设计带阻滤波器，阻带频率范围由 w_1、w_2 确定。"window"指定窗函数，如果不指定该参数，默认使用 Hamming 窗设计。

例 9 - 2 - 5　一个信号 $x(t)=3\sin(2\pi\times45)+2.5\sin(2\pi\times55)$，受到一个工频正弦波的干扰，使用 Kaiser 窗设计一个 FIR 带阻滤波器，滤除其干扰，并分析频谱。

解　已知信号的频率 $f_1=45$ Hz，$f_2=55$ Hz，干扰信号 $f_3=50$ Hz，可设计一个阻带频率为 $f_{r1}=48$ Hz、$f_{r2}=52$ Hz 的 FIR 带阻滤波器。采样频率取 $f_s=200$ Hz。设通带、阻带波动均为 0.01，则有

$$f_1 = [45, 48, 52, 55], \quad a = [1, 0, 1], \quad dev = [0.01, 0.01, 0.01]$$

MATLAB 程序如下：

```
clear all;
f=[45, 48, 52, 55]; a=[1 0 1];
dev=[0.01, 0.01, 0.01];
fs=200; w1=2 * 48/fs; w2=2 * 52/fs; w=[w1, w2];
[n, Wn, beta, ftype]=kaiserord(f, a, dev, fs);
window=kaiser(n+1, beta);
b=fir1(n, Wn, ftype, window);
figure(1), freqz(b, 1, 512);
%
t=(0: 200)/fs;
x0=3 * sin(2 * pi * 45 * t)+2.5 * sin(2 * pi * 55 * t);
x1=2 * sin(2 * pi * 50 * t);
x=x1+x0;
X=fft(x, 512);
magX=abs(X)/100;
fx=filter(b, 1, x);
FX=fft(fx, 512);
magFX=abs(FX)/100;
figure(2);
f=1000/512 * (0: 255);
subplot(221); plot(t, x); title('受干扰后的信号');
axis([0.5, 1, -10, 10]);
```

subplot(222); plot(t, fx); title('滤波后的信号');

axis([0.5, 1, −10, 10]);

subplot(223); plot(f/5, magX(1: 256));

title(''受干扰信号的频谱');

subplot(224); plot(f/5, magFX(1: 256));

title('滤波后的频谱');

　　程序求出其 beta＝3.3953，设计的 FIR 带阻滤波器的频率响应如图 9－2－16 所示。滤波前后的信号与频谱如图 9－2－17 所示。

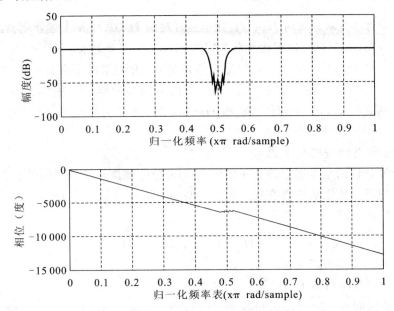

图 9 - 2 - 16　设计的 FIR 带阻滤波器

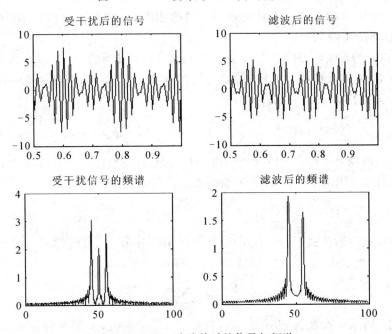

图 9 - 2 - 17　滤波前后的信号与频谱

9.3 FIR 滤波器的频率抽样设计法

窗函数法是在时域用有限长的 $h(n)$ 逼近理想的无限长 $h_d(n)$，用得到的频率响应 $H(e^{j\omega})$ 逼近理想的 $H_d(e^{j\omega})$，在实际工程应用中，一般是给定频域上的技术指标，所以采用频域设计更直接。

9.3.1 频率抽样设计法的思路

频率抽样设计法是从频域用 $H(e^{j\omega})$ 直接逼近理想的 $H_d(e^{j\omega})$，从上述使用窗函数设计 FIR 滤波器的过程可知，如果已知理想滤波器的特性 $H_d(e^{j\omega})$，只要能求出 $H(e^{j\omega})$ 即可得到 $h(n)$。

设计滤波器依赖的两个重要指标为过渡带带宽 $\Delta\omega$ 和阻带最小衰减 δ_r。

频率抽样设计法是对理想频率响应 $H_d(e^{j\omega})$ 的等间隔抽样，作为实际 FIR 数字滤波器的频率特性的抽样值 $H(k)$，由 $H(k)$ 求出 $H(z)$ 或 $H(e^{j\omega})$，再经过傅立叶逆变换得到结果，因此该方法也叫 IFFT（或 IDFT）法。

1. 频率抽样设计法的基本思想

频率抽样设计法的基本思想是使所设计的 FIR 数字滤波器的频率特性在某些离散频率点上的值准确地等于所需滤波器在这些频率点处的值，在其他频率处的特性则有较好的逼近。其基本思想是：

$$H_d(e^{j\omega}) \xrightarrow{\text{频率抽样}} H_d(k) \rightarrow H(k) \rightarrow H(e^{j\omega}) \xrightarrow{\text{IFFT}} h(n)$$

频率采样法的步骤可归纳为：

(1) 给定理想频响指标 $H_d(e^{j\omega})$。

(2) 在主值区间 $0 \sim 2\pi$ 对理想频响 $H_d(e^{j\omega})$ 进行 N 点等间隔抽样得

$$H_d(e^{j\omega})\,|_{\omega=\frac{2\pi}{N}k} = H_d(e^{j2\pi k/N}) = H_d(k), \quad k = 0, 1, 2, \cdots, N-1 \quad (9.3.1)$$

(3) $H(k)$ 为实际 FIR 滤波器的频响 $H(e^{j\omega})$ 的抽样值，现在用理想采样频响 $H_d(k)$ 作为实际 FIR 滤波器的频响 $H(k)$，即

$$H(k) = H_d(k) = H_d(e^{j\omega})\,|_{\omega=\frac{2\pi k}{N}} = H_d(e^{j2\pi k/N}), \quad k = 0, 1, 2, \cdots, N-1 \quad (9.3.2)$$

(4) 知道 $H(k)$ 后，根据 IDFT 定义，可以用这 N 个采样值 $H(k)$ 来唯一确定 $h(n)$，即用傅立叶反变换求出 $h(n) = \text{IDFT}[H(k)]$：

$$h(n) = \frac{1}{N}\sum_{k=0}^{N-1} H(k)W_N^{-nk} = \frac{1}{N}\sum_{k=0}^{N-1} H(k)e^{j2\pi nk/N}, \quad n = 0, 1, 2, \cdots, N-1 \quad (9.3.3)$$

(5) 然后用内插公式得到 FIR 系统函数 $H(z)$ 或 $H(e^{j\omega})$，$h(n)$ 为待设计的滤波器的单位脉冲响应。对于 FIR 系统，$h(n)$ 的 Z 变换即系统函数为

$$H(z) = \sum_{n=0}^{N-1} h(n)z^{-n}, \quad n = 0, 1, 2, \cdots, N-1 \quad (9.3.4)$$

此外，由频域内插公式知道，利用这 N 个频域采样值 $H(k)$ 同样可求得 FIR 滤波器的系统函数 $H(z)$。将式(9.3.3)代入到式(9.3.4)得内插公式

$$H(z) = \frac{1-z^{-N}}{N}\sum_{k=0}^{N-1} \frac{H(k)}{1-W_N^{-k}z^{-1}} \quad (9.3.5)$$

从上式可看出：当采样点数 N 已知后，$W_N^{-k} = e^{j2\pi k/N}$ 便是常数，只要采样值 $H(k)$ 确定，则系

统函数 $H(z)$ 就可确定。

对于单位圆上的频响,式(9.3.5)可表达为下列内插公式:

$$H(\mathrm{e}^{\mathrm{j}\omega}) = \frac{1 - \mathrm{e}^{-\mathrm{j}\omega N}}{N} \sum_{k=0}^{N-1} \frac{H(k)}{1 - \mathrm{e}^{\mathrm{j}2\pi k/N}\mathrm{e}^{-\mathrm{j}\omega}} = \sum_{k=0}^{N-1} H(k) \cdot \mathrm{e}^{-\mathrm{j}\frac{N-1}{2}\omega}\theta_k(\mathrm{e}^{\mathrm{j}\omega}) \tag{9.3.6}$$

其中,

$$\theta_k(\mathrm{e}^{\mathrm{j}\omega}) = \frac{1}{N} \frac{\sin\left(N \cdot \dfrac{\omega - 2\pi k/N}{2}\right)}{\sin\left(\dfrac{\omega - 2\pi k/N}{2}\right)} \mathrm{e}^{\mathrm{j}\frac{N-1}{N}k\pi} \tag{9.3.7}$$

式(9.3.7)是内插函数。

(6) 如果逼近结果误差较大,可以调整采样点数 N,或增加过渡带采样点,然后重复上述过程,直到满足要求。

最后由

$$h(n) = \mathrm{IFFT}[H(z)] \tag{9.3.8}$$

计算出 $h(n)$,要求的 FIR 滤波器就设计出来了,以上就是频率采样法设计滤波器的基本原理。

上述式(9.3.4)和式(9.3.6)都属于频率采样法设计的 FIR 滤波器,但它们分别对应于不同的网络结构。式(9.3.4)适用于直接式 FIR 结构,式(9.3.6)适用于频率采样式 FIR 结构。

需要说明的是,频率采样法设计 FIR 滤波器与第 7 章所述的频率抽样型结构 FIR 滤波器理论基础相同,但概念并不完全一致,频率采样法设计只是应用频率采样理论来设计 FIR 滤波器的系统函数,不涉及滤波器结构,也就是说可以采用频率抽样型结构,也可以采用直接型或其他结构。

频率采样法最适合于设计窄带选频用途的 FIR 滤波器,因为只有几个非零值的 $H(k)$,计算量小。

2. $H(k)$ 的确定原则

为求 $h(n)$,首先要确定 $H(k)$,其确定原则如下:

(1) 在通带内 $|H(k)| = 1$,在阻带内 $|H(k)| = 0$。

(2) $H(k)$ 应保证求出的 $h(n)$ 是实数。

(3) 由 $h(n)$ 求出的 $H(\mathrm{e}^{\mathrm{j}\omega})$ 具有线性相位,即 $h(n) = \pm h(N-1-n)$。

9.3.2　$H(k)$ 的约束条件

如果我们设计的是线性相位的 FIR 滤波器,则其采样值 $H(k)$ 的幅度和相位一定要满足前面讨论的 4 类线性相位滤波器的约束条件。FIR 滤波器具有线性相位的条件是 $h(n)$ 是实数序列,且满足 $h(n) = \pm h(N-1-n)$,在此基础上我们可以推导出在设计线性相位滤波器时对 $H(k)$ 的约束条件。

由式(9.1.2)可知:

$$H(\mathrm{e}^{\mathrm{j}\omega}) = |H(\mathrm{e}^{\mathrm{j}\omega})| \, \mathrm{e}^{\mathrm{j}\phi(\omega)} = H(\omega)\mathrm{e}^{\mathrm{j}\phi(\omega)}$$

式中,$H(\omega) = |H(\mathrm{e}^{\mathrm{j}\omega})|$ 是幅度函数,为可正可负的实数,$\phi(\omega)$ 是相频响应函数。如果采样值 $H(k)$ 也用幅度 H_k(纯标量)和相角 ϕ_k 表示,则

$$H(k) = H(\mathrm{e}^{\mathrm{j}\omega})\big|_{\omega=\frac{2\pi}{N}k} = H_k\mathrm{e}^{\mathrm{j}\phi_k} \tag{9.3.9}$$

$H(k)$ 在 $\omega=0\sim2\pi$ 之间等间隔采样 N 点：

$$\omega_k=\frac{2\pi}{N}k, \quad k=0, 1, 2, \cdots, N-1 \tag{9.3.10}$$

频率抽样设计法的关键是正确确定数字域的系统函数 $H(k)$ 在 $\omega\in[0,2\pi)$ 内的 N 个采样点 ω_k 处的 H_k，两类、四种 FIR 数字滤波器都有自己不同的约束条件。

1. Ⅰ型 FIR 数字滤波器

$$H(\mathrm{e}^{\mathrm{j}\omega})=H(\omega)\mathrm{e}^{-\mathrm{j}\phi(\omega)}, \quad \phi(\omega)=-\frac{N-1}{2}\omega=-\alpha\omega,$$

将 $\omega=\omega_k=\frac{2\pi}{N}k$ 代入得

$$\phi_k=-\frac{N-1}{2}\omega_k=-\pi\frac{N-1}{N}k \tag{9.3.11}$$

（1）对于第一种 FIR 滤波器：$h(n)$ 偶对称，N 为奇数，幅度函数 $H(\omega)$ 对 0、π、2π 点偶对称：$H(\omega)=H(2\pi-\omega)$。将 $\omega=\omega_k=\frac{2\pi}{N}k$ 代入，得约束条件：

$$H_k=H_{N-k} \tag{9.3.12}$$

（2）对于第二种 FIR 滤波器：$h(n)$ 偶对称，N 为偶数，幅度函数 $H(\omega)$ 对 0、2π 点偶对称，对 π 点奇对称：$H(\omega)=-H(2\pi-\omega)$。将 $\omega=\omega_k=\frac{2\pi}{N}k$ 代入，得约束条件：

$$H_k=-H_{N-k} \tag{9.3.13}$$

2. Ⅱ型 FIR 数字滤波器

$$\phi(\omega)=-\frac{N-1}{2}\omega+\frac{\pi}{2}=-\alpha\omega+\frac{\pi}{2}$$

将 $\omega=\omega_k=\frac{2\pi}{N}k$ 代入，得

$$\phi_k=-\pi\frac{N-1}{N}k+\frac{\pi}{2}, \quad k=0, 1, 2, \cdots, N-1 \tag{9.3.14}$$

（1）对于第三种 FIR 滤波器：$h(n)$ 奇对称，N 为奇数，幅度函数 $H(\omega)$ 对 0、π、2π 点奇对称：$H(\omega)=-H(2\pi-\omega)$。将 $\omega=\omega_k=\frac{2\pi}{N}k$ 代入，得约束条件：

$$H_k=-H_{N-k} \tag{9.3.15}$$

（2）对于第四种 FIR 滤波器：$h(n)$ 奇对称，N 为偶数，幅度函数 $H(\omega)$ 对 0、2π 点奇对称，对 π 点偶对称：$H(\omega)=H(2\pi-\omega)$。将 $\omega=\omega_k=\frac{2\pi}{N}k$ 代入，得约束条件：

$$H_k=H_{N-k} \tag{9.3.16}$$

例 9-3-1 一个低通滤波器，其幅度采样值为

$$H_k=\begin{cases}1, & k=0 \\ 0.5, & k=1, 14 \\ 0, & k=2, 3, \cdots, 13\end{cases}$$

令 $N=15$，求采样值的 ϕ_k、$h(n)$ 和 $H(\mathrm{e}^{\mathrm{j}\omega})$ 的表达式。

解 根据指标 $N=15$ 为奇数，$H_k=H_{N-k}$，满足偶对称条件，$H(0)=1$，由式(9.3.12)和表 9-1 可知只能选择第一类第一种 FIR 滤波器，则

$$\phi_k = -\frac{N-1}{2}\omega_k = -\pi\frac{N-1}{N}k = -\frac{14}{15}\pi k, \quad k = 0, 1, 2, \cdots, 14$$

根据式(9.3.3)得

$$h(n) = \frac{1}{N}\sum_{k=0}^{N-1}H(k)W_N^{-nk} = \frac{1}{15}\sum_{k=0}^{14}H_k e^{j\phi_k}e^{j\frac{2\pi}{N}nk}$$

$$= \frac{1}{15}\left[1 + 0.5e^{j\left(\frac{2}{15}n-\frac{14}{15}\right)\pi} + 0.5e^{j\left(\frac{2}{15}n-\frac{14}{15}\right)14\pi}\right]$$

$$= \frac{1}{15}\left[1 + \cos\left(\frac{2\pi}{15}n - \frac{14}{15}\pi\right)\right], \quad n = 0, 1, 2, \cdots, 14$$

根据式(9.3.6)可得 $H(e^{j\omega})$ 表达式为

$$H(e^{j\omega}) = \frac{1-e^{-j\omega N}}{N}\sum_{k=0}^{N-1}\frac{H(k)}{1-e^{j2\pi k/N}e^{-j\omega}}$$

$$= \frac{1}{N}\sum_{k=0}^{N-1}H(k)\cdot e^{-j\frac{N-1}{2}\omega}\frac{\sin\left(N\cdot\frac{\omega-2\pi k/N}{2}\right)}{\sin\left(\frac{\omega-2\pi k/N}{2}\right)}e^{j\frac{N-1}{N}k\pi}$$

$$= \frac{1}{15}e^{-j\frac{N-1}{2}\omega}\left[\frac{\sin\left(N\cdot\frac{\omega}{2}\right)}{\sin\left(\frac{\omega}{2}\right)} + 0.5e^{j\frac{N-1}{N}\pi}\frac{\sin\left(N\cdot\frac{\omega-2\pi/N}{2}\right)}{\sin\left(\frac{\omega-2\pi/N}{2}\right)}\right.$$

$$\left. + 0.5e^{j\frac{N-1}{N}14\pi}\frac{\sin\left(N\cdot\frac{\omega-2\pi\cdot14/N}{2}\right)}{\sin\left(\frac{\omega-2\pi\cdot14/N}{2}\right)}\right]$$

$$= \frac{1}{15}\sin\left(\frac{15}{2}\omega\right)\left[\frac{1}{\sin\left(\frac{\omega}{2}\right)} - \frac{0.5}{\sin\left(\frac{\omega}{2}-\frac{\pi}{15}\right)} + \frac{0.5}{\sin\left(\frac{\omega}{2}-\frac{14}{15}\pi\right)}\right]e^{-j7\omega}$$

9.3.3 逼近误差及改进措施

频率抽样设计法是从频域用 $H(e^{j\omega})$ 直接逼近理想的 $H_d(e^{j\omega})$，一般是在频域给出理想的频率响应 $H_d(e^{j\omega})$ 和允许误差。若以 $E(e^{j\omega})$ 表示逼近误差，则

$$E(e^{j\omega}) = H_d(e^{j\omega}) - H(e^{j\omega}) \tag{9.3.17}$$

设计的结果要求 $E(e^{j\omega})$ 不大于允许误差。

如果已知理想滤波器的特性 $H_d(e^{j\omega})$，对应的单位脉冲响应为 $h_d(n)$，由频率域采样定理可知，在频域 $0\sim2\pi$ 范围内等间隔采样 N 点得到 $H(k)$，利用 IFFT 求出的 $h(n)$ 应该是 $h_d(n)$ 以 N 为周期的周期延拓的主值区间序列，即

$$h(n) = \sum_{n=-\infty}^{\infty}h_d(n+mN)R_N(n) \tag{9.3.18}$$

如果 $H_d(e^{j\omega})$ 有间断点，对应的单位脉冲响应为 $h_d(n)$ 应是无限长的。由于时域的截断效应，$h_d(n)$ 与 $h(n)$ 一定是有偏差的，只要偏差是在允许范围内即可。频域采样点数 N 值越大，时域混叠越小，偏差越小，$h(n)$ 越逼近 $h_d(n)$。这是在时域分析偏差的来源和解决办法，下面从频域进一步分析。

由式(9.3.6)内插公式可知在实际采样点数处，$\omega_k = \dfrac{2\pi}{N}k$（$k = 0, 1, 2, \cdots, N-1$），$\theta_k(\mathrm{e}^{\mathrm{j}\omega}) = 1$，理想的频率响应 $H_\mathrm{d}(\mathrm{e}^{\mathrm{j}\omega})$ 与实际的频率响应 $H(\mathrm{e}^{\mathrm{j}\omega})$ 相同，误差为 0。在其他点处，误差不为 0，这是由于采样点之间的频响是由各采样点的加权内插函数的延伸叠加而成的。其逼近误差的大小取决于理想频率响应曲线的光滑程度和采样点的疏密程度（N 的大小），如果采样点之间频响曲线变化越平缓，则误差越小。反之，如果采样点之间频响曲线变化越剧烈，则误差越大，如矩形曲线特性，在边缘处会出现肩峰和起伏（吉布斯效应）。

如果误差超出指标允许范围，则需要修订对 $H_\mathrm{d}(\mathrm{e}^{\mathrm{j}\omega})$ 的采样方法，修订方法有如下几种。

1. 增加采样点密度

增加采样点密度即增加 N 值，可以使过渡带变窄，但是不能改善通带的最大衰减和阻带的最小衰减，同时由于 N 增大会增加滤波器的阶数，增加运算量和成本。

2. 增加过渡带采样点

一般是在不连续的边缘增加一些过渡采样点。这些点的最佳值由计算给出，一般增加 1～3 个采样点即可。例如，在低通滤波器设计中：

(1) 不加过渡带采样点，阻带的最小衰减 −20 dB；

(2) 加 1 个过渡带采样点，阻带的最小衰减 −44 dB～−54 dB；

(3) 加 2 个过渡带采样点，阻带的最小衰减 −65 dB～−75 dB；

(4) 加 3 个过渡带采样点，阻带的最小衰减 −85 dB～−95 dB，达到最优化设计效果。

例 9-3-2　一个理想的低通滤波器，其频率特性为

$$|H_\mathrm{d}(\mathrm{e}^{\mathrm{j}\omega})| = \begin{cases} 1, & 0 \leqslant \omega \leqslant 0.5\pi \\ 0, & 0.5\pi \leqslant \omega \leqslant \pi \end{cases}$$

用频率抽样设计法设计一个初步确定 $N = 33$ 的低通滤波器，并通过增加一些过渡采样点提高滤波器的指标特性。

解　根据指标要求设计低通滤波器，由表 9-1 可知只能选择第一类 FIR 滤波器，初步确定 $N = 33$ 为奇数，属于第一种滤波器，则 $H_\mathrm{d}(\mathrm{e}^{\mathrm{j}\omega})$ 偶对称于 $\omega = \pi$。截止频率 $\omega_\mathrm{c} = 0.5\pi$，满足 $\dfrac{16}{33}\pi < \omega_\mathrm{c} = 0.5\pi < \dfrac{17}{33}\pi$。由 $\omega_k = \dfrac{2\pi}{N}k$，$\alpha = 16$ 得

$$\phi_k = -\pi\frac{N-1}{N}k = -\frac{32}{33}\pi k, \quad k = 0, 1, 2, \cdots, 32$$

$$H_k = \begin{cases} 1, & 0 \leqslant k \leqslant \mathrm{int}\left(\dfrac{N}{2\pi}\omega_\mathrm{c}\right) = 8, \quad 25 \leqslant k \leqslant 32 \\ 0, & 8 < k \leqslant \alpha = 16, \quad 17 \leqslant k < 25 \end{cases}$$

由此求出 $H(k) = H(\mathrm{e}^{\mathrm{j}\omega})|_{\omega = \frac{2\pi}{N}k} = H_k \mathrm{e}^{\mathrm{j}\phi_k}$，$k = 0, 1, 2, \cdots, 32$，然后即可求出 $h(n)$ 和 $H(\mathrm{e}^{\mathrm{j}\omega})$，其程序如下：

```
N=33; n=0: N−1;
Hk=[ones(1, 9), zeros(1, 16), ones(1, 8)];
k=0: N−1; wk=2 * k/N;
fai=[−pi * (N−1) * k/N];
Hd=Hk. * exp(j. * fai); hn=real(ifft(Hd, N));
```

[H, w]＝freqz(hn, 1)；Hdb＝20 * log10((abs(H)))；
subplot(311)；stem(wk, Hk)；xlabel('归一化频率(w/pi)')；ylabel('H(k)')；
subplot(312)；stem(n, hn)；xlabel('(n)')；ylabel('h(n)')；
subplot(313)；plot(w/pi, Hdb)；xlabel('归一化频率(w/pi)')；ylabel('H(w) dB')；
axis([0, 1, −110, 10])；grid；

程序运行结果如图 9-3-1 所示。$h(n)$ 以 $\alpha=\dfrac{N-1}{2}=16$ 为中心偶对称，从 $H(e^{j\omega})$ 幅度特性可以看出，由于没有加过渡带采样点，阻带的最小衰减小于－20 dB，这样的结果一般是不能令人满意的。为此，在大于 $\omega_c=0.5\pi$ 处，增加 1 个过渡带采样点，$H(9)=0.8$(过渡带采样点的值需要优化得出)，即 $H_k=[\text{ones}(1, 9), 0.8, \text{zeros}(1, 15), \text{ones}(1, 8)]$，则程序运行结果如图 9-3-2 所示，阻带的最小衰减大于－40 dB。

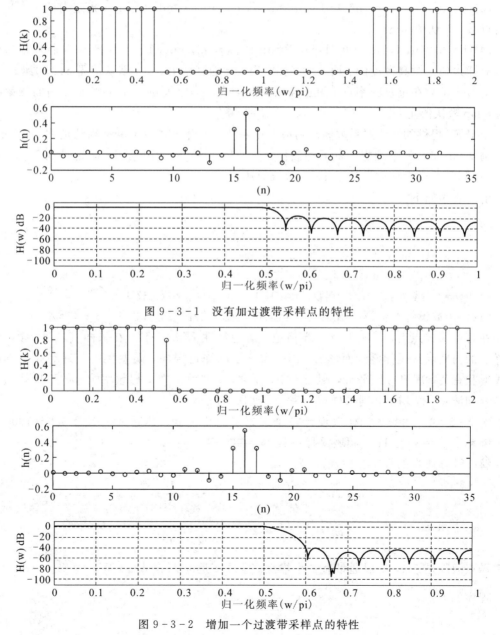

图 9-3-1　没有加过渡带采样点的特性

图 9-3-2　增加一个过渡带采样点的特性

9.3.4　fir2( )函数与频率抽样设计法

fir2( )函数用于频率抽样设计法设计任意频率响应的 FIR 滤波器，其调用方法如下：

(1) b=fir2(n, f, m)：返回含有 n+1 个系数的 n 阶低通 FIR 滤波器的行向量 b。滤波器输出系数 b 向量，是 z 的 n 阶降幂指数。

f 是介于 0 和 1 之间的频点向量，频点向量必须是升幂排列。第一点必须是 0，最后一点必须是 1，1 对应于奈奎斯特(Nyquist)频率。m 是一个向量，各元素是 f 向量指定的各频点的幅度响应。因此 f、m 的长度必须相同。使用 plot(f, m)绘制滤波器响应：$b(z) = b(1) + b(2)z^{-1} + b(3)z^{-2} + \cdots + b(n+1)z^{-n}$。

(2) b=fir2(n, f, m, window)：window 是窗函数。

(3) b=fir2(n, f, m, npt)、b=fir2(n, f, m, npt, window)：npt 指定内插频率响应的网格点数，默认值是 512。

(4) b=fir2(n, f, m, npt, lap)、b=fir2(n, f, m, npt, lap, window)：将所期望的频率响应插入到一个高密度的、均匀的、长度为 npt 的网格上，npt 默认值是 512。参数 lap 用来指定 fir2 函数在重复频率点 f 附近插入的区域大小，以提供一个平滑而陡峭的频率响应特性，lap 默认值是 25。

由 IFFT 提供的滤波器系数插于网格上并乘以一个窗函数 window，默认是 Hamming 窗。

例 9 - 3 - 3　一个理想的低通滤波器，通带是 0～0.6，幅度是 1；阻带是 0.6～1，幅度是 0。用频率抽样设计法设计一个 30 阶低通滤波器。

解　程序如下：

```
f=[0, 0.6, 0.6, 1]；m=[1, 1, 0, 0]；
b=fir2(30, f, m)；
[h, w]=freqz(b, 1, 128)；
plot(f, m, w/pi, abs(h), 'r. ')
legend('理想状态', 'fir2()函数设计结果')    title('频率响应比较')
```

fir2( )函数设计的低通滤波器与理想的低通滤波器比较，如图 9 - 3 - 3 所示。

在每个采样点上，频响 $H(e^{j\omega})$ 严格地与理想特性 $H(k)$ 一致，在采样点之间，频响由各采样点的内插函数延伸叠加而形成，因而有一定的逼近误差，误差大小与理想频率响应的曲线形状有关，理想特性平滑，则误差小；反之，误差大。在理想频率响应的不连续点会产生肩峰和波纹。N 增加，则采样点变密，内插误差减小。

例 9 - 3 - 4　用频率抽样法设计一个理想带通滤波器，其通带频率为 500～1000 Hz，采样频率是 $f_s = 3300$ Hz，频域采样点数 N 为 33。

解　计算通带的数字频率和序号：

$$\omega_1 = \frac{2\pi f_1}{f_s} = 2\pi \times \frac{500}{3300} = \frac{10}{33}\pi$$

$$\omega_2 = \frac{2\pi f_2}{f_s} = 2\pi \times \frac{1000}{3300} = \frac{20}{33}\pi$$

频率样点间隔是 $\frac{2}{33}\pi$，所以通带有 6 个样点，序号 k 是 $\omega_1 / \left(\frac{2\pi}{33}\right) = 5$ 至 $\omega_2 / \left(\frac{2\pi}{33}\right) = 10$。

程序如下：

f＝[0，10/33，10/33，12/33，14/33，16/33，18/33，20/33，20/33，1];

m＝[0，0，1，1，1，1，1，1，0，0];

b＝fir2(33，f，m);

[h，w]＝freqz(b，1，128);

plot(f * 3300/2，m，w * 3300/(2 * pi)，abs(h)，'r.')

legend('理想状态'，'fir2()函数设计结果') title('频率响应比较')

fir2()函数设计的带通滤波器与理想的带通滤波器比较，如图 9-3-4 所示。

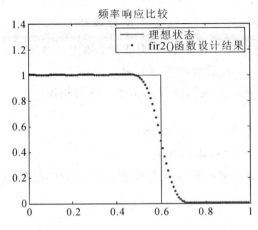 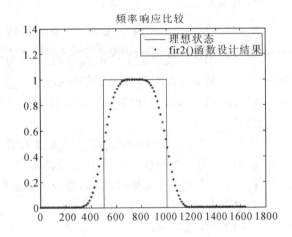

图 9-3-3 fir2()函数设计的低通滤波器   图 9-3-4 fir2()函数设计的带通滤波器

9.3.5 滤波器性能的改进

在采用频率抽样设计法逼近理想滤波器时，如果存在通带波动大、阻带衰减小时，可以下列几种方法改进滤波器的性能：

（1）加宽过渡带宽，即在不连续点的边缘增加过渡抽样点来缓和过渡带的陡度，以牺牲过渡带换取阻带衰减的增加。

（2）过渡带的优化设计：根据 $H(e^{j\omega})$ 的表达式可知，它是 $H(k)$ 的线性函数，因此还可以利用线性最优化的方法确定过渡带采样点的值，得到要求的滤波器的最佳逼近（而不是盲目地设定一个过渡带值）。

（3）增大 N：如果要进一步增加阻带衰减但又不增加过渡带宽，可增加采样点数 N。当然，代价是滤波器阶数增加使运算量增加。

练 习 与 思 考

9-1 判断：FIR 滤波器是否一定为线性相位系统，而 IIR 滤波器以非线性相频特性居多。

9-2 判断：所谓线性相位 FIR 滤波器，是指其相位与频率满足如下关系式：$\phi(\omega)＝-k\omega$，k 为常数。

9-3 判断：只有当 FIR 系统的单位脉冲响应 $h(n)$ 为实数，且满足奇/偶对称条件 $h(n)＝\pm h(N-n)$ 时，该 FIR 系统才是线性相位的。

9-4 用频率抽样法设计 FIR 滤波器时，

(1) 使用什么方法增加滤波器阻带衰减时会使过渡带变宽？

(2) 要使过渡带不变宽又要增加滤波器阻带衰减时，可_____，当然，代价是_____。

(3) 减少采样点数可能导致阻带最小衰耗指标的不合格，请判断这句话是否正确。

9-5 设 $H(z)$ 是线性相位 FIR 系统，已知 $H(z)$ 中的 3 个零点分别为 1、0.8、$1+j$，该系统阶数至少为_____阶。

9-6 已知一 FIR 数字滤波器的系统函数 $H(z)=\dfrac{1-z^{-1}}{2}$，试判断滤波器的类型。

9-7 FIR 滤波器的单位取样序列 $h(n)$ 为偶对称且其长度 N 为偶数，幅度函数 $H(\omega)$ 对 π 点奇对称，这说明 π 频率处的幅度是_____，这类滤波器不宜做_____。

9-8 用窗口法设计出一个 FIR 低通滤波器后，发现它过渡带太宽，这种情况下宜采取的修改措施是_____。

9-9 线性相位 FIR 滤波器传递函数的零点呈现_____的特征。

9-10 利用窗函数法设计 FIR 滤波器时，如何选择窗函数？

9-11 什么是吉布斯（Gibbs）现象？窗函数的旁瓣峰值衰耗和滤波器设计时的阻带最小衰耗各指什么，有什么区别和联系？

9-12 仔细观察题 9-12 图，

(1) 这是什么类型具有什么特性的数字滤波器？

(2) 写出其差分方程和系统函数。

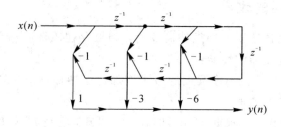

题 9-12 图

9-13 设 $h(n)$ 是一个 N 点序列（$0\leqslant n\leqslant N-1$），表示一个因果的 FIR 滤波器，如果要求该滤波器的相位特性为 $\Phi(\omega)=-m\omega$，m 为常数。说明 $h(n)$ 需要的充分必要条件，并确定 N 和 m 的关系。

9-14 设某 FIR 数字滤波器的冲激响应，$h(0)=h(7)=1$，$h(1)=h(6)=3$，$h(2)=h(5)=5$，$h(3)=h(4)=6$，其他 n 值时 $h(n)=0$。试求 $H(e^{j\omega})$ 的幅频响应和相频响应的表示式，并画出该滤波器流图的线性相位结构形式。

9-15 用矩形窗设计一个 FIR 线性相位低通数字滤波器。已知 $\omega_c=0.5\pi$，$N=21$。求出 $h(n)$ 并画出 $20\lg|H(e^{j\omega})|$ 曲线。

9-16 用三角形窗设计一个 FIR 线性相位低通数字滤波器。已知：$\omega_c=0.5\pi$，$N=21$。求出 $h(n)$ 并画出 $20\lg|H(e^{j\omega})|$ 曲线。

9-17 用汉宁窗设计一个线性相位高通滤波器，

$$H_d(e^{j\omega}) = \begin{cases} e^{-j(\omega-\pi)\alpha}, & \pi - \omega_c \leqslant \omega \leqslant \pi \\ 0, & 0 \leqslant \omega < \pi - \omega_c \end{cases}$$

求出 $h(n)$ 的表达式,确定 α 与 N 的关系。写出 $h(n)$ 的值,并画出 $20 \lg|H(e^{j\omega})|$ 曲线(设 $\omega_c = 0.5\pi$,$N = 51$)。

9-18 设 $\omega_c = 0.2\pi$,$\omega_0 = 0.5\pi$,$N = 51$,用海明窗设计一个线性相位带通滤波器,

$$H_d(e^{j\omega}) = \begin{cases} e^{-j\omega\alpha}, & -\omega_c \leqslant \omega - \omega_0 \leqslant \omega_c \\ 0, & 0 \leqslant \omega < \omega_0 - \omega_c, \omega_0 + \omega_c < \omega \leqslant \pi \end{cases}$$

求出 $h(n)$ 的表达式并画出 $20 \lg|H(e^{j\omega})|$ 曲线。

9-19 设 $\omega_c = 0.2\pi$,$\omega_0 = 0.4\pi$,$N = 51$,用布拉克曼窗设计一个线性相位的理想带通滤波器,

$$H_d(e^{j\omega}) = \begin{cases} je^{-j\omega\alpha}, & -\omega_c \leqslant \omega - \omega_0 \leqslant \omega_c \\ 0, & 0 \leqslant \omega < \pi - \omega_c, \omega_0 + \omega_c < \omega \leqslant \pi \end{cases}$$

求出 $h(n)$ 序列,并画出 $20 \lg|H(e^{j\omega})|$ 曲线。

9-20 用凯泽窗设计一个线性相位理想低通滤波器,若输入参数为低通截止频率 ω_c,冲击响应长度点数 N 以及凯泽窗系数 β,求出 $h(n)$,并画出 $20 \lg_{10}|H(e^{j\omega})|$ 曲线。

9-21 已知 $\omega_c = 0.5\pi$,$N = 51$,用频率抽样法设计一个 FIR 线性相位数字低通滤波器。

9-22 已知 $\omega_c = \frac{3\pi}{4}$,试用频率抽样法设计一个 FIR 线性相位数字高通滤波器,并在边沿上设一过渡采样点 $H_k = 0.39$,求(1)$N = 33$ 时的 $H(k)$,(2)$N = 34$ 时的 $H(k)$。

第 10 章

数字滤波器的优化设计和工具设计法

IIR、FIR 数字滤波器设计方法一般可分为三种：间接设计（原型转换设计）、直接设计、使用工具软件。前两种传统方法，理论比较多，设计是很复杂的，在前面的章节已经介绍。在实际工程应用中，可采用 MATLAB 的函数进行优化设计或者使用 FDATool 工具进行设计，这样比较方便快捷。

本章介绍数字滤波器的优化设计法和使用 MATLAB 的 FDATool 工具设计法。

10.1 数字滤波器的优化设计方法

MATLAB 提供了强大的数字滤波器优化设计功能，即预先确定一种最佳设计准则，然后直接求得在该准则下滤波器系统的传递函数 $[b, a]$。这种最优设计方法可方便地用于任意幅频特性要求的多带通复杂滤波器系统的设计。

10.1.1 数字滤波器的优化设计方法

数字滤波器在很多场合所要完成的任务与模拟滤波器相同，如作低通、高通、带通及带阻网络等，这时数字滤波也可看做是"模仿"模拟滤波。由于模拟的网络综合理论已经发展得很成熟，产生了许多高效率的设计方法，很多常用的模拟滤波器不仅有简单而严格的设计公式，而且设计参数已表格化，设计起来方便、准确，因此可将这些理论继承下来，作为设计数字滤波器的工具。虽然传统设计法用得较为普遍，但随着计算机技术的发展，最优化设计方法的使用也逐渐增多。

最优化设计方法分两步完成：

（1）确定一种最优准则，如最小均方误差准则等，使设计出的实际频率响应的幅度特性 $|H(e^{j\omega})|$ 与所要求的理想频率响应 $|H_d(e^{j\omega})|$ 的均方误差最小，此外还有其他多种误差最小准则。

（2）在最佳准则下，通过迭代运算求滤波器的系数 a_i、b_i。

最优设计方法可方便地用于任意幅频特性要求的多带通复杂滤波器系统的设计，可以大大减小滤波器的阶数，从而减小滤波器的体积，并最终降低了滤波器的成本。而且可以充分利用 MATLAB、FFT 等工具进行复杂滤波器的设计，提高设计效率。

10.1.2 最小均方误差准则

若以 $E(e^{j\omega})$ 表示逼近误差，则 $E(e^{j\omega}) = H_d(e^{j\omega}) - H(e^{j\omega})$，那么均方误差为

$$\varepsilon^2 = \frac{1}{2\pi}\int_{-\pi}^{\pi} |H_d(e^{j\omega}) - H(e^{j\omega})|^2 d\omega = \frac{1}{2\pi}\int_{-\pi}^{\pi} |E(e^{j\omega})|^2 d\omega \qquad (10.1.1)$$

均方误差最小准则就是选择一组时域采样值，以使均方误差 $\varepsilon^2 = \min$，这一方法注重的是在整个 $-\pi \sim \pi$ 频率区间内总误差的全局最小，但不能保证局部频率点的性能，有些频率点可能会有较大的误差，对于窗口法 FIR 滤波器设计，因采用有限项的 $h(n)$ 逼近理想的 $h_d(n)$，所以其逼近误差为

$$\varepsilon^2 = \sum_{n=-\infty}^{\infty} |h_d(n) - h(n)|^2 \qquad (10.1.2)$$

矩形窗窗口设计法是一个最小均方误差 FIR 设计，其优点是过渡带较窄，缺点是局部点误差大，或者说误差分布不均匀。

10.1.3 最大误差最小化准则

FIR 滤波器的优化设计是按照最大误差最小化准则(最佳一致逼近准则)，使所设计的频响与理想频响之间的最大误差在通带和阻带范围均为最小，而且是等波动逼近的，因此也叫切比雪夫等波纹逼近，以此为准则的设计方法又称为切比雪夫最佳一致逼近法，其可表示为

$$\max |E(e^{j\omega})| = \min, \quad \omega \in F \qquad (10.1.3)$$

其中，F 是根据要求预先给定的一个频率取值范围，可以是通带也可以是阻带。最佳一致逼近即选择 N 个频率采样值或时域 $h(n)$ 值，在给定频带范围内使频响的最大逼近误差达到最小。它的优点是可保证局部频率点的性能也是最优的，误差分布均匀，相同指标下，可用最少的阶数达到最佳化。

FIR、IIR 滤波器的优化设计可使用雷米兹(Remez)交替算法和 Chebyshev 逼近理论(Parks - McClellan 算法)、Yule - Walker 算法、帕德(Pade)逼近法、普罗尼(Prony)算法等，每一种算法都有自己的特点和适用范围。

10.2 FIR 滤波器的优化设计

FIR 滤波器的优化设计一般使用最佳一致逼近准则，有代表性的是切比雪夫最佳一致逼近，即等波纹逼近法。

10.2.1 等波纹逼近法与雷米兹(Remez)交替算法

为了简化起见，在优化设计中一般将线性相位 FIR 滤波器的单位脉冲响应 $h(n)$ 的对称中心置于 $n=0$ 处，此时，线性相位因子 $\alpha=0$。当 N 为奇数且 $N = 2M + 1$ 时，则

$$H(e^{j\omega}) = h(0) + \sum_{n=1}^{M} 2h(n)\cos(n\omega), \quad M = \frac{N-1}{2} \qquad (10.2.1)$$

如希望逼近一个低通滤波器，这里的 M、ω_p 和 ω_r 固定为某个值。在这种情况下有

$$H_d(e^{j\omega}) = \begin{cases} 1, & 0 \leqslant \omega \leqslant \omega_p \\ 0, & \omega_r \leqslant \omega \leqslant \pi \end{cases} \qquad (10.2.2)$$

就是说，要在通带 $0 \leqslant \omega \leqslant \omega_p$ 内以最大误差 δ_1 逼近 1，在阻带 $\omega_r \leqslant \omega \leqslant \pi$ 内以最大误差 δ_2 逼近 0。等波动逼近的低通滤波器幅频特性如图 10-2-1 所示。

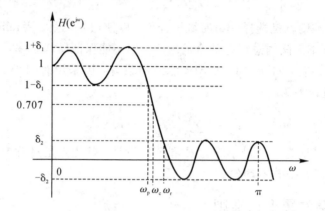

图 10-2-1 等波动逼近的低通滤波器幅频特性

优化设计滤波器需要确定五个参数：M、ω_r、ω_c、δ_1、δ_2。其中，δ_1 为通带波动，δ_2 为阻带波动。根据式（7.1.15）的推导过程可知：

$$R_p = -20 \lg \left| \frac{1-\delta_1}{1+\delta_1} \right|, \quad R_r = -20 \lg |\delta_2|, \quad \delta_1 = \frac{10^{\frac{R_p}{20}} - 1}{10^{\frac{R_p}{20}} + 1}, \quad \delta_2 = 10^{-\frac{R_r}{20}} \quad (10.2.3)$$

要同时确定上述五个参数较困难，常用的两种逼近方法有：

（1）给定 M、δ_1、δ_2，以 ω_c 和 ω_r 为变量，这是"非线性最优法"。缺点为边界频率不能精确确定。

（2）给定 M、ω_r、ω_c，以 δ_1、δ_2 为变量，通过迭代运算，使逼近误差 δ_1 和 δ_2 最小，并确定 $h(n)$。这种方法就是所谓"切比雪夫最佳一致逼近（等波纹逼近法）"。其特点为能准确地指定通带和阻带边界频率。

如果要求通带和阻带具有不同的逼近精度，就要对误差函数进行加权。定义逼近误差函数为

$$E(\omega) = W(e^{j\omega})[H_d(e^{j\omega}) - H(e^{j\omega})] \qquad (10.2.4)$$

$E(\omega)$ 为在希望的滤波器通带和阻带内算出的误差值，$W(e^{j\omega})$ 为加权函数，在不同频带可取不同的值：

$$W(e^{j\omega}) = \begin{cases} \dfrac{1}{k}, & 0 \leqslant \omega \leqslant \omega_p \\ 1, & \omega_r \leqslant \omega \leqslant \pi \end{cases} \qquad (10.2.5)$$

k 应当等于比值 δ_1/δ_2，在这种情况下，设计过程要求 $|E(\omega)|$ 在区间 $0 \leqslant \omega \leqslant \omega_p$ 和 $\omega_r \leqslant \omega \leqslant \pi$ 的最大值为最小，它等效于求最小 δ_2。根据数学上多项式逼近连续函数的理论，用三角多项式逼近连续函数，在一定条件下存在最佳逼近的三角多项式，而且可以证明这个多项式是唯一的。这一最佳逼近定理通常称作"交替定理"。

在逼近过程中，可以固定 k、M、ω_r、ω_c，允许改变 δ_2，$\delta_1 = k\delta_2$。按照交替定理，首先估计出 $(M+2)$ 个误差函数的极值频率点 $\{\omega_i\}$，$i = 0, 1, \cdots, M+1$，共计可以写出 $(M+2)$ 个

方程：

$$W(\omega_i)\left[H_d(e^{j\omega}) - h(0) - \sum_{n=1}^{M} 2h(n)\cos(\omega_i n)\right] = -(1)^i\rho \quad i = 0, 1, \cdots, M+1$$

式中，ρ 表示峰值误差。一般仅需求解出 ρ，接着便可用三角多项式找到一组新的极值频率点，并求出新的峰值误差 ρ。依此反复进行，直到前、后两次 ρ 值不变化为止，最小的 ρ 即为所求的 δ_2。这一算法通常称作"雷米兹(Remez)交替算法"。雷米兹(Remez)算法给出了求解切比雪夫最佳一致逼近问题的方法。故等波纹切比雪夫逼近法设计 FIR 数字滤波器的步骤是：

(1) 给出所需的理想频率响应 $H_d(e^{j\omega})$、加权函数 $W(e^{j\omega})$ 和滤波器的单位取样响应 $h(n)$ 的长度 N。

(2) 由给定的参数来形成所需的 $W(\omega)$、$H_d(\omega)$ 和 $E(\omega)$ 的表达式。

(3) 根据 Remez 算法，求解逼近问题。

(4) 利用傅立叶逆变换计算出单位取样响应 $h(n)$。

MATLAB 中可以用 firpmord(在以前版本为 remezord)和 firpm(在以前版本为 remez)两个函数实现雷米兹(Remez)算法设计。

10.2.2 使用 firpm( )和 firpmord( )函数优化设计 FIR 滤波器

前面介绍了 FIR 数字滤波器的两种逼近设计方法，即窗口法(时域逼近法)和频率采样法(频域逼近法)，用这两种方法设计出的滤波器的频率特性都是在不同意义上对给定理想频率特性 $H_d(e^{j\omega})$ 的逼近。

窗口法和频率采样法都是先给出逼近方法、所需变量，然后再讨论其逼近特性。如果反过来要求在某种准则下设计滤波器各参数，以获取最优的结果，这就引出了最优化设计的概念，最优化设计需要大量的计算，所以一般需要依靠计算机进行辅助设计。

最优化设计的前提是最优准则的确定，在 FIR 滤波器最优化设计中，常用的准则有最小均方误差准则和最大误差最小化准则。

使用上述准则和 Parks-McClellan 算法，并配合使用 firpm( )和 firpmord( )函数(在以前版本是 remezord( ) 和 remez( )函数)，可以方便地优化设计 FIR 滤波器。

1. firpm( )函数

Parks-McClellan 算法使用了雷米兹(Remez)交替算法和 Chebyshev 逼近理论，来设计一个具有理想与实际频率响应之间最佳匹配的滤波器。

firpm( )函数可设计 1、2、3 和 4 型 FIR 线性相位滤波器，是所需的频率响应与实际频率响应之间的"最大误差最小化"意义上的优化滤波器。这种滤波器在频率响应中表现为等波纹，有时也称为等波纹滤波器。firpm( )函数的使用方法如下：

(1) b＝firpm(n, f, a)：返回 n 阶 FIR 滤波器的系数向量 b，行向量 b 具有 n+1 个元素。f 向量是归一化频率，范围是 0～1，1 对应于 Nyquist 频率。a 是由向量 f 指定的频率点对之间所期望的幅度，如 f(k)、f(k+1)。向量 f、a 的长度必须相同，而且是偶数。

(2) b＝firpm(n, f, a, w)：在频带内使用向量 w 加权，长度是 f、a 长度的一半。

(3) b＝firpm(n, f, a, 'ftype')、b＝firpm(n, f, a, w, 'ftype')：ftype 取值为：

• 'hilbert'，用于奇对称线性相位滤波器(3 型和 4 型)，系数向量 b 为 b(k)＝−b(n+

2−k），k＝1，…，n＋1。这类滤波器包含 Hilbert 转移函数，它有一个整个频带幅度为 1 的期望值。例如，h＝firpm(30，[0.1，0.9]，[1，1]，'hilbert')，设计一个长度为 31 的 FIR Hilbert 逼近转移函数。

- 'differentiator'用于 3 类和 4 类滤波器，在非零的幅度带中使用一种特殊的权重技术：误差的权因子是 $1/f$，使低频段的误差远小于高频段。FIR 的与众不同之处是其振幅与频率成正比，这种滤波器满足最大误差最小化准则。

（4）b＝firpm(…，{lgrid})：使用 lgrid(lgrid 为整数)控制频率网格的密度。有(lgrid ＊ n)/(2 ＊ bw) 个频点，bw 是总的频率带间隔 [0，1] 的分数，lgrid 默认值是 16，提高该值可以更精确地接近于等波纹滤波器，但需要占用更长的计算时间。{lgrid} 参数必须是一个 1＊1 的单元数组。

（5）[b，delta]＝firpm(…)：delta 是最大的波纹幅度。

例 10 - 2 - 1　优化设计一个 17 阶带通滤波器，其参数为 $f＝[0，0.3，0.4，0.6，0.7，1]$，$a＝[0，0，1，1，0，0]$。

解　已知 $n＝17$，$f＝[0，0.3，0.4，0.6，0.7，1]$，$a＝[0，0，1，1，0，0]$，则程序代码如下：

```
f=[0, 0.3, 0.4, 0.6, 0.7, 1]; a=[0, 0, 1, 1, 0, 0];
b=firpm(17, f, a);
[h, w]=freqz(b, 1, 512);
plot(f, a, w/pi, abs(h)); legend('理想滤波器', 'firpm 设计的滤波器')
```

firpm()函数设计的带通滤波器如图 10 - 2 - 2 所示。

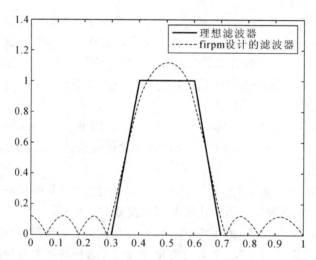

图 10 - 2 - 2　firpm()函数设计的带通滤波器

2. firpmord()函数

firpmord()函数用于估算 Parks-McClellan 优化 FIR 滤波器阶次，其用法如下：

（1）[n，fo，ao，w]＝firpmord(f，a，dev)：返回最接近的阶次 n、归一化频率带边沿 fo、频带幅度 ao 和权重 w，输入参数为 f、a 和 dev。

- f 是一个频率向量，位于[0，fs/2]，fs 是抽样频率。
- a 是由向量 f 指定的频率点对之间所期望的幅度向量。f 的长度是 a 长度的 2 倍减 2：

length(f)＝2 * length(a)－2，length(a)＝length(f)/2＋1。所得到的函数是分段常数。

• dev 是一个长度与 a 长度相同的向量，指定频率响应与理想幅度之间允许的最大偏差（$[\delta_p \quad \delta_r]$），阻带误差 $\delta_r = 10^{-R_r/20}$，通带误差 $\delta_p = 1 - 10^{-Rp/20}$。

（2）$[n, fo, ao, w] = \text{firpmord}(f, a, dev, fs)$：指定抽样频率 fs，默认是 2 Hz。

例 10 - 2 - 2　利用雷米兹交替算法设计一个线性相位低通 FIR 数字滤波器，其指标为：通带边界频率 $f_c = 800$ Hz，阻带边界 $f_r = 1000$ Hz，通带波动 $R_p = 0.5$ dB，阻带最小衰减 $R_r = 40$ dB，采样频率 $f_s = 4000$ Hz。

解　已知，通带最大波动 $R_p = 0.5$ dB，阻带最小衰减 $R_r = 40$ dB，由以上得 $\delta_1 = 1 - 10^{-R_p/20} = 0.0559$，$\delta_2 = 10^{-R_r/20} = 0.01$。即 $\delta_1 = 0.0559$，$\delta_2 = 0.01$，数组 $\delta = [\delta_1, \delta_2]$ 是通带和阻带的波动，$f_s = 4000$ Hz 是采样频率。$f_c = 800$ Hz、$f_r = 1000$ Hz，数组 $f = [f_c \ f_r]$ 为通带和阻带边界频率，数组 mval 是两个边界处的幅值：mp＝1、mr＝0，al＝[mp, mr]。

在 MATLAB 中可以用 firpmord() 计算出阶次等参数，然后使用 firpm() 函数设计，程序如下：

```
fc＝800；fr＝1000；mp＝1；mr＝0；
dlt1＝0.0559；dlt2＝0.01；
dev＝[dlt1, dlt2]；f＝[fc, fr]；
a＝[mp, mr]；fs＝4000
[N, f0, a0, w]＝firpmord(f, a, dev, fs)；
b＝firpm(N, f0, a0, w)；
[h, w]＝freqz(b, 1, 256)；
plot(w * 2000/pi, 20 * log10(abs(h)))；
xlabel('频率/(Hz)')；ylabel('幅度/(dB)')；grid；title('雷米兹(Remez)交替算法')
```

雷米兹(Remez)交替算法设计的低通滤波器如图 10 - 2 - 3 所示。

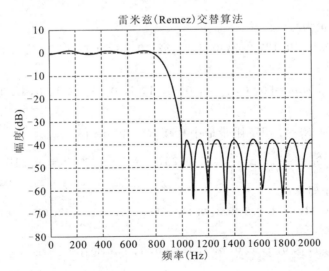

图 10 - 2 - 3　雷米兹(Remez)交替算法设计的低通滤波器

同样是设计一个 FIR 低通数字滤波器，综合分析可以看出：

（1）窗函数法在阶数较低时，阻带特性不满足设计要求，只有当滤波器阶数较高时，使用海明窗和凯塞窗基本可以达到阻带衰耗要求；

（2）频率采样法偏离设计指标最明显，阻带衰减最小，而且设计比采用窗函数法复杂。只有适当选取过渡带样点值，才会取得较好的衰耗特性；

（3）利用等波纹切比雪夫逼近法则的优化设计可以获得最佳的频率特性和衰耗特性，具有通带和阻带平坦、过渡带窄等优点。

10. 2. 3 多带滤波器的设计

使用频率抽样法的 fir2( )函数和等波纹法的 firpm( )函数可以很方便的设计多带滤波器。

例 10-2-3 已知一个四通带滤波器的技术指标：第一个阻带与通带边缘频率：$f_{r1}=$ 500 Hz，$f_{p1}=600$ Hz，$f_{p2}=900$ Hz，$f_{r2}=1000$ Hz，其他通带与此相距 500 Hz 依次排列。通带峰值起伏 $\delta_p \leqslant 1$ dB，最小阻带衰减 $\delta_r \geqslant 40$ dB。采样频率为 10 kHz，分别用频率抽样法和等波纹法设计一个 62 阶 FIR 四通带数字滤波器。

解 根据技术指标有：

（1）通带指标。

第 1 通带：$f_{r11}=500$ Hz，$f_{p11}=600$ Hz，$f_{p12}=900$ Hz，$f_{r12}=1000$ Hz。

第 2 通带：$f_{r21}=1500$ Hz，$f_{p21}=1600$ Hz，$f_{p22}=1900$ Hz，$f_{r22}=2000$ Hz。

第 3 通带：$f_{r31}=2500$ Hz，$f_{p31}=2100$ Hz，$f_{p32}=2900$ Hz，$f_{r32}=3000$ Hz。

第 4 通带：$f_{r41}=3500$ Hz，$f_{p41}=3100$ Hz，$f_{p42}=3900$ Hz，$f_{r42}=4000$ Hz。

（2）频率指标。

采样频率 $f_s=10\,000$ Hz，求出其数字频率为

$$\omega_{r11}=\frac{2\pi f_{r11}}{f_s}=0.1\pi, \quad \omega_{p11}=\frac{2\pi f_{p11}}{f_s}=0.12\pi, \cdots$$

（3）归一化指标。

归一化频率向量为

$f=[0, 0.1, 0.12, 0.18, 0.2, 0.3, 0.32, 0.38, 0.4, 0.5, 0.52, 0.58, 0.6, 0.7,$ $0.72, 0.78, 0.8\ 1]$；

归一化幅度向量为 $m=[0, 0, 1, 1, 0, 0, 1, 1, 0, 0, 1, 1, 0, 0, 1, 1, 0, 0]$。

（4）波动指标。

由通带最大波动 $R_p=1$ dB，阻带最小衰减 $R_r=40$ dB 得

$$\delta_1=\frac{10^{R_p/20}-1}{10^{R_p/20}+1}=0.0575, \quad \delta_2=10^{-R_r/20}=0.01$$

MATLAB 程序如下：

```
f=[0, 0.1, 0.12, 0.18, 0.2, 0.3, 0.32, 0.38, 0.4, 0.5, 0.52, 0.58, 0.6, 0.7, 0.72, 0.78, 0.8, 1];
m=[0, 0, 1, 1, 0, 0, 1, 1, 0, 0, 1, 1, 0, 0, 1, 1, 0, 0];
N=62;
c1=fir2(N, f, m); %%频率抽样法
c2=firpm(N, f, m); %%等波纹法
[h1, w]=freqz(c1, 1, 256);
[h2, w]=freqz(c2, 1, 256);
```

$$plot(5000 * f, m, 'b', 5000 * w/pi, abs(h1), 'g-', 5000 * w/pi, abs(h2), 'r-');$$
$$ylabel('Amplitude'); xlabel('(Hz)');$$

分别用频率抽样法和等波纹法设计出 62 阶 FIR 四通带数字滤波器,并与理想滤波器比较,如图 10-2-4 所示。

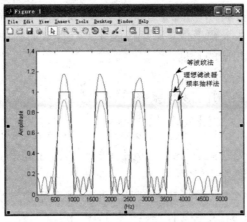

图 10-2-4　62 阶 FIR 四通带数字滤波器

在设计中,如果该滤波器的特性不满足要求,那么原有参数必须作适当调整。这在程序中很容易实现,只需对参数进行重新设定,就可以得到新条件下滤波器的特性。采用最优化设计方法时大大减小了滤波器的阶数,从而减小了滤波器的体积,并最终降低了滤波器的成本。这样使得设计出来的滤波器更为简单经济。因而在实际的滤波器设计中,这种最优化方法是完全可行的。在实际应用中,如果需要对某一信号源进行特定的滤波并要检验滤波效果,应用传统方法实施起来比较繁琐。在 MATLAB 环境下,可先用软件模拟产生信号源,再设计滤波器对其进行滤波。

10.3　IIR 滤波器的优化设计

IIR 滤波器的优化设计常用均方误差最小准则,使用最小二乘法拟合逼近。

10.3.1　使用 yulewalk( )函数优化设计 IIR 滤波器

1. yulewalk( )函数设计递归数字滤波器的原理

MATLAB 提供 yulewalk( )函数直接设计递归 IIR 滤波器,这个函数在离散时域使用最小二乘法拟合逼近给定的频率特性,近似一种分段线性幅度响应。它使用改进的 Yule-Walker 公式计算分母系数,由给定的频率响应的傅立叶逆变换计算相关的系数。yulewalk 按以下步骤计算分子系数:

(1) 根据功率频率响应的加法分解式计算相应的分子多项式。

(2) 根据分子和分母多项式计算完整的频率响应。

(3) 使用谱分解技术获得滤波器的脉冲响应。

(4) 使用最小二乘法拟合该脉冲响应获得分子多项式。

2. yulewalk( )函数的用法

yulewalk( )函数用法如下:

[b，a]＝yulewalk(n，f，m)：该函数返回一个 yulewalk 滤波器的系数矩阵[b，a]，包含 n＋1 个系数的行向量 b 和 a；其中 n 是 IIR 滤波器的阶数，f 和 m 是已知的频率响应，n 阶 IIR 滤波器的幅频特征与给出的向量 f 和 m 匹配：

(1) f 是频率点向量，f 元素的值必须在 0 和 1 之间，允许出现相同的频率值。而且必须是升序，以 0 开始、以 1 结束。1 对应于半采样频率(奈奎斯特频率)。

(2) m 是一个向量，代表幅度值，每点代表在 f 点指定的幅度响应。

(3) f 和 m 必须具有相同的长度。

(4) plot(f，m) 显示该滤波器的形状。

所得到的滤波器按 z 的降序排列，系统函数可写成

$$H(z) = \frac{Y(z)}{X(z)} = \frac{b(1) + b(2)z^{-1} + \cdots + b(n+1)z^{-n}}{1 + a(2)z^{-1} + \cdots + a(n+1)z^{-n}}$$

当指定频率响应时，为避免通带到阻带过渡的转折过于锐利，可能需要多次检验过渡区，以得到最佳设计的滤波器边沿。

例 10 - 3 - 1 设计一个 10 阶低通滤波器，并绘制实际频率响应和所要求的理想频率响应，其中已知 $f＝[0, 0.6, 0.6, 1]$，$m＝[1, 1, 0, 0]$。

解 理想的响应是频率在 0～0.6 之间幅值为 1，在频率在 0.6～1 之间的幅值为 0。

设计程序如下：

```
n＝10;
f＝[0, 0.6, 0.6, 1];
m＝[1, 1, 0, 0];
[b, a]＝yulewalk(n, f, m);
[H, w]＝freqz(b, a, 128)
plot(f, m, w/pi, abs(H), '－－')legend('理想'，'yulewalk 设计')
title('理想与 yulewalk 设计比较')
```

如图 10 - 3 - 1 所示是用 yulewalk() 函数设计的 yulewalk 滤波器幅频响应与理想的幅频响应的比较图。

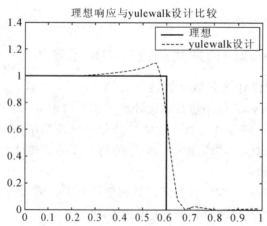

图 10 - 3 - 1 yulewalk 滤波器和理想低通滤波器频响对比

10.3.2 普罗尼(Prony)算法

根据式(10.1.2)可知，均方误差最小准则就是选择一组时域采样值 $a(i)$、$b(i)$，使均

方误差 $\xi = \epsilon^2 = \sum\limits_{n=0}^{U} |h_d(n) - h(n)|^2$ 最小，其中 U 是预先设定的上限。

由于 ξ 是 $a(i)$、$b(i)$ 的非线性函数，所以求解这个最小化问题比较困难。普罗尼 (Prony) 算法通过两步过程求一个近似的最小二乘解。普罗尼 (Prony) 算法在此不作进一步介绍，MALAB 提供了一个 Prony 函数完成普罗尼 (Prony) 算法：

[A, B] = prony(hn, M, N)：返回因果系统函数

$$H(z) = \frac{A(z)}{B(z)} = \frac{\sum\limits_{i=0}^{M} a_i z^{-i}}{1 + \sum\limits_{j=1}^{N} b_j z^{-j}}$$

系数多项式的分子向量 A 和分母向量 B 都是 z 的多项式。已知单位脉冲响应 $h_d(n)$ 用 $h(n)$ 表示。系统函数的分子 A 的长度为 $M+1$，分母 B 的长度是 $N+1$。M、N 是分子和分母多项式的阶数，如果 $h(n)$ 的长度小于 M、N 中最大者，用 0 补齐。M 为 0 时是全极点系统函数，N 为 0 时是全零点系统。

例 10 - 3 - 2 已知单位脉冲响应 $h_d(n)$ 用 h_d 表示 $h_d = [0.9, 0.8, 0.6, 0.3, -0.1, 0, 0.1, 0.01, 0.003, -0.001]$，用 Prony 函数设计一个 IIR 滤波器，逼近其响应。

解 $h(n)$ 的长度 $N_h = 10$，选 $N = 6$、$M = 4$，$M + N = 10$。

```
hd = [0.9, 0.8, 0.6, 0.3, -0.1, 0, 0.1, 0.01, 0.003, -0.001];
N = 6; M = 4; [A, B] = prony(hd, M, N);
hn = impz(A, B, 20); tf(A, B, 0.01)
[H, w] = freqz(hn, 1);
plot(w/pi, 20 * log10(abs(H/H(1)))); grid;
xlabel('归一化频率 w/pi'); ylabel('幅度(dB)');
```

程序运行后求出系统函数如下：

$$H(z) = \frac{0.9z^{-2} + 0.8z^{-3} + 0.9282z^{-4} + 0.4439z^{-5} + 0.088\,21z^{-6}}{1 + 0.3646z^{-2} - 0.1642z^{-3} + 0.112z^{-4} - 0.1116z^{-5} + 0.008\,701z^{-6}}$$

用 Prony 函数设计的滤波器频响曲线如图 10 - 3 - 2 所示。

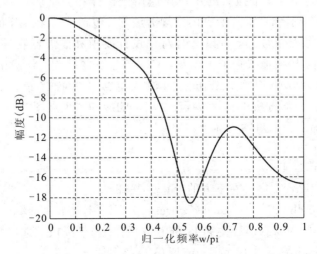

图 10 - 3 - 2 用 Prony 函数设计的滤波器频响曲线

10.4 使用 FDATool 设计数字滤波器

MATLAB 软件具有很强的开放性和适用性，在保持内核不变的情况下，可以针对不同的应用学科推出相应的工具箱（Toolbox）。目前，MATLAB 已经把工具箱延伸到了科学研究和工程应用的诸多领域，诸如数据采集、概率统计、信号处理、图像处理和物理仿真等。在 MATLAB 工具箱"Toolbox"中，在滤波器设计"Filter Design"和信号处理工具箱"Signal Processing"目录下，提供了一种有用的数字滤波器的设计工具 FDATool（Filter Design & Analysis Tool），可以快速有效地设计数字滤波器。

10.4.1 FDATool 简介

计算机辅助设计方法是集电路理论、网络图论、数值分析、矩阵运算、元件建模、优化技术、高级计算机语言等多交叉学科于一身的新领域，它把计算机的快速、高精度、大存储容量、严格的逻辑判断和优良的数据处理能力与人的思维创造能力充分结合起来，极大地简化了数字滤波器的设计过程。

滤波器设计方法有程序设计法和工具设计法两种。传统的程序设计方法思路清晰、步骤详尽，可参阅公式、手册循章而行。但由于传统的程序设计法设计数字滤波器的过程复杂、计算工作量大、滤波特性调整困难，影响了它的应用，大多只能用来进行简单低阶选频滤波器（如 LP、HP、BP 及 BS 等）的设计。

在 MATLAB 的信号处理工具箱中，提供了一整套模拟、数字滤波器的设计命令和运算函数，方便准确、简单易行，使得设计人员除了可按上述传统设计步骤快速地进行较复杂高阶选频滤波器的计算、分析外，还可通过原型变换法直接进行各种典型数字滤波器设计，即应用 MATLAB 设计工具，从模拟原型直接变换成满足原定频域指标要求的数字滤波器。

FDATool 即滤波器设计和分析工具，是 MATLAB 信号处理工具箱里专用的滤波器设计分析工具。FDATool 有一个强大的用户界面用于设计和分析滤波器，FDATool 几乎可以设计低通、高通、带通和带阻等所有的常规滤波器，包括 FIR 和 IIR 的各种设计方法。

利用 FDATool 设计滤波器，可以随时对比设计要求和滤波器特性调整参数，操作简单、直观、方便灵活，极大地减轻了工作量，有利于滤波器设计的最优化。

FDATool 可以从 MATLAB 工作空间输入，也可以直接指定滤波器性能系数。FDATool 还提供了滤波器分析工具，如幅度、相位响应和零极点图等。

在 MATLAB 命令行窗口输入命令：

>> fdatool

或按下列步骤打开 FDATool：

（1）单击 MATLAB 主窗口左下方的"Start"按钮。

（2）选择"Toolbox"｜"Signal Processing"｜"Filter Design & Analysis Tool（FDATool）"，或单击 MATLAB 主窗口左下方的"Start"按钮，选择"Toolbox"｜"Filter Design"｜"Filter Design & Analysis Tool（FDATool）"。

如图 10 - 4 - 1 所示，FDATool 界面共分两大部分，一部分是"Design Filter"，在界面的下半部，用来设置滤波器的设计参数；另一部分则是特性区，在界面的上半部分，用来显示滤波器的各种特性。

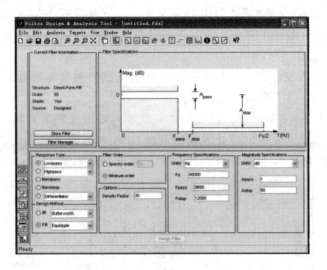

图 10 - 4 - 1 FDATool 界面

"Design Filter"部分主要分为 6 部分：Response Type、Design Method、Filter Order、Options、Frenquency Specifications 和 Magnitude Specifications。

1．滤波器响应类型

"Response Type（滤波器响应类型）"选项包括 Lowpass（低通）、Highpass（高通）、Bandpass（带通）、Bandstop（带阻）和特殊的 FIR 滤波器。

2．滤波器的设计方法

"Design Method（设计方法）"选项包括 IIR 滤波器的 Butterworth（巴特沃思）法、Chebyshev Type Ⅰ（切比雪夫Ⅰ型）法、Chebyshev Type Ⅱ（切比雪夫Ⅱ型）法、Elliptic（椭圆滤波器）法、FIR 滤波器的 Equiripple 法、Least-Squares（最小乘方）法和 Window（窗函数）法。

3．滤波器规格特性

（1）"Filter Order（滤波器阶数）"选项可以定义滤波器的阶数，包括 Specify Order（指定阶数）和 Minimum Order（最小阶数）。在 Specify Order 中填入所要设计的滤波器的阶数（N 阶滤波器，Specify Order＝$N-1$），如果选择 Minimum Order 则 MATLAB 根据所选择的滤波器类型自动使用最小阶数。

（2）可用的选项"Options"取决于选定的滤波器设计方法。只有"FIR Equiripple"和"FIR Window（窗函数设计方法）"有可设置的选项。对于"FIR Equiripple"，在选项"Options"中是"Density Factor"，输入一个数值，例如输入，16。"FIR Window"选项是"Scale Passband"，带宽缩放，选择一种窗函数，根据窗函数类型可设置的参数如表 10 - 1 所示。

表 10 - 1　可设置的参数

窗　函　数	参　　数
Chebyshev	Sidelobe attenuation
Gaussian	Alpha
Kaiser	Beta
Tukey	Alpha

（3）"Frenquency Specifications（频率特性）"选项可以详细定义频带的各参数，包括采样频率 f_s 和频带的截止频率。它的具体选项由"Response Type"选项和"Design Method"选项决定，例如 Bandpass（带通）滤波器需要定义 F_{stop1}（下阻带截止频率）、F_{pass1}（通带下限截止频率）、F_{pass2}（通带上限截止频率）、F_{stop2}（上阻带截止频率），而 Lowpass（低通）滤波器只需要定义 F_{stop1} 和 F_{pass1}。

采用窗函数设计滤波器时，由于过渡带是由窗函数的类型和阶数所决定的，所以只需要定义通带截止频率，而不必定义阻带参数。

（4）"Magnitude Specifications（幅度特性）"选项可以定义幅值衰减的情况。设计带通滤波器时，可以定义 A_{stop1}（频率 F_{stop1} 处的幅值衰减）、Apass（通带范围内的幅值波纹）、A_{stop2}（频率 F_{stop2} 处的幅值衰减），带通滤波器的幅度和频率参数如图 10-4-2 所示。

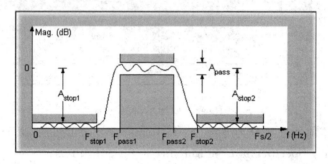

图 10-4-2　幅度和频率参数

（5）"Keep Units"单位选项默认为 dB。例如，设置通带内的波纹 Apass 为 0.1 dB，设置阻带衰减 A_{stop1}、A_{stop2} 为 75 dB。

当采用窗函数设计时，通带截止频率处的幅值衰减固定为 6 dB，所以不必定义。

4. 结构转换

在 FDATool 中，可以实现滤波器的结构形式转换：单击菜单命令"Edit"|"Convert Structure"，打开"Convert Structure"对话框进行结构形式转换，如图 10-4-3 所示。在"Convert To"选择框中，选择一种要转换的类型，例如选 Direct Form FIR，即滤波器结构转换为直接 I 型。

图 10-4-3　"Convert Structure"
对话框

10.4.2　带通滤波器的设计

以带通滤波器的设计为例，介绍 FDATool 的使用方法，其他滤波器的设计方法与此类似。

设计一带通数字滤波器。参数要求：96 阶带通 FIR 数字滤波器，通带下限截止频率 $f_{c1}=60$ Hz，通带上限截止频率 $f_{c2}=124$ Hz，采样频率 1000 Hz，采用 Hamming 窗函数设计。

设计方法和步骤如下。

1. 设置参数

（1）首先在"滤波器响应类型（Response Type）"选择框中选择"带通滤波器（Bandpass）"。

（2）在"设计方法（Design Method）"选项中选择"FIR 滤波器窗函数法（FIR Window）"，然后在"Window Specifications"选项中选取"Hamming"。

（3）指定"滤波器阶次（Filter Order）"项中的 Specify Order＝95，采样频率为 1000 Hz。

（4）由于采用窗函数法设计，只要给出通带下限截止频率 f_{c1} 和通带上限截止频率 f_{c2}，选取 $f_{c1}=60$ Hz，$f_{c2}=124$ Hz 即可。

2. 滤波器系数计算与结果的保存

（1）设置完以后点击"Design Filter"按钮即可得到所设计的 FIR 滤波器。

（2）设计完成后将结果保存为 Mat 文件，扩展名为".fda"。

• 在"File"菜单选择"Save session As"，打开"Save Filter Design File"对话框。

• 在文件名文本框中输入要保存的名称，例如"filter1.fda"。

3. 设计结果观察与调整

通过菜单项"Analysis"可以在特性区看到所设计滤波器的幅频响应、相频响应、零极点配置和滤波器系数等各种特性，如图 10－4－4 所示。

在设计过程中，可以对比滤波器幅频相频特性和设计要求，随时调整参数和滤波器类型，以便得到最佳效果。

其他类型的 FIR 滤波器和 IIR 滤波器也都可以使用 FDATool 来设计。

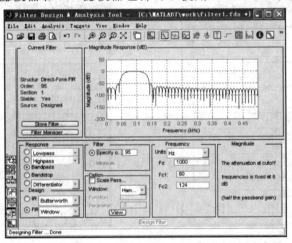

图 10－4－4　滤波器的幅频响应

10.4.3　滤波器设计结果的保存与输出

设计完成后可将输出结果保存为下列文件：

（1）向工作空间输出为滤波器系数（Coefficients）或对象（Objects）。

（2）将滤波器系数输出为 ASCII 文件。

（3）将滤波器系数或对象输出到一个 MAT 文件。

（4）将滤波器设计结果输出到 SPTool 工具中进行分析、验证。

（5）把滤波器发送到一个 C 头文件（.h 文件），或产生一个可以重复利用的、包括代码的 M 文件。

1. 向工作空间输出为滤波器系数或对象

可以将自己设计的滤波器保存为滤波器系数变量文件，或保存为 dfilt（离散时间结构滤波器对象）或 mfilt（多系数滤波器对象结构）滤波器对象变量，并将系数变量文件或对象变量输出到当前工作空间，步骤如下：

（1）在"File"菜单选择"Export"，打开"Export"对话框。

（2）在"Export To"下拉列表框选择"Workspace"。

（3）在"Export As"下拉列表框选择系数"Coefficients"或滤波器对象"Objects"。

（4）如图 10-4-5 所示，如果选择"Coefficients"，在"变量名（Variable Names）"选择框按下列内容选择：

- 对于 FIR 滤波器：在"分子（Numerator）"文本框输入变量名，默认为 Num。

- 对于 IIR 滤波器：在"分子（Numerator）"文本框输入变量名，默认为 Num，在"分母（Denominator）"文本框输入变量名，默认为 Den。

如果在当前工作空间有相同的变量名，选择"Overwrite Variables"选项可以覆盖原来的变量。

（5）如图 10-4-6 所示，如果选择"Objects"，则在"变量名（Variable Names）"选择框下的"Discrete Filter"（或 Quantized Filter）文本框中输入变量名。如果在当前工作空间有相同的变量名，选择"Overwrite Variables"选项可以覆盖原来的变量。

图 10-4-5　选择"Ccoefficients"　　　　图 10-4-6　选择"Objects"

（6）单击"OK"按钮。

2. 将滤波器系数或对象输出到一个 MAT 文件

将滤波器系数变量文件或对象变量输出到一个 MAT 文件，步骤与输出到当前工作空间相同，在"Export To"下拉列表框中选择"MAT-file"。设置完成后单击"OK"按钮，打开"Export to a MAT-File"对话框，选择或输入一个文件名，单击"OK"按钮，保存为".mat"文件。

3. 将滤波器系数输出为 ASCII 文件

将滤波器系数输出为一个 ASCII 文本文件的步骤如下：

（1）在"File"菜单选择"Export"，打开"Export"对话框。

（2）在"Export To"下拉列表框中选择"Coefficients File（ASCII）"。

（3）单击"OK"按钮，打开"Export Filter Coefficients to .FCF File"对话框，选择或输

入一个文件名，单击"OK"按钮，保存为".fcf"文件。

4. 输出到 SPTool

可以把自己设计的滤波器输出到 SPTool 工具中进行
信号处理和分析，步骤如下：

（1）在"File"菜单选择"Export"，打开"Export"对
话框。

（2）在"Export To"下拉列表框中选择"SPTool"。

（3）单击"OK"按钮，打开"SPTool"，并将参数自动输
入，如图 10-4-7 所示。

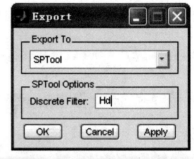

图 10-4-7　选择"SPTool"

练 习 与 思 考

10-1　简述数字滤波器优化设计的优越性和优化设计的思路及设计步骤。

10-2　常用的最优化设计方法准则有哪些?

10-3　优化设计一个采样频率为 1000 Hz、通带截止频率为 50 Hz、阻带截止频率为
100 Hz 的 IIR 低通滤波器，并要求通带最大衰减为 1 dB，阻带最小衰减为 60 dB。

（1）用 yulewalk 最优化设计方法，并与 8-12 题比较结果。

（2）用 FDATool 工具设计巴特沃斯 IIR 低通滤波器。

10-4　设计一个线性相位 FIR 带通滤波器，设 $N=32$，理想频率特性为

$$|H_d(e^{j\omega})| = \begin{cases} 1, & 0.2\pi \leqslant |\omega| \leqslant 0.6\pi \\ 0, & \text{其他} \end{cases}$$

（1）用频率采样法设计。

（2）用雷米兹交替算法设计，比较结果。

10-5　用最优化设计法设计一个最小阶数的 FIR 低通滤波器，采样频率 $f_s=2000$ Hz，
通带截止频率为 500 Hz，阻带的截至频率为 600 Hz，阻带最小衰减为 40 dB，通带的最大
衰减为 3 dB。

10-6　设计一个 FIR 带阻滤波器，通带下边界频率 $\omega_{p1}=0.2\pi$，阻带下边界频率 $\omega_{r1}=
0.35\pi$，阻带上边界频率 $\omega_{r2}=0.65\pi$，通带上边界频率 $\omega_{p2}=0.8\pi$，通带最大衰减 $R_p=1$ dB，
阻带最小衰减 $R_r\geqslant 60$ dB。

（1）用窗函数设计法；

（2）用优化设计法设计，并比较结果。

10-7　对模拟信号进行低通滤波处理，要求在其通带频率为 0~1500 Hz 内最大衰减
$R_p=1$ dB，在 ≥2500 Hz 阻带内最小衰减 $R_r\geqslant 40$ dB，采样频率是 $f_s=10$ kHz。

（1）用窗函数设计法设计出满足要求的 FIR 滤波器，求出 $h(n)$，并画出 $20\lg|H(e^{j\omega})|$
曲线，为了降低运算量，希望阶数尽量低。

（2）用优化设计法设计，并比较结果。

附录 1

常用函数的拉氏变换和 Z 变换表

序号	拉氏变换 $E(s)$	时间函数 $e(t)$	Z 变换 $E(z)$
1	1	$\delta(t)$	1
2	s	$\delta'(t)$	
3	$\dfrac{1}{1-\mathrm{e}^{-Ts}}$	$\delta_T(t)=\displaystyle\sum_{n=0}^{\infty}\delta(t-nT)$	$\dfrac{z}{z-1}$
4	$\dfrac{1}{s}$	$\varepsilon(t)$	$\dfrac{z}{z-1}$
5	$\dfrac{1}{s^2}$	t	$\dfrac{Tz}{(z-1)^2}$
6	$\dfrac{1}{s^3}$	$\dfrac{t^2}{2}$	$\dfrac{T^2z(z+1)}{2(z-1)^3}$
7	$\dfrac{1}{s^{n+1}}$	$\dfrac{t^n}{n!}$	$\displaystyle\lim_{a\to0}\dfrac{(-1)^n}{n!}\dfrac{\partial^n}{\partial a^n}\left(\dfrac{z}{z-\mathrm{e}^{-aT}}\right)$
8	$\dfrac{1}{s+a}$	e^{-at}	$\dfrac{z}{z-\mathrm{e}^{-aT}}$
9	$\dfrac{1}{(s+a)^2}$	$t\mathrm{e}^{-at}$	$\dfrac{Tz\mathrm{e}^{-aT}}{(z-\mathrm{e}^{-aT})^2}$
10	$\dfrac{a}{s(s+a)}$	$1-\mathrm{e}^{-at}$	$\dfrac{(1-\mathrm{e}^{-aT})z}{(z-1)(z-\mathrm{e}^{-aT})}$
11	$\dfrac{b-a}{(s+a)(s+b)}$	$\mathrm{e}^{-at}-\mathrm{e}^{-bt}$	$\dfrac{z}{z-\mathrm{e}^{-aT}}-\dfrac{z}{z-\mathrm{e}^{-bT}}$
12	$\dfrac{\omega}{s^2+\omega^2}$	$\sin\omega t$	$\dfrac{z\sin\omega T}{z^2-2z\cos\omega T+1}$
13	$\dfrac{s}{s^2+\omega^2}$	$\cos\omega t$	$\dfrac{z(z-\cos\omega T)}{z^2-2z\cos\omega T+1}$
14	$\dfrac{\omega}{(s+a)^2+\omega^2}$	$\mathrm{e}^{-aT}\sin\omega t$	$\dfrac{z\mathrm{e}^{-aT}\sin\omega T}{z^2-2z\mathrm{e}^{-aT}\cos\omega T+\mathrm{e}^{-2aT}}$
15	$\dfrac{s+a}{(s+a)^2+\omega^2}$	$\mathrm{e}^{-aT}\cos\omega t$	$\dfrac{z^2-z\mathrm{e}^{-aT}\cos\omega T}{z^2-2z\mathrm{e}^{-aT}\cos\omega T+\mathrm{e}^{-2aT}}$
16	$\dfrac{1}{s-(1/T)\ln a}$	$a^{t/T}$	$\dfrac{z}{z-a}$

附录 2

傅立叶变换的性质

序号	性质名称	$f(t)$	$F(\mathrm{j}\omega)$
1	唯一性	$f(t)$	$F(\mathrm{j}\omega)$
2	齐次性	$Af(t)$	$AF(\mathrm{j}\omega)$
3	叠加性	$f_1(t)+f_2(t)$	$F_1(\mathrm{j}\omega)+F_2(\mathrm{j}\omega)$
4	线 性	$A_1f_2(t)+A_2f_2(t)$	$A_1F_2(\mathrm{j}\omega)+A_2F_2(\mathrm{j}\omega)$
5	折叠性	$f(-t)$	$F(-\mathrm{j}\omega)$
6	对称性	$F(\mathrm{j}t)$（一般函数）	$2\pi f(-\omega)$（为实、偶函数）
		$F(t)$（实偶函数）	$2\pi f(\omega)$（为虚、奇函数）
7	奇偶性	$f(t)$（为实、偶函数）	$F(\mathrm{j}\omega)$（为实、偶函数）
		$f(t)$（为实、奇函数）	$F(\mathrm{j}\omega)$（为虚、奇函数）
8	尺度展缩	$f(at)$，$a\neq0$	$\dfrac{1}{\lvert a\rvert}F\left(\mathrm{j}\dfrac{\omega}{a}\right)$
9	时域延迟	$f(t\pm t_0)$	$F(\mathrm{j}\omega)\mathrm{e}^{\pm\mathrm{j}t_0\omega}$
		$f(at-b)$，$a\neq0$	$\dfrac{1}{\lvert a\rvert}F\left(\mathrm{j}\dfrac{\omega}{a}\right)\mathrm{e}^{-\mathrm{j}\frac{b}{a}\omega}$
10	频移	$f(t)\mathrm{e}^{\pm\mathrm{j}\omega_0t}$	$F[\mathrm{j}(\omega\mp\omega_0)]$
		$f(t)\cos\omega_0t$	$\dfrac{1}{2}F[\mathrm{j}(\omega+\omega_0)]+\dfrac{1}{2}F[\mathrm{j}(\omega-\omega_0)]$
		$f(t)\sin\omega_0t$	$\mathrm{j}\dfrac{1}{2}F[\mathrm{j}(\omega+\omega_0)]-\mathrm{j}\dfrac{1}{2}F[\mathrm{j}(\omega-\omega_0)]$
11	时域微分	$f'(t)$	$\mathrm{j}\omega F(\mathrm{j}\omega)$
		$f^{(n)}(t)$	$(\mathrm{j}\omega)^nF(\mathrm{j}\omega)$
		$f'(at-t_0)$	$\mathrm{j}\omega\dfrac{1}{\lvert a\rvert}F\left(\mathrm{j}\dfrac{\omega}{a}\right)\mathrm{e}^{-\mathrm{j}\frac{b}{a}\omega}$

续表

序号	性质名称	$f(t)$	$F(j\omega)$
12	时域积分	$\displaystyle\int_{-\infty}^{t} f(\tau)\,\mathrm{d}\tau$	$\pi F(0)\delta(\omega) + \dfrac{1}{j\omega}F(j\omega)$
13	频域微分	$(-jt)f(t)$	$F'(j\omega)$
		$(-jt)^{n}f(t)$	$F^{(n)}(j\omega)$
		$(-jt)f(at-t_0)$	$\dfrac{\mathrm{d}}{\mathrm{d}\omega}\left[\dfrac{1}{\lvert a \rvert}F\left(j\,\dfrac{\omega}{a}\right)e^{-j\frac{b}{a}\omega}\right]$
14	频域积分	$\pi f(0)\delta(t) + \dfrac{1}{-jt}f(t)$	$\displaystyle\int_{-\infty}^{\omega} F(j\eta)\,\mathrm{d}\eta$
15	时域卷积	$f_1(t)\otimes f_2(t)$	$F_1(\omega)F_2(\omega)$
16	频域卷积	$f_1(t)f_2(t)$	$\dfrac{1}{2\pi}F_1(\omega)\otimes F_2(\omega)$
17	时域抽样	$\displaystyle\sum_{n=-\infty}^{\infty} f(t)\delta(t-nT)$	$\dfrac{1}{T_s}\displaystyle\sum_{n=-\infty}^{\infty} F\left[j\left(\omega-\dfrac{2\pi}{T_s}n\right)\right]$
18	频域抽样	$\dfrac{1}{\Omega_s}\displaystyle\sum_{n=-\infty}^{\infty} f\left[j\left(\omega-\dfrac{2\pi}{\Omega_s}n\right)\right]$	$\displaystyle\sum_{n=-\infty}^{\infty} F(j\omega)\delta(t-n\Omega_s)$
19	信号功率：$$P = \dfrac{1}{T}\int_{-\frac{T}{2}}^{\frac{T}{2}} \lvert f(t)\rvert^2\,\mathrm{d}t$$ $$= \left(\dfrac{A_0}{2}\right)^2 + \sum_{n=1}^{\infty}\left(\dfrac{A_n}{\sqrt{2}}\right)^2$$ （直流分量＋各次谐波分量）	能量信号：$$W = \int_{-\infty}^{\infty} \lvert f(t)\rvert^2\,\mathrm{d}t$$ $$= \int_{-\infty}^{\infty} \dfrac{1}{2\pi}\lvert F(j\omega)\rvert^2\,\mathrm{d}t$$	1. 一个信号只能是功率信号或能量信号，两者之一，但也可以两者都不是。 2. 直流信号与周期信号为功率信号；收敛和有界的非周期信号为能量信号。 3. 功率信号能量为 ∞，能量信号功率为 0
20	初值：$$F(0)\int_{-\infty}^{\infty} f(t)\,\mathrm{d}t$$ （条件：$f(t)\big\vert_{t\to\pm\infty}=0$）$$f(0)\dfrac{1}{2\pi}\int_{-\infty}^{\infty} F(j\omega)\,\mathrm{d}t$$ （条件：$F(j\omega)\big\vert_{\omega\to\pm\infty}=0$）		

附录 3

MATLAB 常用算术函数

1. 三角函数和双曲函数

名称	含义	名称	含义	名称	含义	名称	含义
sin	正弦	sinh	双曲正弦	sec	正割	sech	双曲正割
asin	反正弦	asinh	反双曲正弦	asec	反正割	asech	反双曲正割
cos	余弦	cosh	双曲余弦	csc	余割	csch	双曲余割
acos	反余弦	acosh	反双曲余弦	acsc	反余割	acsch	反双曲余割
tan	正切	tanh	双曲正切	cot	余切	coth	双曲余切
atan	反正切	atanh	反双曲正切	acot	反余切	acoth	反双曲余切
atan2	四象限反正切						

2. 指数函数

名称	含义	名称	含义	名称	含义
exp	e 为底的指数	log10	10 为底的对数	pow2	2 的幂
log	自然对数	log2	2 为底的对数	sqrt	平方根

3. 复数函数

名称	含义	名称	含义	名称	含义
abs	绝对值	conj	复数共轭	real	复数实部
angle	相角	imag	复数虚部		

4. 圆整函数和求余函数

名称	含义	名称	含义
ceil	向 $+\infty$ 圆整	rem	求余数
fix	向 0 圆整	round	向靠近整数圆整
floor	向 $-\infty$ 圆整	sign	符号函数
mod	模除求余		

5．矩阵变换函数

名称	含 义	名称	含 义
fiplr	矩阵左右翻转	diag	产生或提取对角阵
fipud	矩阵上下翻转	tril	产生下三角
fipdim	矩阵特定维翻转	triu	产生上三角
Rot90	矩阵反时针 90° 翻转		

6．其他函数

名称	含 义	名称	含 义
min	最小值	max	最大值
mean	平均值	median	中位数
std	标准差	diff	相邻元素的差
sort	排序	length	个数
norm	欧氏（Euclidean）长度	sum	总和
prod	总乘积	dot	内积
cumsum	累计元素总和	cumprod	累计元素总乘积
cross	外积		

附录 4

巴特沃斯归一化低通滤波器参数

1. 极点位置与阶数

极点位置 阶数	$P_{0, N-1}$	$P_{1, N-2}$	$P_{2, N-3}$	$P_{3, N-4}$	P_4
1	-1.0000				
2	$-0.707 \pm j0.7071$				
3	$-0.5000 \pm j0.8660$	-1.0000			
4	$-0.3827 \pm j0.9329$	$-0.9329 \pm j0.3827$			
5	$-0.3090 \pm j0.9511$	$-0.8090 \pm j0.5878$	-1.0000		
6	$-0.2588 \pm j0.9659$	$-0.7071 \pm j0.7071$	$-0.9659 \pm j0.2588$		
7	$-0.2225 \pm j0.9749$	$-0.6235 \pm j0.7818$	$-0.9010 \pm j0.4339$	-1.0000	
8	$0.1951 \pm j0.9808$	$0.5556 \pm j0.8315$	$-0.8315 \pm j0.5556$	$-0.9808 \pm j0.1951$	
9	$-0.1736 \pm j0.9848$	$-0.5000 \pm j0.8660$	$-0.7660 \pm j0.6428$	$-0.9397 \pm j0.3420$	-1.0000

2. 分母多项式与阶数

分母多项式 系数 阶数 N	$B(p) = p^N + b_{N-1} p^{N-1} + b_{N-2} p^{N-2} + \cdots + b_1 p + b_0$								
	b_0	b_1	b_2	b_3	b_4	b_5	b_6	b_7	b_8
1	1.0000								
2	1.0000	1.4142							
3	1.0000	2.0000	2.0000						
4	1.0000	2.6131	3.4142	2.6131					
5	1.0000	3.2361	5.2361	5.2361	3.2361				
6	1.0000	3.8637	7.4641	9.1416	7.4641	3.8637			
7	1.0000	4.4940	10.0978	14.5918	14.5918	10.0978	4.4940		
8	1.0000	5.1258	13.1371	21.8462	25.6884	21.8642	13.1371	5.1258	
9	1.0000	5.7588	16.5817	31.1634	41.9864	41.9864	31.1634	16.5817	5.7588

参 考 答 案

第1章　离散时间信号

1-1　$x(n) = \delta(n+4) + 2\delta(n+2) - \delta(n+1)$
$\qquad + 2\delta(n) + \delta(n-1) + 2\delta(n-2)$
$\qquad + 4\delta(n-3) + 0.5\delta(n-4) + 2\delta(n-6)$

1-2　(1) $x(n)$ 的波形如题图1-2-1和题图1-2-2(a) 图所示。

(2) 用延迟单位脉冲序列及其加权和表示 $x(n)$ 序列表示为

$$x(n) = -3\delta(n+4) - \delta(n+3) + \delta(n+2)$$
$$+ 3\delta(n+1) + 6\delta(n) + 6\delta(n-1)$$
$$+ 6\delta(n-2) + 6\delta(n-3) + 6\delta(n-4)$$

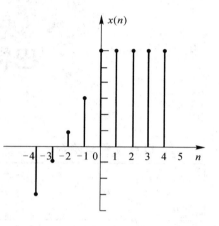

题1-2-1图　$x(n)$ 的波形

(3) $x_1(n)$ 的波形是 $x(n)$ 的波形右移2位，再乘以2，画出图形如题图1-2-2(b) 所示。

(4) $x_2(n)$ 的波形是 $x(n)$ 的波形左移2位，再乘以2，画出图形如题图1-2-2(d) 所示。

(5) 画 $x_3(n)$ 时，先画 $x(-n)$ 的波形，然后再右移2位，$x_3(n)$ 波形如题图1-2-2(c) 所示。

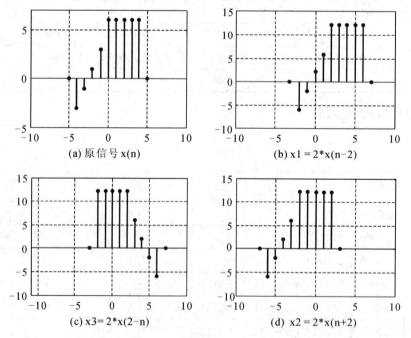

(a) 原信号 x(n) 　　(b) x1 = 2*x(n-2)

(c) x3 = 2*x(2-n) 　　(d) x2 = 2*x(n+2)

题1-2-2图　各序列的波形

1-3　(1) $\omega_0 = \dfrac{3}{7}\pi$，$\dfrac{2\pi}{\omega_0} = \dfrac{14}{3}$ 这是有理数，因此是周期序列，周期是 $N = 14$。

(2) $\omega_0 = \dfrac{1}{8}$，$\dfrac{2\pi}{\omega_0} = 16\pi$，这是无理数，因此是非周期序列。

(3) $\dfrac{2\pi}{\omega_0} = \dfrac{6}{13}$，周期为 6。

(4) $\dfrac{2\pi}{\omega_0} = 12\pi$，不是周期的。

1-4　D　B　A

1-5　思考题：

(1) 略。

(2) 在 A/D 变化之前让信号通过一个低通滤波器，是为了限制信号的最高频率，使其满足当采样频率一定时，采样频率应大于等于信号最高频率 2 倍的条件。此滤波器称为"抗折叠"滤波器。

在 D/A 变换之后都要让信号通过一个低通滤波器，是为了滤除高频延拓谱，以便把抽样保持的阶梯形输出波平滑化，故又称之为"平滑"滤波器。

(3) 要对频带无限的模拟信号采样，就必须前置低通滤波器，滤掉信号的高频分量，因为频带无限的模拟信号进行模数转换后总是会有损失的。采样率越高，损失越小。

根据采样定理确定采样频率：采样频率 $\geqslant 2 \times$ 模拟信号最高频率。在此处的模拟信号最高频率由前置低通滤波器的频带宽度确定。

(4) 错。需要增加采样和量化（包括编码）两道工序才能把模拟信号变为数字信号。

1-6　(1) 整个系统的截止频率由 $H(\mathrm{e}^{\mathrm{j}\omega})$ 决定，是 625 Hz。

(2) 采用同样的方法求得 $\dfrac{1}{T} = 20 \text{ kHz}$，整个系统的截止频率为

$$f_c = \frac{1}{16T} = 1250 \text{ Hz}$$

1-7　$T_0 = 1/f = 0.05 \text{ s}$，$x(n) = \cos(2\pi n f T + \varphi) = \cos\left(\dfrac{4}{5}\pi n + \dfrac{\pi}{6}\right)$，$N = 5$。

1-8　(1) $\Omega_1 = 2\pi < \dfrac{\Omega_s}{2} = 4\pi$，$y_1(t) = x_1(t)$，不失真

(2) $\Omega_2 = 5\pi > \dfrac{\Omega_s}{2} = 4\pi$，$y_2(t) \neq x_2(t)$，失真

第 2 章　离散时间系统的分析

2-1　频率响应：$H(\mathrm{e}^{\mathrm{j}\omega}) = \displaystyle\sum_{-\infty}^{\infty} h(n)\mathrm{e}^{-\mathrm{j}\omega n}$；系统函数：$H(Z) = \displaystyle\sum_{-\infty}^{\infty} h(n)Z^{-n}$；

差分方程：$Z^{-1}\left[\dfrac{Y(Z)}{X(Z)}\right]$；　卷积关系：$y(n) = \displaystyle\sum_{k=-\infty}^{\infty} [x(k)h(n-k)]$。

2-2　不满足可加性，故不是线性时不变系统。

2-3　满足可加性，齐次性是显然的，故系统为线性的。证明：略。

2-4　(1) 线性；(2) 线性时不变；(3) 线性时变；(4) 非线性时不变。

2-5　(1) $(1-\mathrm{e}^{-2t})\varepsilon(t) \otimes \delta'(t) \otimes \varepsilon(t) = (1-\mathrm{e}^{-2t})\varepsilon(t) \otimes \delta(t) = (1-\mathrm{e}^{-2t})\varepsilon(t)$

(2) $\mathrm{e}^{-3t}\varepsilon(t) \otimes \dfrac{\mathrm{d}}{\mathrm{d}t}[\mathrm{e}^{-t}\delta(t)] = \mathrm{e}^{-3t}\varepsilon(t) \otimes \delta'(t) = \delta(t) - 3\mathrm{e}^{-3t}$

2-6　用单位序列表示各函数，然后卷积。

则 $f_1(n) \bigotimes f_2(n) = 2\delta(n) + 3.5\delta(n-1) + 4.5\delta(n-2) + 5.5\delta(n-3)$
$$+ 5\delta(n-4) + 5.5\delta(n-5) + 4.5\delta(n-6)$$
$$+ 3.5\delta(n-7) + 2\delta(n-8)$$

2-7　按照题 2-7 图写出 $x(n)$ 和 $h(n)$ 的表达式：

$$y(n) = -2\delta(n+2) - \delta(n+1) - 0.5\delta(n) + 2\delta(n-1) + \delta(n-2)$$
$$+ 4.5\delta(n-3) + 2\delta(n-4) + \delta(n-5)$$

由此得出波形。

2-8　（1）该系统是线性系统。

　　（2）延时器是线性系统。

　　（3）系统是非线性系统。

　　（4）系统是线性系统。

2-9　（1）系统是稳定系统。

　　（2）系统是稳定的、系统是非因果的。

　　（3）系统是稳定的。

2-10　由方程知特征根 $\lambda = 0.8$，故 $h(n) = \lambda^n \varepsilon(n) = 0.8^n \varepsilon(n)$，阶跃响应为

$$s(n) = h(n) \bigotimes \varepsilon(n) = \frac{1 - 0.8^{n+1}}{1 - 0.8} = 5(1 - 0.8^{n+1})\varepsilon(n)$$

$$\gg a = [1 \quad -0.8]; b = [1 \quad 0]; stepz(b, a)$$

绘制 $s(n)$ 的图形如题 2-10 图所示。

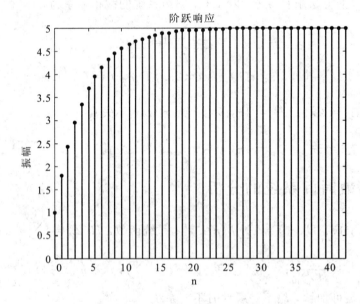

题 2-10 图　绘制 $s(n)$ 的图形

2-11　（1）$y(n) = x(n) \bigotimes h(n) = \sum\limits_{m=-\infty}^{\infty} R_4(m) R_5(n-m)$

最后结果为

$$y(n) = \begin{cases} 0, & n < 0, n > 7 \\ n+1, & 0 \leqslant n \leqslant 3, \quad y(n) \text{ 的波形：略。} \\ 8-n, & 4 \leqslant n \leqslant 7 \end{cases}$$

(2) $y(n) = 2R_4(n)[\delta(n) - \delta(n-2)] = 2R_4(n) - 2R_4(n-2)$

$\qquad = 2[\delta(n) + \delta(n-1) - \delta(n-4) - \delta(n-5)]$ $\qquad$ $y(n)$ 的波形：略。

(3) $y(n) = x(n) \otimes h(n)$

$$= \sum_{m=-\infty}^{\infty} R_5(m)0.5^{n-m}\varepsilon(n-m) = 0.5^n \sum_{m=-\infty}^{\infty} R_5(m)0.5^{-m}\varepsilon(n-m)$$

最后写成统一表达式：$y(n) = (2 - 0.5^n)R_5(n) + 31 \times 0.5^n \varepsilon(n-5)$

2-12 归纳起来，结果为 $h(n) = \left(\dfrac{1}{2}\right)^{n-1}\varepsilon(n-1) + \delta(n)$

2-13 分析：已知边界条件，如果没有限定序列类型（例如因果序列、反因果序列等），则递推求解必须向两个方向进行（$n \geqslant 0$ 及 $n < 0$）。

(1) $y(0) = 0$

(2) $y(-1) = 0$

(A) 结果：$y_1(n) = -a^n\varepsilon(-n-1)$

(B) $y_2(n) = a^{n-1}\varepsilon(n-1)$

比较上述(A)、(B)结果，$x_1(n) = \delta(n)$、$x_2(n) = \delta(n-1)$，即输入信号是移一位的关系。而输出 $y_1(n) = -a^n\varepsilon(-n-1)$、$y_2(n) = a^{n-1}\varepsilon(n-1)$ 却不是移一位的关系，所以在 $y(0) = 0$ 的条件下，系统不是移不变系统。

(C) 设 $x_3(n) = \delta(n) + \delta(n-1)$，

$y_3(n) = a^{n-1}\varepsilon(n-1) - a^n\varepsilon(-n-1) = y_2(n) + y_1(n)$

即系统在给定条件下是线性的。

2-14 分析：注意：0! = 1，已知 LSI 系统的单位抽样响应，可用 $\displaystyle\sum_{n=-\infty}^{\infty} |h(n)| = M < \infty$ 来判断稳定性，用 $h(n) = 0, n < 0$ 来判断因果性。

(1) 因果、系统不稳定。

(2) 因果、系统稳定。

(3) 因果、系统不稳定。

(4) 非因果、系统稳定。

(5) 因果、系统稳定。

(6) 非因果、系统不稳定。

(7) 非因果、系统稳定。

2-15 (1) $y(n) = x(n) \otimes h(n) = R_5(n)$

(2) 1 2 3 3 2 1

(3) 0 0 0.5000 0.5000 0.5000

第 3 章 Z 变换

3-1 (a) $X(z) = Z[a^n\varepsilon(n)] = \displaystyle\sum_{n=-\infty}^{\infty} a^n\varepsilon(n)z^{-n} = \sum_{n=0}^{\infty} a^n z^{-n} = \dfrac{1}{1-az^{-1}}, \quad |z| > a$

(b) $X(z) = \sum_{n=0}^{\infty} a^{-n} \cdot z^{-n} = \sum_{n=0}^{\infty} (az)^{n} = \dfrac{1}{1-(az)^{-1}} = \dfrac{z}{z-\dfrac{1}{a}}$, $|z| > \dfrac{1}{a}$

(c) $X(z) = Z[a^{-n}\varepsilon(-n)] = \sum_{n=0}^{-\infty} a^{-n}z^{-n} = \sum_{n=0}^{\infty} a^{n}z^{n} = \dfrac{1}{1-az}$, $|z| < a^{-1}$

(d) $x(n) = a^{n}\varepsilon(n)$, $F(z) = Z[nx(n)] = -z\dfrac{\mathrm{d}}{\mathrm{d}z}X(z) = \dfrac{az^{-1}}{(1-az^{-1})^{2}}$, $|z| > a$

3 - 2　（1）$F(z) = z^{-3}$, $0 < |z| \leqslant \infty$

　　　（2）$F(z) = \sum_{n=0}^{\infty} 0.5^{n}z^{-n} + \sum_{n=0}^{\infty} 0.25^{n}z^{-n} = \dfrac{z}{z-0.5} + \dfrac{z}{z-0.25}$, $|z| > 0.5$

　　　（3）$F(z) = \sum_{n=1}^{\infty} \dfrac{1}{2^{n-1}}z^{-n} = \sum_{n=1}^{\infty} 2 \cdot \left(\dfrac{1}{2z}\right)^{n} = \dfrac{1}{z-\dfrac{1}{2}}$, $|z| > \dfrac{1}{2}$

3 - 3　（1）由时延（移位）性质，有 $F(z) = \dfrac{z}{(z-1)^{2}} \cdot z^{-3} = \dfrac{1}{z^{2}(z-1)^{2}}$

　　　（2）$F(z) = \dfrac{z}{z-1} - z^{-N} \cdot \dfrac{z}{z-1} = \dfrac{z}{z-1}(1-z^{-N})$

3 - 4　（1）因由卷和定理 $f(n) \otimes \delta(n-m) \leftrightarrow F(z) \cdot z^{-m}$, 而 $f(n-m) \leftrightarrow z^{-m}F(z)$
　　　故得　　　　　　　$f(n) \otimes \delta(n-m) = f(n-m)$
　　　（2）$\varepsilon(n) \otimes \varepsilon(n) = (n+1)\varepsilon(n)$

3 - 5　$n\varepsilon(n) \leftrightarrow \dfrac{z^{2}}{(z-1)^{2}} - \dfrac{z}{z-1} = \dfrac{z}{(z-1)^{2}}$

3 - 6　因为　$F(z) = \sum_{n=0}^{\infty} f(n)z^{-n} = f(0) + f(1)z^{-1} + f(2)z^{-2} + \cdots$

当 $z \to \infty$ 时，则上式右边除 $f(0)$ 外均为零，故 $f(0) = \lim_{z \to \infty} F(z)$

（1）1　（2）0

3 - 7　（1）收敛域：$|az| < 1$, 且 $\left|\dfrac{a}{z}\right| < 1$, 即 $|a| < |z| < \dfrac{1}{|a|}$

　　　极点为：$z = a$, $z = 1/a$, 零点为：$z = 0$, $z = \infty$

　　　（2）收敛域：$\left|\dfrac{1}{2} \cdot \dfrac{1}{z}\right| < 1$　　即 $|z| > \dfrac{1}{2}$, 极点为 $z = \dfrac{1}{2}$, 零点为 $z = 0$

　　　（3）收敛域：$|2z| < 1$　　即 $|z| < \dfrac{1}{2}$, 极点为 $z = \dfrac{1}{2}$, 零点为 $z = 0$

　　　（4）$X(z)$ 的收敛域与 $\dfrac{\mathrm{d}X(z)}{\mathrm{d}z}$ 的收敛域相同：$|z| > 1$。

　　　极点为 $z = 0$, $z = 1$, 零点为 $z = \infty$

3 - 8　（1）$Z\{2^{-n}[\varepsilon(n) - \varepsilon(n-10)]\} = \sum_{n=0}^{9} 2^{-n}z^{-n} = \dfrac{1-2^{-10}z^{-10}}{1-\dfrac{1}{2}z^{-1}}$, $0 < |z| \leqslant \infty$

　　　（2）收敛域为 $|z| > 1$。极点为 $z = \mathrm{e}^{\mathrm{j}\omega_0}$, $z = \mathrm{e}^{-\mathrm{j}\omega_0}$, 极点为二阶
　　　　　零点为 $z = 1$, $z = -1$, $z = 0$, $z = \infty$

　　　（3）$x(n) = Ar^{n}\cos(\omega_0 n + \varphi)\varepsilon(n)$, $0 < r < 1$

设 $y(n) = \cos(\omega_0 n + \varphi)\varepsilon(n) = [\cos(\omega_0 n) \cdot \cos(\varphi) - \sin(\omega_0 n) \cdot \sin(\varphi)]\varepsilon(n)$

$\qquad = \cos(\omega_0 n) \cdot \cos(\varphi) \cdot \varepsilon(n) - \sin(\omega_0 n) \cdot \sin(\varphi) \cdot \varepsilon(n)$

则 $Y(z) = \cos(\varphi) \cdot \dfrac{1 - z^{-1}\cos(\omega_0)}{1 - 2z^{-1}\cos(\omega_0) + z^{-2}} - \sin(\varphi) \cdot \dfrac{z^{-1}\sin(\omega_0)}{1 - 2z^{-1}\cos(\omega_0) + z^{-2}}$

$\qquad = \dfrac{\cos(\varphi) - z^{-1}\cos(\varphi - \omega_0)}{1 - 2z^{-1}\cos(\omega_0) + z^{-2}}, \quad |z| > 1$

则 $Y(z)$ 的收剑域为 $|z| > 1$ 而 $x(n) = Ar^n \cdot y(n)$

所以 $X(z) = AY\left(\dfrac{z}{r}\right) = \dfrac{A\cos\varphi - z^{-1}r\cos(\varphi - \omega_0)}{1 - 2z^{-1}r\cos\omega_0 + r^2 z^{-2}}$

则 $X(z)$ 的收敛域为 $|z| > |r|$。

3-9　解：该式有两个极点 $0.5, 2$，因为收敛域总是以极点为界，因此有三种收敛域对应三种不同的原序列。

(1) 当收敛域 $|z| < 0.5$ 时，

$x(n) = -\operatorname{Re} s[F(z), 0.5] - \operatorname{Re} s[F(z), 2]$

$\qquad = -\dfrac{(5z-7)z^n}{(z-0.5)(z-2)}(z-0.5)\big|_{z=0.5} - \dfrac{(5z-7)z^n}{(z-0.5)(z-2)}(z-2)\big|_{z=2}$

$\qquad = -[3 \times 0.5^n + 2 \times 2^n]u(-n-1)$

(2) 当收敛域 $0.5 < |z| < 2$ 时，

$\qquad x(n) = 3 \times 0.5^n u(n) - 2 \times 2^n u(-n-1)$

(3) 当收敛域 $|z| > 2$ 时，

$\qquad x(n) = \operatorname{Re} s[F(z), 0.5] + \operatorname{Re} s[F(z), 2]$

$\qquad = [3 \times 0.5^n + 2 \times 2^n]u(n)$

3-10　解：$F(z) = X(z)z^{n-1} = \dfrac{-3z^{-1}}{2 - 5z^{-1} + 2z^{-2}}z^{n-1} = \dfrac{-3z^n}{2(z-0.5)(z-2)}$

(1) 当收敛 $0.5 < |z| < 2$ 时，

$\qquad x(n) = 2^{-n}u(n) + 2^{-n}u(-n-1) = 2^{-|n|}$

(2) 当收敛 $|z| > 2$ 时，

$\qquad x(n) = (0.5^n - 2^n)\varepsilon(n)$

3-11　解：(1) 用卷积法。

$y(n) = x(n) \otimes h(n) = \sum_{m=-\infty}^{\infty} a^n\varepsilon(n)b^n\varepsilon(n-m), n \geqslant 0$

$\qquad = \sum_{m=0}^{n} a^{n-m}b^m = a^n\sum_{m=0}^{n} a^{-m}b^m = a^n\dfrac{1 - a^{-n-1}b^{n+1}}{1 - a^{-1}b} = \dfrac{a^{n+1} - b^{n+1}}{a - b}$

$n < 0, y(n) = 0$，最后得到

$\qquad y(n) = \dfrac{a^{n+1} - b^{n+1}}{a - b}\varepsilon(n)$

(2) 用 Z 变换法。$n \geqslant 0$ 时，$F(z)$ 在 c 内有极点 a、b：

$\qquad y(n) = \operatorname{Re} s[F(z), a] + \operatorname{Re} s[F(z), b] = \dfrac{a^{n+1}}{a - b} + \dfrac{b^{n+1}}{b - a} = \dfrac{a^{n+1} - b^{n+1}}{a - b}$

因为系统是因果系统，$n < 0, y(n) = 0$，最后得到

$$y(n) = \frac{a^{n+1} - b^{n+1}}{a - b} \varepsilon(n)$$

3-12　(a) $f(n) = \left[4\left(-\frac{1}{2}\right)^n - 3\left(-\frac{1}{4}\right)^n \right] \varepsilon(n)$

(b) $f(n) = \frac{1}{2}\left(-\frac{1}{2}\right)^n \varepsilon(n) - \left(-\frac{1}{2}\right)^{n-1} \varepsilon(n-1)$

(c) $f(n) = -2\varepsilon(n) + 2(2)^n \varepsilon(n) = 2(2^n - 1)\varepsilon(n)$

(d) $f(n) = \left[\frac{8}{3}(0.2)^n + \frac{1}{3}(-0.4)^n \right] \varepsilon(n)$

(e) $f(n) = (2^n - n - 1)\varepsilon(n)$

3-13　(a) 对题中给出的差分方程的两边作 Z 变换得

$$Y(z) = z^{-1}Y(z) + z^{-2}Y(z) + z^{-1}X(z)$$

所以

$$H(z) = \frac{Y(z)}{X(z)} = \frac{z^{-1}}{1 - z^{-1} - z^{-2}} = \frac{z}{(z - a_1)(z - a_2)}$$

零点为 $z = 0$，极点为 $z = a_1 = 0.5(1+\sqrt{5}) = 1.62$，$z = \infty$，$z = a_2 = 0.5(1-\sqrt{5}) = -0.62$。

因为是因果系统，所以 $|z| > 1.62$ 是其收敛区域。

零极点图：略。

(b) 因为 $H(z) = \dfrac{2}{(z - a_1)(z - a_2)} = \dfrac{1}{a_1 - a_2}\left[\dfrac{z}{z - a_1} - \dfrac{z}{z - a_2} \right]$

$$= \frac{1}{a_1 - a_2}\left[\frac{1}{1 - a_1 z^{-1}} - \frac{1}{1 - a_2 z^{-1}} \right]$$

$$= \frac{1}{a_1 - a_2}\left[\sum_{n=0}^{\infty} a_1^n z^{-n} - \sum_{n=0}^{\infty} a_2^n z^{-n} \right]$$

所以

$$h(n) = \frac{1}{a_1 - a_2}(a_1^n - a_2^n)u(n)$$

式中

$$a_1 = 1.62, \quad a_2 = -0.62$$

由于 $H(z)$ 的收敛区域不包括单位圆，故这是个不稳定系统。

(c) 若要使系统稳定，则收敛区域应包括单位圆，因此选 $H(z)$ 的收敛区域为 $|a_2| < |z| < a_1$，即 $0.62 < |z| < 1.62$，则

$$H(z) = \frac{1}{a_1 - a_2}\left[\frac{z}{z - a_1} - \frac{z}{z - a_2} \right]$$

其中第一项对应一个非因果序列，而第二项对应一个因果序列。所以

$$H(z) = \frac{1}{a_1 - a_2}\left[-\sum_{n=-\infty}^{-1} a_1^n z^{-n} - \sum_{n=0}^{\infty} a_2^n z^{-n} \right]$$

$$h(n) = \frac{1}{a_2 - a_1}(a_1^n u(-n-1) + a_2^n u(n))$$

$$= -0.447 \times \left[(1.62)^n u(-n-1) + (-0.62)^n u(n) \right]$$

从结果可以看出此系统是稳定的，但不是因果的。

3-14 $h(n) = -\dfrac{3}{8}\left[3u^n(-n-1) + \left(\dfrac{1}{3}\right)^n u(n)\right]$

3-15 解 已知 $x(n) = a^n u(n)$，$y(n) - 2ry(n-1)\cos\theta + r^2 y(n-2) = a^n u(n)$

解法一：直接由 Z 变换 $Y(z)$ 的关系可得到 $y(n)$，将上式进行 Z 变换，

$$y(n) = \sum_{l=0}^{\infty}\sum_{k=0}^{\infty} r^{n-k} e^{j(n-2l-k)\theta} a^k$$

解法二：由 $Y(z)$ 用留数法可求得 $y(n)$。

3-16 (1) $x(n) = \left(-\dfrac{1}{2}\right)^n u(n)$

(2) $x(n) = 8\delta(n) + 7 \cdot \left(\dfrac{1}{4}\right)^n \cdot u(-n-1)$

(3) $x(n) = -\dfrac{1}{a} \cdot \delta(n) + \left(a - \dfrac{1}{a}\right) \cdot \left(\dfrac{1}{a}\right)^n \cdot u(n-1)$

3-17 $x(n) = \delta(n) - \left(\dfrac{1}{2}\right)^n u(n-1) + 2u(n-1) = \left[2 - \left(\dfrac{1}{2}\right)^n\right]u(n)$

3-18 根据题目所给条件，利用移位定理可得

$$Y(z) = Z[x_1(n+3)] \cdot Z[x_2(-n+1)]$$
$$= \dfrac{z^3}{1 - \dfrac{1}{2}z^{-1}} \cdot \dfrac{z^{-1}}{1 - \dfrac{1}{3}z} = \dfrac{-3z^3}{(z-3)\left(z - \dfrac{1}{2}\right)}$$

第 4 章　离散信号的频域分析

4-1 (1) 因为采样时没有满足采样定理，减小这种效应的方法：采样时满足采样定理，采样前进行滤波，滤去高于折叠频率 $f_s/2$ 的频率成分。

(2) 离散傅立叶变换是 Z 变换在单位圆上的等间隔采样。

(3) 利用 e 指数的特性证明。

(4) $2\pi/M$

4-2 (1) $\text{DTFT}[x(2n)] = \sum_{n=-\infty}^{\infty} x(2n) e^{-j\omega n} = \sum_{n=-\infty}^{\infty} x(k) e^{-j\omega k/2} = X(e^{\frac{j\omega}{2}})$ 　$k = 2n$，为偶数

(2) $G(e^{j\omega}) = \sum_{n=-\infty}^{\infty} g(n) e^{-jn\omega} = \sum_{r=-\infty}^{\infty} g(2r) e^{-j2r\omega} = \sum_{r=-\infty}^{\infty} x(r) e^{-jr2\omega} = X(e^{j2\omega})$

(3) $\dfrac{1}{2\pi} X(e^{j\theta}) \bigotimes X(e^{j\omega})$

(4) $\sum_{n=-\infty}^{\infty} nx(n) e^{-j\omega n} = \sum_{n=-\infty}^{\infty} -\dfrac{1}{j} \dfrac{dx(n) e^{-j\omega n}}{d\omega} = j\dfrac{d}{d\omega}\sum_{n=-\infty}^{\infty} x(n) e^{-j\omega n} = j\dfrac{dX(e^{j\omega})}{d\omega}$

(5) 分析：这道题利用傅里叶变换的定义即可求得，最后结果应化为模和相角的关系。

$$\arg X(e^{j\omega}) = -\left(\dfrac{N-1}{2}\right)\omega + \arg\left[\dfrac{\sin\left(\dfrac{N\omega}{2}\right)}{\sin\left(\dfrac{\omega}{2}\right)}\right]$$

$$= -\left(\dfrac{N-1}{2}\right)\omega + n\pi, \quad \dfrac{2\pi}{N}n \leqslant \omega < \dfrac{2\pi}{N}(n+1)$$

当 $N-5$ 时，代入上式即可求出 $|X(e^{j\omega})|$ 和 $\arg X(e^{j\omega})$。

4-3 (1) $\displaystyle\sum_{n=-\infty}^{\infty} x^*(n)e^{-j\omega n} = \sum_{n=-\infty}^{\infty}[x(n)e^{-j(-\omega)(-n)}]^* = \Big[\sum_{n=-\infty}^{\infty}x(n)e^{-j(-\omega)n}\Big]^* = X^*(e^{-j\omega})$

(2) $\displaystyle\sum_{n=-\infty}^{\infty} x^*(-n)e^{-j\omega n} = \Big[\sum_{n=-\infty}^{\infty}x(-n)e^{-j\omega(-n)}\Big]^* = X^*(e^{j\omega})$

(3) $\mathrm{DTFT}[x(-n)] = \displaystyle\sum_{n=-\infty}^{\infty}x(-n)e^{-j\omega n}$，令 $m=-n$，则

$$\mathrm{DTFT}[x(-n)] = \sum_{n=-\infty}^{\infty}x(m)e^{-(-j\omega m)} = X(e^{-j\omega})$$

(4) $\mathrm{DTFT}\{\mathrm{Re}[x(n)]\} = \displaystyle\sum_{n=-\infty}^{\infty}\mathrm{Re}[x(n)]e^{-j\omega n} = \sum_{-\infty}^{\infty}\frac{1}{2}[x(n)+x^*(n)]e^{-j\omega n}$

$$= \frac{1}{2}[X(e^{j\omega})+X^*(e^{j\omega})] = X_e(e^{j\omega})$$

(5) $\mathrm{DTFT}\{j\mathrm{Im}[x(n)]\} = \displaystyle\sum_{n=-\infty}^{\infty}\frac{1}{2}[x(n)-x^*(-n)]e^{-j\omega n}$

$$= \frac{1}{2}\Big[\sum_{n=-\infty}^{\infty}x(n)e^{-j\omega n}-\sum_{n=-\infty}^{\infty}x^*(n)e^{-j\omega n}\Big]$$

$$= \frac{1}{2}\Big[X(e^{j\omega})-\Big(\sum_{n=-\infty}^{\infty}x(n)e^{-j(-\omega)n}\Big)^*\Big]$$

$$= \frac{1}{2}[X(e^{j\omega})-X^*(e^{-j\omega})]$$

4-4 (a) $X(\omega) = \displaystyle\sum_{n=-\infty}^{\infty}2^n\varepsilon[-n]e^{-j\omega n} = \sum_{n=-\infty}^{0}2^n e^{-j\omega n} = \sum_{n=0}^{\infty}\Big(\frac{1}{2}e^{j\omega}\Big)^n = \frac{1}{1-\frac{1}{2}e^{j\omega}}$

(b) $X(\omega) = \displaystyle\sum_{n=-\infty}^{\infty}\Big(\frac{1}{4}\Big)^n\varepsilon[n+2]e^{-j\omega n} = \sum_{n=-2}^{\infty}\Big(\frac{1}{4}\Big)^n e^{-j\omega n}$

$$= \sum_{m=0}^{\infty}\Big(\frac{1}{4}\Big)^{m-2}e^{-j\omega(m-2)} = 16\frac{e^{j2\omega}}{1-\frac{1}{4}e^{-j\omega}}$$

(c) $X(\omega) = \displaystyle\sum_{n=-\infty}^{\infty}x(n)e^{-j\omega n} = \sum_{n=-\infty}^{\infty}\delta(4-2n)e^{-j\omega n} = e^{-j2\omega}$

(d) $\hat{X}(\omega) = \displaystyle\sum_{n=-\infty}^{\infty}\Big(\frac{1}{2}\Big)^{|n|}e^{-j\omega n} = \Big[\frac{1}{1-\frac{1}{2}e^{-j\omega}}+\frac{1}{1-\frac{1}{2}e^{j\omega}}-1\Big]$

利用频率微分特性可得

$$X(\omega) = -j\frac{d\hat{X}(\omega)}{d\omega} = -\frac{1}{2}e^{j\omega}\frac{1}{\Big(1-\frac{1}{2}e^{j\omega}\Big)^2}+\frac{1}{2}e^{-j\omega}\frac{1}{\Big(1-\frac{1}{2}e^{-j\omega}\Big)^2}$$

4-5 (1) (a) 令 $m=n-n_0$，则

$$\mathrm{DTFT}[x(n-n_0)] = \sum_{n=-\infty}^{\infty}x(m)e^{-j\omega(m+n_0)} = e^{-j\omega n_0}X(e^{j\omega})$$

(b) $\text{DTFT}[x(n) \otimes y(n)] = X(e^{j\omega}) \cdot Y(e^{j\omega})$

$x(n) \otimes y(n) = \sum\limits_{m=-\infty}^{\infty} x(m)y(n-m)$，令 $k = n-m$，则

$$\text{DTFT}[x(n) \otimes y(n)] = \sum_{n=-\infty}^{\infty} \left[\sum_{m=-\infty}^{\infty} x(m)y(n-m) \right]$$

$$= \sum_{k=-\infty}^{\infty} \left[\sum_{m=-\infty}^{\infty} x(m)y(k) \right] e^{-j\omega k} e^{-j\omega m}$$

$$= \sum_{m=-\infty}^{\infty} x(m)e^{-j\omega m} \sum_{k=-\infty}^{\infty} y(k)e^{-j\omega k} = X(e^{j\omega})Y(e^{j\omega})$$

（2）对题中所给的 $x(n)$ 先进行 Z 变换再求频谱得：

(c) 由于 $X(z) = Z[x(n)] = Z[\delta(n-n_0)] = z^{-n_0}$

所以 $X(e^{j\omega}) = X(z)\,|_{z=e^{j\omega}} = e^{-jn_0\omega}$

(d) $X(z) = Z[e^{-an}u(n)] = \dfrac{1}{1-e^{-a}z^{-1}}$，$X(e^{j\omega}) = X(z)\,|_{z=e^{j\omega}} = \dfrac{1}{1-e^{-a}e^{-j\omega}}$

(e) $X(z) = Z[e^{-(\alpha+j\omega_0)n}u(n)] \dfrac{1}{1-e^{-(\alpha+j\omega_0)}z^{-1}}$,

$X(e^{j\omega}) = X(z)\,|_{z=e^{j\omega}} = \dfrac{1}{1-e^{-\alpha}\cdot e^{-j(\omega+\omega_0)}}$

(f) $X(z) = Z[e^{-an}u(n)\cos(\omega_0 n)] = \dfrac{1-z^{-1}e^{-a}\cos\omega_0}{1-2z^{-1}e^{-a}\cos\omega_0 + z^{-2}e^{-2a}}$

$X(e^{j\omega}) = X(z)\,|_{z=e^{j\omega}} = \dfrac{1-e^{-j\omega}e^{-a}\cos\omega_0}{1-2e^{-j\omega}e^{-a}\cos\omega_0 + e^{-2j\omega}e^{-2a}}$

$4-6$ $\quad \widetilde{X}(k) = \sum\limits_{n=0}^{5} \widetilde{x}(n)W_6^{nk} = \sum\limits_{n=0}^{5} \widetilde{x}(n)e^{-j\frac{2\pi}{6}nk}$

$$= 14 + 12e^{-j\frac{2\pi}{6}k} + 10e^{-j\frac{2\pi}{6}2k} + 8e^{-j\frac{2\pi}{6}3k} + 6e^{-j\frac{2\pi}{6}4k} + 10e^{-j\frac{2\pi}{6}5k}$$

计算求得：

$$\widetilde{X}(0) = 60; \ \widetilde{X}(1) = 9 - j3\sqrt{3}; \ \widetilde{X}(2) = 3 + j\sqrt{3}$$

$$\widetilde{X}(3) = 0; \ \widetilde{X}(4) = 3 - j\sqrt{3}; \ \widetilde{X}(5) = 9 + j3\sqrt{3}$$

$4-7$ $\quad$（1）$X(k) = \sum\limits_{n=-\infty}^{\infty} \left(\dfrac{1}{2}\right)^n \{\varepsilon(n+3) - \varepsilon(n-2)\} e^{-j\frac{2\pi}{N}kn}$

$$= 8e^{j3\frac{2\pi}{N}k} \dfrac{1-\left(\dfrac{1}{2}\right)^5 e^{-j5\frac{2\pi}{N}k}}{1-\dfrac{1}{2}e^{-j\frac{2\pi}{N}k}}$$

（2）$X(k) = X_1(k) + X_2(k) = \pi \sum\limits_{k=-\infty}^{\infty} \left[\delta\left(\dfrac{2\pi}{N}k - \dfrac{18}{7}\pi - 2k\pi\right) + \delta\left(\dfrac{2\pi}{N}k - \dfrac{18}{7}\pi - 2k\pi\right) \right.$

$$\left. - j\delta\left(\dfrac{2\pi}{N}k - 2 - 2k\pi\right) + j\delta\left(\dfrac{\pi}{N}k + 2 - 2k\pi\right) \right]$$

（3）$X(k) = \sum\limits_{n=-4}^{4} \cos\dfrac{\pi}{3}n\, e^{-jn\frac{2\pi}{N}k}$

$$= \dfrac{1}{2}e^{j4\left(\frac{2\pi}{N}k-\frac{\pi}{3}\right)} \dfrac{1-e^{j\left(\frac{\pi}{3}-\frac{2\pi}{N}k\right)9}}{1+e^{j\left(\frac{\pi}{3}-\frac{2\pi}{N}k\right)}} + \dfrac{1}{2}e^{j4\left(\frac{2\pi}{N}k+\frac{\pi}{3}\right)} \dfrac{1-e^{j\left(\frac{\pi}{3}+\frac{2\pi}{N}k\right)9}}{1+e^{j\left(\frac{\pi}{3}+\frac{2\pi}{N}k\right)}}$$

$4-8$　$\widetilde{X}_1(k) = \sum\limits_{n=0}^{N-1} \widetilde{x}(n) W_N^{kn} = \sum\limits_{n=0}^{N-1} \widetilde{x}(n) e^{-j\frac{2\pi}{N}kn}$

$\widetilde{X}_2(k) = \sum\limits_{n=0}^{2N-1} \widetilde{x}(n) W_{2N}^{kn} = \sum\limits_{n=0}^{N-1} \widetilde{x}(n) e^{-j\frac{2\pi}{N}\frac{k}{2}n} + \sum\limits_{n=N}^{2N-1} \widetilde{x}(n) e^{-j\frac{2\pi}{N}\frac{k}{2}n}$

对后一项令 $n' = n - N$，则

$$\widetilde{X}_2(k) = \sum\limits_{n=0}^{N-1} \widetilde{x}(n) e^{-j\frac{2\pi}{N}\frac{k}{2}n} + \sum\limits_{n'=0}^{N-1} \widetilde{x}(n'+N) e^{-j\frac{2\pi}{N}\frac{k}{2}(n'+N)}$$

$$= (1 + e^{-jk\pi}) \sum\limits_{n=0}^{N-1} \widetilde{x}(n) e^{-j\frac{2\pi}{N}\frac{k}{2}n} = (1 + e^{-jk\pi}) \widetilde{X}\left(\frac{k}{2}\right)$$

所以 $X_2(k) = \begin{cases} 2\widetilde{X}_1\left(\dfrac{k}{2}\right), & k \text{ 为偶数} \\ 0, & k \text{ 为奇数} \end{cases}$

$4-9$　令 $n' = N - n$

$$x_1(n) = \sum\limits_{k=0}^{N-1} X(k) W_N^{nk} = \sum\limits_{k=0}^{N-1} \left[\sum\limits_{n'=0}^{N-1} x(n') W_N^{kn'} \right] W_N^{nk} = \sum\limits_{n'=0}^{N-1} x(n') \sum\limits_{k=0}^{N-1} W_N^{k(n+n')}$$

根据旋转因子性质，有 $\sum\limits_{k=0}^{N-1} W_N^{k(n+n')} = \begin{cases} N, & n+n' = N \\ 0, & \text{其他} \end{cases}$

所以 $x_1(n) = \sum\limits_{n'}^{N-1} N x(-n+N) = N x((-n))_N R_N(n)$

$4-10$　$\mathrm{IDFT}[X(k)] = \dfrac{1}{1-a^N} a^n R_N(n)$

$4-11$　$N, \dfrac{2\pi}{M}$

$4-12$　参考例 $4-2-1$、例 $4-2-2$：$X(k) = 10 \sum\limits_{n=2}^{6} W_5^{nk} = 10 e^{-j\frac{4}{5}k\pi} \dfrac{\sin\left(\dfrac{2k}{5}\pi\right)}{\sin\left(\dfrac{k}{10}\pi\right)}$

$4-13$　$X(k) = \dfrac{1-(aW_{10}^k)^{10}}{1-aW_{10}^k}$,

$X(k) = \dfrac{1-(aW_{20}^k)^{20}}{1-aW_{20}^k}$

$4-14$　$Y(k) = \sum\limits_{n=0}^{15} y(n) W_{16}^{nk} = \sum\limits_{r=0}^{7} y(2r) W_{16}^{2rk} + \sum\limits_{r=0}^{7} y(2r+1) W_{16}^{(2r+1)k}$

$$= \sum\limits_{r=0}^{7} x(r) W_8^{rk} \quad (k = 0, 1, \cdots, 15)$$

而 $X(k) = \sum\limits_{n=0}^{7} x(n) W_8^{nk} \quad (k = 0, 1, \cdots, 7)$

因此，当 $k = 0, 1, \cdots, 7$ 时，$Y(k) = X(k)$；

当 $k = 8, 9, \cdots, 15$ 时，令 $k = l + 8 (l = 0, 1, \cdots, 7)$，

得到：$Y(l+8) = \sum\limits_{r=0}^{7} x(r) W_8^{r(l+8)} = \sum\limits_{r=0}^{7} x(r) W_8^{rl} = X(l)$

即 $Y(k) = X(k-8)$

于是有

$$Y(k) = \begin{cases} X(k), & k = 0, 1, 2, \cdots, 7 \\ X(k-8), & k = 8, \cdots, 15 \end{cases}$$

4-15 （1）由 $Y(k) = W_6^{4k} X(k)$ 知，$y(n)$ 是 $x(n)$ 向右循环移位 4 的结果，即

$$y(n) = x((n-4))_6 = 4\delta(n-4) + 3\delta(n-5) + 2\delta(n) + \delta(n-1)$$

（2）$m(n) = 4\delta(n) + \dfrac{3}{2}\delta(n-1) + \delta(n-2) + \delta(n-3) + \delta(n-4) + \dfrac{3}{2}\delta(n-5)$

（3）$v(n) = 5\delta(n) + 3\delta(n-1) + 2\delta(n-2)$

4-16 $X(k) = \mathrm{DFT}[x(n)] = \displaystyle\sum_{n=0}^{N-1} x(n)W_N^{nk}, \ 0 \leqslant k \leqslant N-1$

$$Y(k) = \mathrm{DFT}[y(n)] = \sum_{n=0}^{rN-1} y(n)W_{rN}^{nk}$$

$$= \sum_{i=0}^{N-1} x\left(\frac{ir}{r}\right)W_{rN}^{ikr} = \sum_{i=0}^{N-1} x(i)W_N^{ik} = X((k))_N R_{rN}, \quad 0 \leqslant k \leqslant rN-1$$

$Y(k)$ 是将 $X(k)$（周期为 N）延拓 r 次形成的。$Y(k)$ 的周期是 rN。

4-17 参照上题，

$$Y(k) = \sum_{n=0}^{rN-1} y(n)W_{rN}^{nk} = \sum_{n=0}^{N-1} x(n)W_N^{nk/r} = X\left(\frac{k}{r}\right), \ \text{其中} \ k = 0, 1, 2, \cdots, rN-1。$$

4-18 （1）$y(k) = 6h(k) + 13h(k-1) + 20h(k-2) + 21h(k-3)$

（2）$y(k) = 6h(k) + 13h(k-1) + 20h(k-2) + 21h(k-3) + 14h(k-4)$
$$\qquad + 10h(k-5) + 4h(k-6)$$

（3）略

4-21 证

$$x_e(n) = x_e^*(N-n) = \frac{1}{2}[x(n) + x^*(N-n)] = \frac{1}{2}[x(n) + x^*((-n))_N]$$

$$\leftrightarrow \frac{1}{2}[X(k) + X^*(k)] = \mathrm{Re}[X(k)]$$

$$x_o(n) = -x_o^*(N-n) = \frac{1}{2}[x(n) - x^*(N-n)] = \frac{1}{2}[x(n) - x^*((-n))_N]$$

$$\leftrightarrow \frac{1}{2}[X(k) - X^*(k)] = j\mathrm{Im}[X(k)]$$

4-22 因为

$$W_N^{-k(N-n)} = W_N^{nk}$$

根据题意

$$x(n) = \frac{1}{N}\sum_{k=0}^{N-1} X(k)W_N^{-nk}, \quad Nx(N-n) = \sum_{k=0}^{N-1} X(k)W_N^{-k(N-n)}$$

因为

$$W_N^{-k(N-n)} = W_N^{nk}$$

所以

$$Nx(N-n) = \sum_{k=0}^{N-1} X(k)W_N^{-kn} = \mathrm{DFT}[X(k)]$$

4 - 23　(1) $X(k) = \sum\limits_{n=0}^{N-1} x(n) W_N^{nk}$

$$X(0) = \sum_{n=0}^{N-1} x(n) W_N^0 = \sum_{n=0}^{N-1} x(n) = \sum_{n=0}^{\frac{N}{2}-1} x(n) - \sum_{n=\frac{N}{2}}^{N-1} x(N-1-n)$$

令 $N-1-n = m$，则 $X(0) = \sum\limits_{n=0}^{\frac{N}{2}-1} x(n) - \sum\limits_{n=\frac{N}{2}-1}^{0} x(m)$

显然可得 $X(0) = 0$。

(2) $X\left(\dfrac{N}{2}\right) = \sum\limits_{n=0}^{N-1} x(n) e^{jk\pi} = \sum\limits_{n=0}^{N-1} x(n)(-1)^n$（将 n 分为奇数和偶数两部分表示）

$$= \sum_{r=0}^{\frac{N}{2}-1} x(2r)(-1)^{2r} + \sum_{r=0}^{\frac{N}{2}-1} x(2r+1)(-1)^{2r+1}$$

$$= \sum_{r=0}^{\frac{N}{2}-1} x(2r) - \sum_{r=0}^{\frac{N}{2}-1} x(2r+1)$$

$$= \sum_{r=0}^{\frac{N}{2}-1} x(N-1-2r) - \sum_{r=0}^{\frac{N}{2}-1} x(2r+1)（令 N-1-2r = 2k+1）$$

$$= \sum_{k=\frac{N}{2}}^{0} x(2r+1) - \sum_{r=0}^{\frac{N}{2}-1} x(2r+1)$$

显然可得 $X\left(\dfrac{N}{2}\right) = 0$。

第 5 章　　快速傅立叶变换（FFT）

5 - 2　(1) 长度逐次变短、周期性，蝶形计算、原位计算、码位倒置。

(2) $\dfrac{N}{2}\log_2 N$ 次复乘和 $N\log_2 N$ 次复加

(3) 周期性：$W_N^{(n+N)k} = W_N^{nk} = W_N^{(k+N)n}$，对称性：$W_N^{n+\frac{N}{2}} = -W_N^n$

5 - 4　(1) 约 126 秒　　(2) 约 0.72 秒

5 - 5　可节省 $N/2$ 次乘法运算，所占百分比是 $\dfrac{1}{\log_2 N} \cdot 100\%$

5 - 6　(1) >> x = [1, 2, 3, 4]; h = [4, 3, 2, 1];

　　　　y = conv(x, h)

　　　　y = 4　11　20　30　20　11　4

(2) 将两个自定义函数循环移位函数 cirshiftd( ) 和循环卷积函数 circonvt( ) 的 m 文件复制到工作空间，用下列程序调用。

>> x = [1, 2, 3, 4]; h = [4, 3, 2, 1];

N = length(x) + length(h) - 1;

x = [x, zeros(1, N - length(x))];

h = [h, zeros(1, N - length(h))];

$$y = \text{circonvt}(x, h, N);$$
$$n = [0:1:N-1];$$
$$\text{stem}(n, y); y$$

$$y = 4 \quad 11 \quad 20 \quad 30 \quad 20 \quad 11 \quad 4$$

(3) $\gg$ x3 = [1, 2, 3, 4, 0, 0, 0]; h3 = [4, 3, 2, 1, 0, 0, 0];

$$X3 = \text{fft}(x3); \quad H3 = \text{fft}(h3);$$
$$Y3 = X3. * H3;$$
$$Y = \text{ifft}(Y3)$$
$$Y = 4.0000 \quad 11.0000 \quad 20.0000 \quad 30.0000 \quad 20.0000 \quad 11.0000 \quad 4.0000$$

5 - 7　略。

5 - 8　略。

5 - 9　提示：直接调用 fft( ) 函数，共轭复数用 conj( ) 函数。

5 - 10　提示：DFT 直接调用 dftmtx( ) 函数运算，使用 norm(y1 - y2) 函数计算 FFT 与 DFT 计算结果的误差。

$$x = 1:256; n = \text{length}(x);$$
$$y1 = \text{fft}(x); y2 = x * \text{dftmtx}(n);$$
$$\text{norm}(y1 - y2)$$

5 - 11　参考例 4 - 3 - 2 用 fft( ) 函数编程，运行结果与之比较。

5 - 12　直接利用 DFT 计算所需时间：1.441 536 秒

直接利用 FFT 计算所需时间：0.013 824 秒

5 - 15　将 $x(n)$ 分为奇、偶数列：

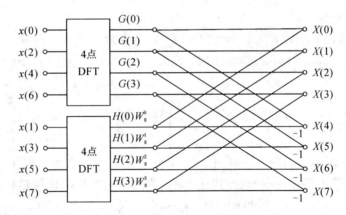

题 5 - 15 图　流程图

5 - 16　提示：把序列 $x(n)$ 和 $y(n)$ 合成为一个序列。

依据题意　　　　　　　$x(n) \leftrightarrow X(k)$, $y(n) \leftrightarrow Y(k)$

取序列　　　　　　　　$Z(k) = X(k) + jY(k)$

对 $Z(k)$ 作 N 点 IFFT 可得序列 $z(n)$。

又根据 DFT 性质

$$\text{IDFT}[X(k) + jY(k)] = \text{IDFT}[X(k)] + j\text{IDFT}[Y(k)] = x(n) + jy(n)$$

由原题可知，$x(n)$ 和 $y(n)$ 都是实序列。再根据 $z(n) = x(n) + jy(n)$，得

$$x(n) = \text{Re}[z(n)], \, y(n) = \text{Im}[z(n)]$$

5-17 如果将 $x(n)$ 按奇偶分为两组，即令

$$u(n) = x(2n), \, v(n) = x(2n+1) \quad n = 0, 1, \cdots, N-1$$

那么就有

$$X(k) = U(k) + W_{2N}^k V(k), \, X(k+N) = U(k) - W_{2N}^k V(k) \quad k = 0, 1, \cdots, N-1$$

其中 $U(k)$、$V(k)$ 分别是实序列 $u(n)$、$v(n)$ 的 N 点 DFT，$U(k)$、$V(k)$ 可以由上式答出：

$$U(k) = \frac{1}{2}[X(k) + X(k+N)]$$

$$V(k) = \frac{1}{2}W_{2N}^{-k}[X(k) - X(k+N)], \quad k = 0, 1, \cdots, N-1$$

由于 $X(k)(k = 0, 1, \cdots, 2N-1)$ 是已知的，因此可以将 $X(k)$ 前后分半按上式那样组合起来，于是就得到了 $U(k)$ 和 $V(k)$。令

$$y(n) = u(n) + jv(n)$$

根据 $U(k)$、$V(k)$，做一次 N 点 IFFT 运算，就可以同时得到 $u(n)$ 和 $v(n)(n = 0, 1, \cdots, N-1)$，它们分别是 $x(n)$ 的偶数点和奇数点序列，于是序列 $x(n)(n = 0, 1, \cdots, 2N-1)$ 也就求出了。

5-18 依据题意

$$x(n) \Leftrightarrow X(k), \, y(n) \Leftrightarrow Y(k)$$

取序列

$$Z(k) = X(k) + jY(k)$$

对 $Z(k)$ 作 N 点 IFFT 可得序列 $z(n)$。

又根据 DFT 性质

$$\text{IDFT}[X(k) + jY(k)] = \text{IDFT}[X(k) + j\text{IDFT}[Y(k)] = x(n) + jy(n)$$

由原题可知，$x(n)$、$y(n)$ 都是实序列。再根据 $z(n) = x(n) + jy(n)$ 可得

$$x(n) = \text{Re}[z(n)], \quad y(n) = \text{Im}[z(n)]$$

5-19 (1) $w(n) = a(n) \otimes b(n) = \sum_{n=-\infty}^{\infty} a(m)b(n-m)$

所以

$$w(n) = a(n) \otimes b(n) = \{3, 8, 14, 8, 3\}, 0 \leqslant n \leqslant 4$$

(2) 若用基 2FFT 的循环卷积法（快速卷积）来完成两序列的线性卷积运算，因为 $a(n)$ 的长度为 $N_1 = 3$，所以 $a(n) \otimes b(n)$ 的长度为 $N = N_1 + N_2 - 1 = 5$。

故 FFT 至少应取 $2^3 = 8$ 点。

5-20 (1) 由于用重叠保留法，如果冲激响应的点数为 $N = 50$ 点，则圆周卷积结果的前面的 $N-1$ 个点不代表线性卷积结果，故每段重叠点数 P 为：$P = N-1 = 49$。

(2) 每段点数为 $2^7 = 128$，但其中只有 100 个点是有效输入数据，其余 28 个点为补充的零值点。因而各段不重叠而又有效的点数 Q 为：$Q = 100 - P = 100 - 49 = 51$。

(3) 每段 128 个数据点中，取出来的 Q 个点的序号从 $n = 49$ 到 $n = 99$，用这些点和前后段取出的相应点连接起来，即可得到原来的长输入序列。

另外，对于第一段数据没有前一段，故在数据之前必须加上 P 个零值点，以免丢失数据。

第 6 章　　FFT 在确定性信号谱分析中的应用

6-1　混叠、泄漏、栅栏效应等，答案略

6-2　时域补零，可以使频谱谱线加密，但不能提高频谱分辨率。增加信号长度，可以提高频谱分辨率。

6-3　两个幅值一样。

6-4　如果采样频率过低，在 DFT 计算中在频域出现混叠现象，形成频谱失真，提高采样频率可以克服或减弱这种失真。

泄漏是由于加有限窗引起的，克服方法是尽量用旁瓣小、主瓣窄的窗函数，增加窗序列长度。

6-5　(1) $T_0 = \dfrac{1}{f_0} = \dfrac{1}{50} = 0.02$ s

(2) $T_s = \dfrac{1}{2f_m} = \dfrac{1}{2 \times 1000} = 0.5 \times 10^{-3}$ s

(3) $N = \dfrac{T_0}{T_s} = \dfrac{0.02}{0.5 \times 10^{-3}} = 40$

(4) 频带宽度不变就意味着采样间隔 T_s 不变，应该使记录时间扩大一倍为 0.04 s 实现频率分辨率提高一倍(F 变为原来的 1/2)

$$N = \frac{T_0}{T_s} = \frac{\dfrac{1}{f_0/2}}{0.5 \times 10^{-3}} = 80$$

6-6　因为待分析的信号中上限频率

$$f_m \leqslant 1.25 \text{ kHz}$$

所以抽样频率应满足：

$$f_s \geqslant 2f_m = 2.5 \text{ kHz}$$

因为要求谱分辨率 $\dfrac{f_s}{N} \leqslant 5$ kHz，所以

$$N \geqslant \frac{2.5 \times 1000}{5} = 500$$

因为选用的抽样点数 N 必须是 2 的整数次幂，所以一个记录中的最少抽样点数 $N = 512$

相邻样点间的最大时间间隔 $T = \dfrac{1}{f_{smin}} = \dfrac{1}{2f_s} = \dfrac{1}{2.5} = 0.4$ ms

信号的最小记录时间 $T_{pmin} = N \times T = 512 \times 0.4 = 204.8$ ms

6-7　(1) 因为 $T_0 = \dfrac{1}{f_0}$，$f_0 \leqslant 10$ Hz，所以 $T_0 \geqslant \dfrac{1}{10} = 0.1$，即最小记录长度为 0.1 s。

(2) 因为 $f_s = \dfrac{1}{T} = \dfrac{1}{0.1} \times 10^3 = 10$ kHz，而 $f_s > 2f_h$

所以 $f_h < \dfrac{1}{2}f_s = 5$ kHz，即允许处理的信号最高频率为 5 kHz。

(3) $N \geqslant \dfrac{T_0}{T} = \dfrac{0.1}{0.1} \times 10^3 = 1000$，又因 N 必须为 2 的整数幂，所以一个记录中的最少点数为 $N = 2^{10} = 1024$。

6-8　（1）频率间隔 $\Delta f = \dfrac{10\,240}{1024} = 10(\mathrm{Hz})$。

（2）抽样点的间隔 $T_s = \dfrac{1}{10.24} = 97.66\ \mu s$，整个 1024 点的时宽 $T_0 = 97.66 \times 1024 = 100\ \mathrm{ms}$。

第7章　数字滤波器

7-6　滤波器的类型为直接型。

7-7　（1）$H(z) = \dfrac{3z^3 - 3.5z^2 + 2.5z}{(z^2 - z + 1)(z - 0.5)} = \dfrac{3 - 3.5z^{-1} + 2.5z^{-2}}{(z^{-2} - z^{-1} + 1)(1 - 0.5z^{-1})}$

$\qquad = \dfrac{(5z^{-1} + 3)(0.5z^{-1} - 1)}{(z^{-2} - z^{-1} + 1)(1 - 0.5z^{-1})}$

$\qquad = \dfrac{2}{1 - 0.5z^{-1}} + \dfrac{1 - z^{-1}}{z^{-2} - z^{-1} + 1}$ 并联型

$\qquad = \dfrac{3 - 3.5z^{-1} + 2.5z^{-2}}{1 - 1.5z^{-1} + 1.5z^{-2} - 0.5z^{-3}}$ 级联型

级联型结构及并联型结构图略。

（2）$H(z) = \dfrac{4z^3 - 2.8284z^2 + z}{(z^2 - 1.4142z + 1)(z + 0.7071)}$

$\qquad = \dfrac{4 - 2.8284z^{-1} + z^{-2}}{(1 + 1.4142z^{-1} + z^{-2})(1 + 0.7071z^{-1})}$

$\qquad = \dfrac{4.5857 + 0.4143z^{-1}}{1 + 1.4142z^{-1} + z^{-2}} + \dfrac{-0.5857}{1 + 0.7071z^{-1}}$

级联型结构及并联型结构图略。

7-8　由题中所给的条件可知

$$h(n) = \frac{1}{5}\delta(n) + \frac{3}{5}\delta(n-1) + \delta(n-2) + \frac{3}{5}\delta(n-3) + \frac{1}{5}\delta(n-4)$$

则

$$h(0) = h(4) = \frac{1}{5} = 0.2,\ h(1) = h(3) = \frac{3}{5} = 0.6,\ h(2) = 1$$

即 $h(n)$ 是偶对称，对称中心在 $n = \dfrac{N-1}{2} = 2$ 处，N 为奇数（$N = 5$）。

可简化为：

$$h(n) = 0.2[\delta(n) + \delta(n-4)] + 0.6[\delta(n-1) + \delta(n-3)] + \delta(n-2)$$

线性相位结构如题 7-8 图所示。

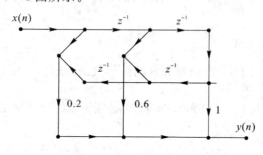

题 7-8 图　线性相位结构

7 - 9　（1）直接 Ⅰ 型如题 7 - 9 - 1 图所示。

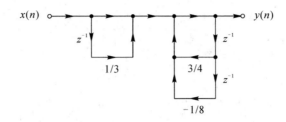

题 7 - 9 - 1 图　直接 Ⅰ 型

（2）直接 Ⅱ 型如题 7 - 9 - 2 图所示。

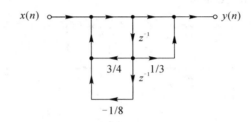

题 7 - 9 - 2 图　直接 Ⅱ 型

（3）级联型如题 7 - 9 - 3 图所示。

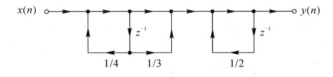

题 7 - 9 - 3 图　级联型

将系统函数写成

$$H(z) = \frac{1 + \frac{1}{3}z^{-1}}{1 - \frac{1}{4}z^{-1}} \times \frac{1}{1 - \frac{1}{2}z^{-1}}$$

（4）并联型如题 7 - 9 - 4 图所示。

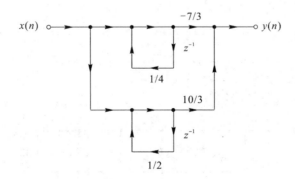

题 7 - 9 - 4 图　并联型

7 - 10　　① 用级联型结构实现

$$H(z) = \frac{2z(z+2)\left(z-\frac{1}{2}\right)}{(z^2-z+1)(z-1)} = 2 \cdot \frac{1+2z^{-1}}{1-z^{-1}+z^{-2}} \cdot \frac{1-\frac{z^{-1}}{2}}{1-z^{-1}}$$

信号流图如题 7 - 10(a) 图所示。

② 用并联型结构实现

$$H(z) = 2 + \frac{7z^2-6z+2}{(z^2-z+1)(z+1)} = 2 + \frac{4z+1}{z^2-z+1} + \frac{3}{z-1}$$

$$= 2 + \frac{4z^{-1}+z^{-2}}{1-z^{-1}+z^{-2}} + \frac{3z^{-1}}{1-z^{-1}}$$

信号流图如题 7 - 10(b) 图所示。

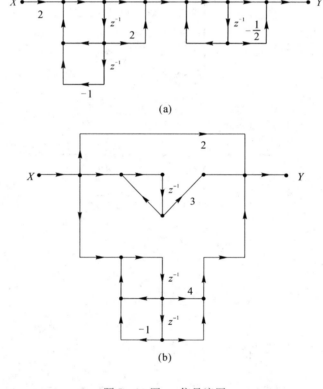

(a)

(b)

题 7 - 10 图　　信号流图

7 - 11　$y(n) = h(n) \otimes x(n) = \sum_{k=0}^{5} h(k)x(n-k) = \sum_{k=0}^{5} 2^k x(n-k)$

横截型结构如题 7 - 11 图所示。

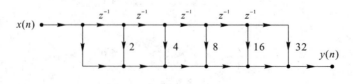

题 7 - 11 图　　横截型结构

7-12　$H(z) = (1 - 1.4z^{-1} + 3z^{-2})(1 + 2z^{-1})$　　（级联型）

$= 1 + 0.6z^{-1} + 0.2z^{-2} + 6z^{-3}$　　（卷积型）

得到级联型结构如题 7-12(a) 图所示，卷积型结构如 7-12(b) 图所示。

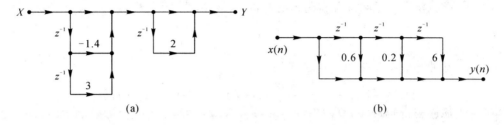

题 7-12 图　级联型、卷积型结构

7-13　$H(z) = \left(1 - \dfrac{1}{2}z^{-1}\right)(1 + 6z^{-1})(1 - 2z^{-1})\left(1 + \dfrac{1}{6}z^{-1}\right)(1 - z^{-1})$

$= 1 + \dfrac{8}{3}z^{-1} - \dfrac{205}{12}z^{-2} + \dfrac{205}{12}z^{-3} - \dfrac{8}{3}z^{-4} - z^{-5}$

结构图略。

7-14　一个稳定的因果全通系统，其系统函数 $H(z)$ 对应的傅立叶变换幅值 $|H(e^{j\omega})| = 1$，该单位幅值的约束条件要求一个有理系统函数方程式的零极点必须呈共轭倒数对出现，即

$H_{ap}(z) = \displaystyle\prod_{k=1}^{N} \dfrac{z^{-1} - z_k}{1 - z_k^* z^{-1}}$，因而，如果在 $z = z_k$ 处有一个极点，则在其共轭倒数点 $z = 1/z_k^*$ 处必须有一个零点。

7-15　一个稳定的因果线性移不变系统，其系统函数可表示成有理方程式

$$H_{min}(z) = \dfrac{B(z)}{A(z)} = \dfrac{\displaystyle\sum_{r=0}^{m} b_r z^{-r}}{1 - \displaystyle\sum_{k=1}^{n} a_k z^{-k}}$$

所有极点都应在单位圆内，即 $|a_k| < 1$。但零点可以位于 Z 平面的任何地方。有些应用中，需要约束一个系统，使它的逆系统也是稳定因果的。这就需要它的零点也位于单位圆内，即 $|b_k| < 1$。一个稳定因果的滤波器，如果它的逆系统也是稳定因果的，则称这个系统是最小相位 $H_{min}(z)$。

· 最小相位系统所有的极点、零点都在单位圆内，所以一定稳定。

· 最小相位系统的逆系统也是稳定的，因为最小相位系统的逆系统的极点就是原来系统的零点，还是在 Z 平面的单位圆内，所以仍然是稳定的。

7-16　梳状滤波器的系统函数为：

$$H(z^N) = \dfrac{1 - z^{-N}}{1 - az^{-N}}$$

零点均匀分布在单位圆上；极点均匀分布在半径为 $R = a^{\frac{1}{N}}$ 的圆上。梳状滤波器是由许多按一定频率间隔相同排列的通带和阻带组成，只让某些特定频率范围的信号通过。由于特性曲线象梳子一样，故称为梳状滤波器。这种滤波器可用于消除电网谐波干扰，在彩色电视接收机中用于亮色分离等，在音频和图像、通讯等领域有广泛应用。

7-17 系统函数分子、分母多项式的系数相同，但排列顺序相反，是全通系统。

第8章 IIR 数字滤波器的设计

8-3 巴特沃斯、切比雪夫和椭圆滤波器。

8-4 $s = \dfrac{2}{T} \cdot \dfrac{1-z^{-1}}{1+z^{-1}}$

8-5 脉冲响应不变法的基本思路是

$$H(s) \xrightarrow{L^{-1}[\cdot]} h_a(t) \xrightarrow{抽样} h_a(nT) = h(n) \xrightarrow{L^{-1}[\cdot]} H(z)$$

8-6 按题意可写出

$$H(z) = H_a(s) \Big|_{s=\frac{z+1}{z-1}}$$

故

$$s = j\Omega = \frac{z+1}{z-1} \Big|_{z=e^{j\omega}} = \frac{e^{j\omega}+1}{e^{j\omega}-1} = j\frac{\cos(\omega/2)}{\sin(\omega/2)} = j\cot\left(\frac{\omega}{2}\right)$$

即 $|\Omega| = |\cot(\omega/2)|$，原模拟低通滤波器以 $\Omega = 0$ 为通带中心，由上式可知，$\Omega = 0$ 时，对应于 $\omega = \pi$，故答案为(2)。

8-7 (1) 求阶数 $N = 5$。

(2) 求归一化系统函数 $H_a(p)$，由阶数 $N = 5$ 直接查表得到5阶巴特沃斯归一化低通滤波器系统函数为

$$H_a(p) = \frac{1}{p^5 + 3.2361p^4 + 5.2361p^3 + 5.2361p^2 + 3.2361p + 1}$$

当然也可以按(8.2.17)式计算出极点：$p_k = e^{j\pi\left(\frac{1}{2}+\frac{2k+1}{2N}\right)}$ $\quad k = 0, 1, 2, \cdots, 2N-1$

按(8.2.16)式写出 $H_a(p)$ 表达式

$$H_a(p) = \frac{1}{\prod\limits_{k=0}^{4}(p - p_k)}$$

代入 p_k 值并进行分母展开得到与查表相同的结果。

(3) 去归一化(即 LP-LP 频率变换)，由归一化系统函数 $H_a(p)$ 得到实际滤波器系统函数 $H_a(s)$。由于本题中 $R_p = 3$ dB，即 $\Omega_c = \Omega_p = 2\pi \times 6 \times 10^3$ rad/s，因此

$$H_a(s) = H_a(p) \Big|_{p=\frac{s}{\Omega_c}}$$

$$= \frac{\Omega_c^5}{s^5 + 3.2361\Omega_c s^4 + 5.2361\Omega_c^2 s^3 + 5.2361\Omega_c^3 s^2 + 3.2361\Omega_c^4 s + \Omega_c^5}$$

将 Ω_c 的值代入相乘。

8-8 $H_a(s) = \dfrac{7.2687 \times 10^{16}}{(s^2 - 2\text{Re}[s_1]s + |s_1|^2)(s^2 - 2\text{Re}[s_2]s + |s_2|^2)}$

$$= \frac{7.2687 \times 10^{16}}{(s^2 + 1.6731 \times 10^4 s + 4.7791 \times 10^8)(s^2 + 4.0394 \times 10^4 s + 4.7790 \times 10^8)}$$

8-9 $H(z) = \dfrac{z^{-1}e^{-aT}\sin(bT)}{1 - 2e^{-aT}\cos(bT)z^{-1} + e^{-2aT}z^{-2}}$

8-10 (1) 用脉冲响应不变法

$$H(z) = \frac{-\mathrm{j}\frac{\sqrt{3}}{3}}{1 - \mathrm{e}^{(-1+\mathrm{j}\sqrt{3})}z^{-1}} + \frac{\mathrm{j}\frac{\sqrt{3}}{3}}{1 - \mathrm{e}^{(-1-\mathrm{j}\sqrt{3})}z^{-1}}$$

$$= \frac{2\sqrt{3}}{3} \cdot \frac{z^{-1}\mathrm{e}^{-1}\sin\sqrt{3}}{1 - 2z^{-1}\mathrm{e}^{-1}\cos\sqrt{3} + \mathrm{e}^{-2}z^{-2}}$$

（2）用双线性变换法

$$H(z) = H_a(s)\big|_{s=\frac{2}{T}\frac{1-z^{-1}}{1+z^{-1}},\ T=2} = \frac{1 + 2z^{-1} + z^{-2}}{3 + z^{-2}}$$

8-11　$H(z) = \sum\limits_{k=0}^{4} \dfrac{B_k}{1 - \mathrm{e}^{s_k T}z^{-1}}$，$T = 1\ \mathrm{ms} = 10^{-3}\ \mathrm{s}$

$$= \sum\limits_{k=0}^{4} \frac{B_k}{1 - \mathrm{e}^{10^{-3}s_k}z^{-1}}$$

8-12　程序运行后画出用各种方法设计的滤波器频响曲线，如题 8-12 图所示。

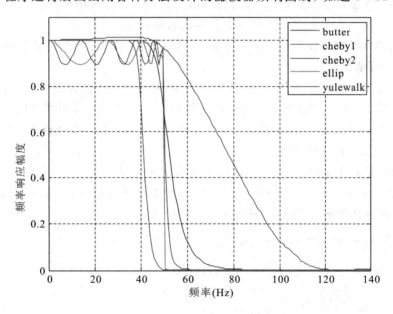

题 8-12 图　各种方法设计的滤波器频响曲线

第 9 章　FIR 滤波器的设计方法

9-1　不一定。FIR 滤波器只有满足一定条件时，才是线性相位的。而 IIR 滤波器以非线性相频特性居多。

9-2　错。所谓线性相位滤 FIR 波器，是指其相位与频率满足如下关系式：

$\phi(\omega) = -k\omega + \beta$，其中 k、β 为常数。

9-3　错。FIR 系统称为线性相位的充要条件是：

（1）FIR 系统的单位脉冲响应 $h(n)$ 为实数。

（2）$h(n)$ 满足以 $n = (N-1)/2$ 为中心的偶对称或奇对称条件 $h(n) = \pm h(N-1-n)$ 时，该 FIR 系统才是线性相位的。

9-4　（1）增加过渡带过滤点。

（2）略

（3）错。减小采样点数，不会改变通阻带边界两抽样点间的幅度落差，因而不会改变阻带最小衰耗。

9-5　由线性相位系统零点的特性可知，$z=1$ 的零点可单独出现，$z=0.8$ 的零点需成对出现，$z=1+j$ 的零点需 4 个 1 组，所以系统至少为 7 阶。

9-6　高通

9-7　0，高通和带阻滤波器

9-8　加大窗口长度，或换用其他形状的窗口

9-9　互为倒数的共轭对（四零点组、二零点组或单零点组）

9-10　答案略。

9-11　在使用了窗函数后，在通带和阻带中都出现波动，正负肩峰之间的频带是过渡带，其宽度等于窗口频谱的主瓣宽度。增加窗口长度 N 只能相应地减小过渡带宽度，而不能改变肩峰值。例如，在矩形窗中，最大肩峰值为 8.95%；当 N 增加时，只能使起伏振荡变密，而最大肩峰值总是 8.95%，这种现象称为吉布斯效应。

旁瓣峰值衰耗适用于窗函数，它是窗谱主副瓣幅度之比，即旁瓣峰值衰耗＝20 lg（第一旁瓣峰值/主瓣峰值）。

阻带最小衰耗适用于滤波器。工程上习惯于用相对衰耗来描述滤波器。相对衰耗定义为：当滤波器是用窗口法得出时，阻带最小衰耗取决于窗谱主副瓣面积之比。

9-12　（1）因为 $h(n)$ 为奇对称，$N=6$ 为偶数，所以是第四类线性相位的 FIR DF，适合用做希尔伯特滤波器及微分器。

（2）系统函数：$H(z)=1-3z^{-1}-6z^{-2}+6z^{-3}+3z^{-4}-z^{-5}$

差分方程：$y(n)=x(n)-3x(n-1)-6x(n-2)+6x(n-3)+3x(n-4)-x(n-5)$

9-13　充分必要条件：$h(n)=\pm h(N-1-n)$

$$N 与 m 的关系：m=\frac{N-1}{2}$$

9-14　$h(n)=\{1,3,5,6,6,5,3,1\}$，$0\leqslant n\leqslant 7$

$$\begin{aligned}
H(e^{j\omega}) &= \sum_{n=0}^{N-1} h(n)e^{-j\omega n}\\
&= 1+3e^{-j\omega}+5e^{-j2\omega}+6e^{-j3\omega}+6e^{-j4\omega}+5e^{-j5\omega}+3e^{-j6\omega}+e^{-j7\omega}\\
&= e^{-j\frac{7}{2}\omega}(e^{j\frac{7}{2}\omega}+e^{-j\frac{7}{2}\omega})+3e^{-j\frac{7}{2}\omega}(e^{j\frac{5}{2}\omega}+e^{-j\frac{5}{2}\omega})+5e^{-j\frac{7}{2}\omega}(e^{j\frac{3}{2}\omega}+e^{-j\frac{3}{2}\omega})\\
&\quad +6e^{-j\frac{7}{2}\omega}(e^{j\frac{1}{2}\omega}+e^{-j\frac{1}{2}\omega})\\
&= \left[12\cos\left(\frac{\omega}{2}\right)+10\cos\left(\frac{3\omega}{2}\right)+6\cos\left(\frac{5\omega}{2}\right)+2\cos\left(\frac{7\omega}{2}\right)\right]e^{-j\frac{7}{2}\omega}\\
&= H(\omega)e^{j\phi(\omega)}
\end{aligned}$$

所以 $H(e^{j\omega})$ 的幅频响应为

$$H(\omega)=\left[12\cos\left(\frac{\omega}{2}\right)+10\cos\left(\frac{3\omega}{2}\right)+6\cos\left(\frac{5\omega}{2}\right)+2\cos\left(\frac{7\omega}{2}\right)\right]e^{-j\frac{7}{2}\omega}$$

$H(e^{j\omega})$ 的相频响应为 $\phi(\omega)=-\dfrac{7}{2}\omega$

9-15　已知 $\omega_c=0.5\pi$，$N=21$，$\alpha=(N-1)/2=10$。

画出用矩形窗设计的滤波器频响曲线，如题 9-15 图所示。

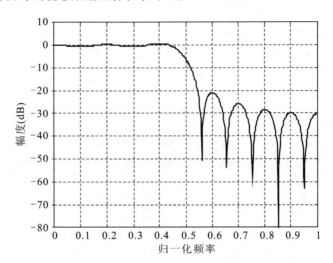

题 9-15 图　用矩形窗设计的滤波器频响曲线

9-16　已知 $\omega_c = 0.5\pi$，$N = 21$，$\alpha = (N-1)/2 = 10$。

画出用三角窗设计的滤波器频响曲线，如题 9-16 图所示。

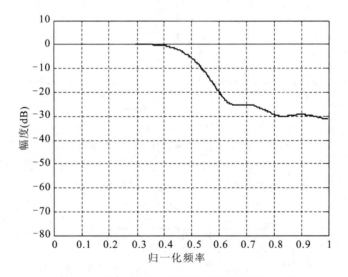

题 9-16 图　用三角窗设计的滤波器频响曲线

9-17　此题给定的只是 $H_d(e^{j\omega})$ 在 $0 \sim \pi$ 之间的表达式，但是在求答时，必须把它看成是从 $-\pi \sim \pi$（或 $0 \sim 2\pi$）之间的分布，不能只用 $0 \sim \pi$ 区域来求答。

$$h_d(n) = \frac{1}{2\pi}\int_{-\pi}^{\pi} H_d(e^{j\omega}) \cdot e^{jn\omega}\,d\omega = \frac{1}{2\pi}\int_{\pi-\omega_c}^{\pi+\omega_c} e^{j(\omega-\pi)\alpha} \cdot e^{jn\omega}\,d\omega$$

$$= e^{jn\pi}\frac{\omega_c}{\pi}\frac{\sin[\omega_c(n-\alpha)]}{\omega_c(n-\alpha)} = (-1)^n \frac{\sin[\omega_c(n-\alpha)]}{\pi(n-\alpha)}$$

$$w(n) = \frac{1}{2}\left[1 - \cos\frac{2\pi n}{N-1}\right] \quad 0 \leqslant n \leqslant N-1$$

$$h(n) = h_d(n)w(n)$$

```
n = 51；wc = 0.5 * pi；wn = wc/pi；
w = hann(n)；
b = fir1(n−1, wn, 'high', w)；
[h1, w1] = freqz(b, 1)；
plot(w1/pi, 20 * log10(abs(h1)))；
    axis([0, 1, −80, 10])；grid；
    xlabel('归一化频率 w/pi')；
    ylabel('幅度(dB)')；
```

画出用汉宁窗设计的滤波器频响曲线，如题 9 − 17 图所示。

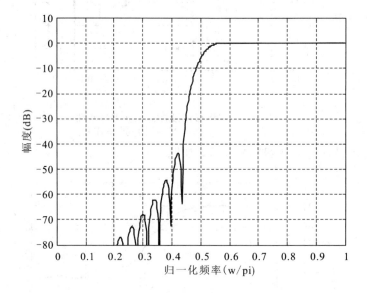

题 9 − 17 图   用汉宁窗设计的滤波器频响曲线

9 − 18 $\omega_c = 0.2\pi$，$\omega_0 = 0.5\pi$，$N = 51$，$a = 25$，可求得此滤波器的时域函数。
画出用海明窗设计的滤波器频响曲线，如题 9 − 18 图所示。

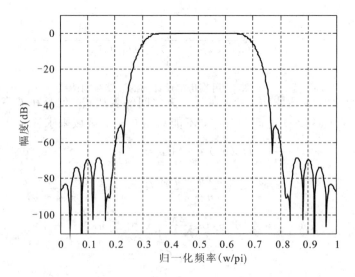

题 9 − 18 图   用海明窗设计的滤波器频响曲线

9-19 可求得此滤波器的时域函数为：

$$h_d(n) = \frac{1}{2\pi}\int_{-\pi}^{\pi} H_d(e^{j\omega}) \cdot e^{jn\omega} d\omega$$

$$= \frac{1}{2\pi}\int_{\omega_0-\omega_c}^{\omega_0+\omega_c} e^{-j\omega\alpha} \cdot e^{jn\omega} d\omega + \frac{1}{2\pi}\int_{-\omega_0-\omega_c}^{-\omega_0+\omega_c} e^{-j\omega\alpha} \cdot e^{jn\omega} d\omega$$

$$= \frac{2j}{\pi(n-\alpha)} \sin[\omega_c(n-\alpha)]\cos[\omega_0(n-\alpha)]$$

采用布拉克曼窗设计时（$N=51$）：

$h(n) = h_d(n)w(n)$

$$= \begin{cases} \frac{2j}{\pi(n-25)}\left[0.42-0.5\cos\left(\frac{n\pi}{25}\right)+0.08\cos\left(\frac{2n\pi}{25}\right)\right]\left[\sin(n-25)\frac{\pi}{5}\right] \\ \cdot \cos[0.4(n-25)\pi] \quad 0 \leqslant n \leqslant N-1 \\ 0 \quad 其他 \end{cases}$$

这个滤波器是 90° 移相的线性相位带通滤波器（或称正交变换线性相位带通滤波器）。画出用布莱克曼窗设计的滤波器频响曲线，如题 9-19 图所示。

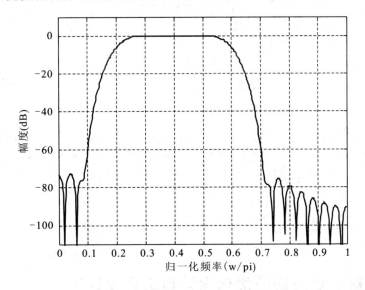

题 9-19 图　用布莱克曼窗设计的滤波器频响曲线

9-20 根据题意有：

$$h_d(n) = \frac{\sin[\omega_c(n-\alpha)]}{\pi(n-\alpha)}, \quad w(n) = \frac{I_0\left(\beta\sqrt{1-\left(\frac{2n}{N-1}-1\right)^2}\right)}{I_0(\beta)}, \quad 0 \leqslant n \leqslant N-1$$

其中 $\alpha = \frac{(N-1)}{2}$

则所求用凯塞窗设计的低通滤波器的函数表达式为：

$$h(n) = h_d(n)w(n)$$

9-21 已知 $\omega_c = 0.5\pi$，$N=51$，N 为奇数、低通，所以根据表 9-1 可知是第 1 种线性相位滤波器。根据题意有：

$$\alpha = \frac{N-1}{2} = 25$$

$$|H_d(e^{j\omega})| = \begin{cases} 1, & 0 \leqslant \omega \leqslant 0.5\pi \\ 0, & 0.5\pi \leqslant \omega \leqslant \pi \end{cases}$$

则有

截止频率 $\omega_c = 0.5\pi$，满足：

$$\frac{25}{51}\pi \leqslant \omega_c = 0.5\pi \leqslant \frac{26}{51}\pi, \quad \omega_k = \frac{2\pi}{N}k$$

得

$$\phi_k = -\pi\frac{N-1}{N}k = -\frac{32}{33}\pi k$$

$$H_k = \begin{cases} 1, & 0 \leqslant k \leqslant \text{int}\left(\frac{N}{2\pi}\omega_c\right) = 12, \ 26 \leqslant k \leqslant 51 \\ 0, & 13 < k < \frac{N-1}{2} = 25 \end{cases}$$

所以

$$H(e^{j\omega}) = \frac{1}{51}e^{-j25\omega}\frac{\sin\left(51 \cdot \frac{\omega}{2}\right)}{\sin\left(\frac{\omega}{2}\right)} + \frac{1}{51}e^{-j25\omega}\frac{\sin\left(51 \cdot \frac{\omega}{2}\right)}{\sin\left(\frac{\omega}{2}\right)}$$

$$\cdot \sum_{k=1}^{12}\left\{e^{j\frac{51-1}{51}k\pi}\frac{\sin\left[51\left(\frac{\omega}{2} - \frac{\pi k}{51}\right)\right]}{\sin\left(\frac{\omega}{2} - \frac{\pi k}{51}\right)} + e^{j\frac{51-1}{51}(51-k)\pi}\frac{\sin\left[51\left(\frac{\omega}{2} - \frac{51-k}{51}\pi\right)\right]}{\sin\left(\frac{\omega}{2} - \frac{51-k}{51}\pi\right)}\right\}$$

$$= e^{-j25\omega}\frac{\sin\left(51 \cdot \frac{\omega}{2}\right)}{51\sin\left(\frac{\omega}{2}\right)} + e^{-j25\omega}\sum_{k=1}^{12}\left\{\frac{\sin\left[51\left(\frac{\omega}{2} - \frac{\pi}{51}k\right)\right]}{51\sin\left(\frac{\omega}{2} - \frac{\pi}{51}k\right)} + \frac{\sin\left[51\left(\frac{\omega}{2} + \frac{\pi}{51}k\right)\right]}{51\sin\left(\frac{\omega}{2} + \frac{\pi}{51}k\right)}\right\}$$

9-22 $$H(k) = H_k e^{j\phi_k} = \begin{cases} 0, & k = 0, 1, 2, \cdots, 11, \ k = 23, \cdots 33 \\ 0.39e^{-j\left(\frac{33\pi}{34}k - \frac{\pi}{2}\right)}, & k = 12, \ k = 22 \\ e^{-j\left(\frac{33\pi}{34}k - \frac{\pi}{2}\right)}, & k = 13, 14, \cdots, 21 \end{cases}$$

第 10 章　数字滤波器的优化设计和工具设计法

10-1　数字滤波器优化设计方法可方便地设计任意幅频特性要求的多带通复杂滤波器系统。可以大大减小滤波器的阶数，从而减小滤波器的体积，并最终降低了滤波器的成本。并可以充分利用 MATLAB、FFT 等工具进行复杂滤波器的设计，提高设计效率。

优化设计的思路是预先确定一种最佳设计准则，然后在此最佳准则下，通过迭代运算求滤波器的系数 a_i、b_i。

10-3　选择 yulewalk 的最优化设计法。程序如下：

```
clear  all
Fs = 1000; % 采样频率 1000 Hz
Fp = 50; Fr = 100; % 通带截止频率 50 Hz % 阻带截止频率 100 Hz
Rp = 1; Rr = 60; % 通带波纹最大衰减为 1 dB % 阻带衰减为 60 dB
krp = sqrt((10^(0.1 * Rr) - 1)/(10^(0.1 * Rp) - 1));
```

```
lrp = Fr/Fp;
N = ceil(log10(krp)/log10(lrp));
Wn = Fp * 2/Fs;
Wr = Fr * 2/Fs;
f = [0 Wn Wr  1];
m = [1 1 0 0];
[Yb Ya] = yulewalk(N, f, m);
[H, w] = freqz(Yb, Ya);
plot(Fs * w/pi/2, abs(H))% 绘制频率响应曲线
xlabel('频率 f(Hz)');
ylabel('H(f)');
axis([0, 250, -0.1, 1.1]); grid;
```

程序运行结果，$N = 11$，如题 10-3 图所示。

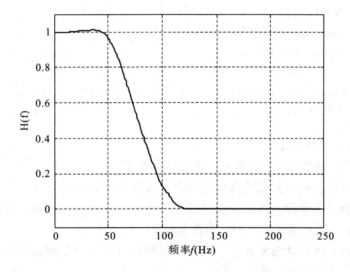

题 10-3 图　yulewalk 最优化设计 IIR 滤波器结果

10-4　(1) $N = 32$，偶数、带通，选择第 2 种线性滤波器，

频率间隔 $\Delta\omega = \dfrac{2\pi}{N} = \dfrac{\pi}{16}$，$\phi_k = -\dfrac{N-1}{2}\omega_k = -\pi\dfrac{N-1}{N}k = -\dfrac{31\pi}{32}k$

下边界频率 $\omega_2 = 0.2\pi$，$3 \times \dfrac{2\pi}{N} < 0.2\pi < 4 \times \dfrac{2\pi}{N}$，边界点 k 在 3、4 之间，

上边界频率 $\omega_1 = 0.6\pi$，$9 \times \dfrac{2\pi}{N} < 0.6\pi < 10 \times \dfrac{2\pi}{N}$，边界点 k 在 9、10 之间。

第 2 种线性滤波器满足约束条件：$H_k = -H_{N-k}$，故

$$H_k = \begin{cases} 1, & 4 \leqslant k \leqslant 9 \\ -1, & 23 \leqslant k \leqslant 28 \\ 0, & 其他 \end{cases}$$

(2) 用雷米兹交替算法设计

滤波器阶数为 $N = 32$，通带和阻带的边界频率已知，根据频率间隔和边界频率选择频点：$[0, 0.15, 0.2, 0.6, 0.65, 1]$。通带和阻带的波动没有给定，在迭代过程中寻求最小

值，设定通带和阻带的权重值为 1 和 2。

程序如下：

```
N = 32；
Hk = [zeros(1, 4), ones(1, 6), zeros(1, 13), - ones(1, 6), zeros(1, 3)]；
k = 0：N-1；wk = 2 * k/N；
fai = [- pi * (N-1) * k/N]；
Hd = Hk. * exp(j. * fai)；
hn = real(ifft(Hd, N))；
[H, w] = freqz(hn, 1)；
Hdb = 20 * log10((abs(H)))；
```

% 用雷米兹交替算法设计

```
f = [0  0.18  0.2  0.6  0.62  1]；a = [0  0  1  1  0  0]；
weight = [5  1  5]；
hn2 = remez(N-1, f, a, weight)；
[H2, w2] = freqz(hn2, 1)；
Hdb2 = 20 * log10((abs(H2)))；
```

% 比较结果

```
plot(w/pi, Hdb, 'r.', w2/pi, Hdb2)；xlabel('归一化频率(w/pi)')；ylabel('H(w)dB')；
legend('频率采样', '优化设计')
title('频率响应比较')
axis([0, 1, - 90, 10])；grid；
```

程序运行结果，如题 10-4 图所示。比较结果如下：

用雷米兹交替算法设计的滤波器在通带内的波动大于频率采样法；

用雷米兹交替算法设计的滤波器在通带外的衰减小于频率采样法，但可以通过灵活设定权重值调整，如阻带权重设为 5 时，两者接近；

用雷米兹交替算法设计的滤波器在通带边界处的衰减小于频率采样法，而且前者可以通过灵活设置频点调整边界频率。

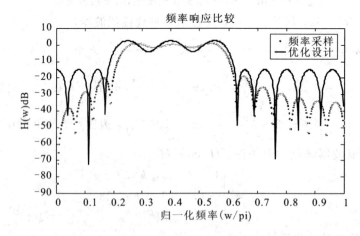

题 10-4 图　频率采样法与等波纹最优化设计比较

10-5 选择等波纹的最优化设计法。程序运行结果，如题 10-5 图所示。

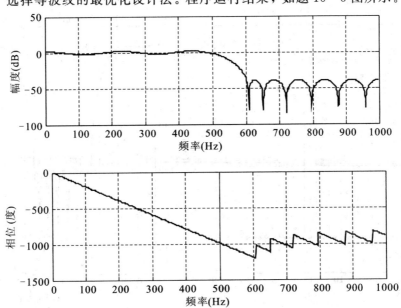

题 10-5 图　等波纹最优化设计 FIR 滤波器

10-6 （1）用窗函数设计法；由于 $R_r \geqslant 60 \text{ dB}$，所以选择布拉克曼窗，其过渡带宽为 $5.5 \times (2\pi/N)$，取 $\Delta\omega = 12\pi/N$。程序运行结果，如题 10-6-1 图所示。

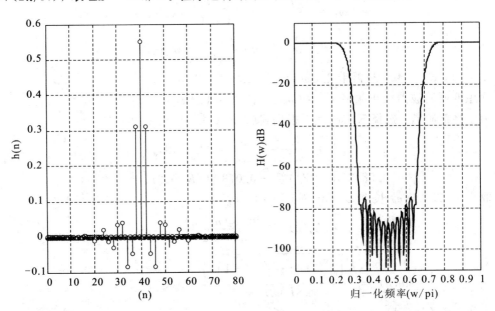

题 10-6-1 图　布拉克曼窗函数设计结果

（2）用优化设计法。并比较结果。程序运行结果，如题 10-6-2 图所示。

布拉克曼窗函数设计，$N = 80$，阻带衰减接近于 -80 dB；而优化设计，$N = 28$，阻带衰减略大于 -60 dB。两种方法都满足指标要求，窗函数设计法优于指标要求，但阶数较高，而优化设计可以大大降低阶数，有利于提高速度。

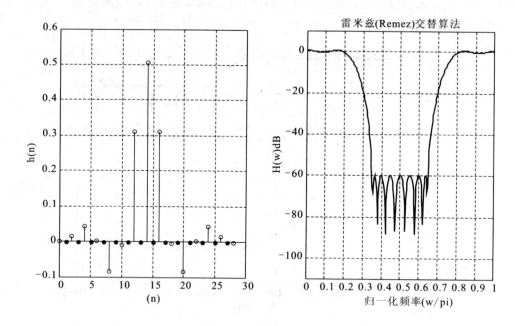

题 10 - 6 - 2 图   优化设计结果

10 - 7   （1）数字滤波器指标

$$\omega_\mathrm{p} = \frac{2\pi f_\mathrm{p}}{f_\mathrm{s}} = 2\pi \cdot \frac{1500}{10000} = 0.3\pi$$

$$\omega_r = \frac{2\pi f_r}{f_\mathrm{s}} = 2\pi \cdot \frac{2500}{10000} = 0.5\pi,$$

$R_\mathrm{p} = 1, R_\mathrm{r} = 40$，过渡带宽 $\Delta\omega = \omega_r - \omega_\mathrm{p} = 0.2\pi$，

理想低通滤波器截止频率 $\omega_\mathrm{c} = (\omega_r + \omega_\mathrm{p})/2 = 0.4\pi$，

为了降低阶数，选择 Kaiser 窗，根据式（9.2.28）、式（9.2.29）有

$$N = \frac{R_\mathrm{r} - 7.95}{2.285 \times \Delta\omega} = 22.3348,$$

$$\beta = 0.5842(R_r - 21)^{0.4} + 0.078\,86(R_r - 21) = 3.3953$$

取 $N = 23$，$h(n)$ 长度 $L = N + 1 = 24$，则

$$h_\mathrm{d}(n) = \frac{\sin[\omega_\mathrm{c}(n - \alpha)]}{\pi(n - \alpha)}$$

$$w(n) = \frac{I_0\left(\beta\sqrt{1 - \left(\frac{2n}{N-1} - 1\right)^2}\right)}{I_0(\beta)}, \quad 0 \leqslant n \leqslant N-1$$

其中 $\alpha = \frac{(N-1)}{2}$

则所求用凯塞窗设计的低通滤波器的函数表达式为：$h(h) = h_\mathrm{d}(n)w(n)$，运行结果如
题 10 - 7 - 1 图所示。

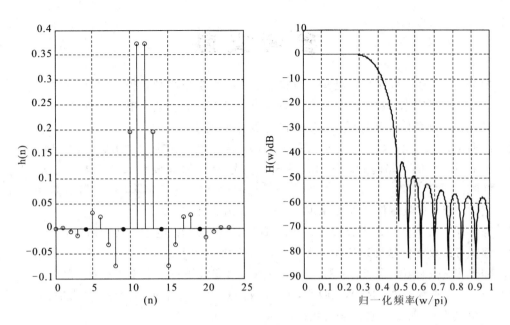

题 10-7-1 图　Kaiser 窗函数设计结果

(2)用优化设计法运行结果如题 10-7-2 图所示。

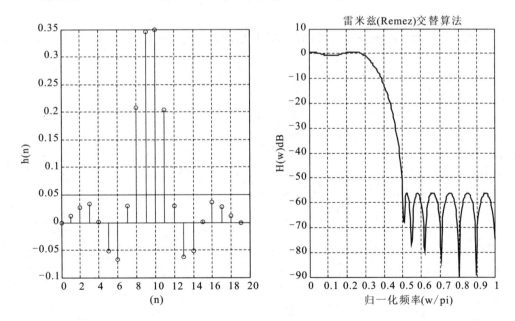

题 10-7-2 图　优化设计结果

参 考 文 献

[1] 刘顺兰，吴杰. 数字信号处理. 西安电子科技大学出版社，2005.

[2] 丛玉良，王宏志. 数字信号处理原理及其 MATLAB 实现. 电子工业出版社，2006.

[3] 吴镇杨. 数字信号处理(第二版). 高等教育出版社，2012.

[4] 高西全，丁玉美. 数字信号处理(第三版). 西安电子科技大学出版社，2014.

[5] 吴湘淇，肖熙，郝晓莉. 信号、系统与信号处理的软硬件实现. 电子工业出版社，2002.

[6] 赵健，李勇. 数字信号处理原理. 清华大学出版社，2006.

[7] 陈怀琛. 数字信号处理教程(MATLAB 释义与实现). 电子工业出版社，2013.

[8] 程佩青. 数字信号处理教程. 清华大学出版社，2001.

[9] 陆光华，张林让，谢智波. 数字信号处理. 西安电子科技大学出版社，2005.

[10] A. V. 奥本海姆，R. W. 谢弗，J. R. 巴克，刘树棠，黄建国译. 离散时间信号处理(第二版). 西安交通大学出版社，2001.

[11] 姚天任，江太辉. 数字信号处理(第二版). 华中科技大学出版社，2000.

[12] 胡广书. 数字信号处理. 清华大学出版社，2004.

[13] Alan V. Oppenheim，Ronald W. Schafer. Digital Signal Processing. Prentice-Hall Inc，1975.

[14] 刘国良. 信号、系统分析与控制(MATLAB 版). 西安电子科技大学出版社，2013.